计算机网络技术与实训

（第二版）

主　编　彭海深　田淋风　周成芬

副主编　金有春　黄发其

主　审　龚小勇

科 学 出 版 社

北　京

内 容 简 介

本书主要包括认识计算机网络、网络体系结构、组网准备、组建小型局域网、组建小型无线局域网、组建中型网络、组建大型网络、组建广域网、网络服务技术、计算机网络资源建设、网络安全技术、网络管理与维护技术共 12 个单元。全书理论联系实际，知识学习与技能培养并重，将计算机网络技术的理论知识有机融入各个单元中，每个单元包括相关知识和实训任务两个部分，旨在达到帮助读者学习并快速掌握与计算机网络技术相关的理论知识以及网络组建、管理与维护等关键技能的目的。

本书可作为高等职业院校电子信息大类各专业的教材，也可以作为计算机网络工程技术人员、物联网建设技术人员、网络管理员和网络维护培训人员的自学参考书。

图书在版编目(CIP)数据

计算机网络技术与实训/彭海深，田淋风，周成芬主编. —2 版. —北京：科学出版社，2021.6（2024.6 修订）
（“十四五”职业教育国家规划教材）
ISBN 978-7-03-063401-6

Ⅰ.①计… Ⅱ.①彭… ②田… ③周… Ⅲ.①计算机网络-高等职业教育-教材 Ⅳ. ①TP393

中国版本图书馆 CIP 数据核字（2019）第 255536 号

责任编辑：孙露露 / 责任校对：赵丽杰
责任印制：吕春珉 / 封面设计：张 帅

科 学 出 版 社 出版
北京东黄城根北街 16 号
邮政编码：100717
http://www.sciencep.com

三河市骏杰印刷有限公司印刷
科学出版社发行 各地新华书店经销
*
2015 年 6 月第 一 版 开本：787×1092 1/16
2021 年 6 月第 二 版 印张：18 1/2
2024 年 6 月第九次印刷 字数：435 000

定价：58.00 元

（如有印装质量问题，我社负责调换）
销售部电话 010-62136230 编辑部电话 010-62135763-2010

前　言

计算机网络技术作为互联网信息技术基础，是加快构建新发展格局，着力推进高质量发展，推动战略性新兴产业融合集群发展的重要支柱。本书基于构建计算机网络技术领域的系统理论知识体系与岗位技能体系的理念，以计算机网络建设管理为导向，突出教育、科技、人才是全面建设社会主义现代化国家的基础性、战略性支撑，将计算机网络技术的理论知识与实训有机整合，以培养读者的计算机网络组网技能与管理维护能力为目标，全面地介绍了计算机网络知识与技术。全书以计算机网络建设与管理先后为主线，坚持“职普融通、产教融合、科教融汇”“素质至上、应用为王”的原则，同时兼顾计算机网络技术完整的体系结构和坚持“为党育人、为国育才”的原则，以 OSI 七层模型为线索，从低层到高层逐层推进，理论知识由浅入深，实践技能由简单到复杂，阶梯递进，使读者学知其用、学之能用，培养德智体美劳全面发展的，具备专业理论知识、专业实践能力和工匠精神的高技能人才。

本书为落实立德树人根本任务，每个单元设计了融入课程思政元素的“拓展阅读”板块和“新技术、新工艺”板块，以电子资源的形式提供，便于更新，有利于提升教学效果。本书按照计算机网络建设与管理的层次递进结构分为 12 个单元，具体内容如下。

单元 1 为认识计算机网络，介绍计算机网络的定义、组成、功能、拓扑结构、传输介质等知识和双绞线制作实训；单元 2 为网络体系结构，介绍体系结构、OSI 模型、TCP/IP 模型等知识和 TCP/IP 协议栈安装实训；单元 3 为组网准备，介绍信息、数据、物理层和数据链路层特性、冲突域、广播域等知识和交换机配置实训；单元 4 为组建小型局域网，介绍局域网技术标准与体系结构、介质访问控制、MAC 寻址、虚拟局域网等知识和 VLAN 配置实现资源共享实训；单元 5 为组建小型无线局域网，介绍无线局域网的标准、设备、拓扑、AP 工作模式和通过 AP 组建无线局域网实训；单元 6 为组建中型网络，介绍逻辑寻址、路径选择、IP 地址结构与分类、子网划分、IP 协议、ICMP 协议、ARP 协议等知识和三层交换机配置与管理实训；单元 7 为组建大型网络，介绍路由与路由表、静态与动态路由、路由协议、路由器工作原理、TCP 与 UDP 协议、IPv6 等知识和路由器配置实训；单元 8 为组建广域网，介绍广域网的特点、帧格式、常用技术、Internet 接入技术等知识和 PPP 与 ADSL 拨号配置管理实训；单元 9 为网络服务技术，介绍会话层、表示层、DNS 与 DHCP 技术等知识和 DNS 与 DHCP 服务器配置实训；单元 10 为计算机网络资源建设，介绍 Web、E-mail、FTP 技术和万维网、文件服务器配置实训；单元 11 为网络安全技术，介绍计算机网络安全、攻击、安全体系结构、加密技术、防火墙技术和防火墙配置实训；单元 12 为网络管理与维护技术，介绍网络管理的对象与内容、功能、协议、网络管理系统、网络维护方法工具等知识和网络测试命令实训。

本书内容精练、结构清晰，每个单元的知识为相应的实训服务。通过对本书的学习和实践训练，初学者可以在较短的时间内掌握计算机网络技术知识，培养基本的计算机网络组网与管理维护技能。

本书配有微课视频，读者可扫描书中二维码观看；另配有课程标准、教学课件、教学设计等教学资源（可到出版社网站 www.abook.cn 下载，或联系编辑邮箱 360603935@qq.com 索取），为师生创造良好的线上、线下学习环境，便于提高学生的学习兴趣和学习效果。

本书由彭海深、田淋风、周成芬、金有春、黄发其共同编写。本书由校企联合开发，项目选取与企业专家进行了深入研讨；编写团队成员来自学校和企业，具有很强的理论研究与教学实践能力，编写与企业实践经验丰富。龚小勇教授对本书进行了审阅与修改，并提出了一些宝贵的意见和修改建议，在此表示衷心的感谢。

由于编者水平有限，编写时间仓促，书中疏漏之处在所难免，敬请广大读者批评指正。

目　录

认识计算机网络

教学目标

知识教学目标

1. 掌握计算机网络的定义、组成和传输介质的特点
2. 了解计算机网络的分类和热门发展应用
3. 熟悉计算机网络的拓扑结构和与 Internet 有关的组织

技能培养目标

1. 能够熟练完成直通线和交叉线的制作
2. 能够掌握双绞线的测试方法和应用
3. 能够掌握双绞线的故障排除方法

素质培养目标

1. 理解“数字中国”的含义
2. 理解“细节决定质量”

1.1 相关知识：计算机网络概述

随着计算机技术与通信技术的发展和融合，计算机网络在 20 世纪 60 年代诞生了。经过从无到有、从小到大、从低速到高速、从专用到普及的发展历程，今天的计算机网络已经成为信息社会的主要载体，对现代人类的生产、经济、生活等各个方面产生了巨大的影响。

1.1.1 计算机网络的定义

计算机网络是指将地理位置不同的具有独立功能的多台计算机及其外部设备，通过通信线路及通信设备连接起来，在网络操作系统、网络管理软件及网络通信协议的管理和协调下，实现信息传递和资源共享的计算机通信系统。

计算机网络定义（视频）

组建计算机网络的根本目的是实现资源共享。这里的资源既包括计算机网络中的硬件资源，如磁盘空间、打印机、绘图仪等，也包括软件资源，如程序、数据等。

1.1.2 计算机网络的组成

计算机网络组成
（视频）

从资源构成的角度讲，计算机网络是由硬件和软件组成的。这里的硬件包括各种主机、终端等用户端设备，以及交换机、路由器等通信控制处理设备；而软件则由各种系统程序和应用程序及大量的数据资源组成。但是，从计算机网络的设计与实现角度看，更多的是从功能角度去看待计算机网络的组成，并从功能上将计算机网络逻辑划分为资源子网和通信子网，如图 1.1 所示。

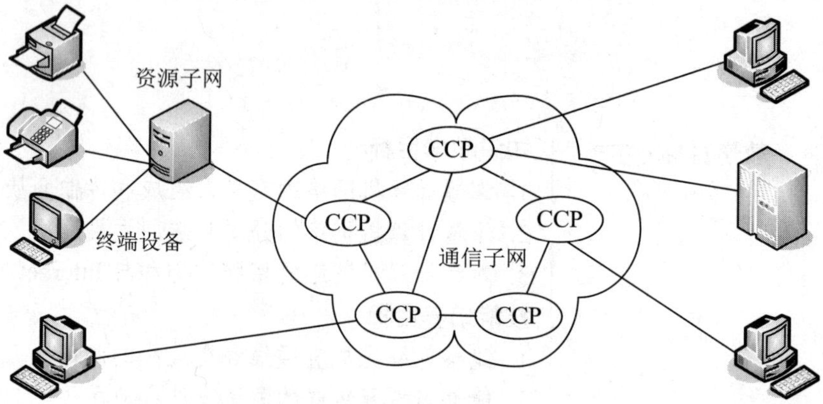

图 1.1 资源子网与通信子网

注：CCP 为 communication control processor（通信控制处理机）的缩写。

资源子网负责全网的数据处理业务，并向网络用户提供各种网络资源和网络服务。资源子网主要由主机、终端及相应的 I/O 设备、各种软件资源和数据资源构成。主机（host）可以是大型机、中型机、小型机、工作站或微型机，其通过高速通信线路与 CCP 相连。主机系统拥有各种终端用户要访问的资源，担负着数据处理的任务。终端（terminal）是用户进行网络操作时使用的末端设备，是用户访问网络的界面。终端设备的种类很多，如网络打印机、传真机等。终端设备可以直接或者通过 CCP 与主机相连。

通信子网的作用是使资源子网具备传输、交换数据信息的能力。通信子网主要由 CCP、通信链路（光纤、电缆、无线信号等）及其他设备，如调制解调器等组成，网络设备通常有防火墙、入侵检测系统（intrusion detection system，IDS）、入侵防御系统（intrusion prevention system，IPS）、路由器、交换机、光电信号设备。CCP 是一种处理通信控制功能的专用计算机，按照它的功能和用途，可以分为存储转发处理机、网络协议变换器和报文分组组装/拆卸设备等。

1.1.3 计算机网络的分类

计算机网络分类
（视频）

从技术层面分析研究计算机网络是较为复杂的，并且其应用的领域和种类很多。下面将从 5 个方面对计算机网络进行分类。

1. 按照地理覆盖范围分类

按照地理覆盖范围，可以将计算机网络划分为广域网（wide area network，WAN）、城域网（metropolitan area network，MAN）和局域网（local area network，LAN）。按照地理覆盖范围分类是目前最为常见的一种计算机网络分类方法，因为地理覆盖范围的不同直接影响网络技术的实现和选择。也就是说，局域网、城域网和广域网由于地理覆盖范围不同而具有明显不同的网络特性，并在技术实现和选择上存在明显差异。

局域网的覆盖范围大约是几千米以内，如一幢大楼内或一个校园内。局域网通常为使用单位所有。学校的实验室或中、小型公司的网络通常都属于局域网。

城域网的覆盖范围大约是几千米到几十千米，它主要是满足城市、郊区的联网需求。例如，将某个城市中所有中小学互联起来构成的网络就可以称为教育城域网。

广域网的覆盖范围一般是几十千米到几千千米，它能够在很大的范围内实现资源共享和信息传递。大家所熟悉的Internet就是广域网中最典型的例子。

目前随着以太网技术和IP技术的发展，40Gb/s、100Gb/s高带宽和远距离传输在网络中广泛应用，按照地理覆盖范围进行计算机网络分类已经非常弱化。

2. 按照传输介质分类

按照传输介质可以将计算机网络分为有线网络和无线网络。

有线网络采用有线的传输介质作为通信介质，常用的有线传输介质有同轴电缆、双绞线和光纤。

无线网络采用无线传输介质作为通信介质，包括无线电、微波、红外线、激光等。

3. 按照数据交换方式分类

按照数据交换方式可以将计算机网络分为电路交换网、报文交换网和分组交换网。

电路交换与传统的电话转接非常相似，即在两台计算机开始通信时，必须申请建立一条从发送端到接收端的物理链路，在通信过程中自始至终使用这条线路进行信息传输，直至传输完毕。由于通常不可能在任意两台计算机之间铺设一条线路，因此当多对计算机之间同时要求通信时，电路交换方式这种独占信道的特性会使线路的利用率不能得到有效发挥而经常造成“拥塞”。

报文交换是随着计算机功能的增强，转接交换机由过去公共电话网的机械设备变为具有存储功能的程控设备。通信开始时，发送端计算机发出的报文被存储在交换机中，交换机根据报文的目的地址选择合适的路径发送。因此，报文交换方式也称为“存储-转发”方式。

分组交换网中通常一个报文包含的数据量较大，转接交换机需要有较大容量的存储设备，而且需要的线路空闲时间也较长，实时性较差。因此，在报文交换的基础上又提出了分组交换。在分组交换方式中，发送端先将数据划分为一个个等长的单位（即分组），这些分组逐个由各中间节点采用“存储-转发”方式进行传输，最终到达接收端并由接收端把收到的分组再拼装成一个完整的报文。由于分组长度有限而且统一，分组可以在中间节点的内存中进行存储处理，其转发速度大大提高。

4. 按照网络的用途进行分类

按照网络的用途进行分类，计算机网络可分为公用网和专用网。

公用网也称为公众网或公共网，是指为公众提供公共网络服务的网络。公用网一般由国家的电信公司出资建造，并由国家政府电信部门进行管理和控制，网络内的传输和转接装置可提供给任何部门和单位使用（需交纳相应费用）。公用网属于国家基础设施。

专用网是指由一个政府部门或一个公司组建经营的，仅供本部门或本公司使用的网络。例如，军队、民航、铁路、电力、银行等系统均有其系统内部的专用网。一般较大范围内的专用网需要租用电信部门的传输线路。

5. 按照拓扑结构分类

按照计算机网络中各计算机之间连接方式的不同而归纳出的拓扑结构，可以将计算机网络分为星形、总线、环形、树状和网状等多种类型网络。

1.1.4 计算机网络的功能和应用

1. 计算机网络的功能

计算机网络的功能可归纳为资源共享、数据传送、负载均衡、信息处理等 4 项。资源共享是网络的基本功能之一，计算机网络的资源主要包括硬件资源和软件资源。数据传送是网络用户之间、各处理器之间及用户与处理器之间的数据通信。负载均衡是指当网络的某个节点系统负荷过重时，新的作业可以通过网络传送到网络中其他较为空闲的计算机系统去处理。信息处理以网络为基础，可将不同计算机终端得到的各种数据收集起来，并进行整理、分析等综合处理。

2. 计算机网络的应用

随着计算机网络的发展与普及，网络上的应用也越来越多样化。典型的网络应用包括信息检索、电子邮件、办公自动化、企业信息化、电子商务与电子政务、远程医疗与教育、丰富的娱乐和消遣等。

3. 基于网络的热门发展应用

（1）物联网

物联网（Internet of things，IoT）即“万物相连的互联网”，是互联网基础上的延伸和扩展的网络，是将各种信息传感设备与互联网结合起来而形成的一个巨大网络，能够在任何时间、任何地点实现人、机、物的互联互通。物联网是新一代信息技术的重要组成部分，IT 行业又称其为泛互联，万物万联，即“物联网就是物物相连的互联网”。这有两层意思：第一，物联网的核心和基础仍然是互联网，是在互联网基础上延伸和扩展的网络；第二，物联网的用户端延伸和扩展到了任何物品与物品之间进行信息交换和通信。因此，物联网的定义是通过射频识别、红外感应器、全球定位系统、激光扫描器等信息传感设备，按照约定的协议，把任何物品与互联网相连接，进行信息交换和通信，以实现对物品的智能化识别、定位、跟踪、监控和管理的一种网络。

（2）云计算

云计算（cloud computing）是分布式计算的一种，指的是通过网络“云”将巨大的数据计算处理程序分解成无数个小程序，然后通过多个服务器组成的系统处理和分析这些小程序，将得到的结果返回给用户。现阶段所说的云服务已经不单单是一种分布式计算，而是分布式计算、效用计算、负载均衡、并行计算、网络存储、热备份冗杂和虚拟化等计算机技术混合演进并跃升的结果。

（3）三网融合

三网融合是指电信网络、计算机网络和有线电视网络三大网络的业务应用融合，其表现为技术上趋向一致，在网络层上可以实现互联互通，形成无缝覆盖，在业务层上互相渗透和交叉，在应用层上趋向使用统一的 IP 协议，为提供多样化、多媒体化、个性化服务的同一目标逐渐交汇在一起，通过不同的安全协议，最终形成一套在网络中兼容多种业务的运维模式。国家电网曾经提出四网融合的概念，即广播电视网、互联网、电信网和智能电网四网融合。尽管最终没能进入三网融合方案，但是，国家电网的电力光纤入户概念即变身为“在实施智能电网的同时服务三网融合、降低三网融合实施成本的战略”。

（4）5G 移动通信技术

5G 移动通信技术（5th generation mobile networks 或 5th generation wireless systems，5th-Generation，简称 5G 或 5G 技术）是新一代蜂窝移动通信技术，是实现高数据速率、减少延迟、节省能源、降低成本、提高系统容量和实现大规模设备连接的技术。Release-15 中的 5G 规范的第一阶段是为了适应早期的商业部署。ITU① IMT-2020 规范要求速度高达 20Gb/s，可以实现宽信道带宽和大容量多进多出（multiple in multiple out，MIMO）技术，以满足高清视频、虚拟现实等大数据量传输和自动驾驶（车联网）、远程医疗等实时应用。

4. 与 Internet 有关的标准化组织

（1）国际标准化组织

国际标准化组织（International Organization for Standardization，ISO）是一个全球性的非政府组织，是国际标准化领域中一个十分重要的组织。ISO 成立于 1947 年，总部位于瑞士日内瓦，中国是 ISO 的正式成员。

（2）国际电信联盟

国际电信联盟（ITU）是联合国的一个重要专门机构，也是联合国机构中历史最长的一个国际组织，简称国际电联或电联，总部位于瑞士日内瓦。ITU 是主管信息通信技术事务的联合国机构，负责分配和管理全球无线电频谱与卫星轨道资源，制定全球电信标准，向发展中国家提供电信援助，促进全球电信发展。ITU 的组织结构主要分为电信标准化部门（ITU-T）、无线电通信部门（ITU-R）和电信发展部门（ITU-D）。

（3）Internet 工程任务组

Internet 工程任务组（Internet Engineering Task Force，IETF）又叫互联网工程任务组，成立于 1985 年底，是全球互联网最具权威的技术标准化组织，主要任务是负责互联网相关

---

① ITU，即 International Telecommunication Union，国际电信联盟。

技术规范的研发和制定。当前绝大多数国际互联网技术标准出自 IETF，是一个由为互联网技术发展做出贡献的专家自发参与和管理的国际民间机构。IETF 体系结构分为 3 类，第 1 类是互联网架构委员会（Internet Architecture Board，IAB），第 2 类是互联网工程指导委员会（Internet Engineering Steering Group，IESG），第 3 类是涉及 8 个领域的工作组（Working Group，WG）。标准制定工作具体由工作组承担，工作组分成 8 个领域，分别是 Internet 路由、传输、应用领域等。IAB 主要监管各个工作组的工作状况，考虑 Internet 是什么，它正在发生什么变化以及需要它做些什么等问题。IESG 的主要职责是接收各个工作组的报告，对其工作进行审查，对他们提出的标准、建议提出指导性的意见，甚至从工作的方向上、质量上和程序上给予一定的指导。

（4）电气电子工程师学会

电气电子工程师学会（Institute of Electrical and Electronics Engineers，IEEE）是美国的一个电子技术与信息科学工程师学会。IEEE 的两个前身分别是成立于 1884 年的美国电气工程师学会（American Institute of Electrical Engineers，AIEE），成立于 1912 年的美国无线电工程师学会（Institute of Radio Engineer，IRE）。AIEE 的兴趣主要是有线通信（电报和电话）、照明和电力系统。IRE 关心的多是无线电工程，它由两个更小的组织组成，即无线和电报工程师学会、无线电学会。IEEE 是世界上最大的非营利性专业技术学会，其会员人数超过 40 万人，遍布 160 多个国家。IEEE 致力于电气、电子、计算机工程和与科学有关的领域的开发和研究，在航空航天、信息技术、电力及消费性电子产品等领域已制定了 900 多个行业标准，现已发展成为具有较大影响力的国际学术组织。

1.1.5 计算机网络的拓扑结构

1. 计算机网络拓扑结构的概念

在计算机网络中，把计算机、终端、通信控制处理机等设备抽象成点，把连接这些设备的通信线路抽象成线，并将由这些点和线构成的拓扑结构称为网络拓扑结构。网络拓扑结构能够反映网络的结构关系，它对于网络的性能、可靠性及建设管理成本等都有着重要的影响。因此，网络拓扑结构的设计在整个网络设计中占有十分重要的地位。在构建网络时，网络拓扑结构往往是首先要考虑的因素之一。

计算机网络拓扑结构（视频）

2. 常见的网络拓扑结构

在计算机网络中，常见的拓扑结构有总线、星形、环形、树状和网状，如图 1.2 所示。

（1）总线拓扑

如图 1.2（a）所示，总线拓扑结构采用单根传输线路作为传输介质，所有站点通过专门的连接器连到这个公共信道上，这个公共信道称为总线。任何一个站点发送的数据都能通过总线传播，同时能被总线上的其他所有站点接收到。可见，总线结构的计算机网络是一种广播式网络。总线拓扑结构形式简单，节点易于扩充，是基本的局域网拓扑形式之一。

（2）星形拓扑

如图 1.2（b）所示，星形拓扑结构中有一个中心节点，其他各个节点通过各自的线路与中心节点相连，形成辐射状结构。各个节点间的通信必须通过中心节点转发。星形拓扑的网络具有结构简单、易于建网和易于管理等特点。但这种结构要耗费大量的电缆，同时中心节点的故障会直接造成整个网络瘫痪。星形拓扑也经常应用于局域网中。

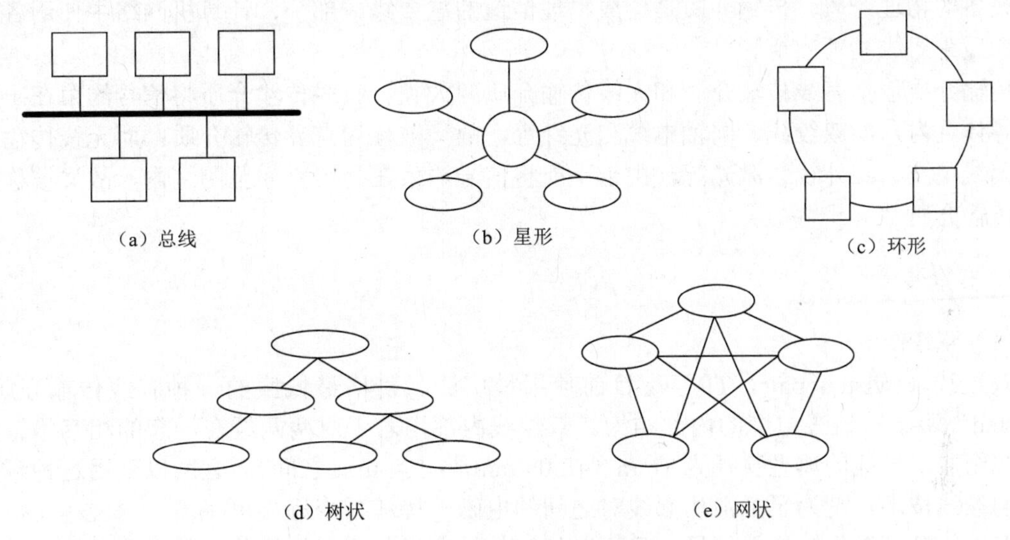

图 1.2 常见计算机网络拓扑结构

（3）环形拓扑

如图 1.2（c）所示，在环形拓扑中，各个节点和通信线路连接形成的是一个闭合的环。在环路中，数据按照一个方向传输。发送端发出的数据沿环绕行一周后，回到发送端，由发送端将其从环上删除。可以看到任何一个节点发出的数据都可以被环上的其他节点接收到。环形拓扑具有结构简单、容易实现、传输时延确定及路径选择简单等优点。但是，环形拓扑中的每个节点或连接节点的通信线路都有可能成为网络可靠性的瓶颈。网络中的任何一个节点出现故障都可能会造成全网络的瘫痪。另外，在这种拓扑结构中，节点的加入和拆除过程比较复杂。环形拓扑也是局域网中常用的一种拓扑形式。为提高环形网络的可靠性，可采用双环拓扑结构。

（4）树状拓扑

如图 1.2（d）所示，在树状拓扑结构中有一个根节点为全网的控制节点，以根节点为起点派生出若干子节点，子节点再派生出若干孙节点，以此类推扩展网络规模。树状拓扑可以看成是星形拓扑的一种扩展，也称为扩展星形拓扑。树状拓扑网络层次分明、管理方便，特别适合被具有分级管理需求的局域网建网采用，缺点是根节点负载重，越到底层的子节点其通信效率越低。

（5）网状拓扑

如图 1.2（e）所示，在网状拓扑结构中，节点之间的连接是任意的，每个节点都有多条线路与其他节点相连，这样使得节点之间存在多条路径可选，在传输数据时可以灵活地选用空闲路径或者避开故障线路。网状拓扑可以充分、合理地使用网络资源，并且具有可靠性高的优点。在广域网中，为了提高网络的可靠性，通常采用网状拓扑结构。

1.1.6 传输介质

传输介质泛指计算机网络中用于连接各个计算机的物理媒体，特指用来连接各个通信处理设备的物理介质。传输介质是构成物理信道的重要组成部分，计算机网络中使用各种传输介质来组成物理信道。

传输介质包括有线传输介质和无线传输介质两大类。有线传输介质将信号约束在一个物理导体之内，如双绞线、同轴电缆和光纤等，故又被称为有界传输介质；而无线传输介质如无线电波、红外线、激光等，由于不能将信号约束在某个空间范围之内，故又被称为无界传输介质。

1. 有线传输介质

（1）双绞线

双绞线（twisted pair，TP）是目前使用最广泛、价格最低廉的一种有线传输介质。“Twisted”源于双绞线电缆的内部结构。双绞线内部由若干对两两绞在一起的相互绝缘的铜导线组成，导线的典型直径为1mm（在0.4mm与1.4 mm之间）。之所以采用这种两两相绞的绞线技术，是为了抵消相邻线对之间的电磁干扰和减少近端串扰。

双绞线既可以传输模拟信号，又可以传输数字信号。用双绞线传输数字信号时，其数据传输率与电缆的长度有关。距离短时，数据传输率可以高一些。典型的数据传输率为100Mb/s和1000Mb/s，甚至达到10Gb/s的也正在普及，其制成品如图1.3（a）所示。双绞线按照是否有屏蔽层又可以分为非屏蔽双绞线（unshielded twisted pair，UTP）和屏蔽双绞线（shielded twisted pair，STP）。图1.3（b）和图1.3（c）给出了UTP和STP的示意图。STP由于采用了良好的屏蔽层，因此抗干扰性较好。但由于其价格较贵，因此在实际组网中使用不是很多。

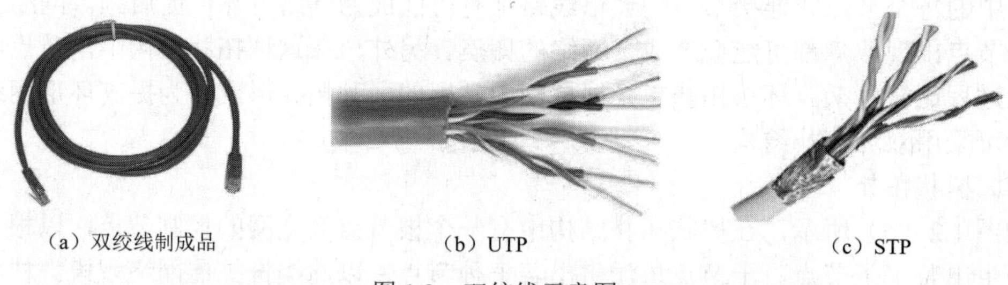

（a）双绞线制成品　（b）UTP　（c）STP

图1.3　双绞线示意图

关于双绞线的标准主要来自电子工业协会（Electronic Industries Association，EIA）的远程通信工业分会(Telecommunication Industries Association，TIA)，即通常所说的EIA/TIA。到目前为止，EIA/TIA已颁布了6类线缆的标准，计算机网络综合布线使用超5类、6类和超6类线；7类线和8类线也正在使用，7类线是欧洲标准，8类线主要用于数据中心建设。

（2）同轴电缆

同轴电缆由绕在同一轴线上的两种导体组成，其制成品如图1.4（a）所示。同轴电缆中央是一根比较硬的铜导线或多股导线，外面由一层绝缘材料包裹，这一层绝缘材料又被第二层导体包住，第二层导体可以是网状的导体（有时是导电的铝箔），主要用来屏蔽电磁干扰，最外面由坚硬的绝缘塑料包住，如图 1.4（b）和图 1.4（c）所示。

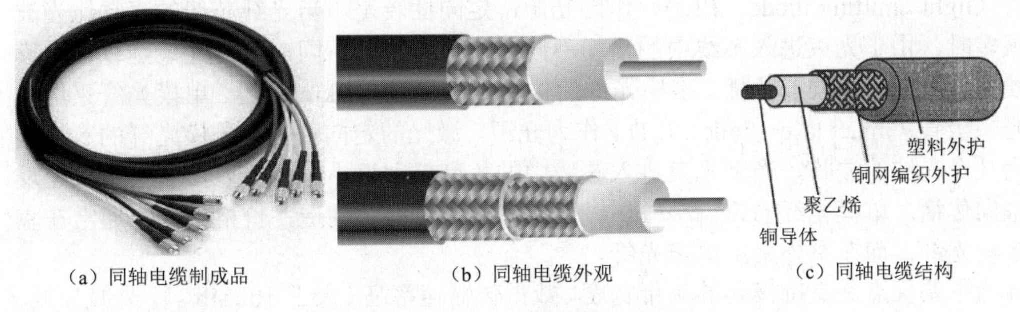

（a）同轴电缆制成品　（b）同轴电缆外观　（c）同轴电缆结构

图 1.4　同轴电缆示意图

同轴电缆通常使用的有 50Ω 和 75Ω 两种类型。50Ω 同轴电缆又称为基带同轴电缆，仅用于数字信号传输。75Ω 同轴电缆又称为宽带同轴电缆，既可以传输模拟信号，又可以传输数字信号。为了确保导线传输信号的良好电气特性，电缆必须接地，接地是为了构成一个必要的电气回路。另外，还要对电缆的端头进行处理，通常要在端头连接终端匹配负载，以起到削弱信号反射的作用。

同轴电缆的价格随直径及导体的不同而不同，通常介于双绞线与光纤之间，且细缆相对粗缆便宜一些。同轴电缆抗电磁干扰能力比双绞线强，但其安装较双绞线复杂，其典型的传输速率通常为 10Mb/s。双绞线与光纤作为两大类主流的有线传输介质被广泛使用，目前最新的计算机网络布线标准中已不再推荐使用同轴电缆。

（3）光纤

光纤是光导纤维缆的简称，又称光缆。光纤不能像其他铜线介质那样传输电信号，它只能传输光信号，其制成品如图 1.5（a）所示。从横截面看，每根光纤都由芯线和覆层构成，内芯由纯度非常高的玻璃纤维制成，其折射率较高，而反射包层则是一层薄薄的玻璃或塑料，其折射率较低。基于光的全反射，光会被限制在光导纤维中传输。光纤的外观与结构如图 1.5（b）和图 1.5（c）所示。

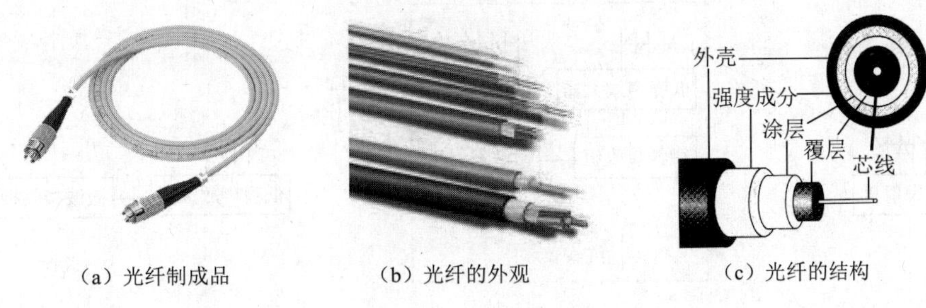

（a）光纤制成品　（b）光纤的外观　（c）光纤的结构

图 1.5　光纤示意图

由于光纤通信不受电磁干扰，可以防止内外的噪声，因此光纤中的信号可以比其他有线传输介质传得更远。光纤本身只能传输光信号，为了使光纤能传输电信号，光纤两端必须配有光发射机和光接收机，光发射机完成从电信号到光信号的转换，光接收机则完成从光信号到电信号的转换。光电转换通常采用载波调制方式，光纤中传输的是经过调制的光信号。

根据使用的光源和传输模式，光纤可分为多模光纤和单模光纤两种。多模光纤采用发光二极管（light emitting diode，LED）作为光源，定向性较差。当光纤芯线的直径比光波波长大很多时，由于光束进入芯线中的角度不同，传播路径也不同，这时光束是以多种模式在芯线内不断反射而向前传播。多模光纤的传输距离一般在 2km 以内。单模光纤采用注入式激光二极管（inject laser diode，ILD）作为光源，激光的定向性强。单模光纤的芯线直径一般为几个光波的波长，当激光束进入芯线中的角度差别很小时，能以单一的模式无反射地沿轴向传播。单模光纤的传输率较高，但比多模光纤更难制造，价格更高。通常在室内采用多模光纤，而在室外采用单模光纤。

光纤的主要优点是支持极高的频带宽度，数据传输速率高（大于 100Mb/s），衰减极低，传输距离远，且抗干扰能力和保密性强。但是，光纤的线缆成本高并且连接比较复杂。光纤目前主要用于长距离的数据传输和网络的主干线，或被用于有危险的、高压的或容易泄露信号的恶劣环境。但随着光纤的价格不断降低，其使用范围会越来越广。

2. 无线传输介质

如果不使用有线传输介质，则可以在空间利用电磁波直接发送和接收信号。实际上，地球上的大气层为大部分无线传输提供了物理通道。下面介绍常用的微波、红外线、蓝牙与激光等 4 种无线通信传输介质。

传输介质（视频）

（1）微波

微波是指频率为 300MHz～300GHz 的电波。微波通信是用微波作为载波信号，用被传输的模拟信号或数字信号来调制该载波信号，它既可用于传输模拟信号，又可用于传输数字信号。一方面，由于微波段的频率很高，故信道的容量很大；另一方面，由于微波能穿透电离层而不反射到地面，因此其传播距离受到限制，一般为 50km，但可以通过地面微波中继站或卫星通信来延长其通信距离。卫星通信的最大特点是通信远，通信费用与通信距离无关，同时具有频带宽、容量大、信号所受到的干扰小、通信稳定的特点，但卫星通信的延时较大，如图 1.6 所示。

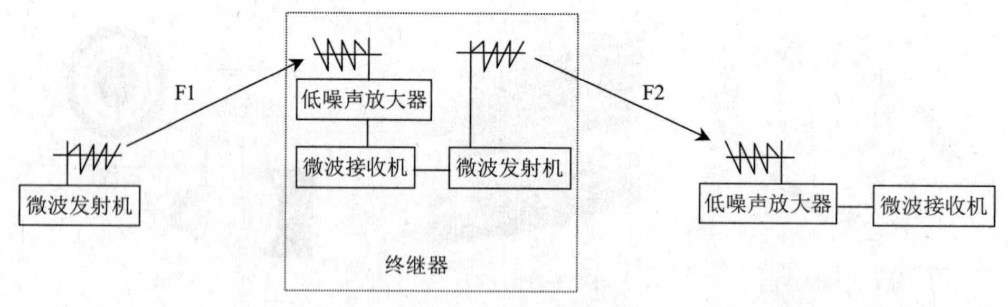

图 1.6　微波网络通信模式

（2）红外线

红外线（infrared rays）也是一种光线，由于它的波长比红色光（750nm）还长，超出了人眼可以识别的（可见光）范围，因此人们看不见它，又称为红外热辐射（infrared radiation），通常把波长为 0.75～1000μm 的光都称为红外线。

利用红外线来传输信号，在收、发端分别接有红外线的发送器和接收器，但二者必须在可视范围内，中间不允许有障碍物。红外线信道有一定的带宽，当传输速率为 100Kb/s 时，通信距离可大于 16km；传输速率为 1.5Mb/s 时，其通信距离则降为 1.6km。红外线容量大，保密性强，抗电磁干扰性能好，设备结构简单、体积小、重量轻、价格低，但在大气信道中传输时易受气候影响。

（3）蓝牙

蓝牙技术是一种无线数据与语音通信的开放性全球规范，它以低成本的近距离无线连接为基础，为固定与移动设备通信环境建立一个特别连接。蓝牙工作在全球通用的 2.4GHz ISM（即工业、科学、医学）频段。蓝牙的数据传输速率为 1Mb/s，时分双工传输方案被用来实现全双工传输。

（4）激光

激光通信是利用激光束来传输信号，即将激光束调制成光脉冲以传输数据，它与红外线一样不能传输模拟信号。激光通信必须配置一对激光收发器，且安装在视线范围内。激光具有高度的方向性，因而很难被窃听、插入数据和进行干扰，缺点是传输距离有限，易受环境的干扰，如雨、雾等。

1.1.7 双绞线标准

1. EIA/TIA 568-A 与 EIA/TIA 568-B 标准

目前，最常用的布线标准有两种，分别是 EIA/TIA 568A 和 EIA/TIA 568B。在一个综合布线工程中，可采用任何一种标准，但所有的布线设备及布线施工必须采用同一标准。通常情况下，在布线工程中采用 EIA/TIA 568B 标准。

1）按照 568B 标准布线水晶头的 8 针（也称插针）与线对的分配如图 1.7（a）所示。线序从左到右依次为：1——白橙、2——橙、3——白绿、4——蓝、5——白蓝、6——绿、7——白棕、8——棕。4 对双绞线电缆的线对 2 插入水晶头的 1、2 针，线对 3 插入水晶头的 3、6 针。

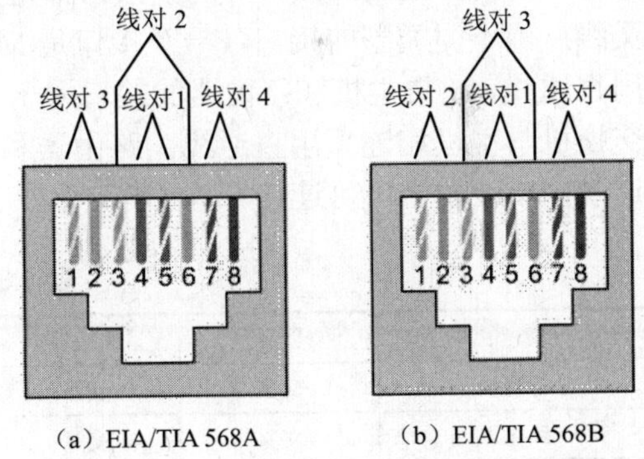

（a）EIA/TIA 568A （b）EIA/TIA 568B

图 1.7 EIA/TIA 568A 与 EIA/TIA 568B 线对

2）按照 EIA/TIA 568A 标准布线水晶头的 8 针与线对的分配如图 1.7（b）所示。线序从左到右依次为：1——白绿、2——绿、3——白橙、4——蓝、5——白蓝、6——橙、7——白棕、8——棕。4 对双绞线对称电缆的线对 2 接信息插座的 3、6 针，线对 3 接信息插座的 1、2 针。

2. 判断跳线线序

只有搞清楚如何确定水晶头针脚的顺序，才能正确判断跳线的线序。将水晶头有塑料弹簧片的一面朝下，有针脚的一端向上，使有针脚的一端指向远离自己的方向，有方形孔的一端对着自己，此时，最左边的是第 1 脚，最右边的是第 8 脚，其余以此顺序排列。

3. 划分跳线的类型

按照双绞线两端线序的不同，通常划分两类双绞线。

（1）直通线

根据 EIA/TIA 568B 标准，两端线序排列一致，一一对应，即不改变线的排列，称为直通线。直通线线序如表 1.1 所示。当然，也可以按照 EIA/TIA 568A 标准制作直通线，此时跳线两端的线序依次为：1——白绿、2——绿、3——白橙、4——蓝、5——白蓝、6——橙、7——白棕、8——棕。

表 1.1 直通线线序

端 1	白橙	橙	白绿	蓝	白蓝	绿	白棕	棕
端 2	白橙	橙	白绿	蓝	白蓝	绿	白棕	棕

（2）交叉线

根据 EIA/TIA 568B 标准，改变线的排列顺序，采用“1-3，2-6”的交叉原则排列，称为交叉网线。交叉线线序如表 1.2 所示。

表 1.2 交叉线线序

端 1	白橙	橙	白绿	蓝	白蓝	绿	白棕	棕
端 2	白绿	绿	白橙	蓝	白蓝	橙	白棕	棕

在进行设备连接时，需要正确地选择线缆。通常将设备的 RJ-45 接口分为 MDI 和 MDIX 两类。当同种类型的接口（两个接口都是 MDI 或都是 MDIX）通过双绞线互连时，使用交叉线；当不同类型的接口（一个接口是 MDI，一个接口是 MDIX）通过双绞线互连时，使用直通线。通常主机和路由器的接口属于 MDI，交换机和集线器的接口属于 MDIX。例如，交换机与主机相连采用直通线，路由器和主机相连则采用交叉线。表 1.3 列出了设备间的连线，N/A 表示不可连接。

表 1.3 设备间连线

设备类型	计算机	路由器	交换机 MDIX	交换机 MDI	集线器
计算机	交叉	交叉	直通	N/A	直通
路由器	交叉	交叉	直通	N/A	直通
交换机 MDIX	直通	直通	交叉	直通	交叉
交换机 MDI	N/A	N/A	直通	交叉	直通
集线器	直通	直通	交叉	直通	交叉

1.2 实训任务：制作双绞线

1.2.1 双绞线制作实训准备及注意事项

1. 实训准备

制作双绞线（视频）

双绞线制作前需做如下准备。

1）压线钳一把。

2）剥线钳一把。

3）超5类双绞线若干。

4）线缆测线仪一个（如上海三北的“能手”网络电缆测试仪等）。

5）水晶头若干（RJ-45型）。

2. 实训注意事项

用压线钳割去双绞线的屏蔽层后，会看到共有8根颜色不同的线，每两根相互绞在一起，需要将每一组的两根线分别解开并尽量捋直。RJ-45插头即水晶头，每条网线的两端各需要一个水晶头。水晶头质量的优劣不仅是网线能够制作成功的关键之一，也在很大程度上影响着网络的传输速率，推荐选择正品的AMP、兆龙、普天、普捷等水晶头。假的水晶头的铜片容易生锈，对网络传输速率影响特别大。制作过程可分为4个关键环节，简单归纳为“剥”“理”“插”“压”4个字。

（1）取双绞线

取出一截长度为1.2～1.5m的双绞线，太长浪费，太短制作困难，串扰太大。

（2）剥双绞线

割屏蔽层的时候注意深度，不要将线割坏，影响通信。

（3）理、排双绞线

尽量将线捋直，方便后面插入RJ-45插头，每条双绞线中都有8根导线，导线的排列顺序必须遵循一定的规律（按照EIA/TIA标准排列线序），否则会导致链路的连通性故障，或影响网络传输速率。

（4）剪双绞线

将捋直的线用压线钳剪齐，插入RJ-45插头的线不要留得过长，也不宜留得过短（1.1～1.3cm，成人手指食指头节的一半多点即可）。

（5）插双绞线

将剥出剪齐的线插入RJ-45插头时，RJ-45插头的方向不要弄反，有8个凹槽的正面对向人；插入后要观察RJ-45插头是否出现闪亮点，直到出现8点亮光。

（6）压双绞线

用压线钳压放入压线槽的RJ-45插头时用力要适当，用力过猛容易把RJ-45插头弄坏，用力过轻则压不好，通常掌握一轻二重的方法，轻就是放入压线槽后先适当轻压一下，保证各芯线都准确到位，在保证准确到位后再稍微重压一下，听到清脆响声即可。

（7）测双绞线

用测线仪测试制作好的线缆时，要保证信号灯正确通过（交叉线测试信号有源端是1到8顺序通过，无源端则是3、6、1、2、4、5、7、8依次通过；直通线缆则是两端对应1、2、3、4、5、6、7、8依次通过）。

1.2.2 双绞线的制作过程

双绞线制作过程介绍如下。

1. 材料工具准备

准备好超 5 类双绞线、RJ-45 插头和一把专用的压线钳。

2. 剥双绞线

步骤 1：用压线钳的剥线刀口将超 5 类双绞线的外保护套管划开（小心不要将里面的双绞线的绝缘层划破），刀口距超 5 类双绞线的端头至少 2cm，如图 1.8 所示。

步骤 2：将划开的外保护套管剥去（旋转、向外抽），如图 1.9 所示。

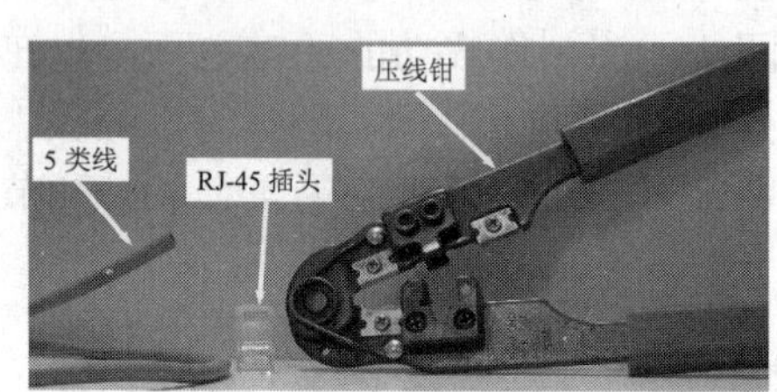

图 1.8　准备工具

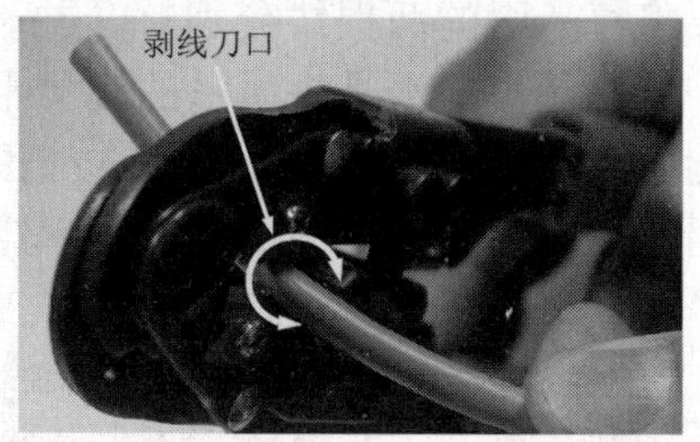

图 1.9　划开超 5 类双绞线的保护外套

步骤 3：露出超 5 类线电缆中的 4 对双绞线，如图 1.10 和图 1.11 所示。

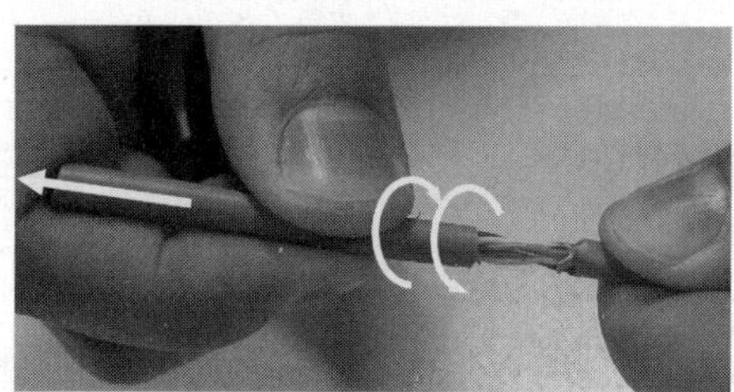
图 1.10　剥去外保护管

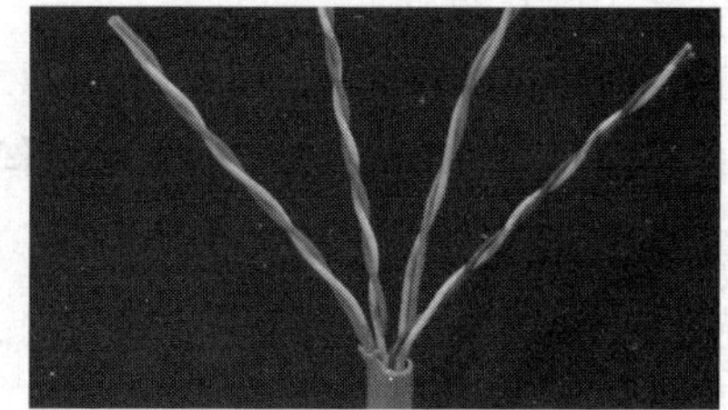
图 1.11　4 对双绞线

3. 排双绞线

步骤 1：按照 EIA/TIA 568B 标准（橙白、白、绿白、蓝、蓝白、绿、棕白、棕）和导线颜色将导线按规定的序号排好，如图 1.12 所示。

步骤 2：将 8 根导线平坦、整齐地平行排列，导线间不留空隙，如图 1.13 所示。

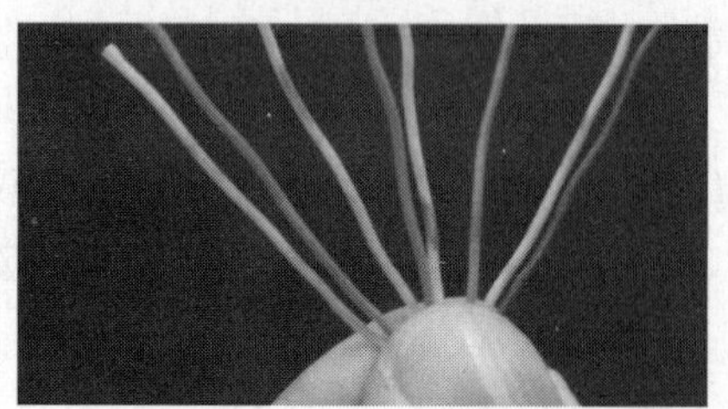
图 1.12　排好导线

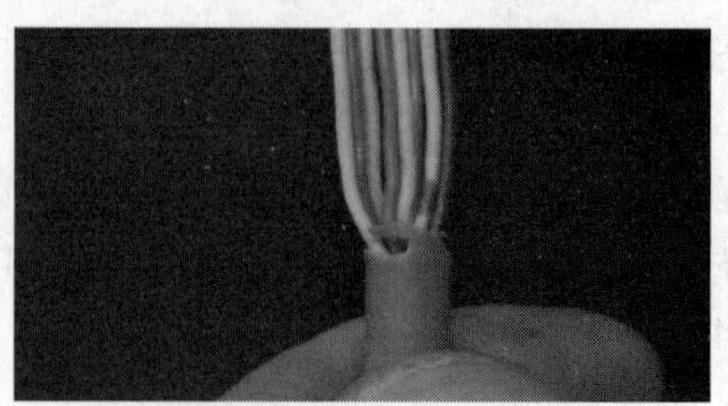
图 1.13　将导线排列好

4. 剪双绞线

步骤 1：准备用压线钳的剪线刀口将 8 根导线剪断，如图 1.14 所示。

步骤 2：剪断电缆线。一定要剪得很整齐；剥开的导线长度不可太短，可以先留长一些；不要剥开每根导线的绝缘外层，如图 1.15 所示。

5. 插双绞线

步骤 1：将剪断的电缆线放入 RJ-45 插头试试长短（要插到底），电缆线的外保护层最后应能够在 RJ-45 插头内的凹陷处被压实。反复进行调整，如图 1.16 所示。

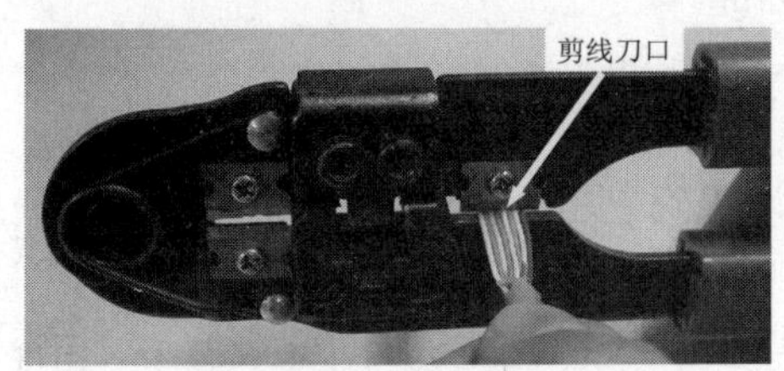

图 1.14 剪断导线

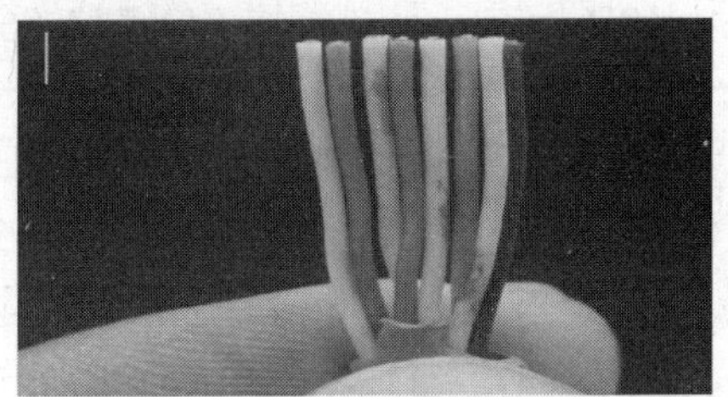

图 1.15 剪断电缆线

步骤 2：在确认一切都正确后（特别要注意不要将导线的顺序排列反了），将 RJ-45 插头放入压线钳的压头槽内，准备最后压实，如图 1.17 所示。

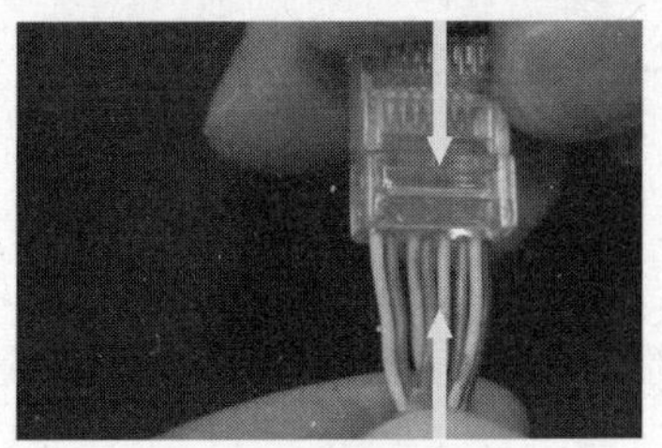

图 1.16 测试长短

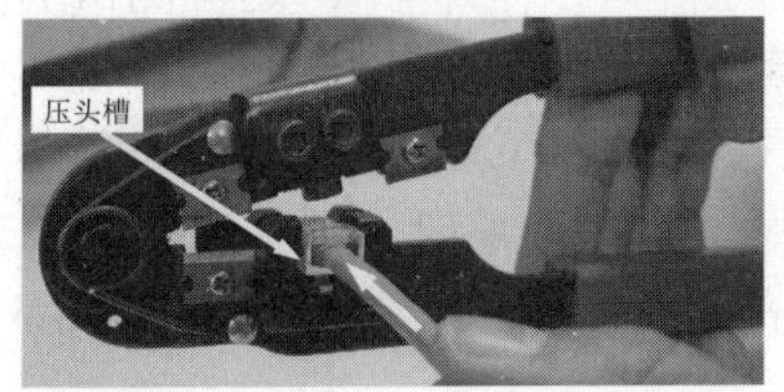

图 1.17 将 RJ-45 插头放入压头槽

6. 压双绞线

步骤 1：双手紧握压线钳的手柄，用力压紧，如图 1.18 所示。在这一步骤完成后，插头的 8 个针脚接触点就穿过导线的绝缘外层，分别和 8 根导线紧紧地压接在一起。

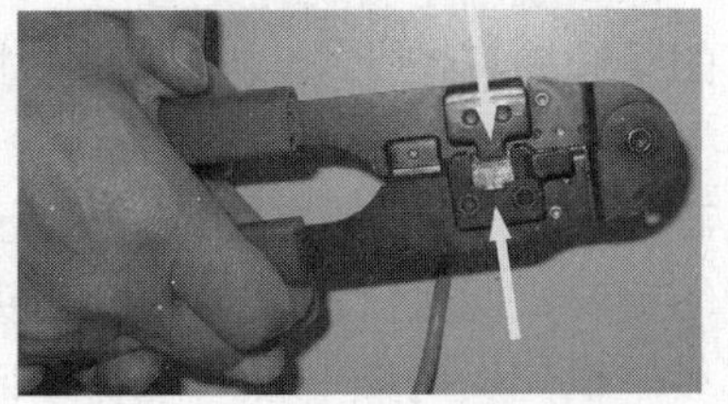

图 1.18 压紧

步骤 2：完成，如图 1.19 所示。

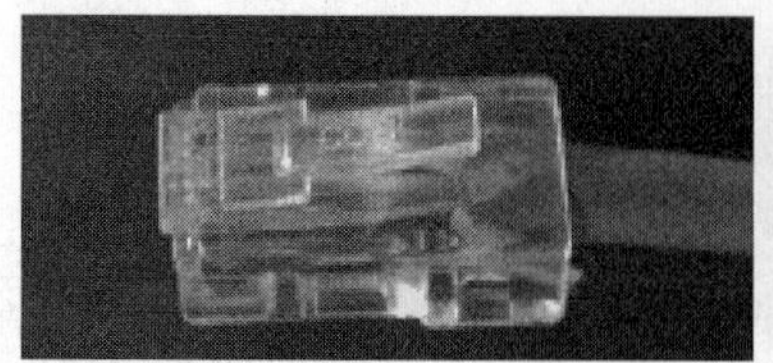

图 1.19　完成

现在已经完成了线缆一端的水晶头的制作。下面需要按照 EIA/TIA 568B 标准和前面介绍的步骤来制作另一端的水晶头。

制作双绞线交叉线的步骤和操作要领与制作直通线一样，只是交叉线两端一端按 EIA/TIA 568B 标准，另一端按 EIA/TIA 568A 标准。

1.2.3 双绞线的测试

双绞线测试（视频）

制作完成双绞线后，需要检测它的连通性，以确定是否有连接故障。通常使用电缆测试仪进行检测，建议使用专门的测试工具（如 FLUKE DSP-4000 等）进行测试，也可以购买普通的网线测试仪，如常用的上海三北的“能手”网络电缆测试仪，如图 1.20 所示。

图 1.20　NS-468AT 网络电缆测试仪

测试时将双绞线两端的水晶头分别插入主测试仪和远程测试端的 RJ-45 端口，将开关开至 ON（S 为慢速挡），主机指示灯从 1 到 8 逐个顺序闪亮。

若连接不正常，按下述情况进行测试。

1）当有一根导线断路时，则主测试仪和远程测试端对应线号的灯都不亮。

2）当有几条导线断路时，则相对应的几条线都不亮；当导线少于 2 根线联通时，则灯都不亮。

3）当两头网线乱序时，则与主测试仪端连通的远程测试端的线号亮。

4）当导线有 2 根短路时，则主测试器显示不变，而远程测试端显示短路的两根线灯都亮。若有 3 根以上（含 3 根）线短路时，则所有短路的几条线对应的灯都不亮。

5）如果出现红灯或黄灯，就说明存在接触不良等现象，此时最好先用压线钳压制两端水晶头一次，再进行测试。如果故障依旧存在，就得检查芯线的排列顺序是否正确。如果芯线顺序错误，那么就应重新制作。

如果测试的线缆为直通线缆，则测试仪上的 8 个指示灯应该依次闪烁。如果线缆为交叉线缆，则其中一侧同样是依次闪烁，而另一侧则会按 3、6、1、4、5、2、7、8 这样的顺序闪烁。如果芯线顺序一样，但测试仪仍显示红色灯或黄色灯，则表明其中肯定存在对应芯线接触不好的情况，此时就需要重做水晶头了。

思考：已经布线完成的集中接入设备如何测试线缆是否正常？在混乱的场景下如何寻找准确的链路线缆？

1.3　课 堂 评 价

完成本单元学习，认真填写学习情况考核表（见表 1.4），并及时予以反馈。

表 1.4　学习情况考核表

序号	评价内容	自我评价					小组评价					老师评价				
		A	B	C	D	E	A	B	C	D	E	A	B	C	D	E
1	网络发展趋势对社会的影响															
2	网络拓扑结构对网络的影响															
3	传输介质对网络建设的影响															
4	光缆在计算网络建设中的作用															
5	双绞线的制作要点															
6	双绞线制作标准															
7	双绞线分类															
8	双绞线测试工具															
9	线缆故障排除方法															

说明：评价等级分为 A、B、C、D 和 E 共 5 等。其中，对知识与技能掌握很好，能够熟练地完成任务为 A 等；掌握 75%以上的内容，能较为顺利地完成任务为 B 等；掌握 60%以上的内容为 C 等；基本掌握为 D 等；大部分内容不够清楚为 E 等。

1.4　思考与讨论

一、填空题

1. 计算机网络的主要功能为______。
2. 计算机网络从逻辑上分为______和______。
3. 按照覆盖的地理范围，计算机网络可以分为______、______和______。
4. 常用网络拓扑结构包括______、______、______、______、______。
5. 网状网络拓扑结构适用的场景是______。

二、选择题

1. 中心节点故障导致全网瘫痪的网络拓扑结构是（　　）。

   A. 网状结构　　B. 环形结构　　C. 总线结构　　D. 星形结构

2. 能传输 1000Mb/s 的双绞线是（　　）。

   A. 5 类线　　B. 超 5 类线　　C. 6 类线　　D. 超 6 类线

3. 下面关于计算机网络的基本特征描述中不正确的是（　　）。

   A. 在计算机网络中均采用了分组交换技术

   B. 建立计算机网络的主要目的是实现计算机资源的共享

   C. 互联的计算机是分布在不同地理位置的多台独立的“自主计算机”

   D. 联网的计算机之间的通信必须遵守共同的网络协议

4. 下列选项中，关于计算机网络拓扑的叙述不正确的是（　　）。
   A. 计算机网络拓扑反映出网络中客户端/服务器的关系
   B. 计算机网络拓扑反映出网络中实体的结构关系
   C. 拓扑是设计师建设计算机网络的第一步，也是实现各种网络协议的基础
   D. 计算机网络拓扑通过网中结点与通信线路之间的几何关系表示网络结构

5. 下面关于光纤的叙述，不正确的是（　　）。
   A. 频带很宽　　B. 误码率很低
   C. 不受电磁干扰　　D. 容易维护和维修

6. 小明在解决网络故障的时候，用能手网络测线仪插入到用户接入计算机网卡的一端，发现能手测试仪的 8 个灯均依次闪亮通过，判断网络故障应该是由计算本身和计算机系统造成，网络线缆正常。请问：小明的判断是否正确？（　　）
   A. 小明的判断完全正确，由于网络线路是从网络设备端接入到计算机接口，测试的时候网络设备端本身是有电信号的，测试所有 8 芯线缆均通过，故线路正常
   B. 小明的判断不准确，因为由于网络线路是从网络设备端接入到计算机接口，测试信号灯实际是通过弱电型号来判断的，只要线路能产生闭环回路，测试仪灯就是闪亮通过

三、讨论题

1. 目前 Wi-Fi 的传输速率和使用情况如何？
2. 多模光纤的特点和适用场景有哪些？
3. 单模光纤的特点和适用场景有哪些？
4. 双绞线的特点和适用场景有哪些？
5. 简述计算机网络发展方向。
6. 对于已经完成综合布线的网络布线系统来说，怎样测试布线系统中的线缆是否合格？

拓展阅读　新技术、新工艺

网络体系结构

教学目标

知识教学目标

1. 掌握 OSI 模型和 TCP/IP 模型
2. 了解计算机网络系层次结构的特点和网络协议的概念与组成
3. 熟悉 OSI 模型和 TCP/IP 模型中每个层次所完成的功能和特点

技能培养目标

1. 能够熟练完成 TCP/IP 协议的安装
2. 能够熟练完成 IP 地址的配置
3. 能够掌握 TCP/IP 协议的测试方法

素质培养目标

1. 理解事物发展规律
2. 正确对待责任与义务

2.1 相关知识：网络体系结构概述

网络体系结构（视频）

计算机网络结构可以从网络体系（network architecture）结构、网络组织和网络配置 3 个方面来描述。网络体系结构是从功能上来描述，指计算机网络层次结构模型和各层协议的集合；网络组织是从网络的物理结构和网络的实现两方面来描述；网络配置是从网络应用方面来描述计算机网络的布局、硬件、软件和通信线路。计算机网络体系结构是计算机网络及其部件所应该完成功能的精确定义。体系结构是抽象的，实现是具体的，是运行在计算机软件和硬件之上的，从逻辑上准确描述出数据交付的过程。世界上第一个网络体系结构是美国 IBM 公司于 1974 年提出的，它取名为系统网络体系结构（system network architecture，SNA）。凡是遵循 SNA 的设备就称为 SNA 设备，这些 SNA 设备可以很方便地进行互连。此后，很多公司也纷纷建立起自己的网络体系结构，这些体系结构虽然大同小异，但都采用了层次技术。

计算机网络由多个互连的节点组成，节点之间要不断地交换数据和控制信息，要做到有条不紊地交换数据，每个节点就必须遵守一整套合理而严谨的结构化管理体系。计算机网络就是按照高度结构化设计方法，采用功能分层原理来实现的，即计算机网络体系结构的内容。

2.1.1 网络体系结构的定义

计算机网络系统是一个十分复杂的系统。将一个复杂系统分解为若干个容易处理的子系统，然后“分而治之”，这种结构化设计方法是工程设计中常见的手段。分层是分解系统比较好的方法之一。层次结构的好处在于各层相对独立、功能简单、层内的变化互不影响，即适应性强，易于实现和维护；分层结构还有利于交流、理解和标准化。

为了完成计算机间的通信合作，把每个计算机互连的功能划分成定义明确的层次，规定了同层次进程通信的协议及相邻层之间的接口及服务，将这些同层进程通信的协议及相邻层接口统称为网络体系结构。

2.1.2 计算机网络层次结构

1. *层次结构表示*

层次结构一般通过垂直分层模型来表示，如图 2.1 所示，层次结构的要点如下。

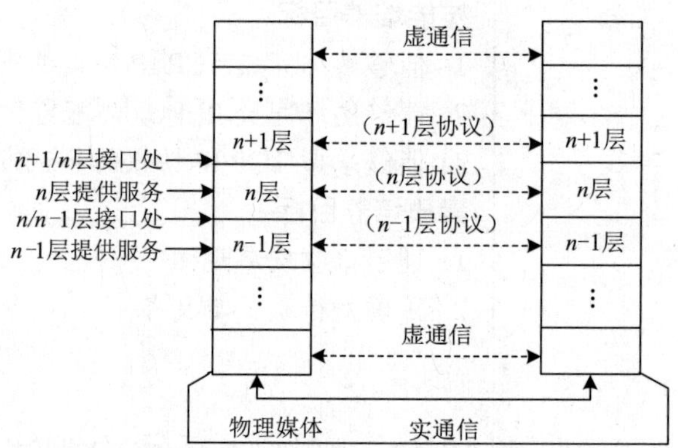

图 2.1 计算机网络的层次模型

1）除了在物理媒体上进行的是实通信之外，其余各对等实体间进行的都是虚通信。

2）对等层的虚通信必须遵循该层的协议。

3）n 层的虚通信是通过从 $n/n-1$ 层接口处调用 $n-1$ 层提供的服务，以及 $n-1$ 层的通信（通常也是虚通信）来实现的。

2. *层次结构划分的原则*

层次结构划分的原则如下。

1）每层的功能应该是明确的，并且是相互独立的。当更新某一层的具体实现方法时，只要保持上、下层的接口不变，便不会对邻近层产生影响。

2）层间接口必须清晰，层与层之间跨越接口的信息量应尽可能少。

3）层数应适中，若层数太少，则造成每一层的协议太复杂；若层数太多，则体系结构过于复杂，使描述和实现各层功能变得困难。

3. 网络体系结构的特点

网络体系结构的特点如下。

1）以功能作为划分层次的基础。

2）第 n 层的实体在实现自身定义的功能时，只能使用第 n -1 层提供的服务。

3）第 n 层在向第 n +1 层提供服务时，此服务不仅包含第 n 层本身的功能，还包含由 n-1 层服务提供的功能。

4）仅在相邻层间有接口，且所提供服务的具体实现细节对上一层完全屏蔽。

2.1.3 OSI 模型

1. 开放系统理念

OSI 参考模型中的通信过程（视频）

在人们的日常工作中，不同年代、不同厂家、不同类型的计算机系统千差万别，要将这些系统互连起来，就需要它们之间彼此开放。所谓开放系统，就是遵守互连标准协议的实系统。实系统是一台或多台计算机、有关软件、终端、操作员、物理过程和信息处理手段等的集合。对实系统的研究涉及具体的计算机和技术细节，采用抽取实系统中涉及互连的公共特性构成模型系统，然后研究这些模型系统即开放系统互连的标准，这样就可以避免涉及具体机型和技术上的实现细节，也可以避免技术的进步对互连标准的影响。所谓模型化的方法，是用功能上等价的开放系统模型代替实开放系统的方法。

2. OSI 七层模型

（1）OSI 网络分层参考模型

OSI（open system interconnection，开放系统互连）基本参考模型是由国际标准化组织制定的标准化开放式计算机网络层次结构模型，又称 OSI 参考模型。“开放”这个词表示能使任何两个遵守参考模型和有关标准的系统进行互连。

OSI 包括了体系结构、服务定义和协议规范三级抽象。OSI 的体系结构定义了一个七层模型，用以描述进程间的通信，并作为一个框架来协调各层标准的制定；OSI 的服务定义描述了各层所提供的服务，以及层与层之间的抽象接口和交互用的服务原语；OSI 各层的协议规范精确地定义了应当发送何种控制信息及使用何种过程来解释该控制信息。

OSI 七层模型从下到上分别为物理层（physical layer）、数据链路层（data link layer）、网络层（network layer）、传输层（transport layer）、会话层（session layer）、表示层（presentation layer）和应用层（application layer），如图 2.2 所示。从图 2.2 中可见，整个开放系统环境由作为信源和信宿的端开放系统及若干中继开放系统通过物理媒体连接构成。这里的端开放系统和中继开放系统都是国际标准 OSI 7498 中使用的术语。通俗地说，它们相当于资源子网中的主机和通信子网中的节点机（即接口信息处理机，interface message processor，IMP）。只有在主机中才可能需要包含所有七层的功能，而在通信子网中的 IMP 一般只需要最低三层甚至只要最低两层的功能就可以了。

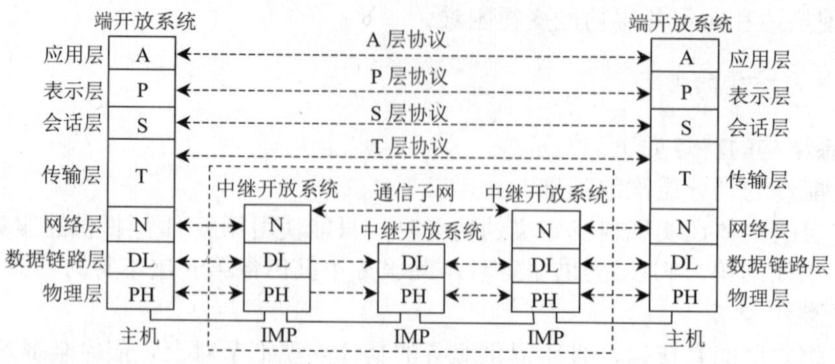

图 2.2　OSI 参考模型

（2）各层功能简要介绍

1）物理层负责将信息编码成电流脉冲或其他信号，以便于网上传输。它由计算机和网络介质之间的实际界面组成，可定义电气信号、符号、线的状态和时钟要求、数据编码和数据传输用的连接器。最常用的 RS-232 规范、10Base-T 的曼彻斯特编码及 RJ-45 就属于物理层。所有比物理层高的层都需要通过事先定义好的接口与物理层进行通话。

2）数据链路层通过物理网络链路提供可靠的数据传输。不同的数据链路层定义了不同的网络和协议特征，其中包括物理编址、网络拓扑结构、错误校验、帧序列及流控。数据链路层实际上由两个独立的部分组成，即介质存取控制（media access control，MAC）层和逻辑链路控制（logical link control，LLC）层。MAC 描述在共享介质环境中如何进行站的调度、发生和接收数据。MAC 确保信息跨链路的可靠传输，对数据传输进行同步，识别错误和控制数据的流向。一般地讲，MAC 在共享介质环境中是十分重要的，只有在共享介质环境中，多个节点才能连接到同一传输介质上。IEEE MAC 规则定义了地址，以标识数据链路层中的多个设备。LLC 管理单一网络链路上设备间的通信，IEEE 802.2 标准定义了 LLC。LLC 支持无连接服务和面向连接的服务。在数据链路层的信息帧中定义了许多域。这些域使得多种高层协议可以共享一个物理数据链路。

3）网络层负责在源点和终点之间建立连接。它一般包括网络寻径，还可能包括流量控制、错误检查等。相同 MAC 标准的不同网段之间的数据传输一般只涉及数据链路层，而不同的 MAC 标准之间的数据传输都涉及网络层。例如，IP 路由器工作在网络层，因而可以实现多种网络间的互连。

4）传输层向高层提供可靠的端到端的网络数据流服务。传输层的功能一般包括流控、多路传输、虚电路管理、差错校验和差错恢复。流控管理设备之间的数据传输，确保传输设备不发送比接收设备处理能力大的数据；多路传输使得多个应用程序的数据可以传输到一个物理链路上；虚电路由传输层建立、维护和终止；差错校验包括为检测传输错误而建立的各种不同结构；而差错恢复包括所采取的行动（如请求数据重发），以便解决发生的任何错误。传输控制协议（transmission control protocol，TCP）是提供可靠数据传输的 TCP/IP 协议族中的传输层协议。

5）会话层建立、管理和终止表示层与实体之间的通信会话。通信会话包括发生在不同网络应用层之间的服务请求和服务应答，这些请求与应答通过会话层的协议实现。它还包括创建检查点，使通信发生中断的时候可以返回以前的一个状态。

6）表示层提供多种功能用于应用层数据的编码和转化，以确保以一个系统应用层发送的信息可以被另一个系统应用层识别。表示层的编码和转化模式包括公用数据表示格式、性能转化表示格式、公用数据压缩模式和公用数据加密模式。

7）应用层是最接近终端用户的 OSI 层，这就意味着 OSI 应用层与用户之间是通过应用软件直接相互作用的。应注意的是，应用层并非由计算机上运行的实际应用软件组成，而是由向应用程序提供访问网络资源的应用程序接口（application program interface，API）组成的，这类应用软件程序超出了 OSI 模型的范畴。应用层的功能一般包括标识通信伙伴、定义资源的可用性和同步通信。因为可能丢失通信伙伴，应用层必须为传输数据的应用子程序定义通信伙伴的标识和可用性。定义资源可用性时，应用层为了请求通信而必须判定是否有足够的网络资源。在同步通信中，所有应用程序之间的通信都需要应用层的协同操作。

OSI 的应用层协议包括文件的传输、访问及管理协议（file transfer access and management，FTAM），以及文件虚拟终端协议（virtual terminal protocol，VIP）和通用管理信息协议（common management information protocol，CMIP）等。

（3）对等通信

不同系统同等层次之间按相应协议进行通信，同一系统不同层次之间通过接口进行通信。只有最底层物理层完成物理数据传递，其他同等层次之间的通信称为逻辑通信，其通信过程为将通信数据交给下一层处理，下一层对数据加上若干控制位后再交给它的下一层处理，最终由物理层传递到对方系统物理层，再逐层向上传递，从而实现对等层之间的逻辑通信。

层次结构模型中数据的实际传送过程如图 2.3 所示。图 2.3 中发送进程给接收进程发送数据，实际上是经过发送方各层次从上到下传递到物理媒体，通过物理媒体传输到接收方后，再经过从下到上各层的传递，最后到达接收进程。

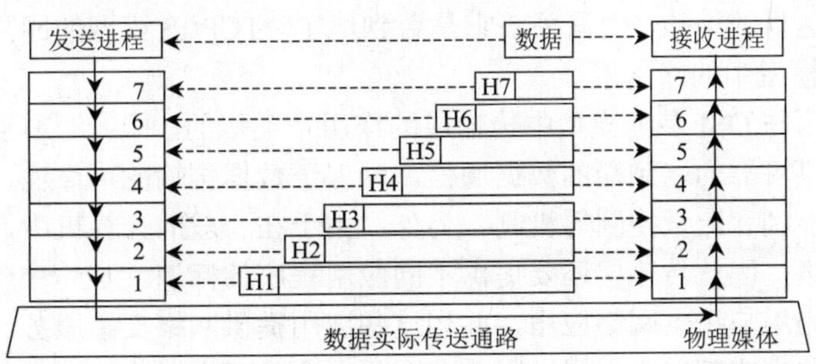

图 2.3　数据的实际传递过程

在发送方从上到下逐层传递的过程中，每层都要加上适当的控制信息，即图 2.3 中的 H7～H1，统称为报头，到最底层成为由“0”和“1”组成的数据比特流，然后再转换为电信号在物理媒体上传输至接收方。接收方在向上传递时过程正好相反，要逐层剥去发送方相应层加上的控制信息。

因为接收方的某一层不会收到底下各层的控制信息，而高层的控制信息对于它来说又只是透明的数据，所以它只阅读和去除本层的控制信息，并进行相应的协议操作。发送方和接收方的对等实体看到的信息是相同的，就好像这些信息通过虚通信直接给了对方一样。

2.1.4 TCP/IP 模型

TCP/IP（transmission control protocol/Internet protocol）模型是由美国国防部创建的，因此有时又称 DoD（department of defense，美国国防部）模型。TCP/IP 模型分为 4 层，由下而上分别为网络接口层、网际层、传输层和应用层，如图 2.4 所示。应该指出，TCP/IP 是 OSI 模型之前的产物，因此两者间不存在严格的层次对应关系。在 TCP/IP 模型中并不存在与 OSI 中的物理层与数据链路层相对应的部分；相反，由于 TCP/IP 的主要目标是致力于异构网络的互连，因此在 OSI 中的物理层与数据链路层相对应的部分没有做任何限定。

TCP/IP 模型（视频）

<table>
<tr><td>应用层</td><td colspan="3">FTP　Telnet　HTTP</td><td>SNMP　TFTP　NTP</td></tr>
<tr><td>传输层</td><td colspan="3">TCP</td><td>UDP</td></tr>
<tr><td>网际层</td><td colspan="4">IP</td></tr>
<tr><td rowspan="2">网络接口层</td><td rowspan="2">以太网</td><td rowspan="2">令牌环网</td><td>802.3</td><td>EIA/TIA-232　V.35</td></tr>
<tr><td>802.2</td><td>HDLC　PPP</td></tr>
</table>

图 2.4　TCP/IP 模型

网络接口层是 TCP/IP 模型的最底层，负责接收从网际层交来的 IP 数据报，并将 IP 数据报通过底层物理网络发送出去，或者从底层物理网络上接收物理帧，抽出 IP 数据报，交给网际层。网际层使采用不同技术和网络硬件的网络之间能够互连，它包括属于操作系统的设备驱动器和计算机网络接口卡，以处理具体的硬件物理接口。

网际层负责独立地将分组从源主机送往目标主机，涉及为分组提供最佳路径的选择和交换功能，并使这一过程与它们所经过的路径和网络无关。这犹如用户寄信时，并不需要知道它是如何到达目的地的，而只关心它是否到达了。TCP/IP 模型的网际层在功能上非常类似于 OSI 参考模型中的网络层。

传输层的作用与 OSI 参考模型中传输层的作用是类似的，即在源节点和目的节点的两个对等实体间提供可靠的端到端的数据通信。为保证数据传输的可靠性，传输层协议也提供了确认、差错控制和流量控制等机制。另外，由于在一般的计算机中，常常是多个应用程序同时访问网络，因此传输层还要提供不同应用程序的标识。

应用层涉及为用户提供网络应用，并为这些应用提供网络支撑服务。由于 TCP/IP 将所有与应用相关的内容都归为一层，因此在应用层要处理高层协议、数据表达和对话控制等任务。

2.1.5 OSI 模型和 TCP/IP 模型的区别与联系

OSI 模型和 TCP-IP 模型的区别与联系（视频）

OSI 模型和 TCP/IP 模型有许多相似之处。具体表现在：两者都采用了层次结构并存在可比的传输层和网络层；两者都有应用层，虽然所提供的服务有所不同；两者均是一种基于协议数据单元的包交换网络，而且分别作为概念上的模型和事实上的标准，具有同等的重要性。但是，OSI 模型和 TCP/IP 模型还是有许多不同之处，下面讨论两种模型的不同之处。

OSI 模型包括了 7 层，而 TCP/IP 模型只有 4 层。虽然它们具有功能相当的网络层、传输层和应用层，但其他层并不相同，两者的比较如图 2.5 所示。

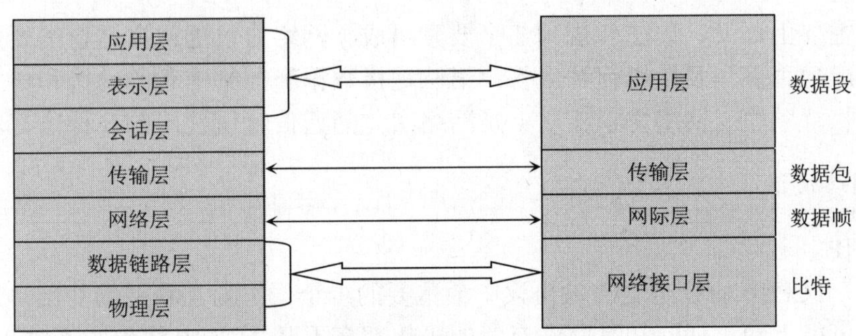

图 2.5 OSI 模型和 TCP/IP 模型的比较

TCP/IP 模型中没有专门的表示层和会话层，它将与这两层相关的表达、编码和会话控制等功能包含到了应用层中去完成。另外，TCP/IP 模型还将 OSI 的数据链路层和物理层包括到了一个网络接口层中。

OSI 模型在网络层支持无连接和面向连接的两种服务，而在传输层仅支持面向连接的服务。TCP/IP 模型在网际层则只支持无连接的 IP 服务，但在传输层支持面向连接的 TCP 和面向无连接的 UDP 两种服务。

TCP/IP 由于有较少的层次，因而显得更简单，并且作为从 Internet 上发展起来的协议，已经成了网络互连的事实标准。但是，目前还没有实际网络是建立在 OSI 七层模型基础上的，OSI 仅作为理论参考模型被广泛使用。

2.1.6 网络协议

1. 网络协议的概念

网络协议就是网络中传递、管理信息的一些规范，协议代表着标准化，这是一组规则的集合。如同人与人之间相互交流时需要遵循一定的规矩一样，在网络系统中，为了保证数据通信能正确而自动地进行，制定了一整套规则、标准或约定，这就是网络系统的通信协议，简称为网络协议。网络协议是一套语义和语法规则，用来规定有关功能部件在通信过程中的操作。

网络协议（视频）

一般系统网络协议包括 5 个部分：通信环境，传输服务，词汇表，信息的编码格式，时序、规则和过程。1969 年美国国防部建立最早的网络——“阿帕网”（ARPNET）时，发布了一组计算机通信协议的军用标准，它包括了 5 个协议，习惯上以其中的 TCP 和 IP 两个协议作为这组协议的通称。TCP/IP 是 Internet 的正式网络协议，是一组在许多独立主机系统之间提供互联功能的协议，规范 Internet 上所有计算机互联时的传输、解释、执行、互操作，解决计算机系统的互联、互通、操作性，是被公认的网络通信协议的国际工业标准。TCP/IP 是分组交换协议，信息被分成多个分组在网上传输，到达接收方后再把这些分组重新组合成原来的信息。除 TCP/IP 外，常见的协议还有 IPX/SPX 协议、NetBEUI 协议等。网络协议也有很多种，具体选择哪一种协议则要看情况而定，Internet 上的计算机使用的是 TCP/IP 协议。

2. 网络协议的组成

网络协议主要由语义、语法和规则 3 个要素组成。网络协议的语义是指需要发出何种控制信息、完成何种操作及做出何种应答；语法是指数据和控制信息的结构和格式；规则规定了事件的执行顺序。网络协议实质上是网络实体间通信时所使用的一种语言。

3. 常用网络协议

（1）TCP/IP 协议

毫无疑问，TCP/IP 协议是这 3 大协议中最重要的一个，作为互联网的基础协议，没有它用户根本不可能上网，任何和互联网有关的操作都离不开 TCP/IP 协议。不过 TCP/IP 协议也是这 3 大协议中配置起来最麻烦的一个，单机上网还好，而通过局域网访问互联网的话，就要详细设置 IP 地址、网关、子网掩码、DNS 服务器等参数。TCP/IP 尽管是目前最流行的网络协议，但 TCP/IP 协议在局域网中的通信效率并不高，使用它在浏览"网上邻居"中的计算机时，经常会出现不能正常浏览的现象。此时，安装 NetBEUI 协议就能解决这个问题。

（2）NetBEUI 协议

NetBEUI（NetBIOS enhanced user interface）是 NetBIOS（network basic input/output system）协议的增强版本，NetBEUI 协议是一种短小精悍、通信效率高的广播型协议，安装后不需要进行设置，特别适合在"网络邻居"中传送数据。因此，建议除了 TCP/IP 协议之外，小型局域网的计算机也可以安装 NetBEUI 协议。局域网中用域控制管理，必须安装 NetBEUI 协议。

（3）PX/SPX 协议

PX/SPX 协议本来就是 Novell 开发的专用于 NetWare 网络中的协议，也是常用协议。大部分可以联机的游戏都支持 IPX/SPX 协议，如星际争霸、反恐精英等。虽然这些游戏通过 TCP/IP 协议也能联机，但显然还是通过 IPX/SPX 协议更省事，因为根本不需要任何设置。除此之外，IPX/SPX 协议在非局域网中的用途似乎并不是很大。如果确定不在局域网中联机玩游戏，那么这个协议可有可无。

2.2 实训任务：安装 TCP/IP 协议栈和配置 TCP/IP 通信参数

2.2.1 安装和配置实训准备及注意事项

测试TCP/IP协议栈和测试远程主机通信（视频）

1. 实训准备

安装 TCP/IP 协议栈和配置 TCP/IP 通信参数前需做如下准备。

1）两台安装有 Windows 10 系统的计算机。

2）确定每台计算机已经安装好网卡。

3）一条交叉线。

4）使用交叉线连接好两台计算机。

2. 实训注意事项

安装 TCP/IP 协议栈和配置 TCP/IP 通信参数的注意事项如下。

1）保证两台计算机的网卡正确安装，如果一台计算机没有安装网卡或者没有安装网卡驱动程序，将不能安装。

2）检查交叉线缆是否正常，包括线缆排序是否正确、RJ-45 插头是否制作完整和线缆长度是否合适；如果线序错误或者两端相同排序则是直通线，无法连同两台计算机，线缆短了可能会导致连接困难或因为串扰大了影响通信。

3）两台计算机的 IP 地址配置在同一网段，不在同一网段则不能通信。

2.2.2 安装过程

安装 TCP/IP 协议栈和配置 TCP/IP 通信参数的过程介绍如下。

1. 用交叉线缆连接两台计算机

使用交叉线的两端分别直接插入两台计算机的网络适配器的 RJ-45 接口。

2. 安装 TCP/IP 协议栈

通常操作系统安装过程中自动安装了 TCP/IP 协议栈，可以省略这一步骤，但是很多时候因为各种原因导致 TCP/IP 协议栈不能正常使用或者丢失，则需要执行以下步骤，重新完成安装。

步骤 1：右击左下角 Windows 图标后，选择“网络连接”，打开如图 2.6 所示网络设置界面。

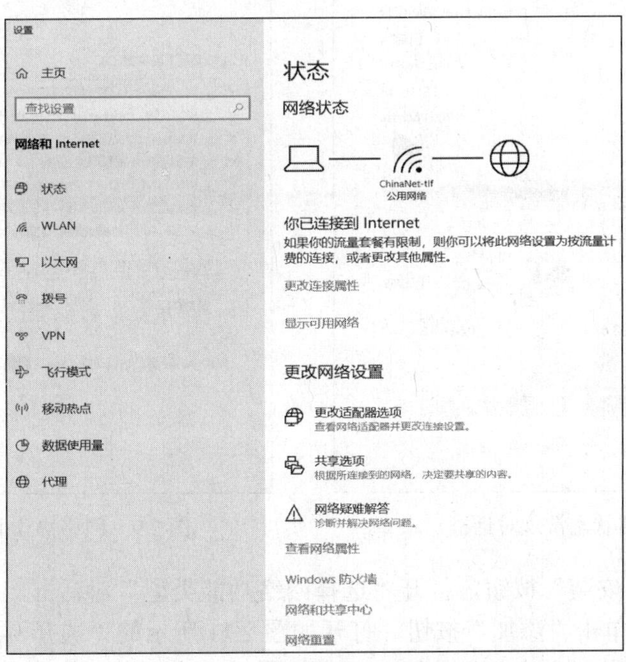

图 2.6 网络设置界面

步骤 2：在图 2.6 中单击“网络和共享中心”，打开“网络与共享中心”界面，如图 2.7 所示。

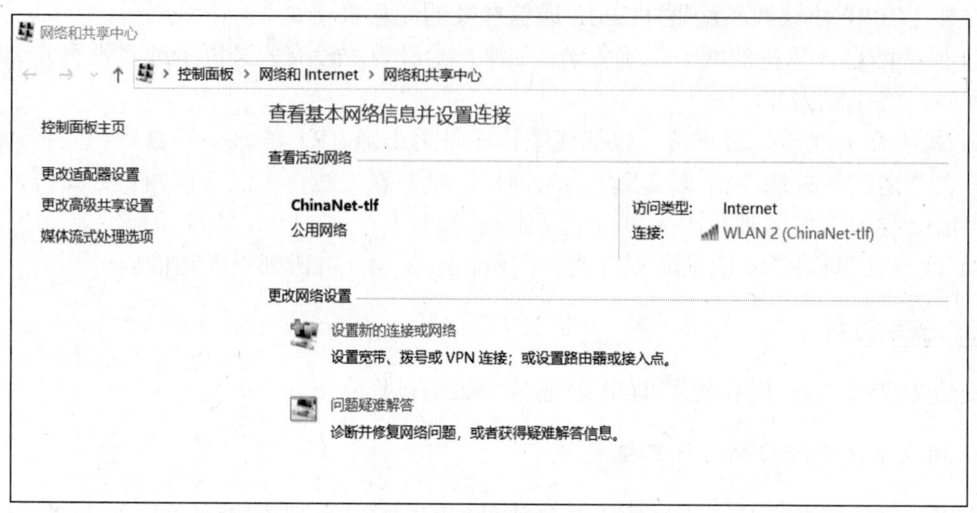

图 2.7 “网络和共享中心”界面

步骤 3：单击“访问类型：Internet”下面的连接，打开网络状态常规对话框，如图 2.8 所示；然后单击“属性”按钮，打开网络协议服务对话框，如图 2.9 所示。

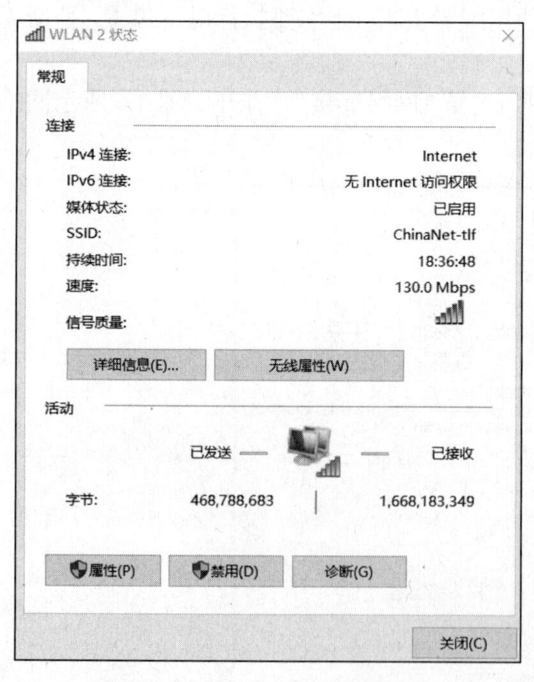

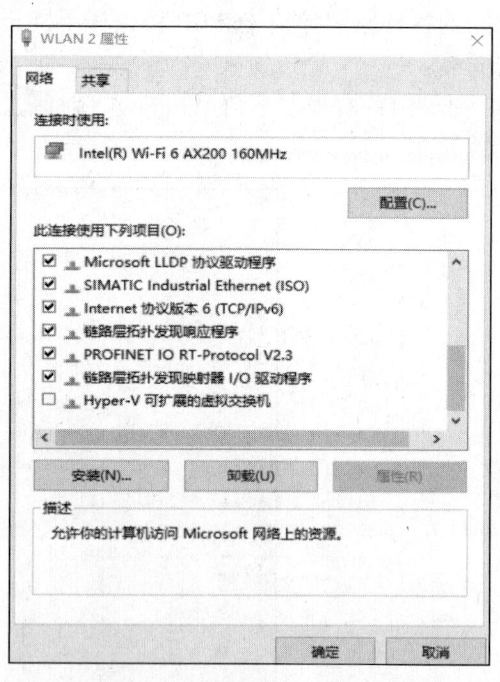

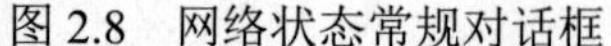
图 2.8 网络状态常规对话框

图 2.9 网络协议服务对话框

步骤 4：单击“安装”按钮，打开“选择网络功能类型”对话框，如图 2.10 所示；然后单击“协议”，再单击“添加”按钮，打开如图 2.11 所示的“选择网络协议”对话框。

步骤 5：单击“从磁盘安装”按钮，打开如图 2.12 所示的磁盘安装对话框，然后单击

“浏览”按钮，选择文件路径为 Windows/INF，如图 2.13 所示，默认自动会选择这个路径，如果操作系统没有安装在 C 盘，则应选择相应的系统所在盘符路径。

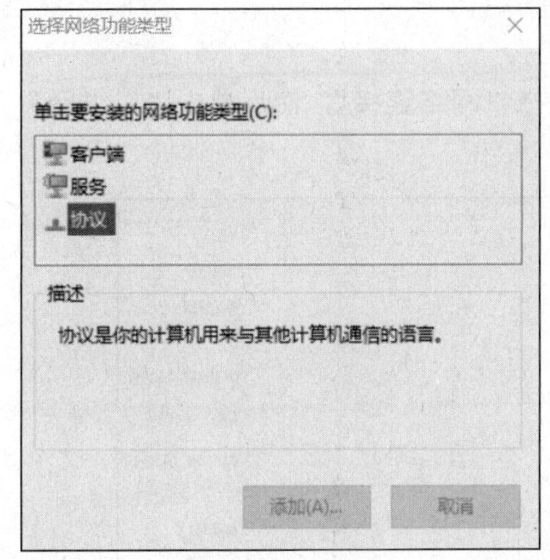

图 2.10　“选择网络功能类型”对话框

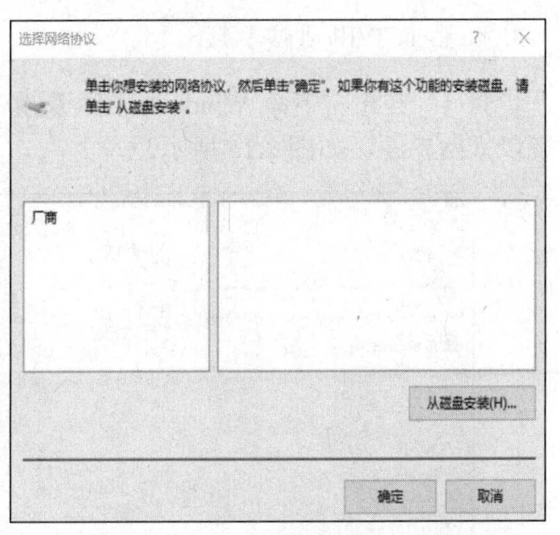

图 2.11　“选择网络协议”对话框

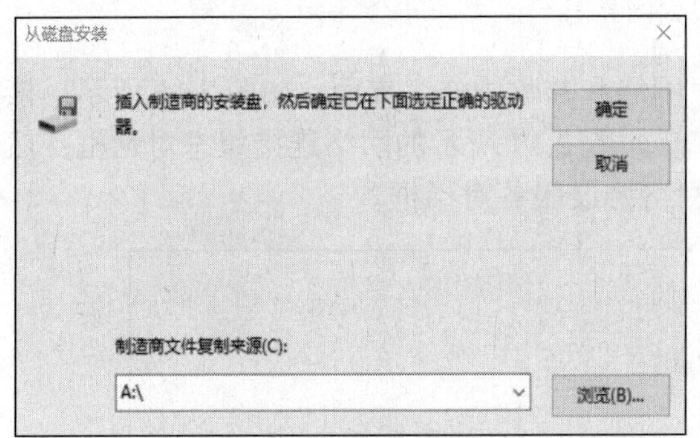

图 2.12　磁盘安装对话框

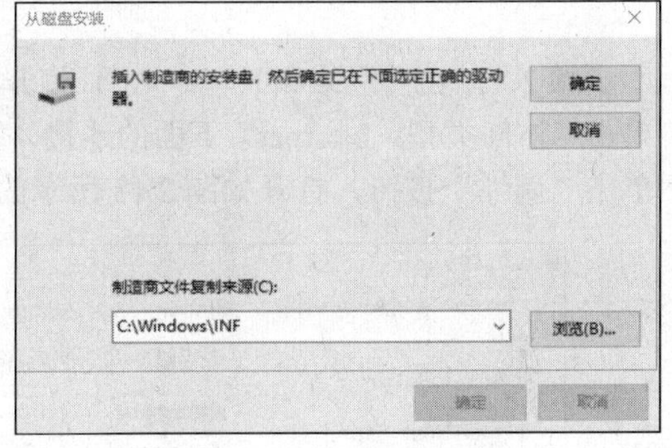

图 2.13　文件复制路径

步骤 6：单击“确定”按钮，打开“选择网络协议”对话框，如图 2.14 所示。

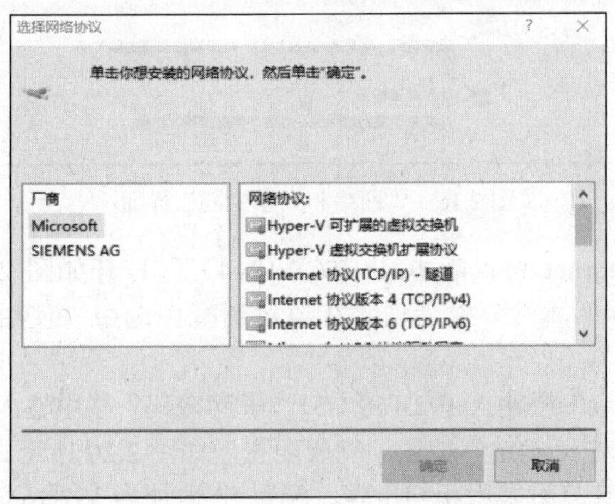

图 2.14　“选择网络协议”对话框

步骤 7：在“厂商”框中选择 Microsoft，在“网络协议”框中选择“Internet 协议版本 4（TCP/IPv4）”，单击“确定”按钮，自动安装完成。

3. 配置 TCP/IP 通信参数

步骤 1：右击左下角 Windows 图标后，选择“网络连接”，然后单击“以太网”，出现以太网界面，如图 2.15 所示。

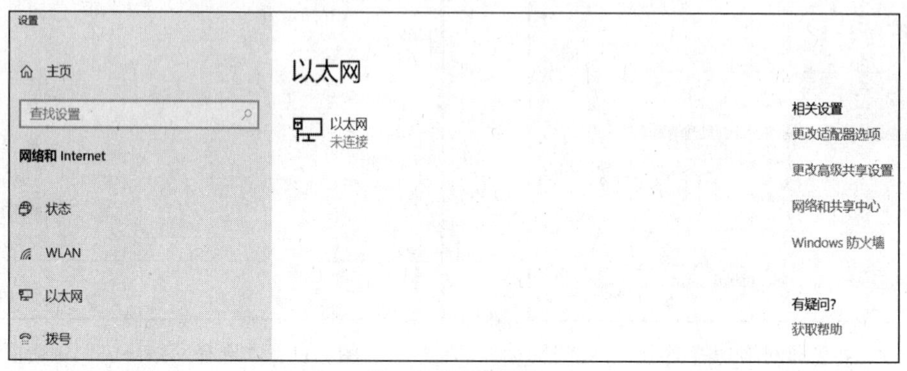

图 2.15　以太网界面

步骤 2：单击“网络和共享中心”，打开“网络和共享中心”界面，如图 2.16 所示；接着单击“访问类型：Internet”下面的连接，打开如图 2.17 所示的网络连接状态对话框；然后单击“属性”按钮，打开如图 2.18 所示的网络协议服务对话框。

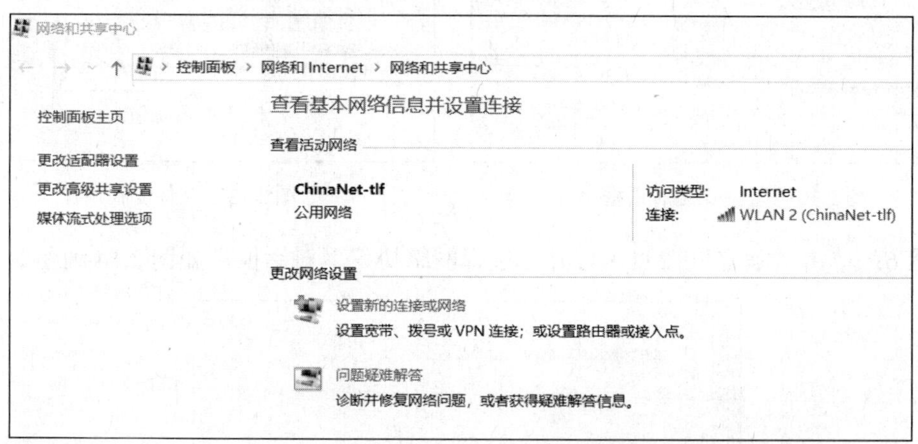

图 2.16　“网络和共享中心”界面

步骤 3：双击“Internet 协议版本 4（TCP/IPv4）”，打开如图 2.19 所示的“Internet 协议版本 4（TCP/IPv4）属性”对话框；在该对话框中选中“使用下面的 IP 地址”单选按钮。

步骤 4：在“IP 地址”栏输入 192.168.1.5，“子网掩码”栏中输入 255.255.255.0，其他栏目不用填写，然后单击“确定”按钮，完成配置，如图 2.20 所示。

步骤 5：在另一台计算机采用相同步骤，配置 IP 地址为 192.168.1.1。

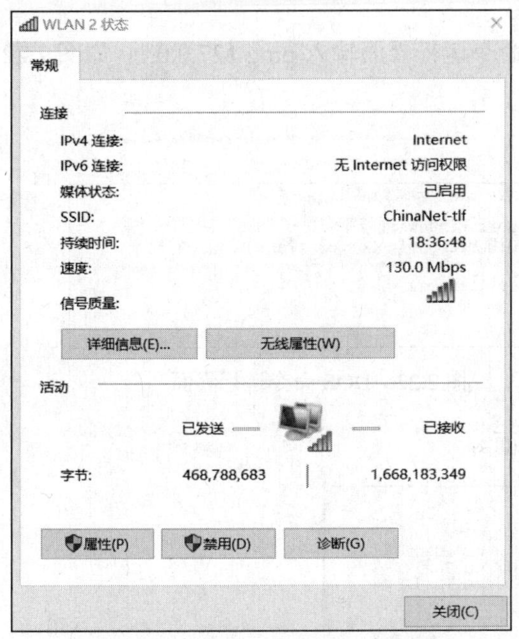

图 2.17　网络连接状态对话框

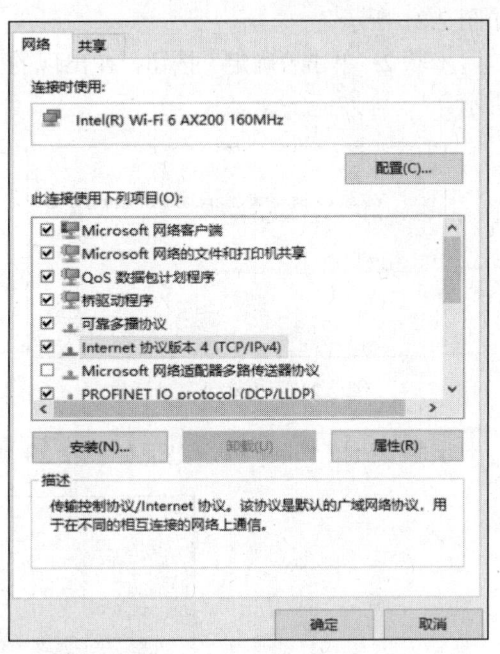

图 2.18　网络协议服务对话框

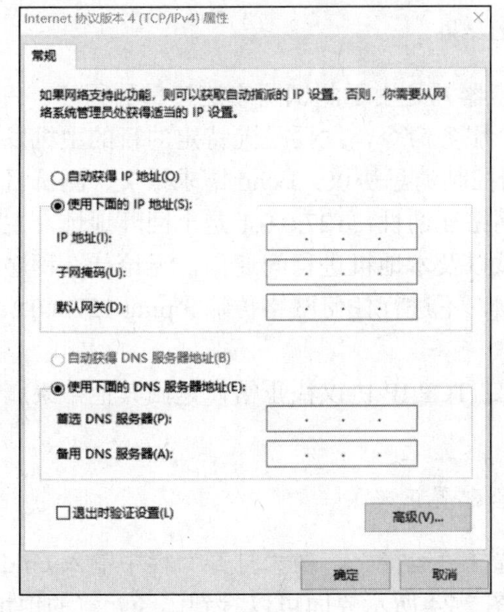

图 2.19　“Internet 协议版本 4（TCP/IPv4）属性”对话框

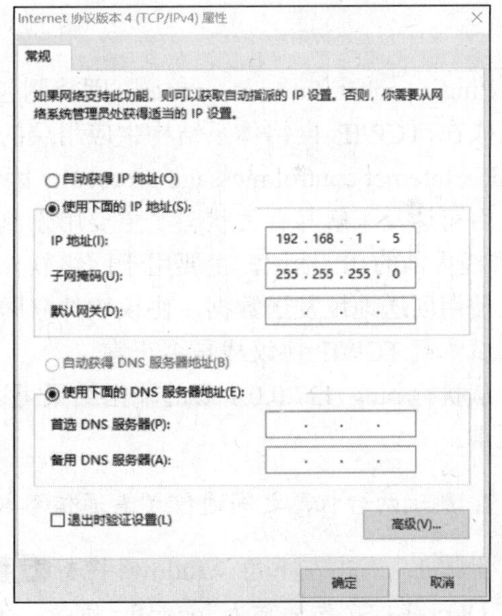

图 2.20　IP 地址设置

2.2.3　测试

1. 测试 TCP/IP 协议栈是否正常运行

步骤 1：右击左下角 Windows 图标，选择“运行”，在“打开”栏中输入 cmd，如图 2.21 所示。

步骤 2：单击“确定”按钮，在出现的 DOS 命令运行界面输入 ping 127.0.0.1，如图 2.22 所示。

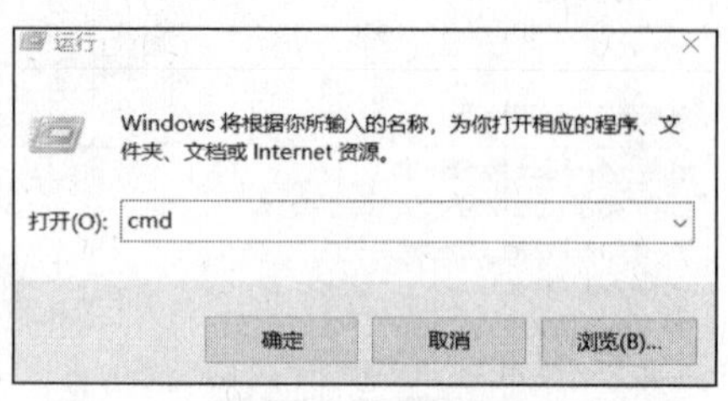

图 2.21 “运行”对话框

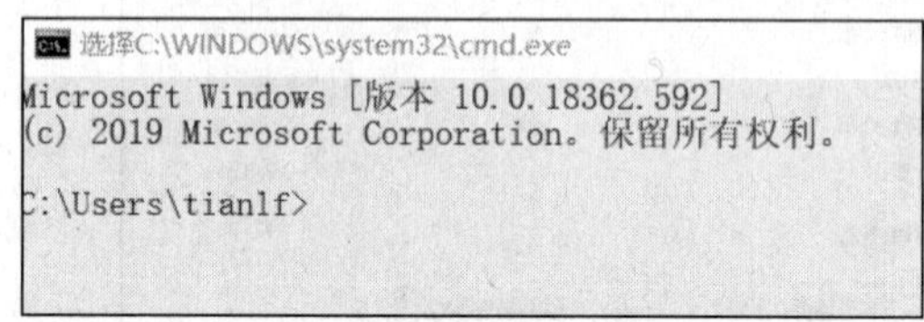

图 2.22 DOS 命令运行界面

步骤 3：按 Enter 键，出现如图 2.23 所示界面。

```
C:\Users\tianlf>ping 127.0.0.1

正在 Ping 127.0.0.1 具有 32 字节的数据:
来自 127.0.0.1 的回复: 字节=32 时间<1ms TTL=128
来自 127.0.0.1 的回复: 字节=32 时间<1ms TTL=128
来自 127.0.0.1 的回复: 字节=32 时间<1ms TTL=128
来自 127.0.0.1 的回复: 字节=32 时间<1ms TTL=128

127.0.0.1 的 Ping 统计信息:
    数据包: 已发送 = 4，已接收 = 4，丢失 = 0 (0% 丢失)，
往返行程的估计时间(以毫秒为单位):
    最短 = 0ms，最长 = 0ms，平均 = 0ms
```

图 2.23 运行结果

Ping（packet Internet groper，因特网包探索器）是用于测试网络连接量的程序。Ping 是工作在 TCP/IP 网络体系结构中应用层的一个服务命令，主要是向特定的目的主机发送 ICMP（Internet control message protocol，因特网控制消息协议）Echo 请求报文，测试目的站是否可达及了解其有关状态，主要用于测试网络连通性；127.0.0.1 是个回环地址，主机 IP 堆栈内部的 IP 地址，主要用于网络软件测试以及本地机进程间通信，无论什么程序，一旦使用回送地址发送数据，协议软件立即返回，不进行任何网络传输。ping 127.0.0.1 用来测试本机 TCP/IP 协议栈是否正常。

从执行 ping 127.0.0.1 后的输出结果可以确定 TCP/IP 协议栈正常，返回其他结果属于不正常。

2. 测试两台机器之间通信（看通信参数是否配置正确）

步骤 1：右击左下角 Windows 图标，选择“运行”，在“打开”栏中输入 cmd，进入 DOS 界面，然后输入 ipconfig 命令，在如图 2.24 所示界面可以看到已经配置的地址。

```
连接特定的 DNS 后缀 . . . . . . . :
本地链接 IPv6 地址. . . . . . . . : fe80::dc81:a786:39bb:89%7
IPv4 地址 . . . . . . . . . . . . : 192.168.1.10
子网掩码  . . . . . . . . . . . . : 255.255.255.0
默认网关. . . . . . . . . . . . . : 192.168.1.1

C:\Users\tianlf>
```

图 2.24 已配置地址

步骤 2：输入 ping 192.168.1.1（另一台计算机的 IP 地址），按 Enter 键，看到如图 2.25 所示输出结果。

```
C:\Users\tianlf>ping 192.168.1.1

正在 Ping 192.168.1.1 具有 32 字节的数据:
来自 192.168.1.1 的回复: 字节=32 时间=1ms TTL=64
来自 192.168.1.1 的回复: 字节=32 时间=1ms TTL=64
来自 192.168.1.1 的回复: 字节=32 时间=1ms TTL=64
来自 192.168.1.1 的回复: 字节=32 时间=1ms TTL=64

192.168.1.1 的 Ping 统计信息:
    数据包: 已发送 = 4，已接收 = 4，丢失 = 0 (0% 丢失)，
往返行程的估计时间(以毫秒为单位):
    最短 = 1ms，最长 = 1ms，平均 = 1ms
```

图 2.25 输出结果

可以在 192.168.1.1 这台计算机上做相同的测试，从输出的结果看到两台机器可以相互通信，说明配置正确。

2.3 课堂评价

完成本单元学习，认真填写学习情况考核表（见表 2.1），并及时予以反馈。

表 2.1 学习情况考核表

序号	评价内容	自我评价					小组评价					老师评价				
		A	B	C	D	E	A	B	C	D	E	A	B	C	D	E
1	网络体系结构的形成															
2	体系结构分层的特点															
3	OSI 结构模型对网络发展的影响															
4	TCP/IP 模型															
5	OSI 结构模型层与层之间的关系															
6	OSI 模型和 TCP/IP 模型的区别															
7	OSI 模型和 TCP/IP 模型的联系															
8	网络协议的概念															
9	网络协议的组成															
10	TCP/IP 协议栈的安装与测试															

说明：评价等级分为 A、B、C、D 和 E 共 5 等。其中，对知识与技能掌握很好，能够熟练地完成任务为 A 等；掌握 75%以上的内容，能较为顺利地完成任务为 B 等；掌握 60%以上的内容为 C 等；基本掌握为 D 等；大部分内容不够清楚为 E 等。

2.4 思考与讨论

一、填空题

1. OSI 模型从下到上依次是______、______、______、______、______、______、______。
2. TCP/IP 模型从下到上依次是______、______、______、______。
3. OSI 模型的物理层描述______、______、______等特性。
4. OSI 模型的数据链路层包含______和______子层。
5. OSI 模型的网络层的设备是______，主要完成______功能。
6. OSI 模型传输层的功能一般包括______、______、______、______、______。

二、选择题

1. OSI 模型传输层面向连接的协议是（　　）。
   A. IP　　B. ARP　　C. TCP　　D. UDP
2. OSI 模型传输层无连接的协议是（　　）。
   A. IP　　B. ARP　　C. TCP　　D. UDP

三、讨论题

1. 什么是网络体系结构？
2. 网络体系结构的作用是什么？
3. 什么是网络协议？
4. 网络协议的作用是什么？
5. OSI 模型与 TCP/IP 模型的关系是什么？
6. OSI 模型中层与层之间的关系是什么？
7. 简述 OSI 参考模型中数据实际传递过程。
8. 如何测试 TCP/IP 协议栈正常运行？

拓展阅读　新技术、新工艺

单元3 组网准备

教学目标

知识教学目标

1. 掌握OSI模型物理层、数据链路层的特性与功能和数据帧的格式
2. 了解信息、信息编码和数据链路的常用设备
3. 熟悉差错控制、流量控制以及广播域和冲突域的形成

技能培养目标

1. 能够熟练完成交换机的接入与配置
2. 能够掌握交换机的用户配置和接口配置
3. 能够掌握交换机基本配置的测试

素质培养目标

1. 正确理解“矛与盾”的关系
2. 正确解决工作中的冲突

3.1 相关知识：网络接口层的特性

计算机网络的主要目标是实现数据的传输与共享，要实现这些目标，必然存在这些数据在网络体系结构各个层次中的形态转化和交互识别。数据的初始形态是由计算机产生的图片、图像、文字、声音等内容，这些数据是如何通过底层物理网络发送出去，接收端计算机又是如何从底层物理网络将接收到的电信号还原成为图片、图像、文字、声音等内容，这个过程需要属于操作系统的设备驱动器和网络接口卡的参与。网络接口卡作为处理信息转化的硬件物理接口，完成网络结构体系中高层和底层之间的数据信号转换。

3.1.1 信息、数据和带宽

信息是指有用的知识或消息，计算机网络通信的目的就是为了交换信息。数据则是信息的表达方式，它可以是数字、文字、声音、图形和图像等多种不同形式。在计算机系统中，统一以二进制代码表示数据的不同形式。当这些二进制代码表示的数据要通过物理介质和器件进行传输时，还需要将其转变成物理信号，该信号是数据在传输过程中的电磁波表示形式。

作为数据的电磁波表示形式，信号一般以时间为自变量，以表示数据的某个参量如振幅、频率或相位为因变量，并且按其因变量对时间的取值是否连续被分为模拟信号和数字信号。模拟信号是指信号的因变量随时间连续变化的信号，如电视图像信号、语音信号、温度压力传感器的输出信号及许多遥感遥测信号都是模拟信号。数字信号是指信号的因变量不随时间连续变化的信号，通常表现为离散的脉冲形式，如计算机数据、数字电话和数字电视等都可被看成是数字信号。虽然模拟信号与数字信号有着明显的差别，但二者之间并不存在不可逾越的鸿沟，在一定条件下它们是可以相互转化的。模拟信号可以通过采样、编码等步骤转变成数字信号；而数字信号也可以通过解码、平滑等步骤转变为模拟信号。

数据发送方将要发送的数据转换成信号，通过物理信道传送到数据接收方的过程就称为数据通信。由于信号可以是离散变化的数字信号，也可以是连续变化的模拟信号，因此与之相对应，数据通信也被分为模拟数据通信和数字数据通信。所谓模拟数据通信，是指利用模拟信道以模拟信号形式来传输数据；而数字数据通信则是指利用数字信道以数字信号形式来传递数据。

在数据通信中，通常将数据的发送方称为信源，而将数据的接收方称为信宿。信源和信宿一般是计算机或其他一些数据终端设备。为了在信源和信宿之间实现有效的数据传输，必须在信源和信宿之间建立一条传送信号的物理通道，这条通道被称为物理信道，简称信道。信道建立在传输介质之上，但包括了传输介质和附属的通信设备。通常，在同一传输介质上可提供多条信道，一条信道允许一路信号通过。按传输介质的类型，信道分为有线信道和无线信道；按信道中所传输的信号类型，信道可分为模拟信道和数字信道。

信道带宽是指信道的频率宽度，即信道所能传输信号的频率范围。数据传输速率是指单位时间内信道上所能传输的数据量，通常以每秒比特（bit per second，b/s）作为数据传输速率的基本单位。由于信道带宽越大，数据传输速率就越高，因此常常将这两个概念等同起来，本书就不再对两者加以区分。

3.1.2 基带传输与频带传输

1. 基带传输

在计算机系统中，通常用二进制比特来表示各类数据，而脉冲信号是二进制比特的典型表达方式。在脉冲信号的整个频谱中，从零开始有一段能量相对集中的频率范围，被称为基本频带（base band），简称基带或基频，基带等于脉冲信号的固有频率。与基带对应的数字信号称为基带信号。

当在数字信道上使用数字信号传输数据时，通常不会将与脉冲信号有关的所有直流、基带、低频和高频分量全部放在数字信道上传输，因为那要占据很大的信道带宽。更合适的做法是将占据脉冲信号大部分能量的基带信号传输出去。这种在数字信道中利用基带信号直接传输的方式称为基带传输。基带信号的能量在传输过程中很容易衰减，其在没有信号再放大的情况下，传输距离一般不大于 2.5km，因此基带传输多用于短距离的数据传输，如局域网中的数据传输。

采用基带信号进行传输的数字通信系统要解决的关键问题是数据的编解码问题。即在发送端，要解决如何将二进制数据序列通过某种编码（encoding）方式转化为可直接传输的基带信号；而在接收端，则要解决如何将收到的基带信号通过解码（decoding）恢复为与发送端相同的二进制数据序列。下面着重介绍 3 种常见的数据编码方法（见图 3.1）。

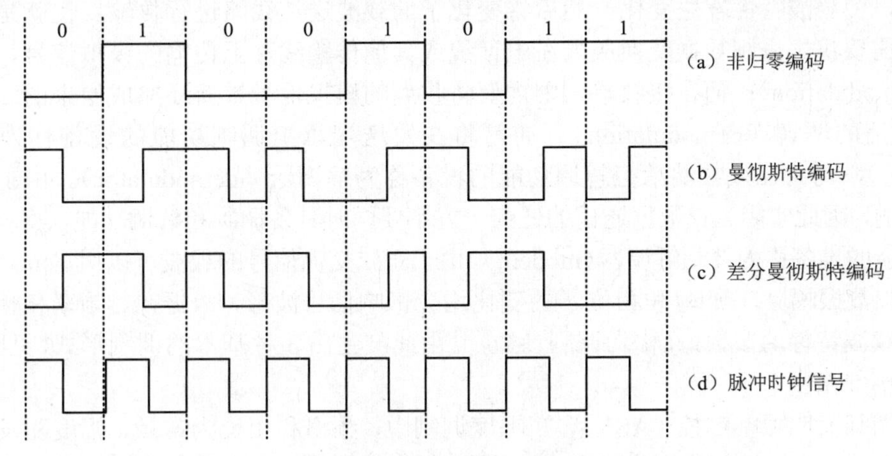

图 3.1　数字信号的 3 种编码方式

（1）非归零编码

非归零（non-return zero，NRZ）编码分别采用两种高低不同的电平来表示二进制中的“0”和“1”。例如，用高电平表示“1”，低电平表示“0”，如图 3.1（a）所示。

NRZ 编码虽然简单，但其抗干扰能力较差。另外，由于接收方不能正确判断位的开始与结束，从而收发双方不能保持同步，需要采取另外的措施来保证发送时钟与接收时钟的同步，如需要用另一个信道同时传输同步时钟信号。

（2）曼彻斯特编码

曼彻斯特编码将每比特信号周期 T 分为前 T/2 和后 T/2，用前 T/2 传送该比特的反（原）码，用后 T/2 传输该比特的原（反）码。因此在这种编码方式中，每位电信号的中点（即 T/2 处）都存在一个电平跳变，如图 3.1（b）所示。由于任何两次电平跳变的时间间隔是 T/2 或 T，因此提取电平跳变信号就可作为收发双方的同步信号，而不需要另外的同步信号，故曼彻斯特编码又称为“自含时钟编码”。另外，曼彻斯特编码采用跳变方式表示数据较 NRZ 编码中以简单的幅度变化来表示数据具有更强的抗干扰能力。

（3）差分曼彻斯特编码

差分曼彻斯特编码是对曼彻斯特编码的一种改进。其保留了曼彻斯特编码作为“自含时钟编码”的优点，仍将每比特中间的跳变作为同步之用，但是每比特的取值则根据其开始处是否出现电平的跳变来决定。通常规定有跳变者代表二进制“0”，无跳变者代表二进制“1”，如图 3.1（c）所示。之所以采用位边界的跳变方式来决定二进制的取值，是因为跳变更易于检测。

2. 频带传输

因为基带传输受到距离限制，所以在远距离传输中通常采用模拟通信。利用模拟信道传输二进制数据的方式称为频带传输。频带传输的关键问题是如何将计算机中的二进制数据转化为适合模拟信道传输的模拟信号。为了将数字化的二进制数据转化为适合模拟信道传输的模拟信号，需要选取某一频率范围的正（余）弦模拟信号作为载波，然后将要传送的数字数据“寄载”在载波上，利用数字数据对载波的某些特性（如振幅、频率、相位）进行控制，使载波特性发生变化，然后将变化了的载波送往线路进行传输。也就是说，在发送端，需要将二进制数据变换成能在电话线或其他传输线路上传输的模拟信号，即所谓的调制（modulation）；而在接收端，则需要将收到的模拟信号重新还原成原来的二进制数据，即所谓的解调（demodulation）。通常将在发送端承担调制功能的设备称为调制器（modulator），而将在接收端承担解调功能的设备称为解调器（demodulator）。由于数据通信是双向的，因此实际上在数据通信的任何一方都要同时具备调制和解调功能，将同时具备这两种功能的设备称为调制解调器（modem）。由于正弦交流信号的载波可以用 $A\sin(2\pi ft+\varphi)$ 表示，即参数振幅 A、频率 f 和相位 φ 的变化均会影响信号波形，故振幅、频率和相位都可作为控制载波特性的参数，又称为调制参数，并由此产生出 3 种基本的调制形式（见图 3.2）。

（1）幅度调制

幅度调制又叫振幅键控（ASK），在幅度调制中，频率和相位为常量，幅度随发送的数据变化而变化。当发送的数据为“1”时，振幅调制信号的振幅保持某个电平不变，即有载波信号发射；当发送的数据为“0”时，振幅调制信号的振幅为零，即没有载波信号发射。如图 3.2（b）所示，不难看出，振幅调制实际上相当于用一个受数字基带信号控制的开关来开启和关闭正弦载波。幅度调制方式易受突发性干扰的影响，不是一种理想的调制方式。

（2）频率调制

频率调制也叫频率键控（FSK），在频率调制中，振幅和相位为常量，频率为变量。如图 3.2（c）所示，数字信号“0”和“1”分别用两种不同频率的波形表示，当传输的数据为“0”时，频率调制信号的角频率为 $2\pi f_1$；当传输的数据为“1”时，频率调制信号的角频率为 $2\pi f_2$。频率调制不仅实现简单，而且比调幅技术有较高的抗干扰性，因此是一种常用的调制方法。

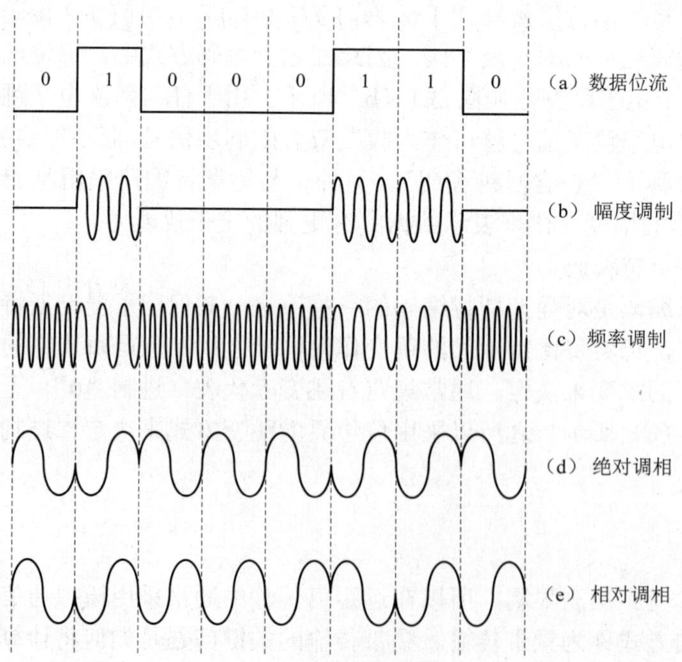

图 3.2　3 种调制方式的波形

（3）相位调制

相位调制也叫相位键控（PSK）。在相位调制中，振幅和频率为常量，但通过控制或改变正弦载波信号的相位来表示二进制数据。按照使用相位的绝对值还是相位的相对偏移来表示二进制数据，将相位调制分为绝对调相和相对调相；按照对一个完整周期的相位等分方式将相位调制分为二相制、四相制和八相制等。

绝对调相是指将一个完整载波周期的相位按相制要求进行划分，然后按划分后的相位绝对值来表示不同的二进制数据。以二相制为例，将一个完整周期的相位进行二等分，从而得到关于相位的绝对值 0° 和 180°，然后，分别用 $\varphi=0°$ 代表“0”、$\varphi=180°$ 代表“1”，或者反过来分别用 $\varphi=0°$ 代表“1”、$\varphi=180°$ 代表“0”。若为四相制，则需要对一个完整周期的相位进行四等分，使输出相位有 4 种变化状态，如为 0°、90°、180° 和 270°，从而可以用这 4 种相位角变化分别代表二进制数据 00、01、10、11。显然，在四相调制情况下，由于每个载波周期可包含 2 比特（位）的信息，从而使数据传输效率比二相调制增加一倍，如图 3.2（d）所示。

相对相位调制则是利用前后码元信号相位的相对偏移来表示不同的二进制数据，相对偏移量的大小与采用的相制有关。以二相调制为例，相对偏移取 0° 和 180° 两个值，若所要传输的数据为二进制“1”时，则载波相位要发生 180° 的跳变；若所要传输的数据为二进制“0”时，则载波相位不发生跳变，即跳变为 0°，如图 3.2（e）所示。

从理论上讲，多相相位调制中的制数是不受限制的，但在实际实现中必须考虑对微小相位变化的检测能力。可以看出，相位调制方法较幅度调相和频率调相在实现技术上要复杂得多，但其具有很强的抗干扰能力和较高的编码效率。

3.1.3 OSI 模型中物理层标准与特性

物理层是 OSI 参考模型中的第 1 层，它虽然处于最底层，却是整个开放系统的基础，它是唯一直接提供原始比特流传输的层。物理层必须解决好与比特流的物理传输有关的一系列问题，包括传输介质、信道类型、数据与信号之间的转换、信号传输中的衰减和噪声及设备之间的物理接口等。

物理层的功能与特性（视频）

1. 常见的物理层标准

物理层的作用归根结底就是提供在物理传输介质上发送和接收比特流的能力，并且向上对数据链路层屏蔽掉因为物理组件及传输介质的多样性所产生的物理传输上的差异。为此，物理层必须解决好各种物理组件或设备之间的接口问题。

在数据通信系统中，设备被分为两类，即数据终端设备（data terminal equipment，DTE）和数据线路端接设备（data circuit-terminating equipment，DCE）。例如，联网的计算机就属于 DTE，而用于提供数字信号和模拟信号转换的调制解调器则属于 DCE。DTE 需要通过 DCE 才能连入通信子网中，因此从这个意义上讲，物理层标准的主要任务就是要规定 DCE 和 DTE 的接口，包括接口的机械特性、电气特性、功能特性和规程特性。

（1）机械特性

机械特性一般指硬件连接的接口（连接器）的大小尺寸和几何形状，即合适的电缆、插头或插座。通信电缆可以是圆形的，也可以是扁平带状的。连接器各个引脚的分配，就是指插头（或插座）的线（芯）数与线的排列以及两设备间接线的数目。连接器一般都是插接式的。

（2）电气特性

电气特性主要考虑确定信号码型结构、电压电平和电压变化的规则及信号的同步等。例如，位信号 1 和 0 电压的大小和 1 比特占多少微秒。电气特性决定了数据传输速率和信号传输距离。

（3）功能特性

功能特性定义接口电路的功能。接口信号大体上可以分为数据信号、控制信号和时钟信号。功能特性要对各信号分配确定的信号含义，即定义 DTE 与 DCE 之间各电路的功能和操作要求。

（4）规程特性

规程特性是在功能特性的基础上，说明利用接口传输比特流的过程和顺序，它涉及 DTE 与 DCE 双方在各线路上的动作规程及执行的先后顺序，如怎样建立和拆除物理线路的连接，信号的传输采用单工、半双工还是全双工方式等。单工（simplex）是指数据只能单向传输的通信方式；半双工（half duplex）是指数据能进行双向传输，但一个时刻只能进行一个方向传输的通信方式；全双工（duplex）是指数据可以同时进行双向传输通信方式。

只有符合相同特性标准的设备之间才能有效地进行物理连接的建立、维持和拆除的操作。计算机网络组网的设备及线路的种类繁多，不同厂商、不同品牌的设备要实现互连就必须使用相同的接口标准。下面以 EIA RS-232C 接口标准为例加以介绍。

EIA RS-232C 是由美国电子工业协会（EIA）在 1969 年颁布的一种串行物理接口，RS-232C 中的 RS 是 recommended standard 的缩写，意为“推荐标准”；232 是标识号码；而后缀“C”是版本号，表示该推荐标准已被修改过的次数。RS-232C 接口标准与国际电报电话咨询委员会（International Telegraph and Telephone Consultative Committee，CCITT，现已改组为 ITU 的电信标准化部门，简称为 ITU-T）的 V.24 标准兼容，是一种非常实用的异步串行通信接口。

RS-232C 标准提供了一个利用公用电话网络作为传输媒体，并通过调制解调器将远程设备连接起来的技术规定。远程电话网络相连接时，通过调制解调器将数字转换成相应的模拟信号，以使其能与电话网络相容；在通信线路的另一端，另一个调制解调器将模拟信号逆转换成相应的数字数据，从而实现比特流的传输。图 3.3 给出了两台远程计算机通过电话网络相连的结构图。RS-232C 标准接口只控制 DTE 与 DCE 之间的通信，与连接在两个 DCE 之间的电话网络没有直接的关系。

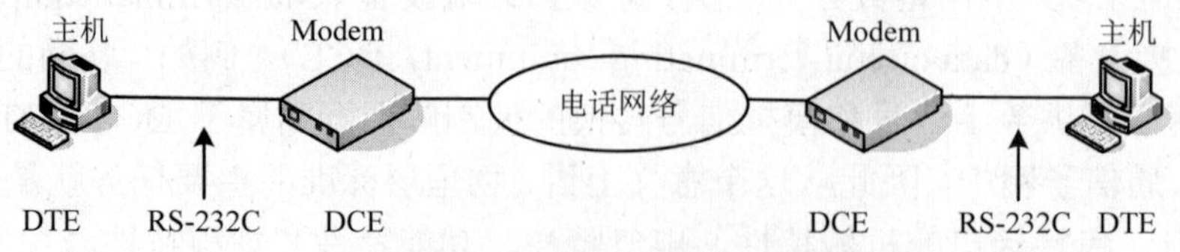

图 3.3　RS-232C 的远程连接

RS-232C 的机械特性建议使用 25 针的 D 型连接器 DB-25，但也可以使用其他形式的连接器，如在微型计算机的 RS-232C 串行端口上，大多使用 9 针连接器 DB-9。目前，有的终端和计算机都采用 RS-232C 接口标准。但 RS-232C 只适用于短距离传输，一般规定终端设备的连接电线不超过 15m，即两端总长为 30m 左右，距离过长，其可靠性下降。目前还在一些工业网络中使用，也用于一些终端设备的配置调试，比如用于网络中的交换机、路由器等网络设备的配置调试。另外，局域网的物理层协议不使用这种 DTE-DCE 模型。

2. 常见物理层设备与组件

在计算机网络的比特流传输过程中，物理层设备与组件不仅要提供物理介质、通信信道及通信方式的选择、数据与信号的转换等，还要解决信号传输过程中的信号衰减（attenuation）与噪声（noise）干扰。

（1）常见物理层组件

常见的物理层组件除了前面所介绍的物理线缆外，还包括连接头、连接插座、转换器等。连接头和连接插座是配对使用的组件，其基本作用是为网络线缆连接提供良好的端接，就好像在日常生活中所用的电插头和插座一样。当采用不同的物理线缆时，连接头和连接插座的机械、电气、功能和规程特性会有所区别，因此用于 UTP 线缆的 RJ-45 插头和 RJ-45 插座是不能被用于同轴电缆或光纤的，同样单模光纤使用的连接组件也不能被用于多模光纤或其他有线传输介质中。转换器则是用于在不同的接口或介质之间进行信号转换的器件，如 DB-25 到 DB-9 的转换器、光纤到 UTP 的转换器等。图 3.4 给出了一些物理层组件的实物示意图。

图 3.4 物理层组件的实物示意图

（2）常见物理层设备

为了解决信号远距离传输所产生的衰减和变形问题，需要一种能在信号传输过程中对信号进行放大和整形的设备以拓展信号的传输距离，增加网络的覆盖范围。这里将这种具备物理上拓展网络覆盖范围功能的设备称为网络互连设备。物理层通常提供两种类型的网络互连设备，即中继器（repeater）和集线器（hub）。

1）中继器。中继器具有对物理信号进行放大和再生的功能，其将从输入接口接收的物理信号通过放大和整形再从输出接口输出，如图 3.5（a）所示。中继器具有典型的单进单出结构，因此当网络规模扩大（规模扩大包括两层意思：一是范围距离的延长；二是计算机数量的增多）时，可能会需要许许多多的单进单出结构的中继器作为信号放大之用。在这种需求背景下，集线器应运而生。

2）集线器。集线器在物理上被设计成集中式的多端口中继器，其多个端口可为多路信号提供放大、整形和转发功能。集线器常见的端口规格有 4 端口、8 端口、16 端口和 24 端口等，集线器速率有 10Mb/s 和 100Mb/s 等类别，图 3.5（b）所示为 16 端口 10Mb/s 的以太网集线器。多端口的集线器除了具有中继器的功能外，还可提供网络线缆连接的一个集中点，从而可以扩展网络规模。

（a）中继器　　（b）集线器

图 3.5　中继器和集线器

3.1.4 冲突与冲突域

冲突与冲突域（视频）

1. 冲突

冲突是指在共享式以太网中两个或者多个节点同时发送数据，这些数据节点发出的帧在物理介质上相遇（或者称为碰撞）。冲突是影响网络通信效率的重要因素。

2. 冲突域

冲突域是指在同一物理网段上所有节点的集合（或在以太网上竞争同一带宽的节点集合）。这个域代表了冲突在其中发生并传播的区域，这个区域可以被认为是共享段。在 OSI 模型中，冲突域被看作是第一层的概念，连接同一冲突域的设备有集线器、中继器或者其他进行简单复制信号的设备。也就是说，用集线器或者中继器连接的所有节点可以被认为是在同一个冲突域内，它不会划分冲突域。图 3.6 中的计算机处于同一冲突域中；图 3.7 中的 3 个集线器中所有计算机也处于一个冲突域中；图 3.8 中每个集线器下面的计算机单独处于同一个冲突域中。

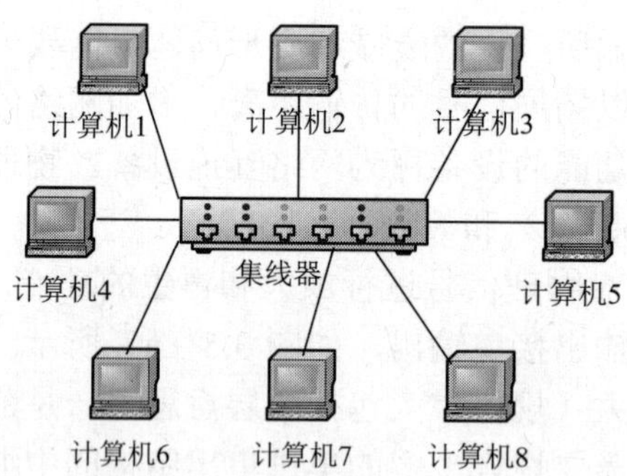

图 3.6　计算机处于同一冲突域

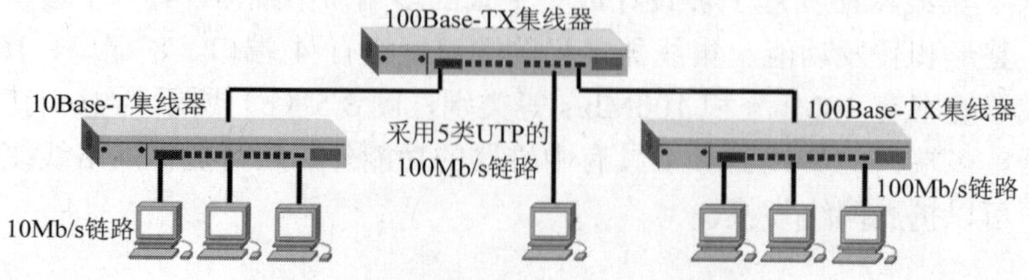

图 3.7　所有计算机处于同一冲突域

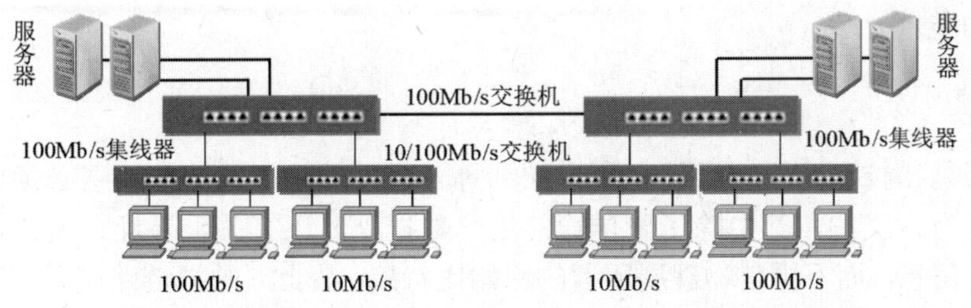

图 3.8 每个集线器内的计算机处于同一冲突域

因此，可以认为通过物理层设备构建的网络中的所有计算机属于同一个冲突域，也就是通过中继器、集线器构建的网络中的计算机处于同一个冲突域。这样的网络规模越大，冲突域越大，冲突的概率就越大，网络通信效率就越低，导致网络性能越低。

3.1.5 广播、广播域和广播风暴

广播与广播域（视频）

1. 广播

广播是一种信息的传播方式，指网络中的某一设备同时向网络中所有的其他设备发送数据，在网络中每个计算机发送的信息，全网的设备都能接收到，是一种一对多的信息复制传输方式。

2. 广播域

广播域（broadcast domain）是一个广播数据帧能传递到的最大网络范围，简单地说，广播域就是指网络中所有能接收到同样广播消息的设备的集合。广播域越大，产生的广播数据帧就越多，有效的数据传输效率就越小。当网络中的广播数据达到一定数量时，将耗费大量的网络带宽，使网络的性能急剧下降，网速变慢。图 3.8 中所有计算机处于同一个广播域中，但是每个集线器下的计算机单独处于一个冲突域中。

3. 广播风暴

广播风暴是由于网络拓扑设计、链路连接或者其他原因导致广播数据帧在网络内大量复制传播，并占用大量网络带宽，致使网络性能下降，甚至彻底瘫痪，从而造成网络故障的现象。

3.1.6 OSI 模型中数据链路层标准与特性

数据链路层位于 OSI 参考模型中的第 2 层，实现数据位流在物理链路上的可靠传输，主要解决局域网中的数据通信问题。

1. 数据链路层概述

数据链路层的主要任务是在两个相邻节点间的线路上实现无差错的以“帧”为单位的数据传输，使之对其上的网络层表现为一条可靠的传输链路，加强和弥补物理层传输“比特流”的可靠性。数据链路层是为网络层提供数据传输服务的，这种服务要依靠数据链路层本身所具有的功能及物理层提供的服务来实现。数据链路层完成了网络上的差错控制与

流量控制等功能。

2. 数据帧

为了实现差错控制、物理寻址和流量控制等一系列功能，数据链路层必须要使自己所看到的数据是有意义的，其中除了要传输的用户数据外，还有关于寻址、差错控制和流量控制所必需的信息，而不再是物理层所谓的原始比特流。为此，数据链路层采用了被称为帧（frame）的协议数据单元（protocol data unit，PDU）作为数据链路层的数据传送逻辑单元。不同的数据链路层协议的核心任务就是根据所要实现的数据链路层功能来规定帧的格式。

（1）帧的基本格式

尽管不同的数据链路层协议给出的帧格式存在一定差异，但它们的基本格式还是大同小异的。图 3.9 给出了帧的基本格式，组成帧的那些具有特定意义的部分被称为域或字段。

以太网帧的格式（视频）

帧首部标识	地址	（长度/类型）控制	数据	帧检验序列	帧尾部标识

图 3.9　帧的基本格式

第 1 字段：帧首部标识字段，是插入的 8 字节，用来表明一帧数据或数据流的传输开始信息。

第 2 字段：地址字段，用来标识该数据帧发送节点的源物理地址和接收该数据帧的目的物理地址信息。物理地址（MAC）可以是局域网网卡地址，也可以是广域网中的数据链路标识，地址字段用于设备或机器的物理寻址。

第 3 字段：控制信息字段。提供有关帧的长度或类型等信息，也可能是其他一些控制帧传输的信息，用来标志上一层使用的是什么协议。

第 4 字段：数据字段。这一字段的信息才是数据链路层要传输的真正数据，数据字段承载的是来自高层即网络层的数据分组（packet），长度在 46～1500 字节范围。

第 5 字段：帧检验序列（frame check sequence，FCS）字段。帧检验序列字段提供与差错检测有关的信息，帧检验序列使用循环冗余检验（cyclic redundancy check，CRC）。

第 6 字段：帧尾部标识字段，用来表明一帧数据传输的结束标志信息。以太网数据帧长度为 64～1518 字节。无效的 MAC 帧有以下特点：

1）帧的长度不是整数个字节。

2）用收到的帧检验序列查出差错。

3）收到的帧的数据长度不在 46～1500 字节范围，或 MAC 帧长度不在 64～1518 字节范围。

（2）数据帧的封装

从帧的基本格式可以看出，帧提供了与数据链路层功能实现相关的各种机制，如寻址、差错控制、数据流定界等。可以说数据链路层协议将其要实现的数据链路层功能集中体现在其所规定的帧格式中。

引入帧机制不仅可以实现相邻节点之间的可靠传输，还有助于提高数据传输的效率。例如，若发现接收到的某一个（或几个）比特出错时，可以只对相应的帧进行特殊处理（如请求重发等），而不需要对其他未出错的帧进行这种处理；如果发现某一帧丢失，也只需要请求发送方重传所丢失的帧，从而可以大大提高数据处理和传输的效率。但是，引入帧机制后，发送方的数据链路层必须提供将从网络层接收的分组封装（packet）成帧的功能，即为来自上层的分组加上必要的帧头和帧尾部分，通常称此为成帧；而接收方数据链路层则必须提供将帧重新拆装成分组的拆帧功能，即去掉发送端数据链路层所加的帧头和帧尾部分，从中分离出网络层所需的分组。在成帧过程中，如果上层的分组大小超出下层帧的大小限制，则上层的分组还要被划分成若干个帧才能被传输。图3.10所示为OSI参考模型中的数据封装过程，当一台主机需要传输用户的数据时，数据首先通过应用层的接口进入应用层。在应用层，用户的数据被加上应用层的报头（application header，AH），形成应用层协议数据单元，然后被递交到下层——表示层。表示层并不“关心”上层——应用层的数据格式，而是把整个应用层递交的数据包看成是一个整体（应用层数据）进行封装，即加上表示层的报头（presentation header，PH），然后递交到下层——会话层。同样，会话层、传输层、网络层、数据链路层也要分别给上层递交下来的数据加上自己的报头，如会话层的报头（session header，SH）、传输层的报头（transport header，TH）、网络层的报头（network header，NH）和数据链路层的报头（data link header，DH）。其中，数据链路层还要给网络层递交的数据加上数据链路层的报尾（data link termination，DT）形成最终的一帧数据。

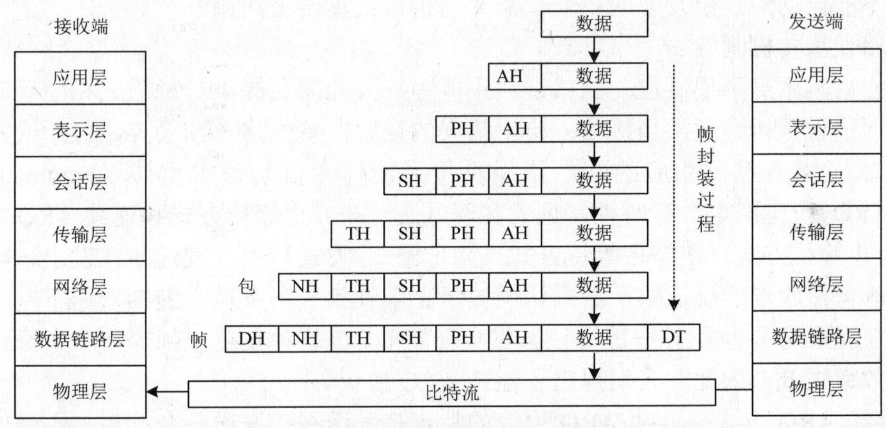

图3.10 OSI参考模型中的数据封装过程

发送端和接收端数据链路层所发生的帧发送和接收过程大致如下：发送端的数据链路层接收到网络层的发送请求之后，便从网络层与数据链路层之间的接口处取下待发送的分组，并封装成帧，然后经过其下层物理层送入传输信道，这样不断地将帧送入传输信道就形成了连续的比特流；接收端的数据链路层从来自其物理层的比特流中识别出一个个的独立帧，然后利用帧中的帧检验序列字段对每个帧进行校验，判断是否有错误。如果有错误，就采取收发双方约定的差错控制方法进行处理；如果没有错误，就对帧实施拆封，并将其中的数据部分（分组）通过数据链路层与网络层之间的接口上交给网络层，从而完成了相邻节点的数据链路层关于该帧的传输任务。

3. 差错控制技术

数据链路层要解决在网络传输过程中可能因为干扰、噪声等引起的数据变化错误，确保接收端得到的数据与发送端发送的数据保持一致。

（1）差错原因与类型

所谓差错，是指接收端收到的数据与发送端实际发出的数据出现不一致的现象。之所以产生差错，主要是因为在通信线路上噪声干扰的结果。根据噪声类型不同，可将差错分为随机错和突发错。热噪声所产生的差错称为随机错；冲击噪声所产生的差错称为突发错，电磁干扰、无线电干扰等都属于冲击噪声。

差错的严重程度由误码率来衡量，误码率等于错误接收的码元数与所接收的码元总数之比。显然，误码率越低，信道的传输质量越高，但是由于信道中的噪声是客观存在的，因此不管信道质量多高，都要进行差错控制。

（2）差错控制的作用与机制

差错控制的主要作用是通过发现数据传输中的错误，以便采取相应的措施减少数据传输错误。差错控制的核心是对传输的数据信息加上与其满足一定关系的冗余码，形成一个加强的、符合一定规律的发送序列。所加入的冗余码称为校验码。

校验码按功能的不同被分为纠错码和检错码。纠错码不仅能发现传输中的错误，还能利用纠错码中的信息自动纠正错误，其对应的差错控制措施为自动前向纠错。汉明编码（Hamming code）为典型的纠错码，具有很高的纠错能力。检错码只能用来发现传输中的错误，但不能自动纠正所发现的错误，需要通过错误重传来纠错。

（3）错误重传机制

由于检错码本身不提供自动的错误纠正能力，因此需要提供一种与之相配套的错误纠正机制，即错误重传。通常当接收方检出错误的帧时，首先将该帧丢弃，然后给发送方反馈信息请求发送方重发相应的帧。错误重传又被称为自动请求重传（automatic repeat request，ARQ）。错误重传有两种常见的实现方法，即停止等待方式和连续 ARQ 方式。

1）停止等待方式。在停止等待方式（简称停-等方式）中，发送端在发出一帧之后必须停下来等待接收端的确认帧，若确认帧提示正确收到，则发送方继续发送下一个帧；否则，发送方就重发那个帧。停-等协议虽然实现简单，但这种发送一帧等待一个确认的方式使得通信效率很低。为此，人们提出了连续 ARQ 协议。

2）连续 ARQ 方式。连续 ARQ 协议的特点是发送端在发送一个帧后，不是停下来等待确认帧的到来，而是可以连续再发送 N 个帧（N 的大小取决于发送方的发送能力和接收端的接收能力）。对于连续 ARQ 方式，必须要为帧编上序列号以作为帧的标识。

在连续发送的多个帧中，可能会有一个或多个帧出现传输差错。针对这种情况，连续 ARQ 分别采用了两种不同的处理方式，即拉回（back to n）方式和选择重传（selective）方式。在拉回方式中，假定发送方连续发送了 m 帧，而接收方在对收到的数据帧进行校验后发现第 n 帧出错（$n \leqslant m$），则接收方给发送方发送出错信息并要求发送方重发第 n 帧及第 n 帧以后的所有帧。换言之，一旦接收方发现第 n 帧出错，则丢弃第 n 帧及第 n 帧以后的所有帧，显然这种方式对信道带宽有很大的需求。在选择重传方式中，假定发送方连续发送了 m 帧，而接收方在对收到的数据帧进行校验后发现第 n 帧出错（$n \leqslant m$），则接收方给发送方出错信息并只要求发送方重发第 n 帧。换言之，一旦接收方发现第 n 帧出错，则丢弃第 n 帧，但缓存第 n 帧以后的所有正确帧。也就是说，这种方式需要在接收方提供足够大的存储缓存来暂时保存那些已经被正确接收的帧。

细心的读者会发现，在上面的讨论中并没有考虑到帧在传输过程中丢失的情况。丢失有两种可能：一是发送端所发送的数据帧在传输过程中被丢失；二是接收端发送给发送方的确认帧被丢失。因此，要在发送端设置一个计时器，当计时器的值达到一定值时确认帧还未到达，则发送端就认为它所发送的数据帧已经丢失，将重发此数据帧，这种机制被称为超时重发。但是，简单的超时重发会带来帧被重复接收的问题。若数据帧已经被接收端正确接收，而接收端反馈的确认帧却丢失了，从而发送端通过超时重发机制又重新发送了相同的帧。解决帧重复接收的一个简单方法就是采用帧编号，接收端一旦收到两个序列号相同的帧，就可以判断出是重复帧，从而丢弃多余的帧。

4. 流量控制

数据链路层要解决网络节点间数据传输的另外一个问题就是，如何确保发送方发送的数据都能被接收方全部接收而不出现数据溢出丢失错误，保持收发同步。

（1）流量控制的作用

由于系统性能的不同，如硬件能力（包括 CPU、存储器等）和软件功能的差异，会导致发送方与接收方处理数据的速度有所不同。若一个发送能力较强的发送方给一个接收能力相对较弱的接收方发送数据，则接收方会因无能力处理所有收到的帧而不得不丢弃一些帧。如果发送方持续高速地发送，则接收方最终还会被“淹没”。也就是说，在数据链路层只有差错控制机制还是不够的，其不能解决因发送方和接收方速率不匹配所造成的帧丢失的问题。

为此，在数据链路层引入了流量控制机制。流量控制的作用就是使发送方所发出的数据流量不要超过接收方所能接收的速率。流量控制的关键是需要有一种信息反馈机制，使发送方能了解接收方是否具备足够的接收及处理能力。如上面所提到的简单停-等协议就可以实现流量控制功能，但其实现效率太低。下面所介绍的滑动窗口协议则可以将确认机制与流量控制机制巧妙地结合在一起。

（2）滑动窗口协议

滑动窗口协议是指一种采用滑动窗口机制进行流量控制的方法。通过限制已经发送但还未得到确认收到的数据帧的数量，滑动窗口协议可以调整发送方的发送速度。许多使用位填充技术的数据链路层协议都使用滑动窗口协议进行流量控制。下面简单介绍滑动窗口协议的工作原理。

在滑动窗口协议中，每个要发送的帧都要被赋予一个先后顺序的编号（序列号），其编号取值范围从 0 到某一个数值。如果在帧中用以表达序列号的字段长度为 n，则序列号的最大值为 $2n-1$。

例如，若在帧中序列号为 3 个比特长度，即 $n=3$，则编号可以从 0～7 中进行选择。序列号是循环使用的，若当前帧的序号已达到最大编号（即 $2n-1$）时，则下一个待发送的帧序列号将重新为 0，此后再依次递增。

在发送方，要维持一个发送窗口，利用窗口的大小来限制即将要发送的数据帧的数量。如果发送窗口的大小为 Ws，则表明已经发送出去但仍未得到确认的帧的总数不能超过 Ws。在发送窗口内所保持着的一组序列号，对应于允许发送的帧，这里形象地称这些帧落在发送窗口内。显然，在初始状态下，发送窗口内允许发送的帧的个数为 Ws，而每发出一个帧，允许发送的帧数就减 1。一般情况下，窗口的下限对应当前已经发送出去但未被确认的最后一帧，一旦这个帧的确认帧到达后，发送窗口的下限和上限各加 1，相当于窗口向前滑动一个位置，同时当前允许发送的帧数加 1。若发送窗口内已经有 Ws 个没有得到确认的帧，则不允许再发送新帧，需要发送的帧必须等待接收方传来的确认帧并使窗口向前滑动，直至其序列号落入发送窗口内才能被发送。

接收节点则要维持一个接收窗口。在接收窗口中也保持着一组序列号，但其对应于允许接收的帧，只有发送序列号落在窗口内的帧才能被接收，落在窗口之外的帧将被丢弃。若到达帧的序列号落在接收窗口内，则接收该帧。若帧被正确接收，则接收窗口向前滑动一个位置，即窗口的上下限各加 1，使一个新序列号落入窗口内，同时给发送方返回一个确认信息。

由于发送方与接收方的数据处理能力有所不同，接收窗口和发送窗口可以不具有相同的窗口大小，甚至两者可以不具有相同的窗口上限与下限。在滑动窗口协议中，当发送窗口和接收窗口的宽度都为 1 时，就变成简单的停-等协议。

图 3.11 给出了一个 3 个比特长度的序列号，发送与接收窗口大小均为 4 的滑动窗口协议的工作实例。从上面例子中不难看出，只有在接收窗口向前滑动时，发送窗口才有可能向前滑动。

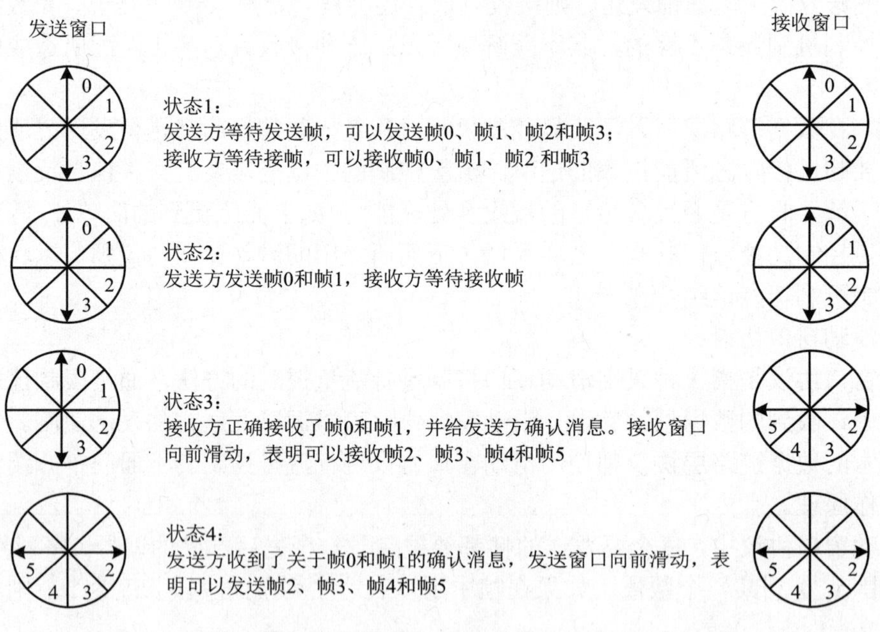

图 3.11 滑动窗口协议的工作实例

发送窗口如果不向前滑动，发送方就不能发送更多的帧（最多只能发送 Ws 个帧）。在图 3.11 中，只有收到 0 号和 1 号帧的确认信息之后，发送窗口才能发送 4 号和 5 号帧，从而达到流量控制的目的。

显然，滑动窗口协议在提供流量控制机制的同时，还可以同时实现帧的确认和差错控制。正是滑动窗口协议这种集帧确认、差错控制、流量控制等功能为一体的良好特性，才使得该协议不仅被广泛地应用于数据链路层中，还被作为传输层实现相应功能的重要机制。

5. 数据链路层的服务

数据链路层的功能和复杂的实现机制可以通过其所提供的各种服务来体现。

（1）数据链路层的服务方式

通常，数据链路层在实现时有 3 种基本服务方式可供选择，即无确认的无连接服务（unacknowledged connectionless service）、有确认的无连接服务（acknowledged connectionless service）和有确认的面向连接服务（acknowledged connection-oriented service）。

在无确认的无连接服务方式下，两个相邻节点之间在发送数据帧之前，事先不建立连接，从而事后也不存在释放连接；源节点向目标节点发送独立的数据帧，而目的节点不对收到的帧做确认；由于线路上的噪声而造成的帧丢失，数据链路层将不做努力去恢复，而是将该工作留给上层（通常为传输层）去完成。这类服务通常适用于误码率很低的信道，如大多数局域网都使用这种无确认的无连接服务方式。

在有确认的无连接服务方式下，仍然不需要建立连接，源节点向目标节点发送独立的数据帧，但是接收站点要对收到的每帧做确认，即在收到数据帧之后回送一个确认帧，而发送站点在收到确认帧之后才会发送下一帧。当在一个确定的时间段内没有收到确认帧时，发送方就认为所发送的数据帧丢失并自动重发此帧。自动重发可能会产生接收站点收到重复的数据帧的问题。有确认的无连接服务方式适用于像无线网络之类的不可靠信道。

在有确认的面向连接服务方式下，在发送数据之前，需要首先建立连接，然后才会启动帧的传送。在发送数据阶段，要为所传输的每帧编上号，数据链路层提供相应的确认和流量控制机制来保证每帧都只被正确地接收一次，并保证所有帧都按正确的顺序被接收。当数据传输完成之后，还需要拆除或释放所建立的连接。也就是说，面向连接的服务方式分为 3 个阶段，即链路建立阶段、数据传输阶段和链路拆除阶段。可以这么说，只有有确认的面向连接的服务方式才真正为网络层提供可靠的无差错传输服务。这类服务实现的复杂度及代价很高，通常被用于误码率较高的不可靠信道，如某些广域网链路。

（2）数据链路层协议举例

下面以典型的数据链路层协议（high-level data link control，HDLC）为例来进一步说明数据链路层协议如何通过帧来实现相邻节点之间的可靠数据传输。

HDLC 的帧格式和所有的数据链路层协议一样，HDLC 的功能集中体现在 HDLC 的帧格式中。HDLC 的帧格式及控制字段的结构如图 3.12 所示。

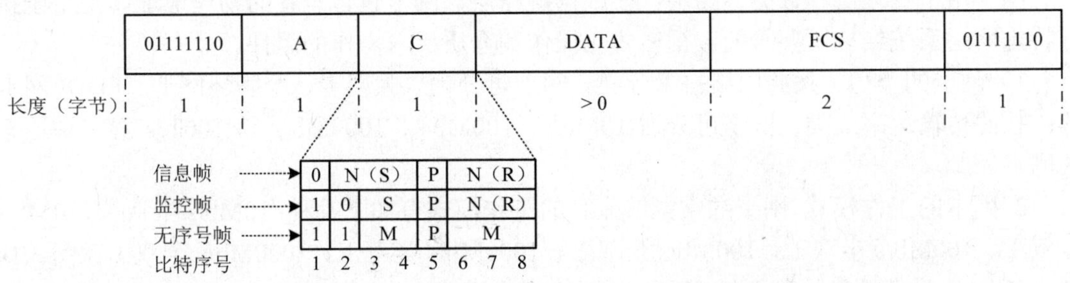

图 3.12　HDLC 的帧格式及控制字段的结构

其中，帧头和帧尾的位模式串“01111110”为帧的开始和结束标记（flag）。可以看出，HDLC 协议在帧定界上采用的是带位填充技术首尾界符法。

A 是地址字段（address），由 8 位组成。对于命令帧，存放接收站的地址；对于响应帧，存放发送响应帧的站点地址。

C 是控制字段（control），由 8 位组成，该字段是 HDLC 协议的关键部分。它标志 HDLC 的 3 种类型帧：信息（information）帧、监控（supervisory）帧和无序号（unnumbered）帧。

DATA 是数据字段，可以包含任意信息且可以是任意长的，但实际上受多种条件的制约，如帧校验效率就会随着数据长度的增加而下降。

FCS 是校验序列字段，采用 16 位的 CRC 校验，校验的内容包括 A 字段、C 字段和 DATA 字段。

6. 数据链路层的设备与组件

数据链路层的设备与组件是指那些同时具有物理层和数据链路层功能的设备或组件。数据链路层的设备与组件主要有网卡、网桥和交换机。

（1）数据链路层中封装帧的设备——网卡

网卡是局域网中提供各种网络设备与网络通信介质相连的接口，全名是网络接口卡（network interface card，NIC），也叫网络适配器和网卡。网卡作为一种 I/O 接口卡插在主机板的扩展槽上，其基本结构包括接口控制电路、数据缓冲器、数据链路控制器、编码解码电路、内收发器、介质接口装置等 6 大部分，如图 3.13 所示。网卡主要实现数据的发送与接收、帧的封装与拆封、编码与解码、介质访问控制和数据缓存等功能。

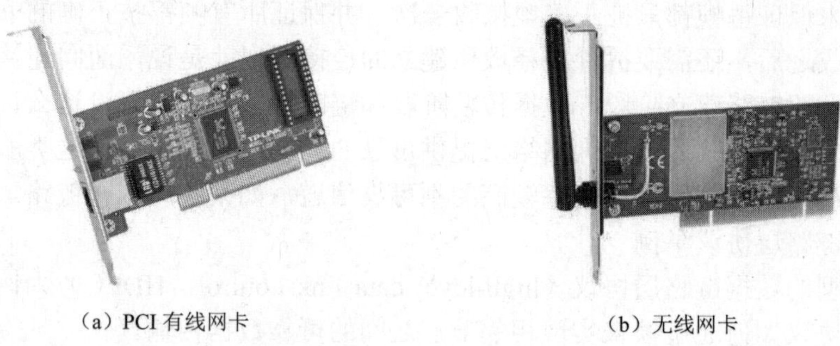

（a）PCI 有线网卡　　（b）无线网卡

图 3.13　网卡的基本结构

网卡用于物理层和数据链路层。在数据链路层，网卡包含设备的物理地址，是用于执行特定网络系统结构所要求的数据格式化操作和介质接入操作的组件。

1）网卡的类型。按照网络技术分类，网卡可分为以太网卡、令牌环网卡、FDDI 网卡等；按照传输速率分类，网卡可分为 10Mb/s、100Mb/s、1000Mb/s 和 10Gb/s 等多种速率的网卡。

2）网卡的工作模式。网卡通常能够兼容的工作模式有如下几种：10Mb/s 半双工、10Mb/s 全双工、100Mb/s 半双工、100Mb/s 全双工、1000Mb/s 半双工、1000Mb/s 全双工。图 3.14 是 Windows 系统网络控制面板查看到的网络工作模式。

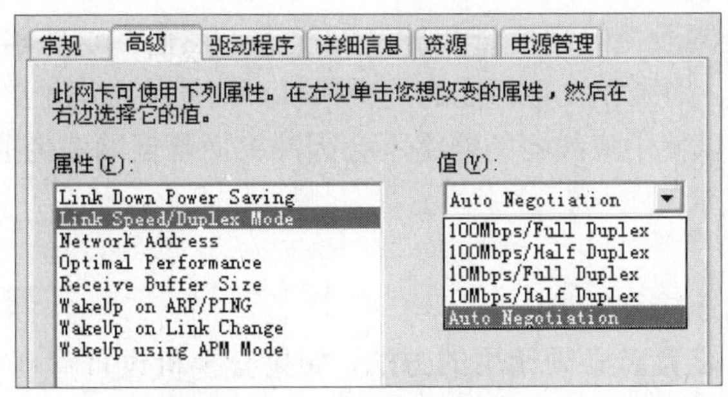

图 3.14 网卡的工作模式

3）网卡 MAC 地址。网卡在出厂时都被分配了一个全球唯一的地址标识，该标识被称为网卡地址或媒体访问控制（media access control，MAC）地址，由于该地址是固化在网卡上的，因此又被称为物理地址或硬件地址，主要用于设备的物理寻址，与后面介绍的 IP 地址所具有的逻辑寻址作用截然不同。Windows 系统在 MS-dos 下，输入 ipconfig/all 可以查看 MAC 地址。

（2）数据链路层中接收和转发帧的设备——网桥

网桥（bridge）也叫桥接器，是一种对帧进行转发的技术，根据 MAC 分区块，可隔离冲突。网桥是连接两个局域网的一种存储/转发设备，它能将一个大的 LAN 分割为多个网段，或将两个以上的局域网互联为一个逻辑的网络，但端口比较少。网桥比集线器（hub）性能更好，集线器上各端口都是共享同一条背板总线的。目前，网桥已经被具有更多端口、同时也可隔离冲突域的交换机所取代。

（3）数据链路层中接收和转发帧的设备——交换机

交换机（switch）也是工作在数据链路层的网络互连设备，是局域网组网中最常用也是最主要的网络设备之一。交换机的种类很多，如以太网交换机、FDDI 交换机、帧中继交换机、ATM 交换机和令牌环交换机等，图 3.15 为以太网交换机的产品示例。

图 3.15 以太网交换机的产品示例

交换机由网桥发展而来，是一种多端口的网桥，其内部配备有大容量的交换式背板可以实现高速数据交换。交换机的每个端口都可以连入一个网段或者主机，在交换机内部也保存了一张关于“端口号/MAC 地址映射”关系的交换表，按照 MAC 表的对应关系来准确转发数据；端口之间均可以建立临时链路，数据转发完毕撤消连接。交换机同时收到多个数据帧，根据 MAC 表中对应的不同端口建立多条链路，在这些连接上同时转发各自的帧，实现数据的并行传输，从而提高数据转发的速度。

7. 交换机和集线器的比较

交换机和集线器在物理外观及使用上都非常相似，但其工作方式和网络性质却完全不同。集线器能够从一个端口提取位信号、整理信号、放大信号，然后从其他端口发送出去，集线器并不知道信号所代表的数据的内容。相反，交换机则对它所收到的帧进行处理，检查核对目的地址，确定到达目的地址所需通过的端口。因此，帧只向能够到达目的地的端口发送，

交换机与集线器（视频）

这就意味着减少了每个网段上的通信量和冲突的次数，然而，这些附加的功能是以时延为代价的。和集线器相比，如果和设备相连的是交换机，则帧从源地址到目的地址需要花费更长的时间，当然这些是以使用集线器的网络不会因冲突而降低网速为前提条件的。

8. 交换机配置基础

（1）终端控制台的连接和配置

这是交换机第一次配置时必须使用的方法，如果交换机设置管理 IP 地址，也就可采用 Telnet 登录方式来配置交换机。

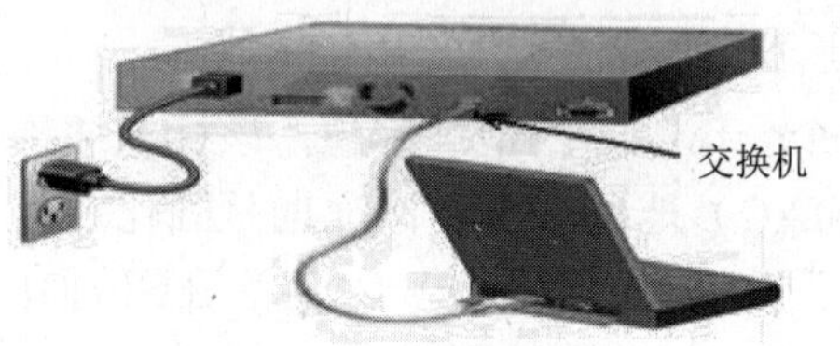

图 3.16　Console 控制台端口连接示意图

目前，交换机都具有可管理能力，提供有一个名为 Console 的控制台端口（或称配置口），该端口采用 RJ-45 接口，符合 EIA/TIA-232 异步串行规范。通过该端口可实现对交换机的本地配置，其连接如图 3.16 所示。

交换机一般都随机配送了一根控制线，它的一端是 RJ-45 水晶头，用于连接交换机的控制台端口，另一端提供了 DB-9（针）和 DB-25（针）串行接口插头，用于连接 PC 的 COM1 或 COM2 串行接口。也有控制线两端均是 RJ-45 水晶头接口，但配送有 RJ-45 到 DB-9 和 RJ-45 到 DB-25 的转接头。通过该控制线将交换机与 PC 相连，并在 PC 上运行超级终端程序，即可实现将 PC 仿真成交换机的一个终端，从而实现对交换机的访问和配置。

配置终端仿真软件并登录交换机，在 PC 上打开终端仿真软件（以 SecureCRT 为例），新建连接，设置连接的接口以及通信参数与交换机 Console 口缺省配置相同。单击“ ”，新建连接如图 3.17 所示；单击 Connect，出现 Quick Connect 窗口，在此窗口设置连接的通信参数。在 Protocol 中选择 Serial，在 Port 项选择 COM（这个口要根据接入实际接口确定，也许是 COM1 或者 COM2），在 Baud rate 项选择 9600（默认的交换机、路由器设备都是 9600、8 位数据位、1 位停止位、无校验和无流量控制），其余选择默认即可，如图 3.18 所示。

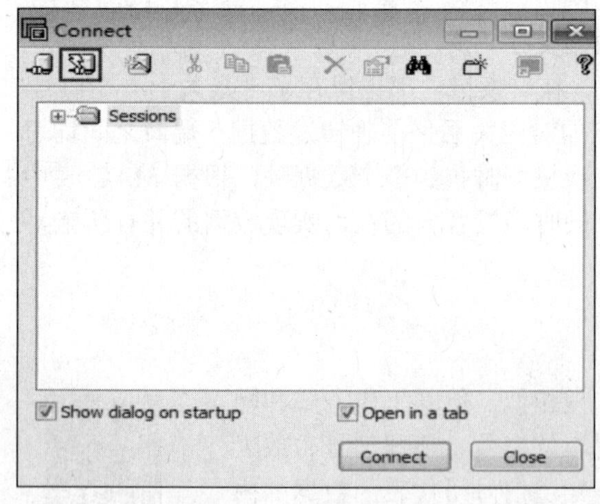

图 3.17　新建连接

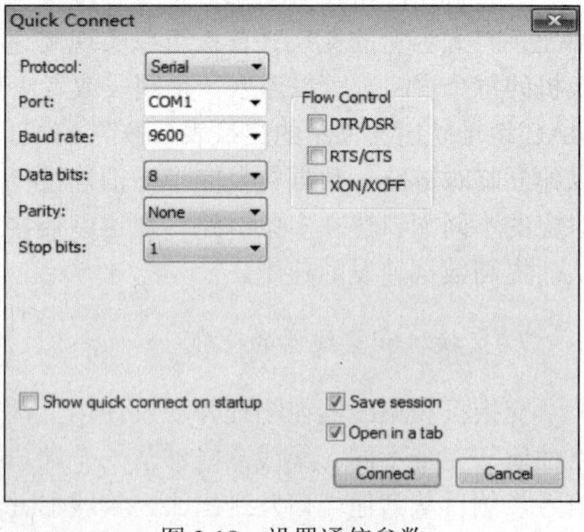

图 3.18　设置通信参数

此时如果交换机已经启动，按 Enter 键，将进入交换机的用户模式并出现标识符

<Huawei>；否则启动交换机，超级终端会自动显示交换机的整个启动过程。输入命令，配置交换机或查看交换机的运行状态。需要帮助可以随时输入“?”得到相关操作的指导信息。说明交换机系统正常启动运行。

（2）交换机的命令行工作模式

交换机的命令行工作模式（不同厂商的交换机的配置命令和模式不一定相同），称呼也不太一样。Cisco 交换机的配置命令是分级的，不同级别的管理员可以使用不同的命令集。在命令行状态下，Cisco 交换机主要有以下几种工作模式，用户模式（user EXEC）、特权模式（priviledged EXEC）和全局配置模式。在全局配置模式下可以进入各种子模式配置（如端口配置等）。华为交换机的工作模式为用户模式、视图模式和局部视图模式，以下以华为设备配置为例介绍配置命令的使用。

1）用户视图。用户模式用于查看交换机的基本信息。从 Console 接口或 Telnet 及 AUX 进入交换机时，首先要进入用户模式。在用户模式下，用户只能允许使用少数的命令，且不能对交换机进行配置。在没有进行任何配置的情况下，华为交换机默认提示符为<Huawei>。如果配置了交换机的名字，则提示符为<交换机的名字>。用 quit 命令退出用户模式。

2）视图配置模式。在视图配置模式下可以配置很多参数，如果通过终端进行配置，在用户模式下输入 system-view 命令（Cisco 交换机为 Configure Terminal 命令），进入视图配置模式，其提示符为[Huawei]。如果配置了交换机的名字，则提示符为交换机的名字<Huawei>system-view。用 quit 命令退出到用户模式。

3）局部视图模式。在视图配置模式下可以进入各种子模式的配置，如端口配置模式（interface configuration）等，首先必须进入视图配置模式。

进入方式：在全局模式下用 interface 命令进入具体的端口。

```
[Huawei]interface interface-type interface-number
```

提示符为

```
[Huawei-Ethernet0/0/1]
```

例如，配置端口 Ethernet0/0/1：

```
[Huawei]interface Ethernet 0/0/1
```

使用 description 命令配置端口 Ethernet0/0/1 的描述为 test：

```
[Huawei-Ethernet0/0/1]description test
```

9. 交换机的基本配置

一旦超级终端与以太网交换机连通后，就可以查看和配置交换机了。在超级模式下查看交换机的信息如下操作。

（1）设置主机名

默认情况下，华为交换机的主机名为 Huawei。为了方便管理识别，可以为交换机设置一个具体的主机名。设置交换机的主机名在视图配置模式下进行，配置命令为：[Huawei]sysname +名字。例如，主机名设置为 sw1，则 sw1 配置命令为：[Huawei]sysname sw1。按 Enter 键执行后变为：[sw1]。

（2）用 display 查看交换机信息（Cisco 交换机 show 命令）

1）查看 IOS 版本。

```
[sw1]display version
```

2）查看配置信息。

```
[sw1]display current-configuration //显示当前正在运行的配置
```

3）查看端口信息。

若要查看某一端口的工作状态和配置参数，可使用 show interface 命令来实现，其配置命令为：display int type mod/port，其中，type 表示端口类型，这些端口通常有 Ethernet（以太网端口，通信速度为 10Mb/s）、Fast Ethernet（快速以太网端口，通信速度为 100Mb/s）、Gigabit Ethernet（吉比特以太网端口，通信速度为 1000Mb/s）和 Ten Gigabit Ethernet（万兆位以太网端口）。类型通常可简化为 e、fa、gi 和 tengi。

mod/port 表示端口所在的模块和在该模块中的编号。

例如，若要查看交换机 0 号模块 0 插板上的 1 号端口的信息，则查看命令为

```
[sw1]display interface Ethernet 0/0/1
```

在实际配置中，该命令通常可简化为

```
[sw1]display int Eth0/0/1
```

（3）批量配置二层交换机端口

为了提高配置效率，可能会选择一次性对多个端口配置，实现对这些端口进行统一配置。配置命令为

```
port-group group-member startport to endport
[sw1]port-group group-member Ethernet 0/0/1 to Ethernet 0/0/10
[sw1-port-group]
```

其中，startport 代表要选择的起始端口号；endport 代表结尾的端口号，用于代表起始端口范围的连字符“-”的两端，应注意留一个空格，否则命令将无法识别。

（4）设置端口通信速度

配置命令为

```
speed [10|100|1000|auto]
[sw1-GigabitEthernet0/0/1]#speed 100  //配置GigabitEthernet0/0/1为100M
[sw1-GigabitEthernet0/0/1]speed auto-negotiation  //配置端口自适应模式
```

默认情况下，交换机的端口速度设置为 auto（自动协商），此时链路的两个端点将交流有关各自能力的信息，从而选择一个双方都支持的最大速度和单工或双工通信模式。若链路一端的端口禁用了自动协商功能，则另一端就只能通过电气信号来探测链路的速度，此时无法确定单工或双工通信模式，将使用默认的通信模式。

若交换机设置为auto以外的具体速度，此时应注意保证通信双方也要有相同的设置值。若交换机连接到服务器、路由器或防火墙等设备上，通常应设置具体的通信速度和半双工工作模式，一般不设置为自动协商，以防止因自动协商而降低通信速度。

（5）设置端口的单双工模式

配置命令为

```
[sw1-GigabitEthernet0/0/1]duplex [half|full]
```

在配置交换机时，要注意交换机端口的单双工模式的匹配，如果链路一端设置的是全双工，而另一端是半双工，则会造成响应差和高出错率，丢包现象会很严重。通常可设置为自动协商或相同的单双工模式。

例如，配置交换机的 GigabitEthernet0/0/1 端口设置为全双工通信模式，配置命令为

```
[sw1-GigabitEthernet0/0/1]duplex full
```

（6）启用或禁用端口

对于没有连接的端口，其状态始终是处于 shutdown。对于正在工作的端口，可根据管理的需要，进行启用或禁用。

禁用端口的配置命令为

```
[sw1-GigabitEthernet0/0/1]shutdown
```

启用端口的配置命令为

```
[sw1-GigabitEthernet0/0/1]#undo shutdown
```

（7）时钟配置

```
<sw1> clock timezone BJ add 08:00:00
//其中 BJ 为设置的时区。08:00:00 表示当地时间是在系统默认的 UTC 时区基础上加 8
<sw1>clock datetime 10:10:00 2014-07-26    //设置当前时间和日期
```

设置当前时间前，请务必确认所在时区，设置正确的时区偏移时间，以保证本地时间正确。

（8）配置 Console 用户界面的认证方式

配置 Console 用户界面的认证方式为 AAA 认证，修改认证方式的方法类似，不再赘述。配置 Console 用户界面的认证方式为 AAA 认证，并创建本地用户。

```
[sw1] user-interface console 0
[Switch-ui-console0] authentication-mode aaa
//设置 Console 用户认证方式为 AAA 认证
[sw1-ui-console0] quit
[sw1] aaa
[sw1-aaa] local-user admin123 password irreversible-cipher user@6789
//创建名为 admin123 的本地用户，设置其登录密码为 user@6789
[sw1-aaa] local-user admin1234 privilege level 15 //配置用户级别为 15 级
[sw1-aaa] local-user admin1234 service-type terminal
//配置接入类型为 terminal，即 Console 用户
[sw1-aaa] quit
```

（9）保存配置

```
[sw1]save
```

3.2 实训任务：交换机的基本配置

3.2.1 交换机基本配置实训准备及注意事项

交换机的基本配置（视频）

1. 实训准备

进行交换机的基本配置需做如下准备。

1）两台安装好操作系统的计算机。

2）两条直通线。

3）一台打印机。

4）一台交换机。

5）一条 Console 控制线。

2. 实训注意事项

进行交换机基本配置的注意事项如下。

1）绘制拓扑图，确定计算机与交换机连接接口（有的交换机面板不太好识别接口号）。

2）不要把 Console 的 RJ-45 端接到交换机的以太网口上，这样会导致配置交换机的时候无法进入交换机系统。

3）配置交换机后及时保存，如果不保存，交换机断电后就会恢复初始状态。

3.2.2 交换机的基本配置过程

交换机的基本配置过程介绍如下。

步骤 1：按照图 3.19 所示的拓扑图将计算机连接到交换机的以太接口上，将控制线 Console 的 RJ-45 端接到交换机的 Console 口，一端接到以太计算机的 COM 口（或者接到 USB 转 COM 线上，USB 接到计算机的 USB 接口上）。

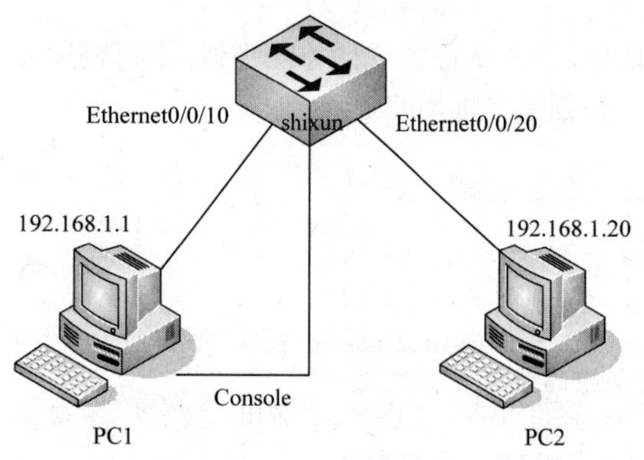

图 3.19　拓扑图

步骤 2：分别配置 PC1、PC2 的 IP 地址为 192.168.1.1 和 192.168.1.20，配置参照单元 2 的操作。

步骤 3：配置终端仿真软件并登录交换机，在 PC 上打开终端仿真软件（以 SecureCRT 为例），新建连接，设置连接的接口以及通信参数与交换机 Console 口缺省配置相同。单击按钮，新建连接如图 3.20 所示；单击 Connect 按钮，出现 Quick Connect 窗口，在此窗口设置连接的通信参数。在 Protocol 项中选择 Serial，在 Port 项中选择 COM（这个口要根据接入实际接口确定，可以是 COM1 或者 COM2），在 Baud rate 项中选择 9600（默认的交换机、路由器设备都是 9600），其余选择默认即可，如图 3.21 所示。

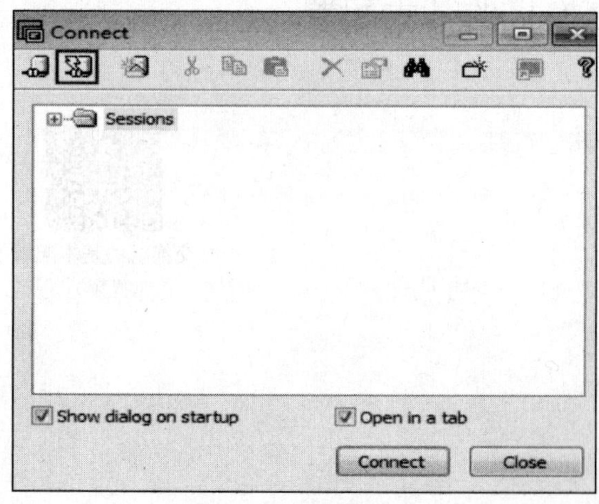

图 3.20　新建连接

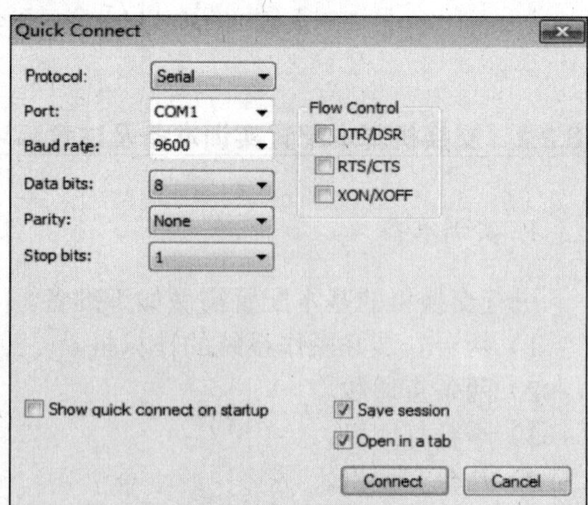

图 3.21　设置通信参数

步骤4：配置交换机。

1）配置交换机名为shixun。

```
<Huawei>system-view
[Huawei]sysname  shixun
```

2）配置AAA认证登录交换机，增加用户名test和密码@test，用于Console、telnet用户登录。

```
[shixun] user-interface console 0
[shixun-ui-console0] authentication-mode aaa
//设置Console用户认证方式为AAA认证
[shixun-ui-console0] quit
[shixun] aaa
[shixun-aaa] local-user test password cipher @test
[shixun-aaa] local-user admin1234 privilege level 15
[shixun-aaa] local-user admin1234 service-type terminal
[shixun-aaa] quit
```

3）配置交换机时间为10:10:00 2020-02-26。

```
<shixun>clock datetime 2020-02-26
```

4）批量配置端口Ethernet0/0/10到Ethernet0/0/20通信速度为10Mb/s全双工。

```
[shixun]port-group group-member Ethernet 0/0/10 to Ethernet 0/0/20
[shixun-port-group]undo auto speed
[shixun-port-group]undo negotiation auto
[shixun-port-group] speed 10
[shixun-port-group] duplex full
[shixun-port-group]quit
```

5）Ethernet0/0/10描述为Console。

```
[shixun]interface Ethernet 0/0/10
[sw1-Ethernet0/0/10]description Console
```

6）关闭端口Ethernet0/0/10。

```
[shixun]-Ethernet0/0/10-shutdown
[shixun]-Ethernet0/0/10-Quit
```

7）保存配置。

```
[shixun]save
```

8）查看当前配置。

```
[shixun]display current-configuration
```

3.2.3 交换机的基本配置测试

通过查看命令可查看交换机当前配置情况。

```
[shixun]dis cu
#
sysname shixun
#
cluster enable
ntdp enable
ndp enable
#
drop illegal-mac alarm
```

```
#
diffserv domain default
#
drop-profile default
#
aaa
 authentication-scheme default
 authorization-scheme default
 accounting-scheme default
 domain default
 domain default_admin
 local-user test password cipher a!,@%<80"51NZPO3JBXBHA!!
 local-user test privilege level 15
 local-user test service-type telnet terminal
 local-user admin password simple admin
 local-user admin service-type http
#
interface Vlanif1
#
interface MEth0/0/1
#
interface Ethernet0/0/1
#
interface Ethernet0/0/2
#
interface Ethernet0/0/3
#
interface Ethernet0/0/4
#
interface Ethernet0/0/5
#
interface Ethernet0/0/6
#
interface Ethernet0/0/7
#
interface Ethernet0/0/8
#
interface Ethernet0/0/9
#
interface Ethernet0/0/10
 undo negotiation auto
 speed 10
 description Console
 shutdown
#
interface Ethernet0/0/11
 undo negotiation auto
 speed 10
#
interface Ethernet0/0/12
```

```
 undo negotiation auto
 speed 10
#
interface Ethernet0/0/13
 undo negotiation auto
 speed 10
#
interface Ethernet0/0/14
 undo negotiation auto
 speed 10
#
interface Ethernet0/0/15
 undo negotiation auto
 speed 10
#
interface Ethernet0/0/16
 undo negotiation auto
 speed 10
#
interface Ethernet0/0/17
 undo negotiation auto
 speed 10
#
interface Ethernet0/0/18
 undo negotiation auto
 speed 10
#
interface Ethernet0/0/19
 undo negotiation auto
#
interface Ethernet0/0/20
 undo negotiation auto
 speed 10
#
interface Ethernet0/0/21
#
interface Ethernet0/0/22
#
interface GigabitEthernet0/0/1
#
interface GigabitEthernet0/0/2
#
interface NULL0
#
user-interface con 0
 authentication-mode aaa
user-interface vty 0 4
#
return
[shixun]
```

当执行[shixun]-Ethernet0/0/10-shutdown 命令时，可以看到本地连接显示红色的叉。退出再次登录时，需要输入用户名 test 的密码为@test。

3.3 课堂评价

完成本单元学习，认真填写学习情况考核表（见表 3.1），并及时予以反馈。

表 3.1 学习情况考核表

序号	评价内容	自我评价					小组评价					老师评价				
		A	B	C	D	E	A	B	C	D	E	A	B	C	D	E
1	基带传输以及编码															
2	频带传输以及调制															
3	冲突与冲突域															
4	广播、广播域与广播风暴															
5	差错控制与流量控制技术															
6	数据链路层设备															
7	物理层设备															
8	MAC 地址															
9	交换机的配置															
10	交换机与集线器															

说明：评价等级分为 A、B、C、D 和 E 共 5 等。其中，对知识与技能掌握很好，能够熟练地完成任务为 A 等；掌握 75%以上的内容，能较为顺利地完成任务为 B 等；掌握 60%以上的内容为 C 等；基本掌握为 D 等；大部分内容不够清楚为 E 等。

3.4 思考与讨论

一、填空题

1. 频带传输调制方式包括______、______和______。
2. 基带传输编码方式包括______、______和______。
3. 错误重传机制包括______、______和______。
4. 在数据链路层，流量控制通常采用______来实现。
5. 物理层常用设备包括______、______。

二、选择题

1. 数据链路层常用设备是（　　）。

   A. 集线器　　B. 中继器　　C. 交换机　　D. 防火墙

2. 数据链路层传输的数据形态是（　　）。

   A. 比特流　　B. 帧　　C. 包

3. 物理层传输的数据形态是（　　）。

   A. 比特流　　B. 帧　　C. 包

三、讨论题

1. 如何实现数字信号与模拟型号相互转换？
2. 在数据链路层中，差错控制是如何实现的？
3. 广播风暴是怎样产生的？如何控制？
4. 广播有危害，在网络中是否可以解决广播包？
5. 冲突域与广播域有什么区别？
6. 集线器与交换机有什么区别？
7. MAC 地址的作用是什么？
8. 交换机是数据链路层的设备，是否就没有物理层的特性了？

拓展阅读 新技术、新工艺

学习笔记

学习笔记

组建小型局域网

教学目标

知识教学目标

1. 掌握 CSMA/CD 原理、MAC 地址结构以及交换机的工作原理
2. 了解局域网的功能特点、常见拓扑和技术标准体系
3. 熟悉虚拟局域网技术和交换机接口链路类型

技能培养目标

1. 能够熟练完成交换机接口链路配置
2. 能够掌握交换机 VLAN 的配置方法
3. 能够掌握跨交换机实现资源共享的配置与测试方法

素质培养目标

1. 理解工作中的协调机制
2. 理解个体与整体的关系

4.1 相关知识：数据链路层技术

传统局域网技术建立在 OSI 参考模型的数据链路层基础上，数据链路层利用 MAC 地址寻址方式来保证准确完成局域网内部的数据交换。

局域网（LAN）是计算机网络最基本的组成部分，其组网技术包括局域网的技术标准、网络的拓扑、介质的访问控制方式和局域网的组网设备等。目前，应用最多的局域网组网类型为以太网、FDDI 光纤链路环网及无线局域网。随着网络技术、通信技术和微型机的发展，局域网技术得到了迅速的发展和完善，多种类型的局域网络纷纷出现。

1. 局域网的特点和功能

局域网技术是当前计算机网络研究与应用的一个热点问题，也是目前技术发展最快的领域之一，局域网具有如下特点。

1）网络所覆盖的地理范围比较小。通常不超过几十千米，甚至只在一幢建筑或一个房间内。

2）数据的传输速率比较高。从最初的 1Mb/s 到后来的 10Mb/s、100Mb/s，近年来已达到 1000Mb/s、10Gb/s，目前 40Gb/s、100Gb/s 也在全面使用。

3）具有较低的延迟和误码率，其误码率一般为 10^{-11}～10^{-8}。

4）局域网的经营权和管理权属于某个单位所有，与广域网通常由服务提供商提供形成鲜明对照。

5）便于安装、维护和扩充，建网成本低、周期短。

尽管局域网地理覆盖范围小，但这并不意味着它们必定是小型的或简单的网络。局域网可以扩展得相当大或者非常复杂，配有成千上万用户的局域网也是很常见的事。局域网的应用范围极广，可应用于办公自动化、生产自动化、企事业单位的管理、银行业务处理、军事指挥控制、商业管理等方面。局域网的主要功能是为了实现资源共享，还为了更好地实现数据通信与交换及数据的分布处理。一般来说，决定局域网特性的主要技术要素包括网络拓扑结构、传输介质与介质访问控制方法。

2. 常见的局域网拓扑结构

局域网与广域网的一个重要区别在于它们覆盖的地理范围。由于局域网设计的主要目标是覆盖一个公司、一所大学或一幢甚至几幢大楼的“有限地理范围”，因此它在基本通信机制上选择了“共享介质”方式和“交换”方式。局域网在传输介质的物理连接方式、介质访问取控制方式上形成了自己的特点，在网络拓扑上主要采用总线、环形与星形结构。

3. 局域网的技术标准及体系结构

（1）局域网的技术标准

局域网出现之后，发展迅速，类型繁多，为了促进产品的标准化，增加产品的互操作性，1980 年 2 月，美国电气电子工程师学会（IEEE）成立了局域网标准化委员会（简称 IEEE 802 委员会），研究并制定了关于局域网的 IEEE 802 标准。

IEEE 802 为局域网制定了一系列标准，主要有以下 12 种。

1）IEEE 802.1 概述局域网体系结构及寻址、网络管理和网络互连。

2）IEEE 802.2 定义了 LLC 子层的功能与服务。

3）IEEE 802.3 描述 CSMA/CD 总线式介质访问控制协议及相应物理层规范。

4）IEEE 802.4 描述令牌总线（token bus）式介质访问控制协议及相应物理层规范。

5）IEEE 802.5 描述令牌环（token ring）式介质访问控制协议及相应物理层规范。

6）IEEE 802.6 描述 MAN 的介质访问控制协议及相应物理层规范。

7）IEEE 802.7 描述宽带时隙环介质访问控制方法及物理层技术规范。

8）IEEE 802.8 描述光纤网介质访问控制方法及物理层技术规范。

9）IEEE 802.9 描述语音和数据综合局域网技术。

10）IEEE 802.10 描述局域网安全与解密问题。

11）IEEE 802.11 描述无线局域网技术。

12）IEEE 802.12 描述用于高速局域网的介质访问方法及相应的物理层规范。

IEEE 802 标准实际上是一个由一系列协议组成的标准体系。随着局域网技术的发展，该体系在不断地增加新的标准和协议，如关于 802.3 家族就随着以太网技术的发展出现了许多新的成员。

（2）局域网的体系结构

局域网的体系结构与 OSI 模型有相当大的区别，局域网通信只涉及 OSI 的物理层和数据链路层。那么为什么没有网络层及网络层以上的各层呢？首先，局域网是一种通信网，只涉及有关的通信功能，所以至多与 OSI 七层模型中的下三层有关。其次，由于局域网基本上采用共享信道的技术，所以也可以不设立单独的网络层。也就是说，不同局域网技术的区别主要在物理层和数据链路层，当这些不同的局域网需要在网络层实现互连时，可以借助其他已有的通用网络层协议，如 IP 协议。

如图 4.1 所示，局域网的物理层是和 OSI 七层模型的物理层功能相当的，主要涉及局域网物理链路上原始比特流的传输，定义局域网物理层的机械、电气、规程和功能特性，如信号的发送与接收、同步序列的产生和删除等，物理连接的建立、维护、撤销等。物理层还规定了局域网所使用的信号、编码、传输介质、拓扑结构和传输速率。例如，信号编码可以采用曼彻斯特编码；传输介质可采用双绞线、同轴电缆、光缆甚至是无线传输介质；拓扑结构则支持总线、星形、环形和混合型等；可提供多种不同的数据传输率。

图 4.1　IEEE 802 的 LAN 参考模型与 OSI 参考模型的对应关系

那为什么要将局域网的数据链路层分为逻辑链路控制和介质访问控制两个功能子层呢？前面提到，局域网基本上采用的是共享介质环境，共享介质环境中的多个节点同时发送数据时就会产生冲突，从而需要提供控制冲突的介质访问控制机制。显然，介质访问控制机制与物理介质、物理设备和物理拓扑等涉及硬件实现的部分直接有关。也就是说，不同的局域网技术在介质访问控制上会有不同的处理方法。这种结果显然与计算机网络分层模型所要求的下层为上层提供服务，但必须屏蔽掉服务实现细节（即透明性）是相违背的。因此，考虑将局域网的数据链路层分为 MAC 和 LLC 两个子层。其中，MAC 子层负责介质访问控制机制的实现，即处理局域网中各站点对共享通信介质的争用问题，不同类型的局域网通常使用不同的介质访问控制协议，另外，MAC 子层还涉及局域网中的物理寻址；而 LLC 子层负责屏蔽掉 MAC 子层的不同实现，将其变成统一的 LLC 界面，从而向网络层提供一致的服务，LLC 子层向网络层提供的服务通过其与网络层之间的逻辑接口实现，这些逻辑接口又被称为服务访问点（service access point，SAP）。

这样的局域网体系结构不仅使得 IEEE 802 标准更具有可扩充性，有利于其将来接纳新的介质访问控制方法和新的局域网技术，同时也不会使局域网技术的发展或变革影响到网络层。尽管将局域网的数据链路层分成了 LLC 和 MAC 两个子层，但这两个子层是都要参与数据的封装和拆封过程的，而不是只由其中某一个子层来完成数据链路层帧的封装及拆封。在发送方，网络层下来的数据分组首先要加上目的服务访问点（destination service access point，DSAP）、源服务访问点（source service access point，SSAP）等控制信息在 LLC 子层被封装成 LLC 帧，然后由 LLC 子层将其交给 MAC 子层，加上 MAC 子层相关的控制信息后被封装成 MAC 帧，最后由 MAC 子层移交局域网的物理层完成物理传输；在接收方，则首先将物理的原始比特流还原成 MAC 帧，在 MAC 子层完成帧检测和拆封后变成 LLC 帧交给 LLC 子层，LLC 子层完成相应的帧检验和拆封工作将其还原成网络层的分组上交给网络层。

总之，LAN 的 LLC 子层和 MAC 子层共同完成类似于 OSI 参考模型中的数据链路层功能，无非是考虑到局域网的共享介质环境，在数据链路层的实现上增加了介质访问控制机制。

4. 介质访问控制方式

所谓介质访问控制，就是解决当局域网中共用信道的使用产生竞争时，如何分配信道的使用权问题。局域网中目前广泛采用的两种介质访问控制方法分别是：争用型介质访问控制协议，又称随机型的介质访问控制协议，如 CSMA/CD 方式；确定型介质访问控制协议，又称有序的访问控制协议，如令牌（token）方式，由于现在技术主流采用的是以太网技术，所以本书主要讲述以太网技术介质访问控制方式的 CSMA/CD，令牌访问控制方法又可分为令牌环访问控制（token ring 即 token passing ring）和令牌总线访问控制（token bus），这两类方式在本书中不再讲述。

（1）CSMA/CD 方式

CSMA/CD（carrier sense multiple access/collision detection）是带冲突检测的载波侦听多址访问的英文缩写。载波侦听（carrier sense，CS）主要是指网络中的各个站点都具备一种对总线上所传输的信号或载波进行监测的功能。多址（multiple access，MA）则是指当总线上的一个站点占用总线发送信号时，所有连接到同一总线上的其他站点都可以通过各自的接收器收听，只不过目标节点会对所接收的信号进行进一步的处理，而非目标节点则忽略所收到的信号。冲突检测（collision detection，CD）是指一种检测或识别冲突的机制，这是实现冲突退避的前提。在总线环境中，冲突的发生有两种可能的原因：一种是总线上两个或两个以上的节点同时发送信息；另一种可能就是一个较远的节点已经发送了数据，但由于信号在传输介质上的延时，使得信号在未到达目的地时，另一个节点刚好发送了信息。CSMA/CD 通常用于总线拓扑结构和星形拓扑结构的局域网中。

CSMA/CD 工作原理（视频）

CSMA/CD 的工作原理可概括成 4 句话，即先听后发，边发边听，冲突停止，随机延时后重发，具体过程如下。

1）当一个站点想要发送数据时，需检测网络中是否有其他站点正在传输，即侦听信道是否空闲。

2）如果信道忙，则等待，直到信道空闲。

3）如果信道闲，站点就传输数据。

4）在发送数据的同时，站点继续侦听网络，确信没有其他站点在同时传输数据。因为有可能两个或多个站点都同时检测到网络空闲，然后几乎在同一时刻开始传输数据。如果两个或多个站点同时发送数据，就会产生冲突。

5）当一个传输节点识别出一个冲突，它就发送一个拥塞信号，这个信号使得冲突的时间足够长，让其他节点都有发现冲突的时间。

6）其他节点收到拥塞信号后，都停止传输，等待一个随机产生的时间间隙（回退时间，back off time）后重发。

从图 4.2 中可以看出，对信道中的载波进行侦听对于 CSMA/CD 的实现是非常重要的，其既可判断信道的忙与空闲，也可识别是否有冲突存在。以差分曼彻斯特编码为例，若节点侦听到信道中存在电平跳变，则可判断信道为“忙”，否则为“空闲”。关于如何识别侦听到的信号是否存在冲突可以采用两种方法：一种为比较法；另一种为编码违例判决法。

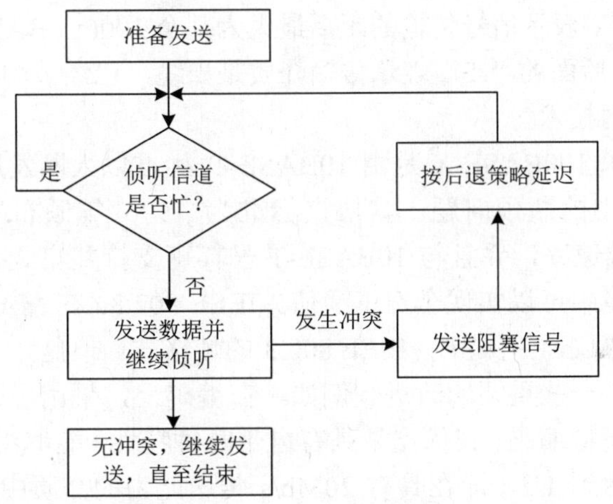

图 4.2　CSMA/CD 的工作原理

所谓比较法，就是将侦听信号与原始的发送信号进行比较以判断是否发生冲突；而编码违例判决法则通过分析侦听到的信号是否符合原始的编码规律，如从差分曼彻斯特编码规律来判断是否发生了冲突。

总之，CSMA/CD 采用的是一种“有空就发”的竞争型访问策略，因而不可避免会出现信道空闲时多个站点同时争发的现象，无法完全消除冲突，只能是采取一些措施减少冲突，并对产生的冲突进行处理。因此，采用这种协议的局域网环境不适合对实时性要求较强的网络应用。

（2）令牌访问控制方式

令牌访问控制方式可分为令牌环访问控制和令牌总线访问控制两类。由于目前已较少采用令牌总线访问控制，因此本节只介绍令牌环访问控制的工作原理。令牌环属于典型的环形网络拓扑结构，其只有一条环路，信息沿环单向流动，不存在路径选择问题。

5. 以太网技术

局域网发展到今天，在实际应用中已相当普及。局域网的发展也遵循“优胜劣汰”的规律，即好的网络技术被保留下来，而且发展得更好；而不好的技术则应用范围逐渐萎缩，最后面临的是退出网络竞争舞台。现在保留下来的几种局域网技术也是最常见、最普及的局域网技术，都可以在 IEEE 标准体系中找到与它们相对应的特定标准，其中包括以太网（Ethernet）系列、令牌环网和光纤链路环网（fiber distributed data interface，FDDI）等。目前，以太网技术成为了网络建设的主流，本节将不再讲述令牌环网和 FDDI 网络技术，下面只讲述以太网技术。

（1）以太网组网技术标准

通常将遵循 IEEE 802.3 规范生产的以太网产品组建的计算机网络称为以太网。以太网在物理层可以使用粗同轴电缆、细同轴电缆、非屏蔽双绞线、屏蔽双绞线、光纤等多种传输介质，并且在 IEEE 802.3 标准中，为不同的传输介质制定了不同的物理层标准。目前，在 10BASE-5、10BASE-2 和 10BASE-T 中，BASE 前面的数字表示传输速率；BASE 表示传输的是基带信号；BASE 后面的数字表示信号传输的距离最大为几个 100m，BASE 后面的“-T”表示传输介质是电缆，BASE 后面的“-F”表示传输介质是光缆，已经被淘汰了，不做详细介绍。

（2）快速以太网技术

快速以太网技术 100BASE-X 是由 10BASE-T 标准以太网发展而来，主要解决网络带宽在局域网络应用中的瓶颈问题。其协议标准为 1995 年颁布的 IEEE 802.3u，可支持 100Mb/s 的数据传输速率，并且与 10BASE-T 一样可支持共享式与交换式两种使用环境，在交换式以太网环境中可以实现全双工通信。IEEE 802.3u 在 MAC 子层仍采用 CSMA/CD 作为介质访问控制协议，并保留了 IEEE 802.3 的帧格式。但是，为了实现 100Mb/s 的传输速率，在物理层做了一些重要的改进。例如，在编码上，采用了效率更高的编码方式。传统以太网采用曼彻斯特编码，其优点是具有自带时钟特性，能够将数据和时钟编码在一起，但其编码效率只能达到 1/2，即在具有 20Mb/s 传送能力的介质中，只能传送 10Mb/s 的信号。因此快速以太网没有采用曼彻斯特编码，而采用 4B/5B 编码。快速以太网先后推出了 100BASE-T4、100BASE-TX 和 100BASE-FX 这 3 种组网技术标准，比较如表 4.1 所示。

表 4.1 常用 3 种快速以太网的比较

项目	以太网类型		
	100BASE-T4	100BASE-TX	100BASE-FX
传输介质	3/4/5 类 UTP	5 类 UTP	光纤
线缆对数	4 对	2 对	2 对
最大网段长度	100m	100m	2000m
编码方式	8B/6T	4B/5B	4B/5B

为了屏蔽下层不同的物理细节，为 MAC 层和高层协议提供了一个 100Mb/s 传输速率的公共透明接口，快速以太网在物理层和 MAC 子层之间还定义了一种独立于介质种类的接口（medium independent interface，MII），该接口可以支持上面 3 种不同的物理层介质标准。图 4.3 给出了一个采用 100Mb/s 交换机进行组网的快速以太网的例子。由于快速以太

网是从 10BASE-T 发展而来的，并且保留了 IEEE 802.3 的帧格式，因此 10Mb/s 以太网可以非常平滑地过渡到 100Mb/s 的快速以太网。

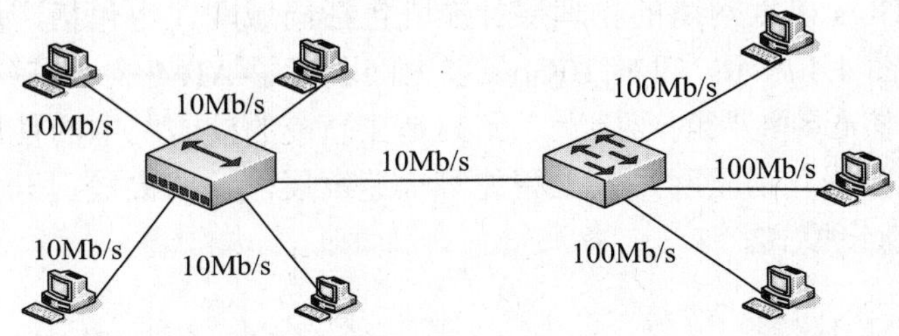

图 4.3　10Mb/s 以太网向 100Mb/s 以太网升级的例子

快速以太网的最大优点是结构简单、实用、成本低并易于普及。目前，其主要用于快速桌面系统，在少量小型网络中使用。

（3）千兆位以太网

1998 年 6 月，正式批准 IEEE 802.3z 标准；1999 年 6 月，正式批准 IEEE 802.3ab 标准（即 1000Base-T）把双绞线用于千兆以太网中，目前实际应用中基本都是千兆网络。

千兆位以太网标准主要针对 3 种类型的传输介质：单模光纤、多模光纤（长波激光 1000BaseLX、短波激光 1000BaseSX）和 1000BaseCX 介质（在均衡屏蔽的 150Ω 铜缆上传输）。IEEE 802.3z 委员会模拟的 1000BaseT 标准允许将千兆位以太网在 5 类、超 5 类、6 类双绞线上的传输距离扩展到 100m；千兆位以太网的标准化包括编码/译码、收发器和网络介质 3 个主要模块。

1000BASE-T 基于非屏蔽双绞线传输介质，使用 1000BASE-T 铜物理层 Copper PHY 编码解码方式，传输距离为 100m。1000BASE-T 在传输中使用了全部 4 对双绞线并工作在全双工模式下。这种设计采用 PAM-5（5 级脉冲放大调制）编码在每个线对上传输速率为 250Mb/s。双向传输要求所有的 4 个线对收发器端口必须使用混合磁场线路，因为无法提供完美的混合磁场线路，所以无法完全隔离发送和接收电路。任何发送与接收线路都会对设备发生回波。

千兆位以太网是建立在以太网标准基础之上的技术，满足以太网标准所规定的全部技术规范，其中包括 CSMA/CD 协议、以太网帧、全双工、流量控制以及 IEEE 802.3 标准中所定义的管理对象。作为以太网的一个组成部分，千兆位以太网也支持流量管理技术，它保证在以太网上的服务质量，这些技术包括 IEEE 802.1P 第二层优先级、第三层优先级的 QoS 编码位、特别服务和资源预留协议（resource reservation protocol，RSVP）。千兆位以太网还利用基于 IEEE 802.1Q 的 VLAN 支持第四层过滤、千兆位的第三层交换。千兆位以太网原先是作为一种交换技术设计的，采用光纤作为上行链路，用于楼宇之间以及服务器的网络连接。基于 IEEE 802.3ab 标准（采用 5 类及以上非屏蔽双绞线的千兆位以太网标准）的千兆位以太网可适用于任何大中小型企事业单位。目前，千兆位以太网已经发展成为主流网络技术，大到成千上万人的大型企业，小到几十人的中小型企业都在使用。

（4）10Gb/s 以太网

IEEE 于 1999 年 3 月开始从事 10Gb/s 以太网的研究，其正式标准是 802.3ae 标准，于 2002 年 6 月完成。10Gb/s 以太网的特点是：数据传输速率为 10Gb/s；传输介质为多模光纤或者单模光纤；使用与 10Mb/s 以太网和 1Gb/s 以太网完全相同的帧格式；线路信号码型采用 8B/10B 两种类型编码；只工作在全双工方式下，显然没有争用期问题，也就不必使用 CSMA/CD。10Gb/s 以太网络的物理层标准既包括局域网，也包括广域网，使用单模、多模光缆连接，如图 4.4 所示，目前 10Gb/s 以太网取代了 ATM 技术在城域网组网的应用，还成熟地应用在了核心到汇聚的连接上，尤其是在高校的校园网中的使用已经普及。由于无线网络技术、大数据、物联网、人工智能等快速发展，一些高校已开始采用 40Gb/s 和 100Gb/s 的以太网建设模式。

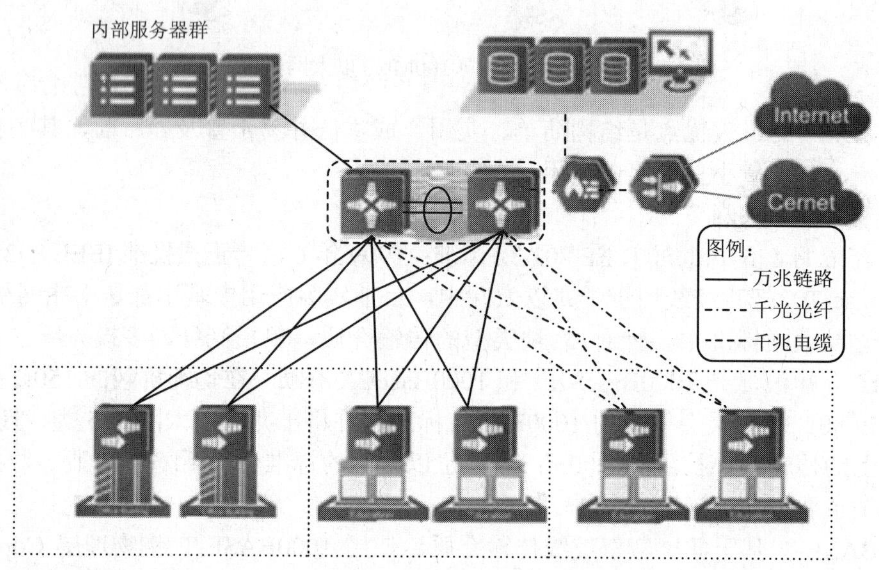

图 4.4　10Gb/s 以太网组网链路

（5）40Gb/s 和 100Gb/s 以太网

2006 年，超高速以太网研究工作组（Higher Speed Study Group，HSSG）成立，这是 IEEE 成立的专门研究并制定 100Gb/s 以太网标准的小组。2007 年 12 月，HSSG 正式转变为 IEEE 802.3ba 工作组，制定在光纤和铜缆上实现 40Gb/s 和 100Gb/s 数据速率的标准。2010 年，IEEE 发布了当时最新的网络应用标准 IEEE 802.3ba。IEEE 802.3ba 标准，即 40Gb/s 和 100Gb/s 以太网标准，解决了数据中心、运营商网络和其他流量密集高性能计算环境中数量越来越多的应用和骨干网络的宽带需求。

IEEE 802.3ba 标准是 IEEE 发布的首个定义了两个速率的网络标准，涉及多模光纤、单模光纤、双轴铜缆以及 PCB 等不同介质上的两种速率网络，其中数据中心可用的布线部分主要定义了在 100m 之内的 40Gb/s BASE-SR4 和 125m 之内的 100Gb/s BASE-SR10 的理论，高标准采用多模光纤并行传输、4 对收发或者 10 对收发，每通道 10Gb/s 来支持对应 40Gb/s 和 100Gb/s 网络。目前，40Gb/s 和 100Gb/s 的网络已经开始流行，主要用于核心骨干和数据中心的网络建设，如图 4.5 所示。

6. MAC 寻址

网络中怎样把数据准确高效地转发给目标用户，如何准确知道目标用户的存在位置，这是数据链路层关注的问题。为了确保局域网中的计算机能够准确高效地完成数据转发，需要对网络中的计算机进行准确识别，其识别的方法就是通过 MAC 寻址来完成。

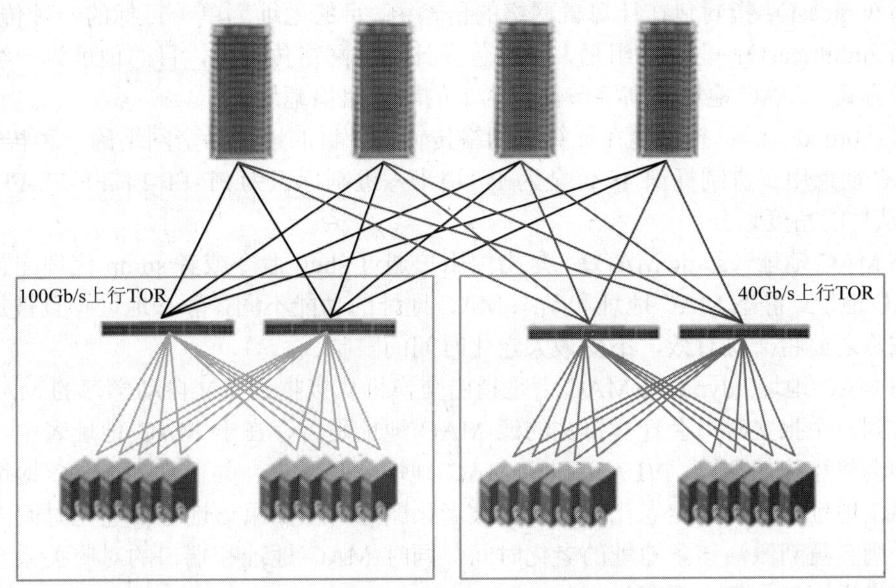

图 4.5　40Gb/s 和 100Gb/s 以太网组网链路

（1）MAC 地址结构

MAC 地址结构（视频）

MAC 地址通常被固化在每个以太网网卡上。MAC（硬件）地址长 48 位（6 字节），采用十六进制格式，图 4.6 说明了 48 位（6 字节）的 MAC 地址及其组成部分。

47	46	24～45（22bit）	0～23（24bit）
I/G	G/L	组织唯一标识符（OUI）（由 IEEE 分配）	由厂家分配

图 4.6　MAC 地址及其组成

I/G 位。高位是 Individual/Group(VG)位，当它的值为 0 时，就可以认为这个地址实际上是设备的 MAC 地址，它可能出现在 MAC 报头的源地址部分。当它的值为 1 时，就可以认为这个地址表示以太网中的广播地址或组播地址，或者表示 TR 和 FDDI 中的广播地址或功能地址。

G/L 位（也称为 U/L，这里的 U 表示全局）。当这一位设置为 0 时，表示一个全局管理地址（由 IEEE 分配）；当这一位设置为 1 时，表示一个在管理上统治本地的地址（就像在 DECnet 中一样）。

后 24 位表示本地管理的或厂商分配的代码。厂家制造的第一块网卡的这一部分地址通常以 24 个 0 开头，最后一块网卡则以 24 个 1 结束(共有 16 777 216 块网卡)。在实际中可以发现，许多厂商使用同样的 6 个十六进制数字作为同一块网卡上序列号的最后 6 个数字。

（2）MAC 地址分类

1）从结构角度划分。

单播（unicast）：指封包在计算机网络的传输中，目的地址为单一目标的一种传输方式。

多播（multicast）：也称为组播，指封包在计算机网络传输中，目的地址为一组目标的一种传输方式。MAC 地址的高字节低位为 1 的即为组播地址。

广播（broadcast）：指封包在计算机网络传输中，目的地址为全网络的一种传输方式。广播 MAC 地址用二进制标识 48 位全为 1，用十六进制标识为 FF-FF-FF-FF-FF-FF。

2）从功能角度划分。

静态 MAC 地址（static MAC）：是指由用户通过 shell 命令或者 snmp 代理配置静态转发的 MAC 地址，静态 MAC 地址和动态 MAC 地址的功能不同，静态地址一旦被加入，该地址在删除之前将一直有效，不受最大老化时间的限制。

动态 MAC 地址（dynamic MAC）：是指由交换机从接收到报文自动学习的 MAC 地址，当端口收到一个报文时，会查找报文的源 MAC 地址是否存在于 MAC 地址表中，如果不存在，则会将相应的端口、VLAN 和源 MAC 地址关联起来，并保存到 MAC 地址表中。动态 MAC 地址在达到一定老化时间后会被老化删除，但如果该地址在老化时间内被正确使用过，则会重新激活该条地址的老化时间，同时 MAC 地址和端口的对应关系会随着设备所连交换机端口的变化而变化。

过滤 MAC 地址（黑洞 MAC 地址）：是指由用户通过 shell 命令或者 snmp 代理配置静态过滤的 MAC 地址，当网关接收到的报文中，源或者目的 MAC 地址为过滤 MAC 地址时，则直接丢弃该报文。

3）从传输角度划分。

源 MAC（source MAC）地址：是指报文的最初来源 MAC 地址。

目的 MAC（destination MAC）地址：是指报文最终应该发往的 MAC 地址。

7. 交换机的工作原理

交换机工作原理（视频）

交换机是完成接收帧、寻找通向目的地址的端口、发送帧的网络设备，保存一张记录了网络中所有 MAC 地址与该交换机各端口的对应信息的 MAC 地址表。当交换机收到数据帧时，检查数据帧中的目的 MAC 地址，然后查找自己建立的 MAC 地址表，把数据准确地转发到相应的接口。当交换机刚启动时，地址表是空的，当工作站发出一个帧时，交换机读出帧的源 MAC 地址和目的 MAC 地址，记下收到该帧的端口，更新到交换机的地址表中的过程称为学习，交换机通过不断学习来维护 MAC 地址表。其数据转发过程如下。

1）交换机根据收到数据帧中的源 MAC 地址建立该地址同交换机端口的映射，并将其写入 MAC 地址表中。

2）交换机将数据帧中的目的 MAC 地址同已建立的 MAC 地址表进行比较，决定由哪个端口进行转发。

3）如数据帧中的目的 MAC 地址不在 MAC 地址表中，则向所有端口转发。这一过程称为泛洪（flood）。

4）广播帧和组播帧向所有的端口转发。

（1）交换机的实际工作过程

初始化 MAC 地址表：当交换机刚启动时，MAC 地址表中无表项。图 4.7 所示即为交换机刚刚启动时的 MAC 地址表，可以看出并没有任何表项。

MAC 地址学习：当接入 PCA 的时候，交换机开始学习 MAC 地址，如图 4.8 所示。交换机把 PCA 帧中的源地址 MAC_A 与接收到此帧的端口 E1/0/1 关联起来，并把 PCA 的帧从所有其他端口发送出去的地址表学习完成，开始进行数据的转发。除了接收到帧的端口 E1/0/1，PCB、PCC、PCD 发出的数据帧，交换机会把接收到的帧中的源地址与相应的端口关联起来。至此，交换机的 MAC 地址表学习完成，开始进行数据的转发。实际应用中地址表项有限，交换机会通过地址表老化来解决。

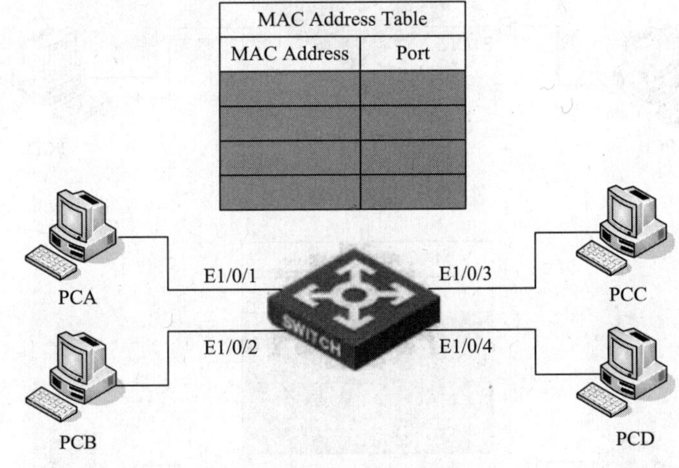

图 4.7　交换机初始图

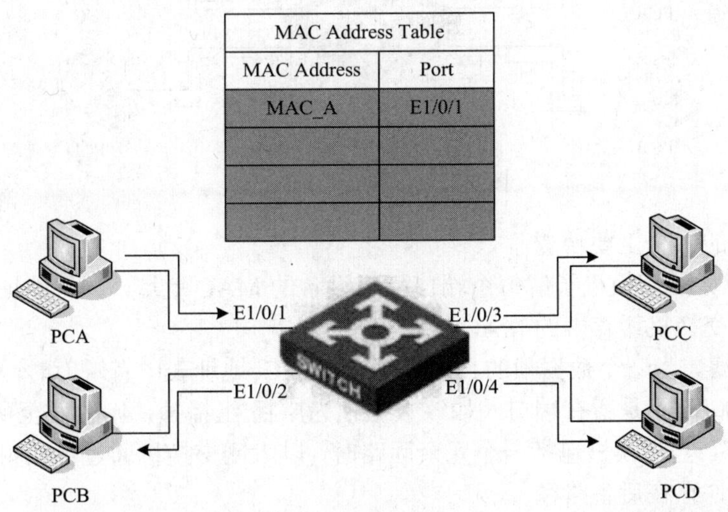

图 4.8　PCA 接入后图

数据转发：单播帧的转发，PCA 发出目的地址到 PCD 的单播数据帧，交换机根据帧中的目的地址，从相应的端口 E1/0/4 发送出去，交换机不在其他端口上转发此单播数据帧，如图 4.9 所示。广播、组播和未知单播帧的转发，交换机会把广播、组播和未知单播帧从所有其他端口发送出去（除了接收到帧的端口），如图 4.10 所示。

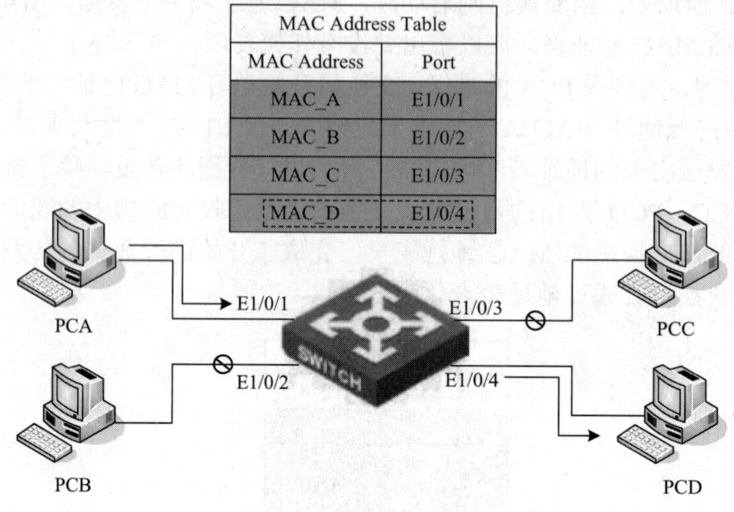

图 4.9 数据单播转发图

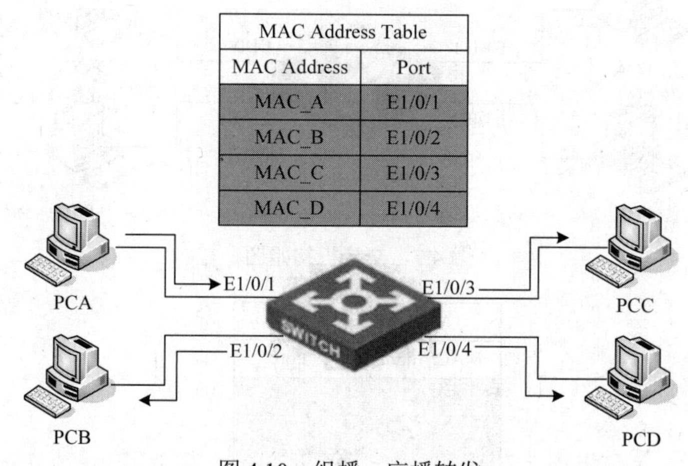

图 4.10 组播、广播转发

（2）交换机的 3 个主要功能

1）学习。以太网交换机了解每个端口相连设备的 MAC 地址，并将地址同相应的端口映射起来存放在交换机缓存中的 MAC 地址表中。

2）转发/过滤。当一个数据帧的目的地址在 MAC 地址表中有映射时，它被转发到连接目的节点的端口而不是所有端口（如该数据帧为广播/组播帧，则转发至所有端口）。

3）消除回路。当交换机包括一个冗余回路时，以太网交换机通过生成树协议避免回路的产生，同时允许存在后备路径。

（3）交换机的工作方式

一些交换机在发送帧前，可以帮助网络检查更多的帧信息，而不仅是检查源地址和目的地址。正是基于这些区别，交换机有如下 4 种工作方式。

1）直通（cut-through）交换。该方式是 4 种交换方式中最快的一种，它不提供附加的防止帧出错的保护措施。一旦交换机查到相应的目的地址和相关的端口，马上就向目的端口发送该帧。至于广播帧，则发送给所有的端口，而不做进一步的校验。

2）无碎片帧交换。正如这种交换的字面意思，无碎片交换最大限度地降低了超短帧和帧碎片（帧的长度小于 64 字节）的影响。如果一台工作在无碎片模式的交换机接收到短于 64 字节的帧，那它将丢弃该帧。这有利于防止错误帧的发送。

3）存储转发交换。由于在发送到目的地以前，全部的帧都存在内存里而且可读，因而存储转发交换机提供了最大程度的错误校验，同时允许附加的帧校验和帧操作，这种方法最主要的好处是可以将发送帧包含的错误帧数量降低到零。另外，由于全部的帧都会被存入缓存器，因此提供给交换机一个对帧做 CRC 校验的机会。如果存在 CRC 校验错误，该对应的帧被丢弃。当然，这就意味着如果帧过长，也将被丢弃。

4）自适应交换。自适应（adaptive）交换机通常情况下工作在直通模式，但如果在一个端口有大量错误发生，交换机将把端口的工作模式改为存储转发模式。另外，一些交换机总是在存储转发模式下处理广播帧，因此最大限度地降低了错误广播帧引起的网络故障。

8. 虚拟局域网技术

组建局域网的主要目的是实现通信与资源共享，但事实上不同部门间或者不同用户间对网络资源的使用方式、范围和权限也不一样，虚拟局域网技术就可以从逻辑上把这些用户进行分类隔离。

虚拟局域网技术（视频）

（1）虚拟局域网概述

随着以太网技术的普及，以太网的规模也越来越大，从小型的办公环境到大型的园区网络，网络管理变得越来越复杂。首先，在采用共享介质的以太网中，所有节点位于同一冲突域中，同时也位于同一广播域中，即一个节点向网络中某些节点的广播会被网络中所有节点接收，造成很大的带宽资源和主机处理能力的浪费。为了解决传统以太网的冲突域问题，采用交换机来对网段进行逻辑划分。但是，交换机虽然能解决冲突域问题，却不能克服广播域问题。例如，一个 ARP（address resolution protocol）广播就会被交换机转发到与其相连的所有网段中，当网络上有大量这样的情况存在时，不仅是对带宽的浪费，还会因过量的广播产生广播风暴，当交换网络规模增加时，网络广播风暴问题还会更加严重，并可能因此导致网络瘫痪。另外，在传统的以太网中，同一个物理网段中的节点也就是一个逻辑工作组能直接相互通信，不同物理网段中的节点是不能直接相互通信的。这样，当用户由于某种原因在网络中移动，但同时还要继续原来的逻辑工作组时，必然会需要进行新的网络连接乃至重新布线。那么是否存在一种跨越物理位置而划分逻辑工作组的方法来解决这个问题呢？

为了解决上述问题，虚拟局域网（virtual local area network，VLAN）应运而生。虚拟局域网是以局域网交换机为基础，通过交换机软件实现根据功能、部门、应用等因素将设备或用户组成虚拟工作组或逻辑网段的技术，其最大的特点是在组成逻辑网络时无须考虑用户或设备在网络中的物理位置。VLAN 可以在一个交换机或者跨交换机实现。

图 4.11 给出一个关于 VLAN 划分的示例。应用 VLAN 技术将位于不同物理网段、连在不同交换机端口的节点纳入同一 VLAN 中。经过这样的划分，位于同一交换机中的节点之间不一定能直接相互通信，如图 4.11 中的主机 1 和主机 4 及主机 7；而位于不同交

换机中但属于同一 VLAN 中的节点却可以直接相互通信，如图 4.11 中主机 1、主机 2 和主机 3。

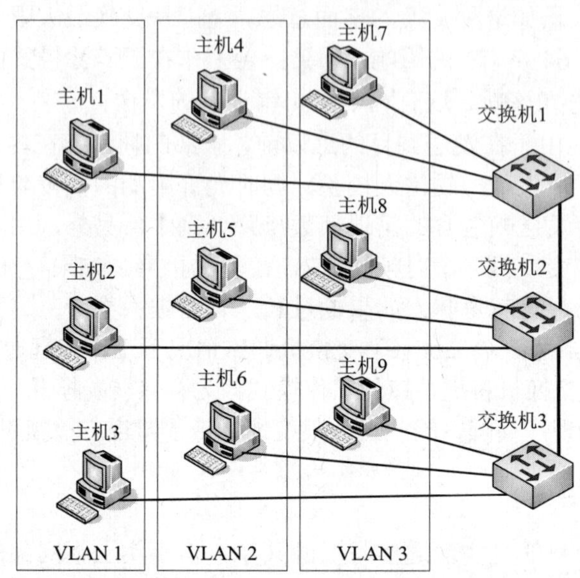

图 4.11　一个关于 VLAN 划分的示例

（2）虚拟局域网的优点

采用 VLAN 技术后，在不增加设备投资的前提下，可在许多方面提高网络的性能，并简化网络的管理，具体表现在如下。

1）提供了一种控制网络广播的方法。基于交换机组成的网络的优势在于可提供低时延、高吞吐量的传输性能，但其会将广播包发送到所有互连的交换机、所有的交换机端口、干线连接及用户，从而引起网络中广播流量的增加，甚至产生广播风暴。将交换机划分到不同的 VLAN 中，使得每个 VLAN 的广播不会影响到其他 VLAN 的性能。即使是同一交换机上的两个相邻端口，只要它们不在同一 VLAN 中，则相互之间也不会渗透广播流量。这种配置方式大大减少了广播流量，提高了用户的可用带宽，弥补了网络易受广播风暴影响的弱点。同时，也是一种比传统的采用路由器在共享集线器间进行网络广播阻隔更灵活、有效的方法。

2）提高了网络的安全性。VLAN 的数目及每个 VLAN 中的用户和主机是由网络管理员决定的。网络管理员通过将可以相互通信的网络节点放在一个 VLAN 内，或将受限制的应用和资源放在一个安全的 VLAN 内，并提供基于应用类型、协议类型、访问权限等不同策略的访问控制表，就可以有效限制广播组或共享域的大小。

3）简化了网络管理。一方面，可以不受网络用户的物理位置限制而根据用户需求进行网络逻辑划分，如同一项目或部门中的协作者，功能上有交叉的工作组，共享相同网络应用或软件的不同用户群。另一方面，由于 VLAN 可以在单独的交换设备或跨多个交换设备实现，也会大大减少在网络中增加、删除或移动用户时的管理开销。增加用户时，只要将其所连接的交换机端口指定到其所属于的 VLAN 中即可；而在删除用户时，只要将其 VLAN 配置撤消或删除即可；在用户移动时，只要他们还能连接到任何交换机的端口，则无须重新布线。

4）提供了基于第二层的通信优先级服务。在最新的以太网技术如千兆位以太网中，基于与 VLAN 相关的 IEEE 802.1P 标准，可以在交换机上为不同的应用提供不同的服务，如传输优先级等。

总之，VLAN 是交换式网络的灵魂，其不仅从逻辑上对网络用户和资源进行有效、灵活、简便管理提供了手段，同时提供了极高的网络扩展和移动性。但是应该注意，尽管 VLAN 具有众多的优越性，但是它并不是一种新型的局域网技术，而是一种基于现有交换机设备的网络管理技术或方法，是提供给用户的一种服务。

（3）VLAN 的划分

VLAN 是通过交换机软件实现的，划分 VLAN 的方式不同，其满足的业务需求也不尽相同，主要有以下几种方式。

1）按端口划分 VLAN。把交换机的某些端口放入某个 VLAN 里面，这些在同一个 VLAN 中的端口可以相互通信，处于同一个广播域内。这种根据端口来划分 VLAN 的方式是一种最常见实用的方式。

2）按 MAC 地址划分 VLAN。这种划分 VLAN 的方式是根据每个主机的 MAC 地址来划分 VLAN，即对每个 MAC 地址的主机都配置它属于哪个组。最大的优点就是当用户物理位置移动时，即从一个交换机换到其他交换机时，VLAN 不用重新配。通常的划分方法是基于用户的 VLAN，这种方法的缺点是初始化时，所有的用户都必须进行配置，工作效率低下。另外，每个端口都可能存在很多个 VLAN 组的成员，导致交换机执行效率的降低，无法限制广播包，也不方便移动设备接入。

3）按网络层划分。按网络层划分 VLAN 的方式是根据每个主机的网络层地址或协议类型（如果支持多协议）来划分 VLAN。虽然这种划分方式是根据网络层地址，如 IP 地址，但它不是路由，与网络层的路由毫无关系。该划分方式的优点是用户的物理位置改变了，不需要重新配置所属的 VLAN，而且可以根据协议类型来划分 VLAN，不需要附加的帧标签来识别 VLAN，这样可以减少网络的通信量。缺点是效率低，因为检查每个数据包的网络层地址是需要消耗处理时间的（相对于前面两种方法），一般的交换机芯片都可以自动检查网络上数据包的以太网帧头，但要让芯片能检查 IP 帧头，需要更高的技术，同时也更费时。

4）按 IP 组播划分。IP 组播实际上也是一种 VLAN 的定义，即认为一个组播组就是一个 VLAN，这种划分方式将 VLAN 扩大到了广域网，因此这种方式具有更大的灵活性，而且也很容易通过路由器进行扩展，当然这种方式不适合局域网，主要是效率不高。

5）基于规则的 VLAN。基于规则的 VLAN 也称为基于策略的 VLAN。这是最灵活的 VLAN 划分方式，具有自动配置的能力，能够把相关的用户连成一体，在逻辑划分上称为“关系网络”。网络管理员只需在网管软件中确定划分 VLAN 的规则（或属性），当一个站点加入网络中时将会被“感知”，并被自动地包含进正确的 VLAN 中。同时，对站点的移动和改变也可自动识别和跟踪。

6）按用户定义、非用户授权划分。基于用户定义、非用户授权来划分 VLAN，是指为了适应特别的 VLAN 网络，根据具体网络用户的特别要求来定义和设计 VLAN，而且可以让非 VLAN 群体用户访问 VLAN，但是需要提供用户密码，在得到 VLAN 管理的认证后才可以加入一个 VLAN。

在以上划分 VLAN 的方式中，基于端口的 VLAN 划分方式建立在物理层上；基于 MAC 地址的 VLAN 划分方式建立在数据链路层上；基于网络层和 IP 组播的 VLAN 划分方式建立在第三层上。

9. 交换机 VLAN 配置基础

交换机 VLAN 配置（视频）

为适应不同的连接和组网端口的链路接口类型，定义了 Access 接口、Trunk 接口和 Hybrid 接口 3 种接口类型，以及接入链路（access link）和干道链路（trunk link）两种链路类型。同一 VLAN 内的终端或者设备可以相互通信，不同 VLAN 的终端或者设备不能通信，如果不同 VLAN 要通信，需要通过三层设备启用三层协议来处理。

1）根据链路中需要承载的 VLAN 数目的不同，以太网链路分为接入链路和干道链路。

接入链路只可以承载 1 个 VLAN 的数据帧，用于连接设备和用户终端（如用户主机、服务器等）。通常情况下，用户终端并不需要知道自己属于哪个 VLAN，也不能识别带有 Tag 的帧，因此在接入链路上传输的帧都是 Untagged 帧。

干道链路可以承载多个不同 VLAN 的数据帧，用于设备间的互连。为了保证其他网络设备能够正确识别数据帧中的 VLAN 信息，在干道链路上传输的数据帧必须都打上 Tag 标签。

2）根据接口连接、对收发数据帧处理不同，以太网接口分为 Access、Trunk 和 Hybrid。

Access 接口一般用于和不能识别 Tag 的用户终端（如用户主机、服务器等）相连，或者在不需要区分不同 VLAN 成员时使用。它只能收发 Untagged 帧，且只能为 Untagged 帧添加唯一 VLAN 的 Tag。

Trunk 接口一般用于连接交换机、路由器、AP 以及可同时收发 Tagged 帧和 Untagged 帧的语音终端。它可以允许多个 VLAN 的帧带 Tag 通过，但只允许一个 VLAN 的帧从该类接口上发出时不带 Tag（即剥除 Tag）。

Hybrid 接口既可以用于连接不能识别 Tag 的用户终端（计算机）和网络设备（如 Hub），也可以用于连接交换机、路由器以及可同时收发 Tagged 帧和 Untagged 帧的语音终端、AP。它可以允许多个 VLAN 的帧带 Tag 通过，且允许从该类接口发出的帧根据需要配置某些 VLAN 的帧带 Tag（即不剥除 Tag）、某些 VLAN 的帧不带 Tag（即剥除 Tag）。

Hybrid 接口和 Trunk 接口在很多应用场景下可以通用，但在某些应用场景下必须使用 Hybrid 接口。例如，在一个接口连接不同 VLAN 网段的场景中，因为一个接口需要给多个 Untagged 报文添加 Tag，所以必须使用 Hybrid 接口。

目前，使用更多的还是基于端口的 VLAN 配置，交换机 VLAN 号为 1～4094。

首先创建 VLAN，然后将端口放入 VLAN 中，本书以华为 2750 为例进行介绍。

1）创建 vlan。

```
<Huawei>                       //用户视图，也就是在 Quidway 模式下运行命令
<Huawei>system-view            //进入配置视图
[Huawei] vlan  vlan-id         //创建 vlan 号
[Huawei] vlan
```

例如，创建 vlan 10，并加入描述 caiwuchu。为了管理方便，可以为 VLAN 添加描述，但不是必需的。

```
[Huawei] vlan 10           //进入 vlan 10 配置视图
[Huawei -vlan10] description caiwuchu
```

2）将端口加入 VLAN 中。

```
[Huawei] interface Ethernet0/0/1                  //进入以太网端口 0/0/1
[Huawei-Ethernet0/0/1] port link-type access //定义端口传输模式为access
[Huawei-Ethernet0/0/1] port default vlan 10  //将端口加入 vlan 10
[Huawei-Ethernet0/0/1] quit                   //回到配置视图
```

3）将多个端口加入 VLAN 中（必须先把这些端口链路模式配置为 access）。

```
<Huawei>system-view
[Huawei]vlan 10
[Huawei-vlan10]port Ethernet0/0/1 to Ethernet0/0/10
//将以太网端口 0 到端口 10 加入 vlan 10 中
[Quidway-vlan10]quit
```

4）配置 Ethernet0/0/2 端口链路为 trunk，并允许 vlan 10 和 vlan 20 通过。

```
[Huawei] interface Ethernet0/0/2  //进入以太网端口 0/0/2
[Huawei-Ethernet0/0/2]port link-type trunk
[Huawei-Ethernet0/0/2]port trunk permit vlan 10 20
```

5）交换机保存设置和重置命令。

```
<Quidway>save   //保存配置信息
```

6）配置完成后，可以通过 display 查看配置信息。

```
<Quidway>display current-configuration       //显示当前配置
<Quidway>display interface Ethernet 0/0/4  //显示以太网 0/0/4 接口信息
```

4.2 实训任务：交换机 VLAN 配置实现资源共享

4.2.1 交换机 VLAN 配置实现资源共享实训准备及注意事项

1. 实训准备

1）交换机 3 台。

2）直通线缆 10 条。

3）安装有操作系统的计算机 6 台。

4）一条交换机 Console 控制线。

2. 实训注意事项

1）按照规划绘制网络拓扑图，在拓扑图上准确标识，标识不明确在配置过程中很难实现功能。

2）正确连接线缆，线缆连接错误后无法实现安全情况下的资源共享。

3）VLAN 划分时确定计算机接入交换机和交换机的端口号。

4）明确设备以及端口的正确描述。

5）明确交换机与交换机连接接口的链路类型。

6）明确计算机与交换机连接接口的链路类型。

4.2.2 交换机 VLAN 配置实现资源共享过程

交换机 VLAN 配置实现资源共享过程介绍如下。

步骤 1：绘制网络拓扑图如图 4.12 所示。

步骤 2：规划网络表如表 4.2 所示。

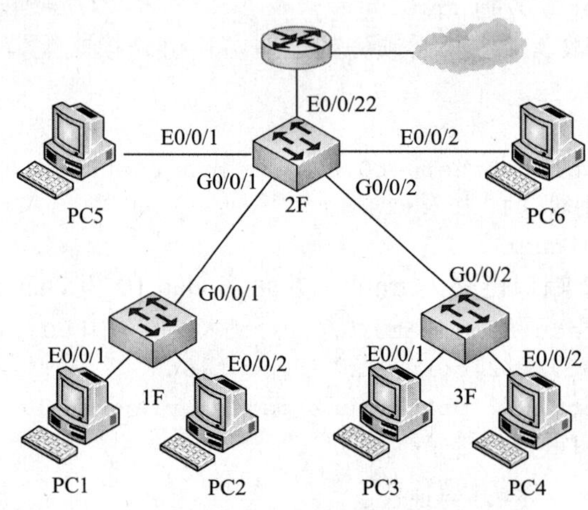

图 4.12 VLAN 网络拓扑图

注：E 表示 Ethernet；G 表示 GigabitEthernet。

表 4.2 规划网络表

位置	设备地址	端口	链路 VLAN	接入设备地址	接入设备名及端口
1F	172.16.0.1	G0/0/1	trunk	172.16.0.2	2F G0/0/1
		E0/0/1	vlan 100	192.168.1.1（PC1）	PC1
		E0/0/2	vlan 101	192.168.1.2（PC2）	PC2
2F	172.16.0.2	G0/0/1	trunk	172.16.0.1（1F）	1F G0/0/1
		G0/0/2	trunk	172.16.0.3（3F）	3F G0/0/2
		E0/0/1	vlan 100	192.168.1.5（PC5）	PC5
		E0/0/2	vlan 101	192.168.1.6（PC6）	PC6
3F	172.16.0.3	G0/0/2	trunk	172.16.0.2（2F）	2F G0/0/2
		E0/0/1	vlan 100	192.168.1.3（PC3）	PC3
		E0/0/2	vlan 101	192.168.1.4（PC4）	PC4

步骤 3：按照网络拓扑图连接线缆。

步骤 4：配置交换机。

1）将 Console 通信电缆的 DB9（孔）插头插入 PC 机的串口（COM）中，再将 RJ-45 插头端插入设备的 Console 口中，新建连接，设置连接的通信参数，参照单元 3 的操作。

2）配置 2F 交换机，并配置 VLAN、接口链路类型。

```
<Huawei>system-view
[Huawei]sysname 2F  //配置交换机名称
[2F]vlan 100
[2F-vlan100]
[2F-vlan100]vlan 200  //创建vlan 200
[2F-vlan200]
[2F-vlan200]vlan 1000
[2F-vlan1000]
[2F-vlan1000]interface vlan 1000  //创建vlan 1000
[2F-Vlanif1000] ip address 172.16.0.2 255.255.255.0
//配置vlan 1000接口地址，用于交换机管理地址使用
[2F-Vlanif1000]quit
[2F]interface GigabitEthernet0/0/1
[2F-GigabitEthernet0/0/1]port link-type trunk  //配置链路类型为trunk
[2F-GigabitEthernet0/0/1]port trunk allow-pass vlan all
//允许所有vlan通过
[2F-GigabitEthernet0/0/1]interface GigabitEthernet0/0/2
[2F-GigabitEthernet0/0/2]port link-type trunk
[2F-GigabitEthernet0/0/2]port trunk allow-pass vlan all
[2F-GigabitEthernet0/0/2]interface Ethernet0/0/1
[2F-Ethernet 0/0/1]port link-type access
[2F-Ethernet 0/0/1]port default vlan 100
[2F-Ethernet 0/0/1] interface Ethernet0/0/2
[2F-Ethernet 0/0/2]port link-type access  //配置链路类型access
[2F-Ethernet 0/0/2]port default vlan 101
//配置Ethernet 0/0/2属于vlan 101
```

3）配置 1F 交换机。

```
<Huawei>system-view
[Huawei]sysname 1F
[1F]vlan 100
[1F-vlan100]
[1F-vlan100]vlan 200
[1F-vlan200]
[1F-vlan200]vlan 1000  //创建vlan 1000
[1F-vlan1000]
[1F-vlan1000]interface vlan 1000
[1F-Vlanif1000] ip address 172.16.0.1 255.255.255.0
//配置vlan 1000接口地址
[1F-Vlanif1000]quit
[1F]interface GigabitEthernet0/0/1
[1F-GigabitEthernet0/0/1]port link-type trunk
[1F-GigabitEthernet0/0/1]port trunk allow-pass vlan all
//允许所有vlan通过
[1F-GigabitEthernet0/0/1]interface Ethernet0/0/1
[1F-Ethernet 0/0/1]port link-type access//配置链路类型access
[1F-Ethernet 0/0/1]port default vlan 100//配置Ethernet 0/0/1属于vlan 100
[1F-Ethernet 0/0/1] interface Ethernet0/0/2
[1F-Ethernet 0/0/2]port link-type access
[1F-Ethernet 0/0/2]port default vlan 101//配置Ethernet 0/0/2属于vlan 100
```

4）配置 3F 交换机。

```
<Huawei>system-view
[Huawei]sysname 3F
[3F]vlan 100
[3F-vlan100]
[3F-vlan100]vlan 200
[3F-vlan200]
[3F-vlan200]vlan 1000
[3F-vlan1000]
[3F-vlan1000]interface vlan 1000
[3F-Vlanif1000] ip address 172.16.0.3 255.255.255.0
//配置 vlan 1000 接口地址，用于交换机管理地址使用
[3F-Vlanif1000]quit
[3F]interface GigabitEthernet0/0/2
[3F-GigabitEthernet0/0/2]port link-type trunk
[3F-GigabitEthernet0/0/2]port trunk allow-pass vlan all
[3F-GigabitEthernet0/0/2]interface Ethernet0/0/1
[3F-Ethernet 0/0/1]port link-type access
[3F-Ethernet 0/0/1]port default vlan 100
[3F-Ethernet 0/0/1] interface Ethernet0/0/2
[3F-Ethernet 0/0/2]port link-type access
[3F-Ethernet 0/0/2]port default vlan 101
```

步骤 5：配置 PC1、PC2、PC3、PC4、PC5、PC6 计算机的 IP 地址，参照单元 2 的配置操作。

按照如下方式依次设置 6 台计算机的 IP 地址。

PC1：192.168.1.1；子网掩码：255.255.255.0。

PC2：192.168.1.2；子网掩码：255.255.255.0。

PC3：192.168.1.3；子网掩码：255.255.255.0。

PC4：192.168.1.4；子网掩码：255.255.255.0。

PC5：192.168.1.5；子网掩码：255.255.255.0。

PC6：192.168.1.6；子网掩码：255.255.255.0。

步骤 6：实现资源共享。

局域网中的主机可以工作于两种不同的工作模式，即对等模式与主从模式。工作于对等模式下的局域网被称为对等网络，而工作于主从模式下的局域网被称为主从网络。对等网络环境下的所有计算机地位平等，既可共享资源，也可使用其他共享的资源。主从网络中，需要有服务器作为主从式局域网中的核心控制部件，对网络资源进行集中的控制、管理和统一资源服务。

1）工作组设置。在 Windows 环境下，处于同一个对等网络中的机器又被称为一个工作组。当网络在包括网络层在内的下面各层已经连通后，接下来要做的工作主要是应用层的客户与工作组的设置。在 PC5 主机上依次打开控制面板，选取“网络安装向导”，双击“网络安装向导”图标，进入共享文件和文件夹、共享打印机设置界面，设置 PC5 计算机名称（彼此不能重复）为“HS_PENG”，将 PC5 所处的工作组名称设置为“vlan 100”，启用文件和打印机共享操作如图 4.13～图 4.16 所示。

图 4.13 控制面板

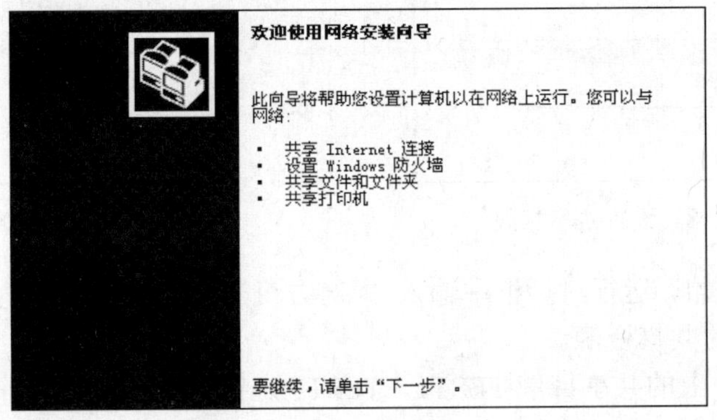

图 4.14 网络安装

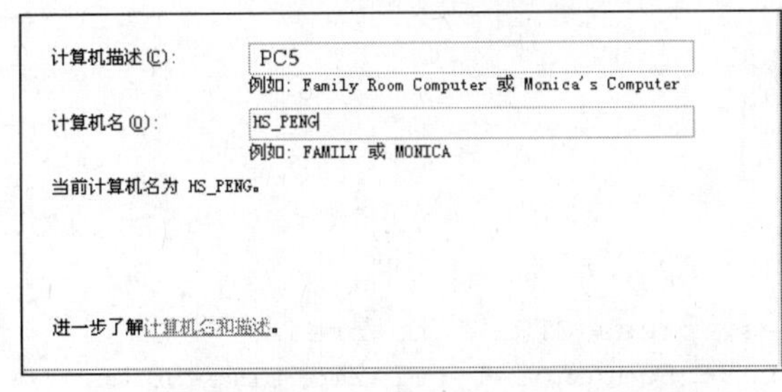

图 4.15 设置计算机名

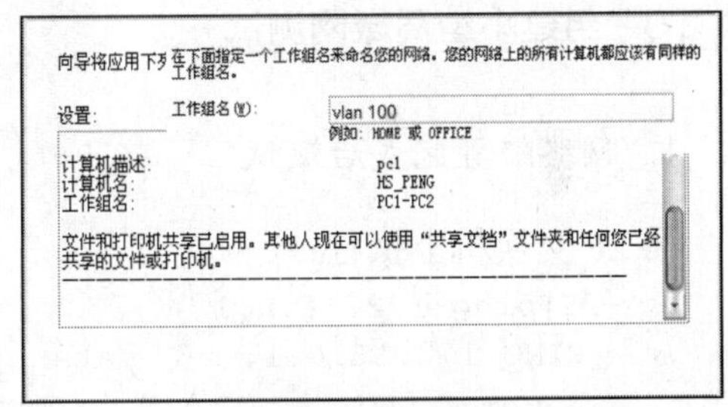

图 4.16 设置计算机工作组

2）对等网络资源共享设置。分别在主机 PC5 上创建目录 TEST1、TEST3，然后将两个目录设为共享，并分别将它们的访问类型设为“只读”“完全”“利用密码访问”，步骤如下。

在资源管理器中或在“我的电脑”中选中 TEST1 文件夹，右击，在弹出的快捷菜单中选择“共享和安全”命令，出现文件夹属性对话框。在此对话框中选中“共享此文件夹”单选按钮，输入共享名“TEST1”，如图 4.17 所示。单击“权限”按钮，打开的对话框中包括“完全控制”“更改”“读取”3 种权限，设置访问权限为“读取”，如图 4.18 所示。共享设置完成，查看设置的 TEST1 文件夹，如图 4.19 所示。

3）访问共享目录。

① 从同组的另外一台计算机 PC2 中打开网上邻居，双击选择相应的工作组，出现同一工作组中所有主机的机器名及图标，包括 PC1。双击该主机的图标，会显示该机器上所设置的所有共享资源（包括共享目录、共享打印机等）。

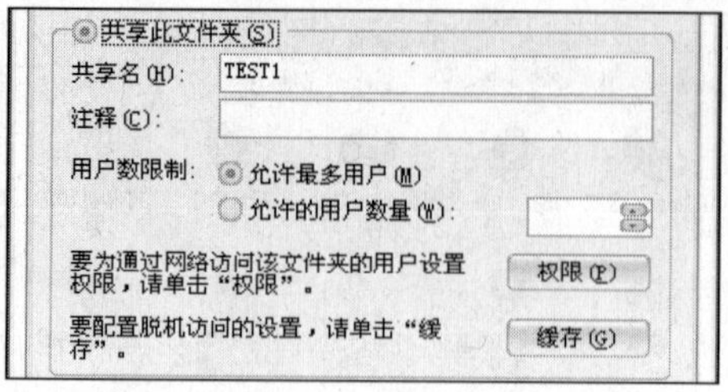

图 4.17　设置共享

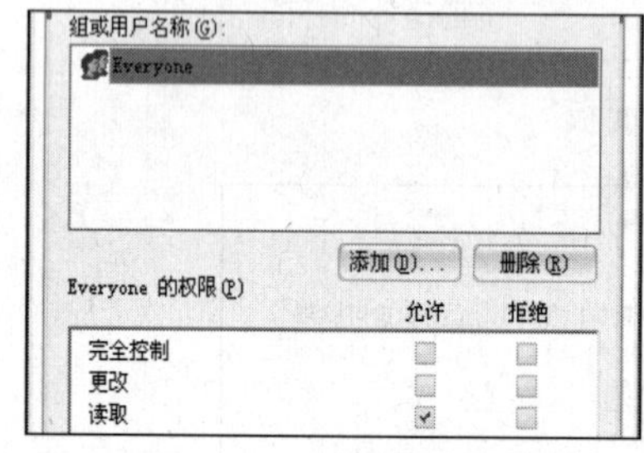

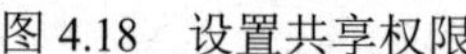

图 4.18　设置共享权限

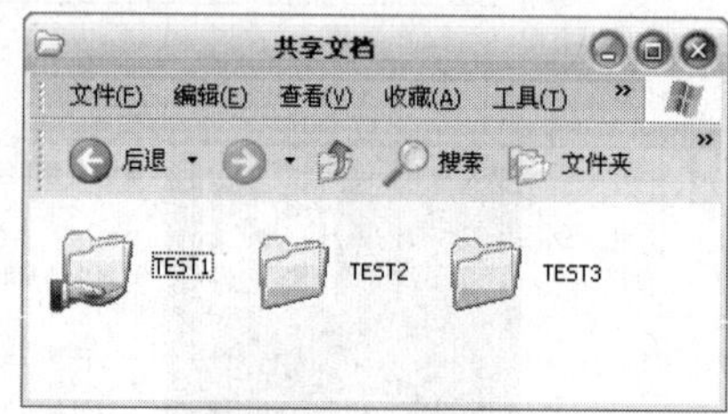

图 4.19　完成共享

② 也可以在开始、运行对话框中输入“\\对方机器的 IP 地址”，如“\\192.168.1.100”，来访问相应主机上的共享资源。

③ 分别对 PC1 上的共享目录 TEST1、TEST3 进行有关的文件操作（包括访问目录，在目录下创建文件、读取文件、修改文件、删除文件等）。

4.2.3　组建小型局域网测试

1. 网络配置完成后测试

在 2F 交换机上执行：

```
[2F]ping 172.16.0.1
  PING 172.16.0.1: 56  data bytes, press CTRL_C to break
    Reply from 172.16.0.1: bytes=56 Sequence=1 ttl=255 time=50 ms
    Reply from 172.16.0.1: bytes=56 Sequence=2 ttl=255 time=50 ms
    round-trip min/avg/max = 10/42/50 ms//说明交换机 2F 到 1F 可以通信
[2F]ping 172.16.0.3
  PING 172.16.0.3: 56  data bytes, press CTRL_C to break
    Reply from 172.16.0.3: bytes=56 Sequence=1 ttl=255 time=50 ms
    Reply from 172.16.0.3: bytes=56 Sequence=2 ttl=255 time=50 ms
    round-trip min/avg/max = 40/48/50 ms//说明交换机 2F 到 3F 可以通信
```

在 1F 交换机上执行：

```
[1F]ping 172.16.0.3
  PING 172.16.0.3: 56  data bytes, press CTRL_C to break
    Reply from 172.16.0.3: bytes=56 Sequence=1 ttl=255 time=100 ms
    Reply from 172.16.0.3: bytes=56 Sequence=2 ttl=255 time=60 ms
    round-trip min/avg/max = 60/72/100ms//说明交换机 1F 到 3F 可以通信
```

在 PC1 上执行 ping 192.168.1.2，结果无法通信，如图 4.20 所示。

```
PC>ping 192.168.1.2

Ping 192.168.1.2: 32 data bytes, Press Ctrl_C to break
From 192.168.1.1: Destination host unreachable
From 192.168.1.1: Destination host unreachable
From 192.168.1.1: Destination host unreachable
From 192.168.1.1: Destination host unreachable
From 192.168.1.1: Destination host unreachable

--- 192.168.1.2 ping statistics ---
  5 packet(s) transmitted
  0 packet(s) received
  100.00% packet loss
```

图 4.20　与 192.168.1.2 无法通信

在 PC1 上执行 ping 192.168.1.3，结果可以通信，如图 4.21 所示。

```
PC>ping 192.168.1.3

Ping 192.168.1.3: 32 data bytes, Press Ctrl_C to break
From 192.168.1.3: bytes=32 seq=1 ttl=128 time=94 ms
From 192.168.1.3: bytes=32 seq=2 ttl=128 time=78 ms
From 192.168.1.3: bytes=32 seq=3 ttl=128 time=78 ms
From 192.168.1.3: bytes=32 seq=4 ttl=128 time=63 ms
From 192.168.1.3: bytes=32 seq=5 ttl=128 time=63 ms

--- 192.168.1.3 ping statistics ---
  5 packet(s) transmitted
  5 packet(s) received
  0.00% packet loss
  round-trip min/avg/max = 63/75/94 ms
```

图 4.21　与 192.168.1.3 通信

在 PC1 上执行 ping 192.168.1.4，结果无法通信，如图 4.22 所示。

```
PC>ping 192.168.1.4

Ping 192.168.1.4: 32 data bytes, Press Ctrl_C to break
From 192.168.1.1: Destination host unreachable
From 192.168.1.1: Destination host unreachable
From 192.168.1.1: Destination host unreachable
From 192.168.1.1: Destination host unreachable
From 192.168.1.1: Destination host unreachable

--- 192.168.1.4 ping statistics ---
  5 packet(s) transmitted
  0 packet(s) received
  100.00% packet loss
```

图 4.22　与 192.168.1.4 无法通信

在 PC1 上执行 ping 192.168.1.5，结果可以通信，如图 4.23 所示。

```
PC>ping 192.168.1.5

Ping 192.168.1.5: 32 data bytes, Press Ctrl_C to break
From 192.168.1.5: bytes=32 seq=1 ttl=128 time=62 ms
From 192.168.1.5: bytes=32 seq=2 ttl=128 time=63 ms
From 192.168.1.5: bytes=32 seq=3 ttl=128 time=62 ms
From 192.168.1.5: bytes=32 seq=4 ttl=128 time=47 ms
From 192.168.1.5: bytes=32 seq=5 ttl=128 time=63 ms

--- 192.168.1.5 ping statistics ---
  5 packet(s) transmitted
  5 packet(s) received
  0.00% packet loss
  round-trip min/avg/max = 47/59/63 ms
```

图 4.23　与 192.168.1.5 通信

在 PC1 上执行 ping 192.168.1.6，结果不能通信，如图 4.24 所示。

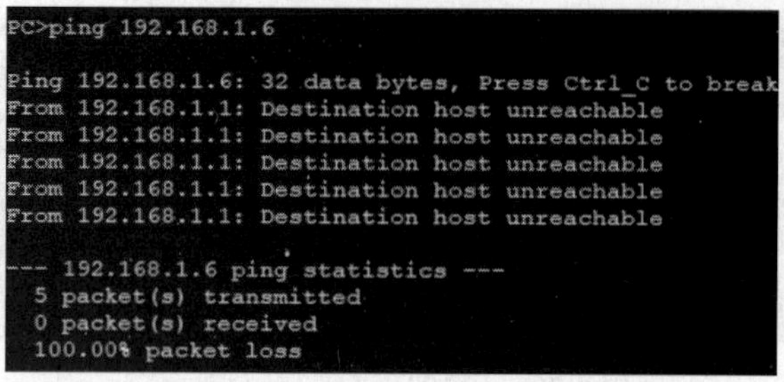

```
PC>ping 192.168.1.6

Ping 192.168.1.6: 32 data bytes, Press Ctrl_C to break
From 192.168.1.1: Destination host unreachable
From 192.168.1.1: Destination host unreachable
From 192.168.1.1: Destination host unreachable
From 192.168.1.1: Destination host unreachable
From 192.168.1.1: Destination host unreachable

--- 192.168.1.6 ping statistics ---
  5 packet(s) transmitted
  0 packet(s) received
  100.00% packet loss
```

图 4.24　与 192.168.1.6 无法通信

结果说明，通过在交换机 2F 上 ping 交换机 1F 和 3F，在 1F 上 ping 3F 的执行结果，可以确认 3 台交换机通过 Trunk 连接和配置正确；通过在 PC1 上分别 ping PC2、PC4、PC5 的结果为无法通信（因为他们不在同一个 vlan 100 中）；通过在 PC1 上分别 ping PC3、PC5 的结果可以通信（因为他们在同一 vlan 中）。

2. 资源共享测试

在 PC1 和 PC3 上查找 PC5 计算机，可以看到共享文件夹 TEST1、TEST2、TEST3，访问文件夹的权限不同。访问 TEST1 时，只能看到文件资源，没有其他操作权限；访问 TEST2 时，可以对文件资源进行任意操作（新建、上传、下载、删除等）；访问 TEST3 时需要提供输入密码才能访问。

4.3 课堂评价

完成本单元学习，认真填写学习情况考核表（见表 4.3），并及时予以反馈。

表 4.3　学习情况考核表

序号	评价内容	自我评价					小组评价					老师评价				
		A	B	C	D	E	A	B	C	D	E	A	B	C	D	E
1	局域网功能与常见拓扑															
2	局域网技术标准与体系结构															
3	CSMA/CD 原理															
4	以太网技术传输速率的发展															
5	MAC 地址结构															
6	交换机的工作原理															
7	虚拟局域网（VLAN）技术															
8	VLAN 的划分方式															
9	配置 VLAN															
10	配置交换机实现资源共享															

说明：评价等级分为 A、B、C、D 和 E 共 5 等。其中，对知识与技能掌握很好，能够熟练地完成任务为 A 等；掌握 75%以上的内容，能较为顺利地完成任务为 B 等；掌握 60%以上的内容为 C 等；基本掌握为 D 等；大部分内容不够清楚为 E 等。

4.4 思考与讨论

一、填空题

1. 局域网常用拓扑包括______、______和______。
2. 交换机的主要功能包括______、______、______。
3. MAC 地址从结构的角度分为______、______、______。
4. 交换机的工作方式通常包括______、______、______、______。
5. VLAN 的划分方式通常有______、______、______、______、______、______。
6. MAC 地址表项可分为______、______。

二、选择题

1. 局域网体系结构主要定义 OSI 的（　　）。
   A. 物理层和数据链路层　　B. 物理层和网络层
   C. 数据链路层和网络层　　D. 数据链路层和传输层
2. MAC 地址长度有（　　）位。
   A. 16　　B. 32　　C. 48　　D. 64
3. MAC 地址通常表现出（　　）进制位。
   A. 二　　B. 八　　C. 十六　　D. 十

三、讨论题

1. CSMA/CD 是如何实现的？
2. 存储转发交换是如何实现的？
3. 虚拟局域网的优点有哪些？
4. 简述交换机的工作原理。
5. 跨越多台交换机的两台计算机之间能实现通信吗？为什么？
6. 接入同一台交换机的计算机之间不能通信的原因有哪些？
7. 如何防止非法接入交换机？

拓展阅读　新技术、新工艺

学习笔记

单元 5

组建小型无线局域网

教学目标

知识教学目标

1. 掌握无线局域网的组件与设备
2. 了解无线局域网的标准
3. 熟悉无线 AP 的工作模式

技能培养目标

1. 能够熟练完成简单无线网络的组建
2. 能够掌握无线路由器的配置方法
3. 能够掌握无线网络的测试方法

素质培养目标

1. 掌握无线新兴技术的发展方向
2. 思考未来网络建设目标

5.1 相关知识：无线局域网技术基础

无线局域网（wireless local area network，WLAN）是指采用无线传输介质的局域网。在某些环境中采用无线传输介质组网具有明显的优势，近年来无线局域网技术发展迅速，逐渐成为局域网组网中的主流技术。

5.1.1 无线局域网标准

目前，支持无线局域网的技术标准主要有蓝牙技术、HomeRF 技术及 IEEE 802.11 系列。其中，HomeRF 主要用于家庭无线局域网，其通信速度比较慢；蓝牙技术是在 1994 年爱立信为寻找蜂窝电话和 PDA 那样的辅助设备进行通信的廉价无线接口时创立的，是按 802.11 标准的补充技术来设计的；IEEE 802.11 是由 IEEE 802 委员会于 1997 年制定的无线局域网系列标准，这是在无线局域网领域内的第一个国际上被广泛认可的协议。随后，802.11a、802.11b、802.11d 标准相继完成。目前，正在制定的一系列标准有 802.11e、802.11f、802.11g、802.11h、802.11i、802.11ac、802.11n、502.11ax 等，其推动着无线局域网走向安全、高速、互连。

802.11 标准在 MAC 子层采用 CSMA/CA 协议。该协议与本书在 802.3 标准中讨论的 CSMA/CD 协议类似，为了减小无线设备之间在同一时刻同时发送数据导致冲突的风险，802.11 引入了称为请求发送/清除发送（RTS/CTS）的机制，即如果发送目的地是无线节点，数据到达基站，该基站将会向无线节点发送一个 RTS 帧，请求一段用来发送数据的专用时间。接收到 RTS 请求帧的无线节点将回应一个 CTS 帧，表示它将中断其他所有的通信直到该基站传送数据结束。其他设备可监听到传输事件的发生，同时将在此时间段的传输任务向后推迟。这样，节点间传送数据时发生冲突的概率就会大大减小。

5.1.2 无线局域网的设备与组件

无线局域网组网设备主要包括无线用户的接入点设备、无线网卡、无线路由器、无线网桥、蓝牙设备、红外适配器等。

1. 无线访问节点

无线访问节点（access point，AP）是一个含义很广的名称，它不仅包含单纯的无线接入点（无线 AP），也同样是无线路由器（含无线网关、无线网桥）等类设备的统称。

2. 无线路由器

无线路由器（wireless router）就是带有无线覆盖功能的路由器，它主要应用于用户上网和无线覆盖。市场上流行的无线路由器一般都支持专线 xDSL、专线 Cable、动态 xDSL 和 PPTP 几种接入方式。它还具有其他一些网络管理的功能，如 DHCP（dynamic host configuration protocol，动态主机配置协议）服务、NAT 防火墙及 MAC 地址过滤等功能。目前，802.11ac 标准协议产品传输速度达到 1000Mb/s。图 5.1 所示为一款无线路由器产品。

图 5.1 D-Link 无线路由器产品

3. 无线网卡

无线网卡是无线局域网的终端设备，是无线局域网在无线覆盖下通过无线连接网络进行上网使用的无线终端设备。无线网卡按照接口的不同，可以分为台式机专用的 PCI 接口无线网卡，笔记本电脑专用的 PCMCIA（personal computer memory card international association）接口网卡，还有一种是 USB（universal serial bus，通用串行总线）无线网卡，如图 5.2（a）～（c）所示。除此之外，还有笔记本电脑中应用广泛的 MINI-PCI 无线网卡，如图 5.2（d）所示。其优点是无须占用 PC 卡或 USB 插槽，并且免去了随身携带 PC 卡或 USB 卡的麻烦。

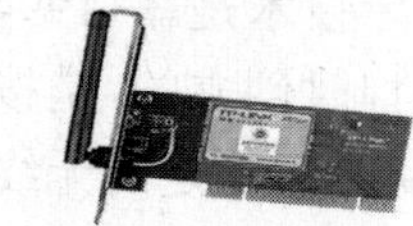

（a）PCI 接口无线网卡

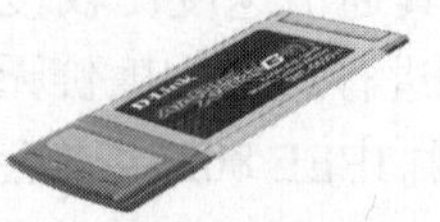

（b）PCMCIA 接口网卡

（c）USB 无线网卡

（d）MINI-PCI 无线网卡

图 5.2 无线网卡

4. 蓝牙设备

蓝牙是一种短距离的无线通信技术，电子装置彼此可以通过蓝牙连接起来，传统的电线在这里就毫无用武之地了。通过芯片上的无线接收器，配有蓝牙技术的电子产品能够在10m的距离内彼此相通，传输速度可以达到10Mb/s。蓝牙应用范围广泛，目前蓝牙4.0标准传输速度达到24Mb/s，图5.3所示为蓝牙无线连接设备示例。

5. 红外适配器

IrDA（Infrared Data Association，红外数据组织）1.1版本的最高速度标准为4Mb/s，同时在点对点通信时要求接口对准的角度不能超过30°。不过尽管IrDA技术免去了线缆，但使用起来仍然有许多不便，不仅通信距离短，而且还要求必须在视线上直接对准，中间不能有任何遮挡。另外，IrDA技术只限于在两个设备之间进行连接，不能同时连接多个设备。常见红外适配器如图5.4所示。

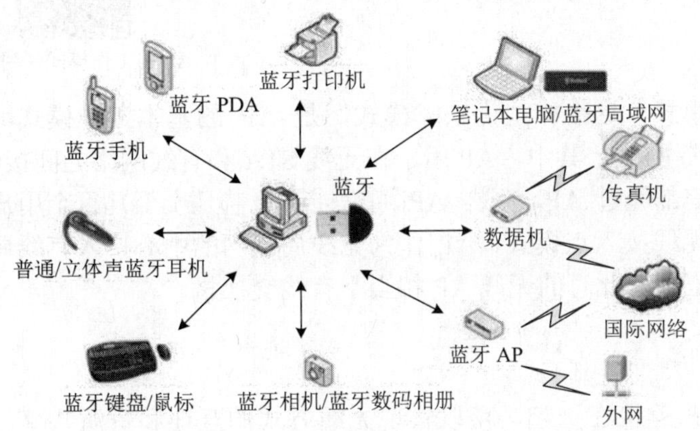

图5.3 蓝牙无线连接设备

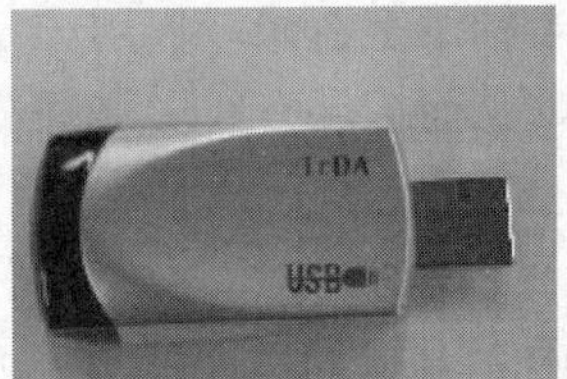

图5.4 红外适配器

6. 无线网桥

无线网桥是为使用无线微波进行远距离数据传输的点对点网间互连而设计的。它是一种在链路层实现局域网互连的存储转发设备，可用于固定数字设备之间的远距离（可达20km）、高速（可达11Mb/s）无线组网。无线网桥有3种工作方式，即点对点、点对多点和中继连接，特别适用于城市中的远距离高层建筑之间的网络连接。常见无线网桥如图5.5所示。从作用上来理解无线网桥，它可以用于连接两个或多个独立的网络段，这些独立的网络段通常位于不同的建筑内，相距几百米到几十千米。同时，根据不同协议，无线网桥又可以分为2.4GHz频段的IEEE 802.11b或IEEE 802.11g及采用5.8GHz频段的IEEE 802.11a无线网桥。

图5.5 无线网桥

5.1.3 无线局域网拓扑结构

无线局域网的拓扑结构可以分为3种，即无中心的分布对等方式、有中心的集中控制方式和混合方式。常见小型园区无线局域网拓扑结构如图5.6所示。

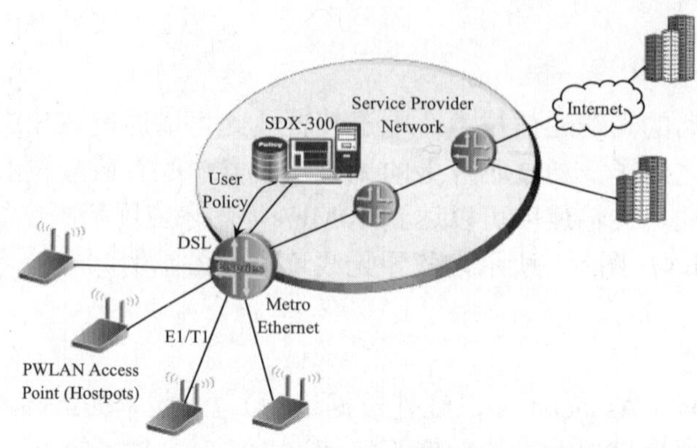

图 5.6　常见小型园区无线局域网拓扑结构

5.1.4　无线 AP 的工作模式

AP 的工作模式（视频）

1. AP 模式

AP 模式又被称为基础架构模式，这个模式为缺省模式，是 AP 的基本工作模式，由 AP、无线工作站 STA（station）等构成。其中，AP 用于在无线 STA 和有线网络之间接收、缓存和转发数据，所有的无线通信都经过 AP 完成。AP 通常能够覆盖几十至几百个用户，覆盖半径达上百米。启用该 AP 无线接入点模式，AP 作为无线局域网的中心接入有线局域网中，从而扩展有线局域网覆盖范围，此时的无线 AP 相当于有线交换机。

2. 点对点桥接模式

两个有线局域网通过两台 AP 连接在一起，可以实现无线方式的互连和资源共享，也可以实现有线网络的扩展。如果是室外的应用，由于点对点连接一般距离较远，建议最好都采用定向天线。

3. 点对多点桥接模式

点对多点的无线网桥能够把多个离散的远程网络连成一体，通常以一个网络为中心点发送无线信号，其他接收点接收信号。该模式包含多个有线 AP。

4. 客户端模式

该模式看起来比较特别，中心的 AP 设置成为 AP 模式，可以提供中心有线局域网的连接和自身无线覆盖区域的无线终端接入；远端有线局域网络或单台 PC 所连接的 AP 设置成 AP 客户端模式，远端无线局域网便可访问中心 AP 所连接的局域网。该模式包含单个有线 AP+多个无线 AP 扩展。

5. 无线中继模式

无线中继模式可以实现信号的中继和放大，从而延伸无线局域网的覆盖范围。中心 AP 最多支持 4 个远端无线中继模式的 AP 接入。无线分布式系统（wireless distribution system,

WDS）的无线中继模式，提供了全新的无线组网模式，可适用于那些场地开阔、不便于铺设以太网线的场所，如大型开放式办公区域、仓库、码头等。

6. 无线混合模式

WDS 的无线混合模式，可以支持在点对点、点对多点、中继应用模式下的 AP，同时工作在两种工作模式状态，即桥接模式+AP 模式。这种无线混合模式充分体现了灵活、简便的组网特点，要实现这种功能，AP 至少要支持 AP Client+WDS 两种工作模式。

7. 无线 Internet 服务供应商（WISP）中继器模式和 WISP 客户端路由器模式

在 WISP 中继器模式下，作为 LAN 上无线和有线客户端的路由器，提供 NAT（network address translation，网络地址转换）和 DHCP 服务器，为无线和有线客户端生成 IP 地址。NAT 和 DHCP 服务器允许多台计算机共享同一无线 Internet 连接。

在 WISP 客户端模式下，可作为 LAN 有线客户端的路由器，并提供 NAT 和 DHCP 服务器为有线客户端生成 IP 地址，NAT 和 DHCP 服务器允许多台计算机共享同一无线 Internet 连接，可以使有线计算机接入 WISP 账户，需要在 AP 上获取 NAT，然后将其连接到 WISP AP。

5.2　实训任务：通过 AP 模式组建网络

5.2.1　组建无线局域网实训准备及注意事项

1. 实训准备

组建无线局域网前需要做如下准备。

1）TP-LINK 的 TL-WA801N 一台。

2）笔记本电脑或者台式机多台。

2. 实训注意事项

组建无线局域网的注意事项如下。

1）确定无线局域网的需求功能。

2）确定无线局域网的 AP 放置位置，保证无线信号的覆盖范围。

3）保证无线局域网安全。

4）第一次配置时，计算机设置 IP 地址与 AP 地址在同一网段内，保证计算机能配置 AP。也可以直接用笔记本电脑开无线寻找到 AP 的无线信号。

5.2.2　组建无线局域网的过程

组建无线局域网的过程介绍如下。

1. 设备

准备 TP-LINK 的 TL-WA801N 笔记本电脑一台，无线终端多台，拓扑结构如图 5.7 所示。

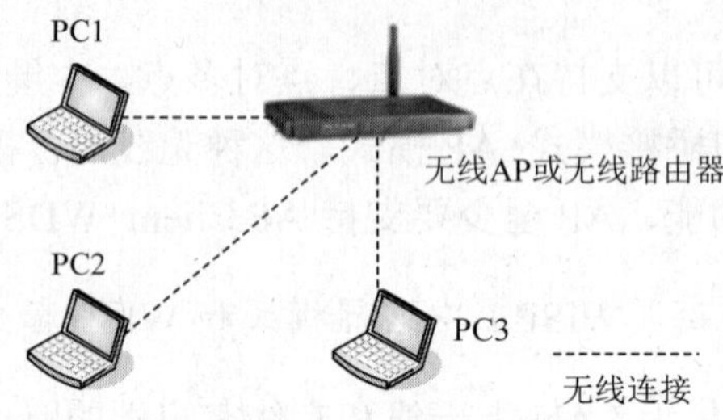

图 5.7　拓扑结构

2. 配置 PC 的 IP 地址，保证与 TL-WA801N 连接

步骤 1：配置笔记本电脑 IP 地址。

TL-WA801N 内置了 DHCP 服务器，可自动设置 IP 地址，默认地址为 192.168.1.254，打开笔记本电脑，设置自动获取 IP 地址。

右击左下角 Windows 图标后，选择“网络连接”，单击“以太网”，出现以太网界面；单击“网络和共享中心”，打开“网络和共享中心”界面；单击“访问类型：Internet”下面的链接，打开网络连接状态对话框；单击“属性”按钮，打开网络协议服务对话框，选择“Internet 协议版本 4（TCP/IPv4）”，如图 5.8 所示，双击“Internet 协议版本 4（TCP/IPv4）”。打开如图 5.9 所示的“Internet 协议版本 4（TCP/IPv4）属性”对话框，选中“自动获得 IP 地址”单选按钮。具体操作可参照单元 2 的实训部分完成。

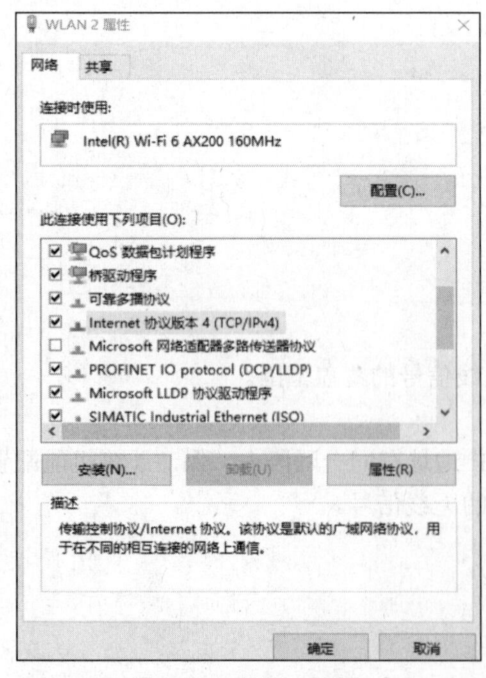

图 5.8　网络协议服务

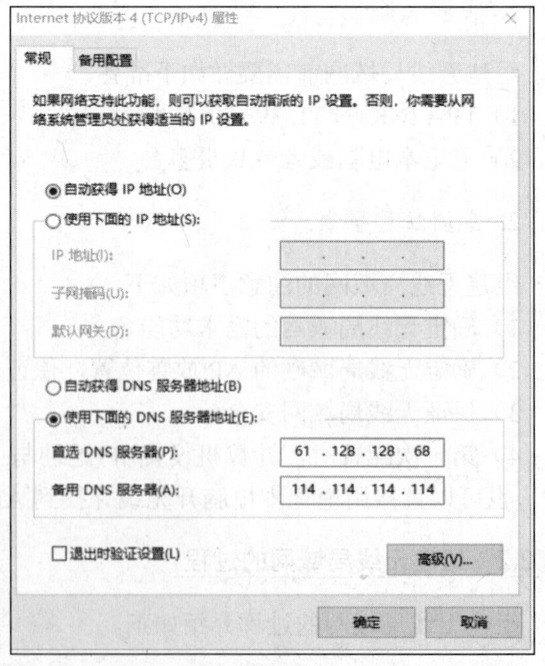

图 5.9　Internet 协议版本 4（TCP/IPv4）属性

步骤 2：确认设置的 PC 能与 TL-WA801N 连接，在 PC 上执行 ping 192.168.1.254，确认正常连接，如图 5.10 所示。

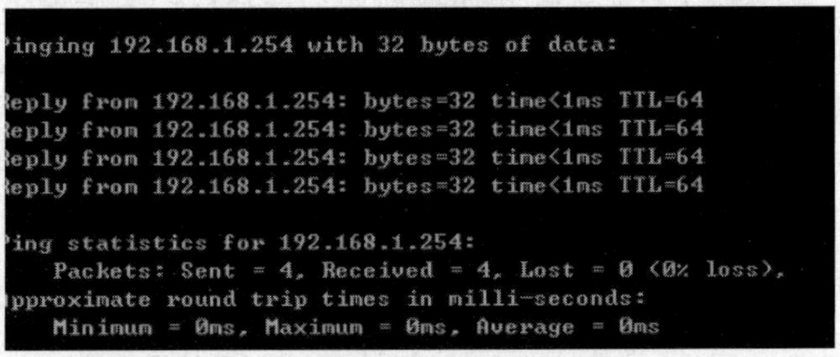

inging 192.168.1.254 with 32 bytes of data:
eply from 192.168.1.254: bytes=32 time<1ms TTL=64
eply from 192.168.1.254: bytes=32 time<1ms TTL=64
eply from 192.168.1.254: bytes=32 time<1ms TTL=64
eply from 192.168.1.254: bytes=32 time<1ms TTL=64
ing statistics for 192.168.1.254:
Packets: Sent = 4, Received = 4, Lost = 0 (0% loss),
pproximate round trip times in milli-seconds:
Minimum = 0ms, Maximum = 0ms, Average = 0ms

图 5.10　测试 192.168.1.254 连接

3. 配置 TL-WA801N

步骤 1：打开 PC 的浏览器，输入 192.168.1.254，在登录对话框输入默认用户名和密码为 admin，进入配置界面，如图 5.11 和图 5.12 所示。

TP-LINK Wireless N Access Point WA801N
用户名(U):
admin
密码(P):
*****
记住我的密码(R)
确定
取消

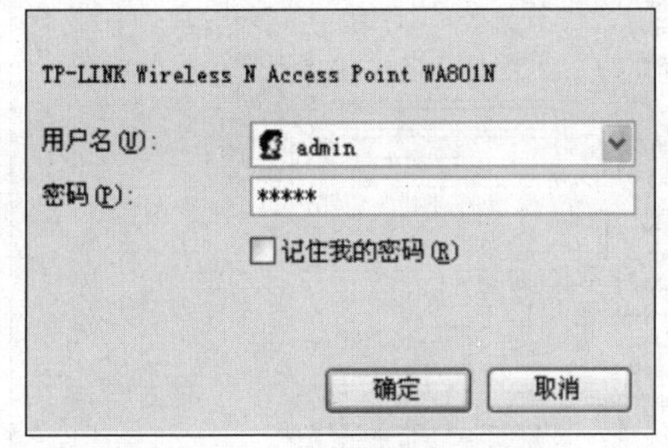

图 5.11　TL-WA801N 登录界面

TP-LINK
300M无线速率，11N技术，无线生活新选择
300M无线接入器
300M Wireless Access Point

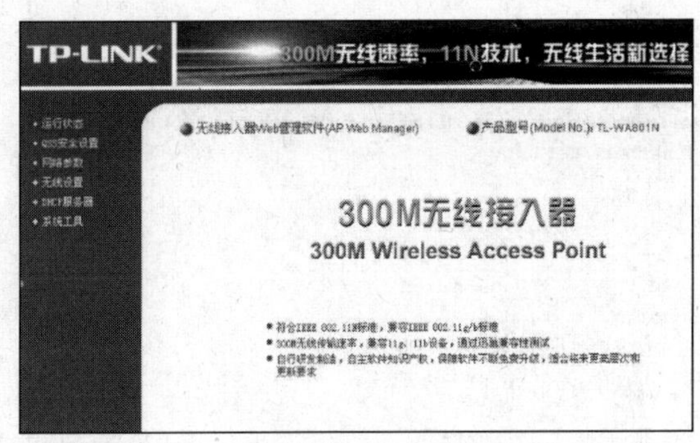

图 5.12　TL-WA801N 配置界面

步骤 2：网络参数设置，默认的 IP 地址是 192.168.1.254，为了安全，可以修改 IP 地址。但网关地址和 IP 地址要在同一网段中，修改后需要保存，然后重新启动，再利用修改过的 IP 地址登录，才能进行后面的配置，本书没有修改，如图 5.13 所示。

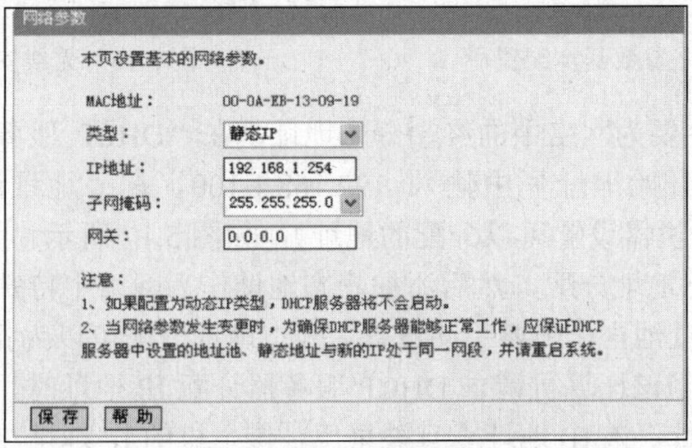

网络参数
本页设置基本的网络参数。
MAC地址：　00-0A-EB-13-09-19
类型：　静态IP
IP地址：　192.168.1.254
子网掩码：　255.255.255.0
网关：　0.0.0.0
注意：
1、如果配置为动态IP类型，DHCP服务器将不会启动。
2、当网络参数发生变更时，为确保DHCP服务器能够正常工作，应保证DHCP服务器中设置的地址池、静态地址与新的IP处于同一网段，并请重启系统。
保存
帮助

图 5.13　网络参数配置

步骤 3：选择无线设置菜单、基本设置（基本设置中有 6 种工作模式，本次采用 Access Point），SSID[①]号默认 TP-LINK_010618，是标识无线局域网名称的，可以修改为个人喜欢的名称；信道一般选择自动（有 1～13 个工作频段，选择自动表示设备能够根据信号强度来动态选择干扰小的），频段带宽选择默认；选择开启无线功能、开启 SSID 广播（用于 PC 自动搜索 SSID）；WDS 本次不开启，主要用于桥接多个局域网，如图 5.14 所示。

步骤 4：无线安全设置，网络终端接入到无线网络都需通过输入安全密码来验证才能正常使用。在图 5.12 上单击“无线设置”，选择“无线网络安全设置”，出现如图 5.15 所示无线安全认证设置对话框。WEP 是 802.11 的基本安全模式，其类型主要有自动、开放系统和共享密钥；WPA/WPA2 主要利用 Radius 服务器来认证，本次不适合；WPA-PSK/WPA2-PSK 主要基于共享密钥的 WPA 模式，本次采用这种模式，具体设置如图 5.16 所示。

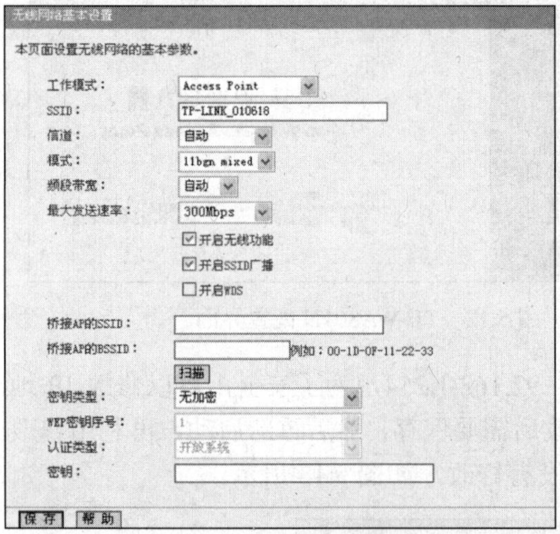

图 5.14 无线网络参数基本配置

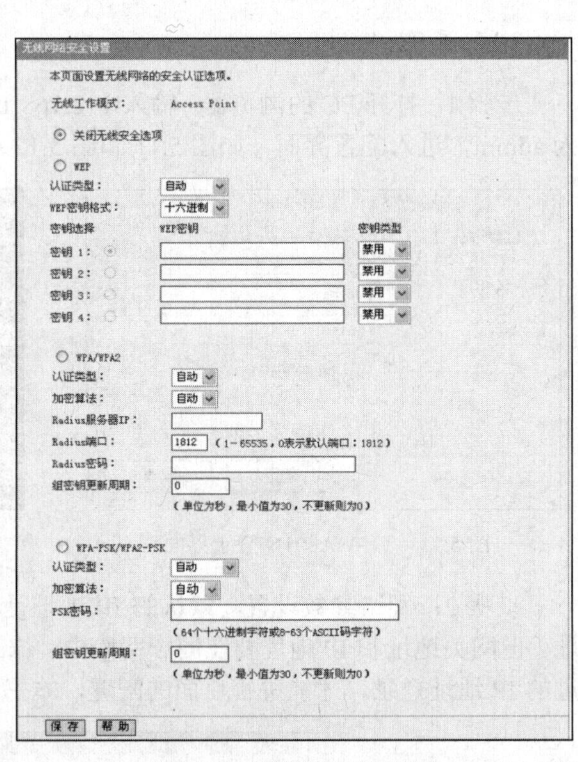

图 5.15 无线安全认证设置

步骤 5：DHCP 主要为网络中的终端分配地址，在“DHCP 服务器”选中“启用”单选按钮，在“地址池开始地址”中输入 192.168.1.100，在“地址池结束地址”中输入 192.168.1.199（用于给机器设置可以分配的地址），如图 5.17 所示。

步骤 6：进行静态地址分配，然后添加静态地址作为网络中特殊的机器使用（如服务器），这些地址不在地址池内，需要手动设置。静态地址分配可以为指定 MAC 地址的计算机预留静态 IP 地址，当该计算机请求 DHCP 服务器分配 IP 地址时，DHCP 服务器将给它分配表中预留的 IP 地址。该 IP 地址一旦被采用，该主机的 IP 地址将不再改变，相当于地

① SSID，即 service set identifier，服务集标识。

址绑定功能。选择添加条目，把需要固定设置的机器 MAC 地址输入进去，然后输入在这个网段中地址池以外的地址即可，如图 5.18 所示。

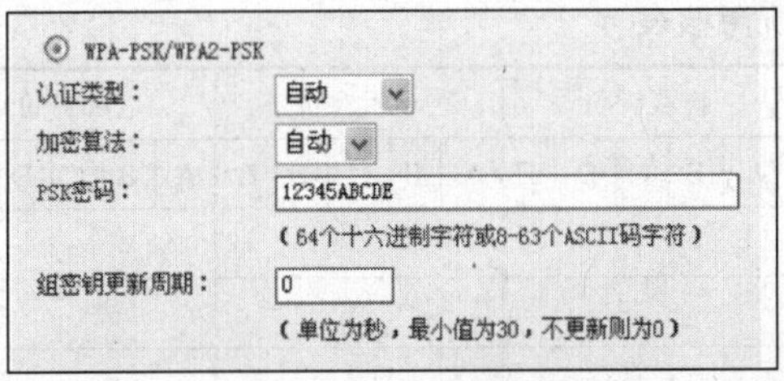

◉ WPA-PSK/WPA2-PSK
认证类型：自动
加密算法：自动
PSK密码：12345ABCDE
（64个十六进制字符或8-63个ASCII码字符）
组密钥更新周期：0
（单位为秒，最小值为30，不更新则为0）

图 5.16　WPA-PSK/WPA2-PSK 设置

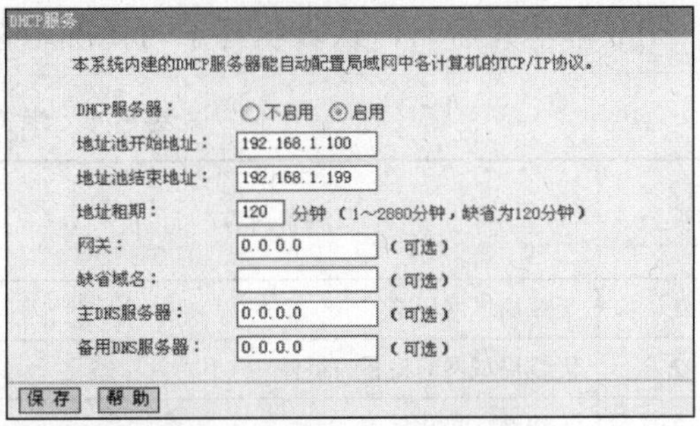

DHCP服务
本系统内建的DHCP服务器能自动配置局域网中各计算机的TCP/IP协议。
DHCP服务器：○不启用 ◉启用
地址池开始地址：192.168.1.100
地址池结束地址：192.168.1.199
地址租期：120 分钟（1～2880分钟，缺省为120分钟）
网关：0.0.0.0（可选）
缺省域名：（可选）
主DNS服务器：0.0.0.0（可选）
备用DNS服务器：0.0.0.0（可选）
保存　帮助

图 5.17　DHCP 服务配置

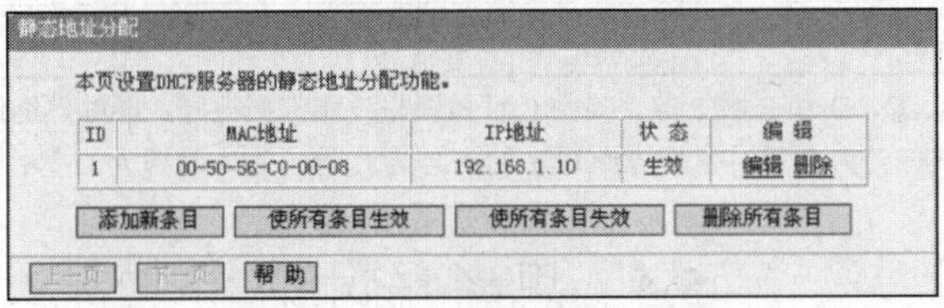

静态地址分配
本页设置DHCP服务器的静态地址分配功能。

ID	MAC地址	IP地址	状态	编辑
1	00-50-56-C0-00-08	192.168.1.10	生效	编辑 删除

添加新条目　使所有条目生效　使所有条目失效　删除所有条目
上一页　下一页　帮助

图 5.18　静态地址分配设置

5.2.3　无线局域网测试

无线局域网设置完成后，无线终端就可以使用网络 3。在计算机右下角单击图标，出现如图 5.19 所示界面，然后单击图标，出现如图 5.20 所示无线信号选择界面。找到 SSID: TP-LINK_010618，输入密钥 12345ABCDE，即可完成网络认证使用。

图 5.19　任务选择

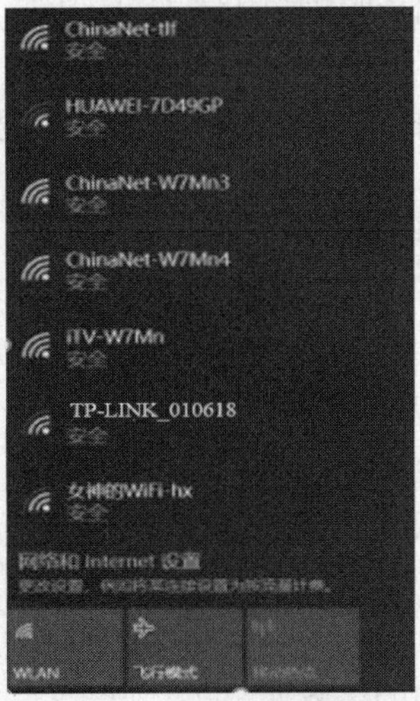

图 5.20　无线信号选择

5.3 课堂评价

完成本单元学习，认真填写学习情况考核表（见表5.1），并及时予以反馈。

表5.1 学习情况考核表

序号	评价内容	自我评价					小组评价					老师评价				
		A	B	C	D	E	A	B	C	D	E	A	B	C	D	E
1	无线局域网标准															
2	无线局域网的设备与组件															
3	无线网络拓扑															
4	无线AP的工作模式															
5	组建无线局域网															

说明：评价等级分为A、B、C、D和E共5等。其中，对知识与技能掌握很好，能够熟练地完成任务为A等；掌握75%以上的内容，能较为顺利地完成任务为B等；掌握60%以上的内容为C等；基本掌握为D等；大部分内容不够清楚为E等。

5.4 思考与讨论

一、填空题

1. 无线AP的工作模式有______、______、______、______、______、______。
2. 无线网络的拓扑结构通常包括______、______、______。

二、选择题

1. 无线局域网标准最新的有（　　）。
   A. 802.11a　B. 802.11b　C. 802.11d　D. 802.11ax
2. 无线局域网标准802.11ax传输最大速率是（　　）。
   A. 54Mb/s　B. 11Mb/s　C. 100Mb/s　D. 9.6Gb/s
3. 蓝牙5.0最大传输速率为（　　）。
   A. 1Mb/s　B. 2Mb/s　C. 24Mb/s　D. 48Mb/s
4. 我们常说的Wi-Fi其实是（　　）。
   A. 一个联盟的名字　B. 无线局域网
   C. 无线网络名称　D. WPAN
5. 4G、5G涉及的无线类型主要是（　　）。
   A. WLAN　B. WMAN　C. WPAN　D. WWAN

6 Wi-Fi、蓝牙、微波之间的干扰属于（　　）。
   A. 信道之间的干扰　B. 同频干扰
   C. 外界干扰　D. 没有干扰

7. 目前最新Wi-Fi是第（　　）代。
   A. 3　B. 4　C. 5　D. 6

8. 下列说法正确的是（　　）。
   A. 频率越高，传输距离越短，覆盖范围越小
   B. 频率越低，传输距离越短，覆盖范围越小
   C. 频率的高低和传输距离无关
   D. 以上都不正确

三、讨论题

1. 什么是胖 AP？什么是瘦 AP？
2. 胖 AP 与瘦 AP 的区别是什么？
3. 什么是无线网络？
4. 简述 802.11ac 和 802.11n 的区别。
5. 简述无线网络的分类。
6. 简述大型无线网络建设需要哪些设备。

拓展阅读　新技术、新工艺

学习笔记

学习笔记

单元 6

组建中型网络

教学目标

知识教学目标

1. 掌握网络层功能、IP 地址的格式与分类，子网划分
2. 了解特殊 IP 地址
3. 熟悉 IP 协议、ARP 协议、RARP 协议、ICMP 协议的作用与报文格式

技能培养目标

1. 能够掌握中型网络建设的方法
2. 能够掌握三层交换机在网络中的常用内容配置
3. 能够掌握 VLAN 的配置与子网划分实现

素质培养目标

1. 培养资源整合能力
2. 培养团队合作意识

6.1 相关知识：网络层寻址

大中型网络通常终端数量较多，用单纯的二层网络来建设会出现同一广播域，导致网络运行效率下降，网络故障率增高，且故障排除相对困难，无法保证网络业务正常运行，必须对网络进行合理规划，可以采用第三层网络来解决二层网络建设存在的问题。网络层位于 OSI 参考模型的第三层，其主要作用是完成局域网之间的互连任务，在广域网中进行数据的存储与转发，从而实现更大范围的数据通信与资源共享。

6.1.1 网络层技术概述

随着组网规模的扩大和网络间的彼此互连，网络中的一个节点主机到达另外一个节点主机可能有多条通信链路，前面介绍的物理层和数据链路层技术只能提供比特流传输服务，实现相邻节点之间的可靠数据传输。也就是说，数据链路层只能将数据帧由传输介质的一端发送到另一端，而不能实现从源地址到目的地址的数据传输所必需的路径选择功能。下面对网络层的分析分为 3 个部分：定义逻辑地址、提供路径选择功能和处理无连接数据包传输。

1. 定义逻辑地址

逻辑地址是指配置给设备的地址，它工作在网络层，提供了网络与主机的信息，但并不像数据链路层定义的物理地址那样可以表现网络结构。对于一个网络协议，为了将数据从一个网络传输到另一个网络，必须利用两部分逻辑地址：一部分用来识别网络；另一部分用来标识主机。

大量的网络协议采取这样的方式来利用逻辑地址，如 TCP/IP、IPX/SPX 及 AppleTalk 协议都符合此项要求，而 NetBUEI 和 DLC 协议则不能满足此项要求。逻辑地址必须包含网络部分与主机部分。这样，一个巨大的、包含上千台甚至上百万台主机的网络才能被构建起来，并且可以迅速地定位其中的每一台主机。路由器首先要找到主机所在的网络，然后再确定主机的地址。找到这个网络后，这个网络中的一台路由器通过将主机的逻辑地址与数据链路层的物理地址进行映射，从而找到这个主机。数据包到达正确的网络后，不同的协议将采用不同的方式来将主机的逻辑地址映射为物理地址，如 TCP/IP 协议利用地址解析协议（ARP）。在网络层中，最复杂的一个方面是决定数据包在传输到目的地址时所经过的网络最佳路径。

2. 提供路径选择功能

如果从一端到另一端只存在一条路径，那么网络层的工作将变得非常简单。但是在大多数大型网络中，从位置 A 到位置 B 会存在多条路径，而且不一定有一个明确的结论显示应该选择遵从哪一条路径。有一些线路上业务量很大，而另一些线路上业务量很少；有一些线路正在进行建设或出现了故障，而另一些线路则运行通畅。并且，这些通信线路的情况是在动态变化的。

网络层利用路由协议可以选择到达目的地址的最佳路径。如果有一条原来通畅的线路变得拥塞甚至不可利用，那么就需要选定一条备用的线路。路由协议信赖包含有主机标号域与网络标号域的逻辑地址。若想将数据包从一个网络有效地传输到另一个网络，则由网络层的路由协议根据源目的地址来完成最佳传输路径的选择，确保数据准确高效地完成交付。

3. 处理无连接数据包传输

网络层依靠 OSI 模型中更高的几层来提供高级功能，如可靠性与流量控制。网络层的工作是将数据包 Y 从源地址所在的网络传输到目的地址所在的网络，而不考虑是否有数据包 X 或数据包 Z 也要到达同一目的地址。实际上，一个带有源 IP 地址和目的 IP 地址的数据包从一个网络传输到另一个网络的过程，无法确认数据包是否安全到达，这种方式被称为无连接通信。

在无连接通信中，从源 IP 地址到目的 IP 地址并没有建立一条连接。网络层协议依赖信用（或上层协议）来保证数据包传输的安全性，这与邮寄信件过程非常相似。发送者将信件放入邮箱中，希望可以传送给接收者而并不知道邮件通过哪些地方后才能被送到。若想要确认信件被接收了（或被告知信件没有被接收），就必须随信件发送一封确认信，确认信要求接收者做出一个回应，接收者的回执会被送回发送者。

网络层的主要功能如下。

1）通过路由选择算法为IP地址分组通过通信子网选择最适当的路径。

2）实现路由选择、拥塞控制与网络互连等基本功能。

3）为传输层的端到端的传输连接提供服务。

6.1.2　IP地址

1. 逻辑地址与物理地址

IP数据报中的源IP地址和目的IP地址是TCP/IP的网络层用以标识网络中主机的逻辑地址（IP地址）。所谓逻辑地址，是与数据链路层中的物理地址（MAC地址）即网卡硬件地址相对应的。物理地址是第二层地址，其固化在网卡的硬件结构中，只要主机或设备的网卡不变，则其物理地址就是始终不变的，即使它从一个网络被移到另一个网络。也就是说，物理地址是一种平面化的地址，它不能提供关于主机所处的网络位置信息。逻辑地址则是第三层地址，该地址是随着设备所处网络位置变化而变化的，即设备从一个网络被移到另一个网络时，其逻辑地址也会相应地发生改变。也就是说，逻辑地址是一种结构化的地址，它可以提供关于主机所处的网络位置信息。

2. IP地址的结构、分类与表示方法

IP地址的结构由网络号和主机号两部分组成，共32位。其中，网络号用于表示该主机所在的网络；而主机号则表示该主机在相应网络中的编号。正是因为网络号所给出的网络位置信息，才使得路由器能够在通信子网中为IP地址分组选择一条合适的路径。

IP地址的结构和分类（视频）

通常IP地址被分为A、B、C、D、E共5大类，如图6.1所示。其中，A、B、C类用于普通的主机地址；D类用于提供网络组播服务或作为网络测试之用；E类保留给未来扩充使用。表6.1为A、B、C类网络的最大网络数和每个网络中最多可以容纳的主机数。

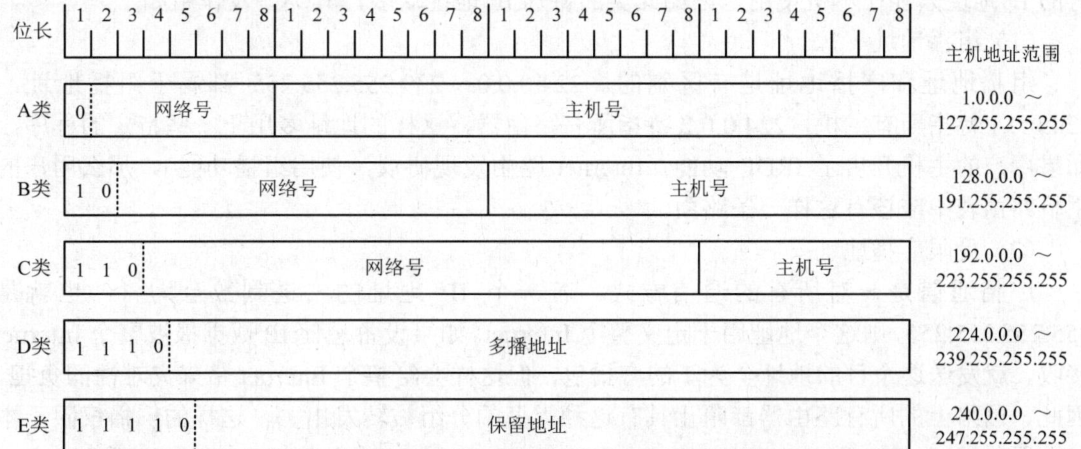

图6.1　IP地址的类别及其格式

表 6.1　A、B、C 类的最大网络数和可容纳的主机数

网络类别	最大网络数	每个网络最多容纳的主机数
A	$2^7-2=126$	$2^{24}-2=16\ 777\ 214$
B	$2^{14}-2=16\ 382$	$2^{16}-2=65\ 534$
C	$2^{21}-2=2\ 097\ 150$	$2^8-2=254$

由于 32 位的 IP 地址不太容易书写和记忆，通常又采用带点十进制标识法（dotted decimal notation)来表示 IP 地址。在这种格式下，将 32 位的 IP 地址分为 4 个 8 位组(octet)，每个 8 位组用一个十进制数表示，取值范围为 0～255（二进制的 8 位全为 0 和全为 1)；代表相邻 8 位组的十进制数以小圆点分隔，例如，192.168.0.1 为采用带点十进制标识法表示的 IP 地址。

3. 特殊的 IP 地址及其作用

在 IP 地址空间中，有些 IP 地址是被保留作为特殊用途的，或者说是专用的。例如，网络号或主机号为全“0”和全“1”的地址通常具有特殊的含义和用途。具有正常的网络号，而主机号为全“0”的 IP 地址代表本网络，即作为网络标识之用，如 102.0.0.0、138.1.0.0 和 198.10.1.0 分别代表了一个 A 类、B 类和 C 类网络；而主机号为全“1”的 IP 地址则代表本网络中的广播地址，如 102.255.255.255、138.1.255.255 和 198.10.1.255 分别代表在一个 A 类、B 类和 C 类网络中的广播地址。

网络号对于 IP 网络通信非常重要，位于同一网络中的主机必然具有相同的网络号，它们之间可以直接相互通信；而网络号不同的主机之间则不能直接相互通信，必须经过第三层网络设备（如路由器）进行转发才能通信。

广播地址对于网络通信也非常有用，在计算机网络通信中经常会出现对某一指定网络中的所有机器发送数据的情形，如果没有广播地址，源主机就要对所有目的主机启动多次 IP 分组的封装与发送过程。

在 IP 地址空间中，有的 IP 地址是不能为设备分配的，有的 IP 地址不能用在公网中，有的 IP 地址只能在本机使用，诸如此类的特殊 IP 地址众多，其类型及作用如下。

（1）组播地址

组播地址和广播地址是有区别的。224.0.0.0～239.255.255.255 都属于组播地址，224.0.0.1 特指所有主机，224.0.0.2 特指所有路由器，这样的地址多用于一些特定的程序。如果用户的主机开启了 IRDP 功能（Internet 路由发现协议，使用组播功能），那么用户的主机路由表中应该有这样一条路由。

（2）受限广播地址

广播通信是一对所有的通信方式。若一个 IP 地址的二进制数全为 1，也就是 255.255.255.255，则这个地址用于定义整个 Internet。如果设备想使 IP 数据报被整个 Internet 接收，就发送这个目的地址全为 1 的广播包，但这样会给整个 Internet 带来灾难性的负担。因此，网络上的所有路由器都阻止具有这种类型的分组被转发出去，这样的广播仅限于本地网段使用。

（3）直接广播地址

一个网络中的最后一个地址为直接广播地址，也就是主机号全为 1 的地址。主机使用这种地址把一个 IP 数据报发送到本地网段的所有设备上，路由器会转发这种数据报到特定网络上的所有主机。这个地址在 IP 数据报中只能作为目的地址。另外，直接广播地址的分配使得一个网段中可分配给设备的地址数减少了 1 个。

（4）IP 地址为全 0

若 IP 地址是 0.0.0.0，则这个 IP 地址在 IP 数据报中只能用作源 IP 地址，这种情形发生在当设备启动时但又不知道自己 IP 地址的情况下。在使用 DHCP 分配 IP 地址的网络环境中，这样的地址是很常见的。用户的主机为了获得一个可用的 IP 地址，就给 DHCP 服务器发送 IP 分组，并用这样的地址作为源地址，目的地址为 255.255.255.255（因为主机这时还不知道 DHCP 服务器的 IP 地址）。

（5）网络号为全 0 的 IP 地址

当某个主机向同一网段中的其他主机发送报文时就可以使用这样的地址，分组也不会被路由器转发。例如，12.12.12.0/24 这个网络中的一台主机 12.12.12.2/24 在与同一网络中的另一台主机 12.12.12.8/24 通信时，目的地址可以是 0.0.0.8。

（6）环回地址

127 网段的所有地址都称为环回地址，主要用来测试网络协议是否工作正常。例如，使用 ping 127.1.1.1 命令就可以测试本地 TCP/IP 协议是否已正确安装。另外一个用途是当客户进程用环回地址发送报文给位于同一台机器上的服务器进程时，如在浏览器中输入 127.1.2.3，这样可以在排除网络路由的情况下用来测试本地 IIS 是否正常启动。

（7）专用地址

在 IP 地址资源中，还保留了一部分被称为私有地址（private address）的地址资源以供内部实现 IP 网络时使用。其地址范围包括 3 个部分，即 10.0.0.0～10.255.255.255、172.16.0.0～172.31.255.255 和 192.168.0.0～192.168.255.255。根据规定，所有以私有地址为目的地址的 IP 数据包都不能被路由至 Internet 上，这些以私有地址作为逻辑标识的主机若要访问 Internet，必须采用网络地址翻译（network address translation，NAT）或应用代理（proxy）方式。

6.1.3 IP 地址规划与子网划分

1. IP 地址的规划与分配

当在网络层采用 IP 协议组建一个 IP 网络时，必须为网络中的每一台主机分配一个唯一的 IP 地址，也就是要涉及 IP 地址的规划问题。通常，IP 地址规划步骤为：首先，分析网络规模，包括相对独立的网段数量和每个网段中可能拥有的最大主机数，要注意路由器的每个接口所连的网段都是一个独立网段（相当于一个局域网）；其次，确定使用公用地址还是私有地址，并根据网络规模确定所需要的网络号类别，若采用公有地址还需要向网络信息中心（network information center，NIC）提出申请并获得地址使用权；最后，根据可用的地址资源进行主机 IP 地址的分配。

IP 地址的分配可以采用静态分配和动态分配两种方式。所谓静态分配，是指由网络管理员为用户指定一个固定不变的 IP 地址并手工配置到主机上；而动态分配则通常以客户端/服务器模式通过动态主机控制协议（DHCP）来实现。

在 IP 地址规划时，常常会遇到如下的问题：一个企业或公司由于网络规模增加、网络冲突增加或吞吐性能下降等多种因素需要对内部网络进行分段。而根据 IP 网络的特点，需要为不同的网段分配不同的网络号，于是当分段数量不断增加时，对 IP 地址资源的需求随之增加。即使不考虑是否能申请到所需的 IP 资源，要对大量具有不同网络号的网络进行管理也是一件非常复杂的事情，至少要将所有这些网络号对外网公布。再加上随着 Internet 规模的增大，32 位的 IP 地址空间已出现了严重的资源紧缺，也就是说已经不可能随心所欲地获取网络号了。为了解决 IP 地址资源短缺的问题，同时也为了提高 IP 地址资源的利用率，引入了子网划分（subnetworking）技术。

2. 子网划分的基本概念

子网划分是指由网络管理员将一个给定的网络划分为若干个更小的部分，这些更小的部分被称为子网（subnet）。当网络中的主机总数未超出所给定的某类网络可容纳的最大主机数，但内部又要划分成若干个分段（segment）进行管理时，就可以采用子网划分的方法。

为了创建子网，网络管理员需要从原有 IP 地址的主机位中借出连续的若干位作为子网号，如图 6.2 所示。也就是说，经过划分后的子网因为其主机数量减少，已经不需要原来那么多位作为主机号了，从而可以将这些多余的主机位用作子网号。

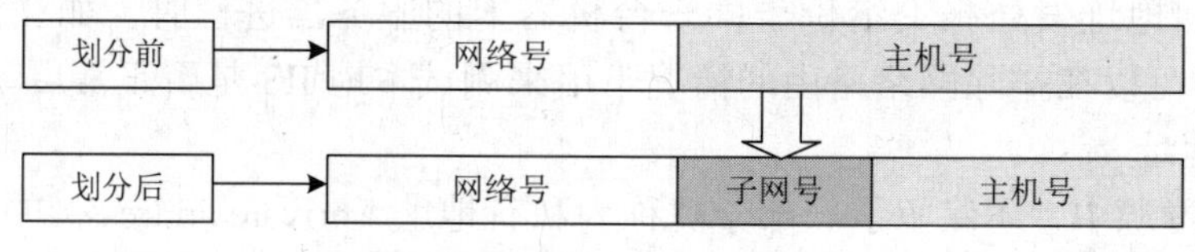

图 6.2 子网划分示意图

3. 子网划分的方法

在子网划分时，首先要明确划分后所要得到的子网数量和每个子网中所要拥有的主机数量，然后才能确定需要从原主机位借出的子网号位数，也就是借多少主机位来表示子网。原则上，根据全“0”和全“1”IP 地址保留的规定，子网划分时至少要从主机位的高位中选择两位作为子网位，而只要能保证保留两位作为主机位，A、B、C 类网络最多可借出的子网络位数是不同的，A 类可达 22 位，B 类为 14 位，C 类则为 6 位。当借出的子网络位数不同时，相应可以得到的子网络数量及每个子网中所能容纳的主机数也是不同的。表 6.2 给出了子网络位数和子网络数量、有效子网络数量之间的对应关系。所谓有效子网络，是指除去那些子网络位为全“0”或全“1”的子网后所留下的可用子网。

表 6.2 子网络位数与子网络数量、有效子网络数量的对应关系

子网络位数	子网络数量	有效子网络数量
1	$2^1=2$	2−2=0
2	$2^2=4$	4−2=2

续表

子网络位数	子网络数量	有效子网络数量
3	2^3=8	8-2=6
4	2^4=16	16-2=14
5	2^5=32	32-2=30
6	2^6=64	64-2=62
⋮	⋮	⋮

下面以一个 C 类网络子网划分的例子来说明子网划分的具体方法。假设一个由路由器相连的网络，其中有 3 个相对独立的网段，并且每个网段的主机数不超过 30 台，如图 6.3 所示。

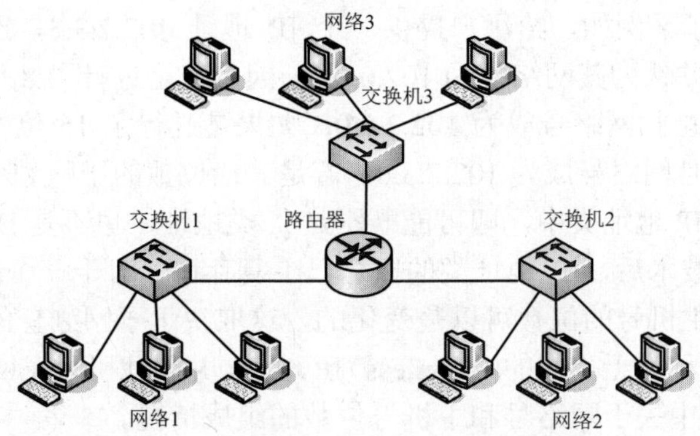

图 6.3 一个由路由器相连的 3 个网段

现在需要以子网划分的方法为其完成 IP 地址规划。由于该网络中所有网段合起来的主机数没有超出一个 C 类网络所能容纳的最大主机数，因此可利用一个 C 类网络的子网划分来实现。假定为它们申请了一个 C 类网络 202.11.2.0，则在子网划分时需要从主机位中借出其中的高 3 位作为子网络位（请思考为什么不能是 2 位），这样一共可得 8 个子网络，每个子网络的相关信息参见表 6.3。其中，第 1 个子网因网络号与未进行子网划分前的原网络号 202.11.2.0 重复而不可用，第 8 个子网因为广播地址与未进行子网划分前的原广播地址 202.11.2.255 重复也不可用，这样可以选择其余 6 个可用子网中的任何 3 个为现有的 3 个网段进行 IP 地址分配，留下 3 个可用子网作为未来网络扩充之用。

表 6.3 借用 3 位主机地址的子网划分

第 *n* 个子网	网络号	主机地址范围	子网广播地址
1	202.11.2.0	202.11.2.0～202.11.2.31	202.11.2.31
2	202.11.2.32	202.11.2.32～202.11.2.63	202.11.2.63
3	202.11.2.64	202.11.2.64～202.11.2.95	202.11.2.95
4	202.11.2.96	202.11.2.96～202.11.2.127	202.11.2.127
5	202.11.2.128	202.11.2.128～202.11.2.159	202.11.2.159
6	202.11.2.160	202.11.2.160～202.11.2.191	202.11.2.191

续表

第 n 个子网	网络号	主机地址范围	子网广播地址
7	202.11.2.192	202.11.2.192～202.11.2.223	202.11.2.223
8	202.11.2.224	202.11.2.224～202.11.2.255	202.11.2.255

4. 子网掩码

前面讲过，网络标识对于网络通信非常重要。但引入子网划分技术后，带来的一个重要问题就是主机或路由设备如何区分一个给定的 IP 地址是否已被进行了子网划分，从而能正确地从中分离出有效的网络号、子网号和主机号。通常，将未引进子网划分前的 A、B、C 类地址称为有类别（classful）的 IP 地址，对于有类别的 IP 地址，显然可以通过 IP 地址中的标识位直接判定其所属的网络类别并进一步确定其网络号。但引入子网划分技术后，这个方法显然行不通了。例如，给用户提供一个 IP 地址 102.2.3.3，已经不能简单地将其视为一个 A 类地址，并认为其网络号为 102.0.0.0。因为若是进行了 8 位的子网划分，则它相当于是一个 B 类地址且网络号成为 102.2.0.0；如果是进行了 16 位的子网划分，则又相当于是一个 C 类地址且网络号成为 102.2.3.0；若是其他位数的子网划分，则甚至不能将其归入任何一个传统的 IP 地址类中，即可能既不是 A 类地址，也不是 B 类或 C 类地址。换言之，引入子网划分技术后，IP 地址类的概念已不复存在。对于一个给定的 IP 地址，其中用来表示网络号和主机号的位数可以是变化的，这取决于子网划分的情况。这里将引入子网技术后的 IP 地址称为无类别的（classless）IP 地址，并因此引入子网掩码（subnet mask）的概念来描述 IP 地址中关于网络号和主机号位数的组成情况。

子网掩码通常与 IP 地址配对出现，其功能是告知主机或路由设备，IP 地址的哪一部分代表网络号，哪一部分代表主机号。

子网掩码使用与 IP 地址相同的编址格式，即 32 位长度的二进制比特位，分为 4 个 8 位组，并采用点十进制来表示。子网掩码中与 IP 地址中的网络号对应的位取值为“1”，而与 IP 地址主机号对应的位取值为“0”。这样，通过将子网掩码与相应的 IP 地址进行求“与”操作，就可得到给定的 IP 地址所属的网络号（包括子网络信息）。例如，102.2.3.3/255.0.0.0 表示该地址中的前 8 位为网络号，后 24 位为主机号，从而网络号为 102.0.0.0；而 102.2.3.3/255.255.248.0 则表示该地址中的前 21 位为网络号，后 11 位为主机号。显然，对于传统的 A、B 和 C 类网络，其对应的子网掩码应分别为 255.0.0.0、255.255.0.0 和 255.255.255.0。表 6.4 给出了 C 类网络进行不同位数的子网划分后其子网掩码的变化情况。

表 6.4　C 类网络进行子网划分后的子网掩码设置

借用位数	2	3	4	5	6
子网掩码	255.255.255.192	255.255.255.224	255.255.255.240	255.255.255.248	255.255.255.252

为了表达方便，在书写上还可以采用诸如“X.X.X.X/Y”的方式来表示 IP 地址与子网掩码，其中每个“X”分别表示与 IP 地址中的一个 8 位组对应的十进制值；而“Y”表示子网掩码中与网络号对应的位数。因此，前面提到的 102.2.3.3/255.0.0.0 也可表示为 102.2.3.3/8，而 102.2.3.3/255.255.248.0 则可表示为 102.2.3.3/21。

5. 划分子网的意义

子网划分的意义（视频）

采用重新划分子网的方式不仅不能增加新的可用IP地址，而且还将损失一部分IP地址。那为什么还要划分子网呢？要说明这个问题，就得先理解局域网中的广播概念。交换机有MAC地址学习功能，数据包的发送可以直接发往目的节点，因此交换机取代集线器，局域网中的广播包发送量有明显减少。但是，它在一开始还是要通过广播的方式来寻找目的节点，况且有些数据包还必须通过广播的方式来进行传输，所以在交换局域网中仍然存在数据包广播传输问题。大家都知道所谓广播传输，就是向本网段中的所有节点都发送同样的数据包，这就势必要占用相当多的网络资源（因为每个广播数据包硬件设备都要对它进行分析），特别是带宽资源。然而，在这些广播传输中，对终端真正有用的只是所有广播接收用户中的一个，因为广播的目的就是查询目标用户的MAC地址，这样也就是在所有广播传输中，绝大多数都是没有起到任何作用的，纯粹是资源的浪费。而且网络规模越大，广播数据包发送所占用的资源就越多（因为广播中要传输的次数越多），很可能就形成广播风暴，正常的网络通信可被中断，致使网络瘫痪。现在有一些黑客惯常采用的拒绝服务（denial of service，DoS）就类似于这种手段，常用来攻击一些比较著名的网站，只需要不断地向网站服务器发送大量的数据包，使服务器疲于处理这些数据包，占住服务器的整个系统和带宽资源，使它最终崩溃。

（1）限定广播传播

划分子网一个最为重要的意义就在于减少广播所带来的负面影响，提高整体性能。因为广播数据包只能在同一网段中传输，网络规模小了，网络中用户数就少了，当然所占用的资源也就少了。

（2）节省IP地址资源，提高IP地址利用率

节省IP地址资源，提高IP地址利用率，看似与前面介绍的连接主机数减少相矛盾，其实这要根据具体的对象来定。对本身规模就较大（200个用户以上）的网络，划分子网后，可用的IP地址数是减少了；但是如果对于那些很小的小型企业网络来说，划分子网后又可节省大量IP地址资源。因为几个小网络可以共用一个大的网络地址范围，而且同样可以起到隔离的作用。例如，一个学校在不同的地点有4个机房，每个机房25台机器，需要给这些机器配置IP地址和子网掩码。大家可能会觉得这再简单不过了，给每个机房配置一个C网段，理论上没问题，如果公用网络上也这样做，就浪费（254−25）×4=916个IP地址，那么Internet上的IP地址早就枯竭了，而通过子网的划分，就可以在同一个C类网络中容纳这个相对独立的子网了。

（3）提高网络安全

由于不同子网之间是不能直接通信的（但可通过路由设备或网关进行），在网络安全形势不容乐观的今天，网络越小，入侵途径越少，安全性就相对越高。特别是对于那些企业的敏感部门，如财务部和人事部等。况且小的网络也比较容易部署特别的安全策略，而在大的网络中这些特别的安全策略可能会影响其他用户的工作。

（4）便于网络维护

在一个大的网络中查找故障点是相当困难的，如果把网络规模缩小了，查找的范围也

就小了，维护起来也更方便了。

（5）有助于灵活覆盖较大地理区域

子网划分可以把网络分成多个小网络。对于大型网络，因为涉及地理区域范围很大，每个区域的网络应用主机数量不等，所以划分若干子网后，可以将这些子网按照需求配置给各个区域，这样可以进行网络扩展。

6.1.4 TCP/IP 的网络层技术

TCP/IP 的网络层被称为网络互连层或网际层（internet layer），其以数据报的形式向传输层提供面向无连接的服务。如表 6.5 所示，该层的主要协议包括 IP 协议、ARP 协议、RARP 协议、ICMP 协议和一系列路由协议。下面分别对其中的几个重要协议进行介绍。

表 6.5 TCP/IP 模型中的网络层

网络层	协议	
应用层	FTP、Telnet、HTTP、SMTP	SNMP、TFTP、DNS
传输层	TCP	UDP
网际层	IP、ICMP、ARP、RARP	
网络接口层	Ethernet、Token Ring、FDDI、Frame Relay	

1. IP 协议

IP 协议是 TCP/IP 网络层的核心协议，其定义了用以实现面向无连接服务的网络层分组格式，其中包括 IP 寻址方式。不同网络技术的主要区别在数据链路层和物理层，如以太网、令牌环网等不同的局域网技术。IP 协议则能够将不同的局域网网络技术在 TCP/IP 的网际层统一在 IP 协议之下，以统一的 IP 分组传输提供了对异构网络互连的支持。也就是说，IP 协议屏蔽了各种不同局域网之间的差别并实现了互连，从而形成广域网。

IP 数据报是在数据被传送到数据链路层以前的最后封装形式。当数据链路层从网络层接收到 IP 数据报时，帧被封装为 Ethernet Ⅱ 的帧。Ethernet Ⅱ 帧包含两个字节的被称为以太网类型的字段。数据链路层将此字段设置为 0X800，以表示帧内包含一个 IP 数据报。表 6.6 显示了一个包含 IP 数据报的帧格式。

表 6.6 Ethernet Ⅱ 的帧与 IP 数据报

帧结构	目的地址	源地址	以太网类型 0X800	IP 报头	数据	FCS
字节	6	6	2	20～60	＞0	4

IP 报头的长度在 20～60 字节，数据的长度可变。在一个以太网帧中，IP 报头加上数据的长度可从最小的 46 字节达到最大的 1500 字节。这是因为在一个以太网帧中，数据链路层的报头加上 FCS 为 18 字节，因此最小的以太网帧是 64 字节，最大的帧为 1518 字节。

图 6.4 所示为 IP 数据报格式，其中版本号域长度为 4 位，表示了 IP 数据报的版本。现在 IP 的版本是 4，通常被表示为 IPv4。下一个版本为 IPv6。IPv6 在很多方面，尤其是寻址方面，完全是一个崭新的方式。虽然 IPv6 在 Internet Ⅱ 项目中获得了应用，但由于现在还未普及，这里不做详细讨论。

<table>
<tr><td>4位</td><td>4位</td><td>8位</td><td>3位</td><td>13位</td></tr>
<tr><td>版本号</td><td>报头长度</td><td>服务类型</td><td colspan="2">长度</td></tr>
<tr><td colspan="3">标识</td><td>标志</td><td>分段偏移量</td></tr>
<tr><td colspan="2">生存时间</td><td>协议</td><td colspan="2">报头校验和</td></tr>
<tr><td colspan="5">源IP地址</td></tr>
<tr><td colspan="5">目的IP地址</td></tr>
<tr><td colspan="5">选项（可选）</td></tr>
<tr><td colspan="5">数据变量</td></tr>
</table>

图6.4 IP数据报格式

报头长度域也是4位。报头长度表示报头占据了多少个32位。换句话说，如果报头长度域包含的值是10，IP报头的长度就是10×4字节，即40字节。由于报头长度只有4位，最大的IP报头为15×4字节，即60字节，这通常就够用了，尽管有些命令可能会超过这个长度。

服务类型（tos）域长度为8位，其中，0～2位组成了优先级位，在大多数IP网络中被忽略；3～7位定义了tos位并且是互相排斥的，就是说只有其中一位可以被置为1。若想对tos位及它们的含义做更深入的研究，请参见RFC 1349。可以通过利用带选项-v的ping命令来试验tos位的功能。最后一位不用，必须为1。

长度域为16位，描述了包含报头在内的整个IP数据报的长度。这个值加上18字节的以太网帧头表示了整个帧的长度。

标识域为16位。通常，每发送一个数据报，这个域中的值便会加1。不过，当数据报被拆分时，此值也有用。在这种情况下，每个构成数据报的数据包都包含相同的标志。通过比较标志域的值，以及利用IP数据报报头中的标志域和分段偏移量域，在目的地可以将数据包重新组装起来。

标志域，控制了是否可以对IP数据报进行分段。当数据报的长度大于介质或接收方所允许的最大长度时，就需要将其分成更小的部分，这就叫数据报的分段。标志域包含3位，第1位总为0。第2位是Don't Fragment位，此位被置为1，表示不允许对数据报进行分段；若被置为0，则表示数据报可以被分段。在Windows环境下，默认为不能分段。Windows利用这个设置来调整数据报的长度，以匹配接收方或两者之间的路由器所承受的MTU（最大传输单位）。MTU定义了介质或网络层协议所能接收的数据报的大小。当一个设备收到一个IP数据报，而它的长度大于所要使用的介质所定义的MTU，或大于接收设备所定义的MTU时，转接的设备通常会将数据报分段以满足MTU。如果Don't Fragment位被置为1，将返回发送方一个ICMP消息，它将调整数据报的长度并继续发送数据包直到没有收到ICMP消息。通过这种方式，Windows可自动探测到目的地的MTU。IP数据报的分段可能会影响到性能与可靠性。如果一个数据报被分段成多个数据包，而其中一个数据包丢失，或由于CRC错误而被丢弃，构成此数据报的所有数据包都将要重传。这是因为IP数据报没有办法来恢复一个丢失的数据包。标志域的第3位用于通知接收方的设备是否还有分段数据到来。此位被置为1，表示还有分段数据到来；若被置为0，则表示这是最后一个分段

（如果数据报没有被分段，此位为 0）。

分段偏移量域为 13 位，表示各分段在数据报中的位置。分段偏移量以 8 字节为单位，如值为 100，则意味着分段在数据报中的位置为 800。

生存时间域（TTL）决定了在数据包被丢弃之前所能经过的路由器的数目。此域在初始主机处被设置初始值，每经过一个路由器，此值减 1，如果此值达到 0，此数据包被丢弃，通常会有一个 ICMP 超时消息发送给发送端。生存时间域的初始值取决于操作系统，如在 Windows 系统中，默认初始值为 128。

协议域为 8 位，表示 IP 数据报所对应的上层协议或网络层中的子协议（如 ICMP）。一些通用的协议及它们的值如表 6.7 所示，已经有 133 个协议被定义，此域最大值为 256。

表 6.7　常见的 IP 协议子协议与上层协议类型域值

协议	简述	协议域值
ICMP	网络控制报文协议	1
IGMP	网络组管理协议	2
IP in IP	IP 封装 IP	4
TCP	传输控制协议	6
EGP	外部网关协议	8
UDP	用户数据报协议	17
IPv6 over IPv4	IPv4 中封装的 IPv6	41

报头校验和域为 16 位，此域只被用来作为对 IP 报头的完整性检查，数据并不受此校验和保护，数据的保护是由上层协议来完成的。

报头校验和域下面是 4 字节的源 IP 地址域和目的 IP 地址域。报头中最后一个域是可变长度的选项域。选项域的长度为 0～40 字节。通常为 0 字节，表示没有特殊的选项。

IP 数据报不可能独自工作。一个 IP 数据报一般包含协议域中所定义的另一个协议。另外，IP 数据报需要一个帮助协议 ARP，它能将 IP 地址转换为物理地址。

2. ARP 与 RARP

ARP 与 RARP
（视频）

虽然在 IP 网络中的每一个主机都具有一个唯一的 IP 地址，但 IP 地址只是一种在网际范围内标识主机的逻辑地址，不能直接利用它们在物理链路上发送分组。因为数据链路层的硬件是不能识别 IP 地址的，它们只能以物理方式进行寻址。例如，以太网中的主机是以网卡方式连接到以太网链路中的，网卡只能识别 48 位的 MAC 地址而不能识别 32 位的 IP 地址。也就是说，为了在物理上实现 IP 分组传输，需要在网络层提供从主机 IP 地址到主机 MAC 地址的映射转换功能，地址解释协议（address resolution protocol，ARP）正是实现这种功能的协议，该协议在 RFC865 中定义。下面以图 6.5 所示的网络为例说明 ARP 的工作原理。

第 1 种情况是源主机和目的主机在同一网络中，如主机 1 向主机 3 发送数据包。主机 1 以主机 3 的 IP 地址为目的 IP 地址，以自己的 IP 地址为源 IP 地址封装了一个 IP 数据包；在数据包发送以前，主机 1 通过将子网掩码和源 IP 地址及目的 IP 地址进行求“与”操作

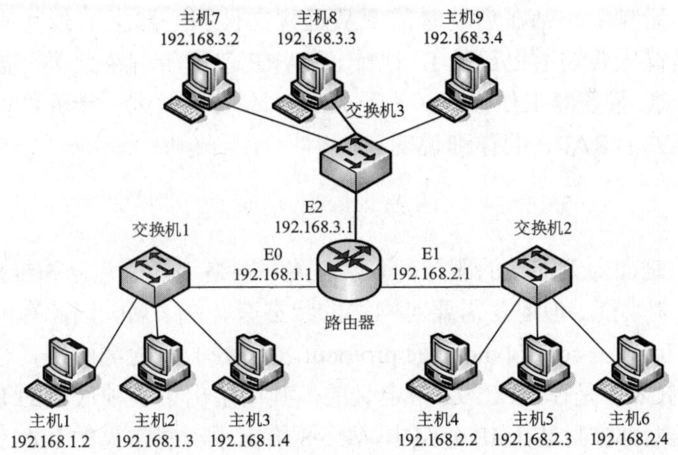

图 6.5 一台由路由器连接的 3 段网络

判断源主机和目的主机是否在同一网络中；于是主机 1 转向查找本地的 ARP 缓存，以确定在缓存中是否有关于主机 3 的 IP 地址与 MAC 地址的映射信息；若在缓存中存在主机 3 的 MAC 地址信息，则主机 1 的网卡立即以主机 3 的 MAC 地址为目的 MAC 地址、以自己的 MAC 地址为源 MAC 地址进行帧的封装并启动帧的发送；主机 3 收到该帧后，确认是给自己的帧，进行帧的拆封并取出其中的 IP 分组交给网络层去处理。若在缓存中不存在关于主机 3 的 MAC 地址映射信息，则主机 1 以广播帧的形式向同一网络中的所有节点发送一个 ARP 请求（ARP request），在该广播帧中 48 位的目标 MAC 地址以全“1”即“ffffffffffff”表示，并在数据部分发出关于“谁的 IP 地址是 192.168.1.4”的询问，这里的 192.168.1.4 代表主机 3 的 IP 地址。网络 1 中的所有主机都会收到该广播帧，并且所有收到该广播帧的主机都会检查一下自己的 IP 地址，但只有主机 3 会以自己的 MAC 地址信息为内容给主机 1 发出一个 ARP 回应（ARP reply）。主机 1 收到该回应后，首先将其中的 MAC 地址信息加入本地 ARP 缓存中，然后启动相应帧的封装和发送过程。

第 2 种情况为源主机和目的主机不在同一网络中，例如，主机 1 向主机 4 发送数据包。假定主机 4 的 IP 地址为网络 192.168.2.2。这时，若继续采用 ARP 广播方式请求主机 4 的 MAC 地址是不会成功的，因为第二层广播（在此为以太网帧的广播）是不可能被第三层设备路由器转发的。于是需要采用一种被称为代理 ARP（proxy ARP）的方案，即所有目的主机不与源主机在同一网络中的数据包均会被发给源主机的默认网关，由默认网关来完成下一步的数据传输工作。注意，所谓默认网关，是指与源主机位于同一网段中的某个路由器接口的 IP 地址，在此例中相当于路由器的以太网接口 E0 的 IP 地址，即 192.168.1.1。也就是说在该例中，主机 1 以默认网关的 MAC 地址为目的 MAC 地址，而以主机 1 的 MAC 地址为源 MAC 地址将发往主机 4 的分组封装成以太网帧后发送给默认网关，然后交由路由器来进一步完成后续的数据传输。实施代理 ARP 时需要在主机 1 上缓存关于默认网关的 MAC 地址映射信息，若不存在该信息，则同样可以采用前面所介绍的 ARP 广播方式获得，因为默认网关与主机 1 是位于同一网段中的。

ARP 解决了 IP 地址到 MAC 地址的映射问题，但在计算机网络中有时也需要反过来解决从 MAC 地址到 IP 地址的映射问题。例如，在网络环境中启动一台无盘工作站时就常常会出现这类问题。无盘工作站在启动时需要从远程文件服务器上下载其操作系统启动文件的二进制映像，但首先要知道自己的 IP 地址。RARP 就用于解决此类问题，RARP 的实现采用的是一种客户端/服务器工作模式。关于 RARP 本书不做进一步介绍，有兴趣的读者可查阅 RFC903 获得关于 RARP 的详细说明。

3. ICMP

IP 协议提供的是面向无连接的服务，不存在关于网络连接的建立和维护过程，也不包括流量控制与差错控制功能。但还是需要对网络的状态有一些了解，因此在网际层提供了因特网控制消息协议（Internet control message protocol，ICMP）来检测网络，包括路由、拥塞、服务质量等问题。ICMP 是在 RFC792 中定义的，其中给出了多种形式的 ICMP 消息类型，每个 ICMP 消息类型都被封装于 IP 分组中，表 6.8 给出了一些常见的 ICMP 消息类型及其作用。读者将要学到的关于网络状态测试工具“ping”和“tracert”，它们都是基于 ICMP 实现的。例如，若在主机 1 上输入一个“ping192.168.1.1”命令，则相当于向目的主机 192.168.1.1 发出了一个以回声请求（echo request）为消息类型的 ICMP 包，若目的主机存在，则其会向主机 1 发送一个以回声应答（echo reply）为消息类型的 ICMP 包；若目的主机不存在，则主机 1 会得到一个以不可达目的地（unreachable destination）为消息类型的 ICMP 错误消息包。

表 6.8　常见的 ICMP 消息类型

ICMP 编号	消息类型	描述
3	不可达目的地	分组不能提交
4	源端抑制	抑制分组
5	重定向	告诉路由器有关地理路线
11	超时	生命期字段为 0
12	参数问题	无效的头字段
13	时间标记请求	类似于回声请求，但要加上时间标记
14	时间标记应答	类似于回声应答，但要加上时间标记
15	回声请求	向一个机器发出请求看它是否还存在
16	回声应答	是的，存在

在 IP 环境下，ICMP 被用来传输状态与控制消息。通过使用 ping 命令用于验证与一个特定主机之间的通信能力，如图 6.6 所示。路由器也用此命令来发送状态消息以获得目的主机或网络的可用信息。

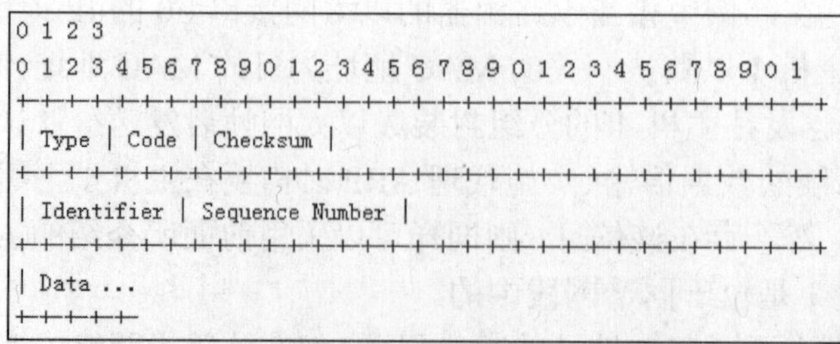

图 6.6　ping 命令回送响应消息报文

tracert 命令同样利用 ICMP，尽管与 ping 命令有些不同。ICMP 被封装在 IP 协议里，这意味着它被包含在 IP 报头中。

ICMP 具有很多功能，但大多数人所知道的是 ICMP Echo 与 ICMP Reply。这些消息通过一个 ping 命令发出，并被 ping 的目标返回。从结构上说，ICMP 消息有如图 6.7 所示的形式。

数据链路报头	IP 报头	ICMP 报头	ICMP 数据	FCS

图 6.7 ICMP 消息格式

数据链路报头包含着网络层报头（在此为 IP 报头），IP 报头也包含 ICMP 报头。这是因为 ICMP 不可能单独存在。表 6.9 显示了 ICMP 报头包含 5 个域，共有 8 字节的长度。

表 6.9 ICMP 报头

类型	代码	校验和	标记	队列号
1 字节	1 字节	2 字节	2 字节	2 字节

5 个域中最重要的是类型域。类型域通知了接收方工作站所包含的 ICMP 数据的类型。如果需要的话，下面的代码域进一步限制了类型域。例如，类型域可能表示一个“目的地不能到达”的消息，如图 6.8 所示。代码域则可以显示更加详细的信息，如是网络不可到达还是主机或端口不可到达，还有可能是超时报文，如图 6.9 所示。

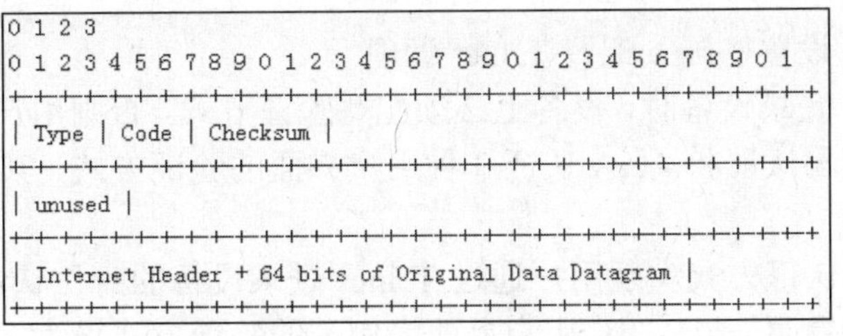

图 6.8 目的主机不可到达报文

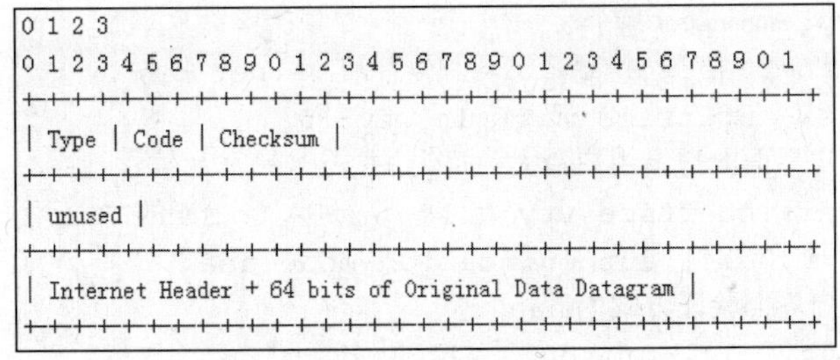

图 6.9 超时报文

校验和域被用来保护 ICMP 消息。它可以检验可能由于交换机或路由器引起的数据损坏。标记域和队列号域可以被用来匹配请求与回应。在很多 ICMP 消息类型中，这些域为 0。跟踪队列号域的就是 ICMP 数据，其长度可变。对于 ICMP Echo 请求，数据通常是一个可以确认的模式，如字母表中的字母，还有在一些情况下为 0。Windows 在 ping ICMP 请求命令中使用字母表中的字母，而在 trace route ICMP 请求中使用 0。

6.1.5 三层交换机在中型网络中的基本配置

三层交换机在网络中的应用配置（视频）

三层交换技术就是二层交换技术与三层转发技术的结合。三层交换机就是具有部分路由器功能的交换机，其最重要的目的是加快大型网络内部的数据交换，所具有的路由功能也是为该目的服务的，能够做到一次路由，多次转发。对于数据包转发等规律性的过程由硬件高速实现，而像路由信息更新、路由表维护、路由计算、路由确定等功能，则是由软件实现的。传统交换技术是在OSI网络标准模型第二层——数据链路层进行操作的，而三层交换技术是在网络模型中的第三层实现了数据包的高速转发，既可实现网络路由功能，又可根据不同网络状况做到最优网络性能。

1. 三层交换机在中型网络中的基本应用

三层交换机在中型网络中，通常定位于全网络内部数据交换和少量的网络管理优化，解决二层交换网络扩展瓶颈、VLAN间互通、子网划分和一些网络管理等问题。下面以华为5700为例，描述三层交换机在中型网络中的基本应用与管理。

2. 三层交换机配置管理

在中型网络中，网络设备较多，为了管理方便和安全，通常会配置远程登录来管理网络设备。

（1）创建用户、设置密码、配置Telnet管理

用户通过Telnet登录设备时，设备上必须配置验证方式，否则用户无法成功登录设备。设备支持不认证、密码认证和AAA认证3种用户界面的验证方式，其中AAA认证方式安全性最高。

采用AAA本地认证方式实现用户通过Telnet登录设备的身份认证，设备上需要开启Telnet服务，将用户界面（以VTY用户界面为例）的验证方式设为aaa，同时在AAA视图下创建本地用户，配置该用户的接入方式和用户级别。

```
<HUAWEI> system-view
[HUAWEI] telnet server enable  //开启telnet服务
[HUAWEI] user-interface maximum-vty 15
//配置VTY用户界面的登录用户最大数目为15
[HUAWEI] user-interface vty 0 14  //进入0～14的VTY用户界面视图
[HUAWEI-ui-vty0-14] authentication-mode aaa
//配置VTY用户界面验证方式为aaa
[HUAWEI-ui-vty0-14] protocol inbound telnet
//配置VTY用户界面支持的协议为telnet
[HUAWEI-ui-vty0-14] quit
[HUAWEI] aaa
[HUAWEI-aaa] local-user admin12 password cipher Huawei@1234
//创建本地用户admin12并配置密码
[HUAWEI-aaa] local-user admin12 service-type telnet
//配置本地用户admin12的接入类型为telnet，该用户只能使用telnet方式登录
[HUAWEI-aaa] local-user user1 privilege level 15
```

```
//配置本地用户 admin12 的用户级别为 15，该用户登录后可以执行 0～15 级的命令
[HUAWEI-aaa] quit
```

（2）ARP 配置

ARP 配置分为静态 ARP 配置和路由式 Proxy ARP 两类，一般中型网络中路由式 Proxy ARP 很少使用，主要在跨 ISP 的连接中使用。本次只配置静态 ARP，用于保障内部网络的特殊使用（服务器 IP 地址是 10.164.10.10，MAC 地址是 0df0-fc01-003a，接入的接口为 gigabitethernet 1/0/2），避免 ARP 病毒以及其他攻击。

```
[HUAWEI]arp static 10.164.10.10 0df0-fc01-003a interface gigabitethernet 1/0/2
```

（3）VLAN 接口 IP 地址配置

VLAN 接口配置的 IP 地址，用于网络的子网划分和 VLAN 之间互通，以及专门的网络设备管理地址。

```
<HUAWEI> system-view
[HUAWEI] sysname Switch
[Switch] vlan 10
[Switch] interface vlanif 10
[Switch-Vlanif10] ip address 10.10.10.2 24
//将 vlanif 10 的 IP 地址配置为 10.10.10.2/24
```

（4）DHCP 配置

在中型网络中，网络用户较多，IP 地址分发管理是比较烦琐的，如果采用静态地址分配方式给每个机器配置一个 IP 地址，设置工作不仅麻烦，还会造成 IP 冲突而引起网络故障，如果单独配置一台 DHCP 服务器，成本又会增加，利用三层交换机的 DHCP 配置就比较容易解决。配置方式分为基于接口地址池配置、基于全局地址池配置、DHCP 中继等。在实际应用中，基于接口地址池配置简单、方便实用、故障排查容易。

```
<HUAWEI> system-view
[HUAWEI] sysname Switch
[Switch] dhcp enable    //使能 DHCP 服务
#创建 VLAN 10 配置 GE0/0/1 接口加入 VLAN 10
[Switch] vlan batch 10
[Switch] interface gigabitethernet 0/0/1
[Switch-GigabitEthernet0/0/1] port link-type access
//由于这个接口目前接入的是计算机，因此配置成 access 模式
[Switch-GigabitEthernet0/0/1] port default vlan 10
//配置 GE0/0/1 接口加入 vlan 10
[Switch-GigabitEthernet0/0/1] quit
#配置 Vlanif10 接口地址
[Switch] interface vlanif 10
[Switch-vlanif10] ip address 10.1.1.1 24
//配置 vlan 接口地址，24 表示的是掩码位数
[Switch-vlanif10] quit
# 配置 vlanif 10 接口下的终端从接口地址池中获取 IP 地址
[Switch] interface vlanif 10
[Switch-vlanif10] dhcp select interface
//使能接口采用接口地址池的 DHCP 服务器功能，缺省未使能
[Switch-vlanif10] dhcp server lease day 30
//租期的缺省值为 1 天，修改租期为 30 天
[Switch-vlanif10] dhcp server static-bind ip-address 10.1.1.100 mac-
```

```
address 286e-d488-b684  //为Client_1分配固定的IP地址
    [Switch-vlanif10] quit
```

配置 DHCP 数据保存功能，设备发生故障时，可以在系统重启后，执行命令 dhcp server database recover，从存储设备文件恢复 DHCP 数据，这个很少使用。

```
[Switch] dhcp server database enable
```

（5）批量配置

在中型网络中，三层交换机通常很多端口是相同的配置，如端口的链路类型、端口汇聚等。

用 port-group 命令批量将多个端口添加到 Access 或者 Trunk、批量将多个端口放入同一 VLAN，批量配置 GigabitEthernet0/0/17 到 GigabitEthernet0/0/22 等 6 个端口。

```
[Switch]port-group group-member GigabitEthernet0/0/17 to GigabitEthernet0/0/22
port link-type access
port default vlan 10
```

（6）配置链路聚合

以太网链路聚合是指将多条以太网物理链路捆绑在一起成为一条逻辑链路，从而实现增加链路带宽和链路冗余的目的，分为手工模式和 LACP 模式。手工模式下，Eth-Trunk 的建立、成员接口的加入由手工配置，没有链路聚合控制协议 LACP 的参与。当需要在两个直连设备间提供一个较大的链路带宽而设备又不支持 LACP 协议时，可以使用手工模式。手工模式可以实现增加带宽、提高可靠性、分担负载的目的。手工模式下，所有的活动链路都参与数据转发并分担流量。

```
<HUAWEI> system-view
[HUAWEI]sysname SwitchA
[SwitchA] interface eth-trunk 1   //创建ID为1的Eth-Trunk接口
[SwitchA-Eth-Trunk1] trunkport gigabitethernet 0/0/1 to 0/0/3
//在Eth-Trunk1接口中加入GE0/0/1到GE0/0/3三个成员接口
[SwitchA-Eth-Trunk1] quit
[SwitchA]interface eth-trunk 1
[SwitchA-Eth-Trunk1] port link-type trunk
//设置接口链路类型为trunk，接口缺省链路类型不是trunk口
[SwitchA-Eth-Trunk1] port trunk allow-pass vlan 10 20
//配置Eth-Trunk1接口允许哪些vlan通过，此配置的是允许vlan 10和vlan 20通过
[SwitchA] interface eth-trunk 1
[SwitchA-Eth-Trunk1] load-balance src-dst-mac
//配置Eth-Trunk1基于源MAC地址与目的MAC地址进行负载分担
```

6.2 实训任务：三层交换机配置管理

6.2.1 三层交换机配置管理实训准备及注意事项

1. 实训准备

进行三层交换机配置管理需做如下准备。

1）按照需求规划网络，确定网络设备数量、功能及分布，绘制网络拓扑图。

2）规划设备连接模式。
3）按照需求规划子网以及 VLAN。
4）网络设备配置。

2. 实训注意事项

进行三层交换机配置管理需注意如下事项。
1）使用三层交换机功能规划要全面。
2）网络拓扑要详细。
3）设备配置以及描述要清晰。
4）功能配置要易于管理和故障排除。

6.2.2 三层交换机配置管理过程

三层交换机配置管理过程介绍如下。

1. 绘制网络拓扑结构

绘制网络拓扑结构如图 6.10 所示。

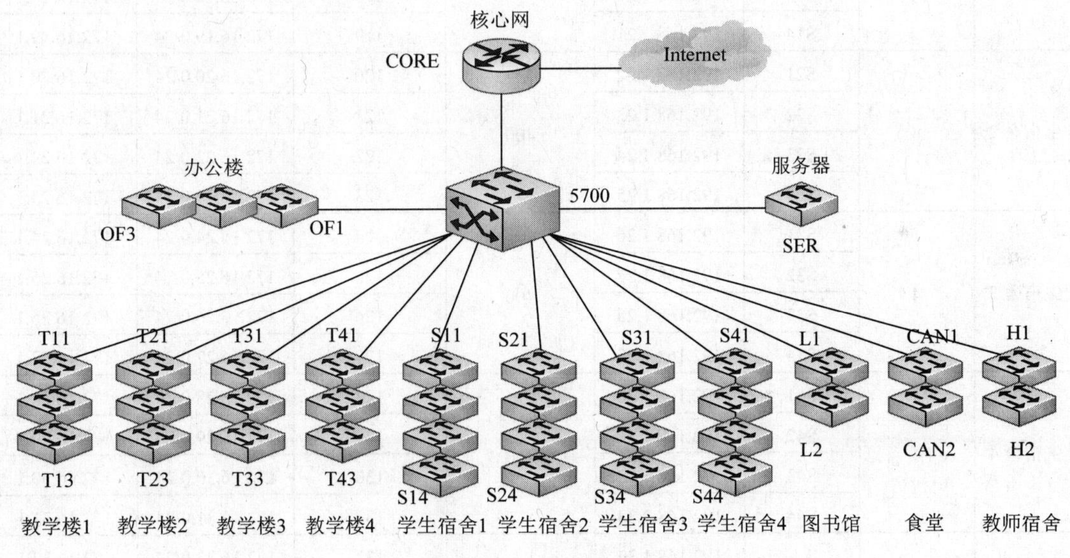

图 6.10　网络拓扑结构

2. 做设备规划

设备配置及详细规划如表 6.10 所示。

表 6.10　设备规划

楼栋名称	设备数量	命名规则	管理地址	管理 VLAN	业务 VLAN	业务地址	业务网关
办公楼	3	OF1	192.168.1.2	400	101	172.16.1.0/24	172.16.1.1
		OF2	192.168.1.3		102	172.16.2.0/24	172.16.2.1
		OF3	192.168.1.4		103	172.16.3.0/24	172.16.3.1

续表

楼栋名称	设备数量	命名规则	管理地址	管理 VLAN	业务 VLAN	业务地址	业务网关
教学楼 1	3	T11	192.168.1.6	400	104	172.16.4.0/24	172.16.4.1
		T12	192.168.1.7		105	172.16.5.0/24	172.16.5.1
		T13	192.168.1.8		106	172.16.6.0/24	172.16.6.1
教学楼 2	3	T21	192.168.1.9	400	107	172.16.7.0/24	172.16.7.1
		T22	192.168.1.10		108	172.16.8.0/24	172.16.8.1
		T23	192.168.1.11		109	172.16.9.0/24	172.16.9.1
教学楼 3	3	T31	192.168.1.12	400	110	172.16.10.0/24	172.16.10.1
		T32	192.168.1.13		111	172.16.11.0/24	172.16.11.1
		T33	192.168.1.14		112	172.16.12.0/24	172.16.12.1
教学楼 4	3	T41	192.168.1.15	400	113	172.16.13.0/24	172.16.13.1
		T42	192.168.1.16		114	172.16.14.0/24	172.16.14.1
		T43	192.168.1.17		115	172.16.15.0/24	172.16.15.1
学生宿舍 1	4	S11	192.168.1.18	400	116	172.16.16.0/24	172.16.16.1
		S12	192.168.1.19		117	172.16.17.0/24	172.16.17.1
		S13	192.168.1.20		118	172.16.18.0/24	172.16.18.1
		S14	192.168.1.21		119	172.16.19.0/24	172.16.19.1
学生宿舍 2	4	S21	192.168.1.22	400	120	172.16.20.0/24	172.16.20.1
		S22	192.168.1.23		121	172.16.21.0/24	172.16.21.1
		S23	192.168.1.24		122	172.16.22.0/24	172.16.22.1
		S24	192.168.1.25		123	172.16.23.0/24	172.16.23.1
学生宿舍 3	4	S31	192.168.1.26	400	124	172.16.24.0/24	172.16.24.1
		S32	192.168.1.27		125	172.16.25.0/24	172.16.25.1
		S33	192.168.1.28		126	172.16.26.0/24	172.16.26.1
		S34	192.168.1.29		127	172.16.27.0/24	172.16.27.1
学生宿舍 4	4	S41	192.168.1.30	400	128	172.16.28.0/24	172.16.28.1
		S42	192.168.1.31		129	172.16.29.0/24	172.16.29.1
		S43	192.168.1.32		130	172.16.30.0/24	172.16.30.1
		S44	192.168.1.33		131	172.16.31.0/24	172.16.31.1
图书馆	2	L1	192.168.1.34	400	132	172.16.32.0/24	172.16.32.1
		L2	192.168.1.35		133	172.16.33.0/24	172.16.33.1
食堂	2	CAN1	192.168.1.38	400	134	172.16.34.0/24	172.16.34.1
		CAN2	192.168.1.39		135	172.16.35.0/24	172.16.35.1
教师宿舍	2	H1	192.168.1.41	400	136	172.16.36.0/24	172.16.36.1
		H2	192.168,1.42		137	172.16.37.0/24	172.16.37.1
服务器	1	SER	192.168.1.45	400	100	172.16.100.0/24	172.16.100.1
核心网	1	CORE	192.168.1.1	400	100～137		

3. 配置网络设备

计算机与交换机用超级终端连接，参照单元2的实训完成。

（1）配置三层交换机5700

三层交换机5700在此网络中作为网络的核心使用，隔离网络广播、子网划分、全网数据转发、网络安全和管理等，能实现远程管理，对部分子网实现链路冗余及负载、网络可靠性和带宽保障。

步骤1：配置设备远程管理。

```
<HUAWEI> system-view
[HUAWEI]sysname CORE //命名交换机为CORE
[CORE]telnet server enable  //开启Telnet服务
[CORE]user-interface maximum-vty 15  //配置VTY用户界面登录用户最大数目15
[CORE]user-interface vty 0 14
//进入0～14的VTY用户界面视图，根据版本不同，有可能是user-interface vty 0 4
[CORE-ui-vty0-14] authentication-mode aaa  //配置VTY用户界面验证方式为aaa
[CORE-ui-vty0-14] protocol inbound telnet //配置VTY用户界面支持的协议为telnet
[CORE-ui-vty0-14] quit
[CORE] aaa
[CORE-aaa] local-user admin12 password cipher Huawei@1234
//创建本地用户admin12并配置密码
[CORE-aaa] local-user admin12 service-type telnet
//配置本地用户admin12的接入类型为telnet，该用户只能使用telnet方式登录
[CORE-aaa] local-user user1 privilege level 15
//配置本地用户admin12的用户级别为15，该用户登录后可以执行0～15级的命令
[CORE-aaa] quit
```

步骤2：批量创建VLAN。

```
[CORE]
[CORE]vlan batch 100 to 137 4000 //创建vlan 100到vlan 137和vlan 4000
```

步骤3：配置端口的链路模式。

```
[CORE]port-group group-member GigabitEthernet 0/0/1 to GigabitEthernet 0/0/24
//批量配置端口GigabitEthernet 0/0/1 到 GigabitEthernet 0/0/24
[CORE-port-group]port link-type trunk  //配置链路模式为Trunk
[CORE-port-group]port trunk allow-pass vlan 100 to 137
//配置端口，允许vlan 100到vlan 137和vlan 400通过
[CORE-port-group]quit
```

步骤4：配置管理地址、服务器VLAN接口地址和DHCP服务。

```
[CORE]interface vlan 100
[CORE-Vlanif100]ip address 172.16.100.1 255.255.255.0
//配置服务器端vlan 100的接口地址
[CORE-Vlanif100]quit
[CORE]interface vlan 400
[CORE-Vlanif400]ip address 192.168.1.1 255.255.255.0
//配置设备管理vlan 地址
[CORE-Vlanif100]quit
```

步骤5：配置全网的动态地址分配（DHCP）。

由于设备管理和服务器地址都是设置的固定地址，因此不需要配置DHCP服务，只有

分配给终端用户的地址需采用 DHCP 服务方式。下面对用于办公楼 1 交换机的用户 vlan 101 端配置 DHCH 服务，其余 VLAN 的 DHCP 服务参照配置。

```
[CORE]dhcp enable//使能 DHCP 服务
[CORE] interface vlanif 101
[CORE-Vlanif10] ip address 172.16.1.1 255.255.255.0
//配置 VLAN 接口地址，255.255.255.0 为掩码
[CORE-Vlanif101] dhcp select interface
//使能接口采用接口地址池的 DHCP 服务器功能，缺省未使能
[CORE-Vlanif101]dhcp server lease day 30//租期的缺省值为 1 天，修改租期为 30 天
[CORE-Vlanif101]dhcp server dns-list 114.114.114.114//为客户端分配 DNS 地址
[CORE-Vlanif101]dhcp server next-server 172.16.1.1 //为客户端分配网关地址
[CORE-Vlanif101]quit
```

步骤 6：为需要特殊保障的楼栋配置端口链路聚合（办公楼接入 G0/0/1 和 G0/0/2）。

```
[CORE] interface eth-trunk 1   //创建 ID 为 1 的 Eth-Trunk 接口
[CORE-Eth-Trunk1] trunkport gigabitethernet 0/0/1 to 0/0/2
//在 Eth-Trunk1 接口中加入 GE0/0/1 和 GE0/0/2 两个成员接口
[CORE-Eth-Trunk1] quit
[CORE]interface eth-trunk 1
[CORE-Eth-Trunk1] port link-type trunk
//设置接口链路类型为 trunk，接口缺省链路类型不是 trunk
[CORE-Eth-Trunk1] port trunk allow-pass vlan 101 102 103
//配置 Eth-Trunk1 接口允许哪些 vlan 通过，此处配置的是允许 vlan 101、vlan 102 和
//vlan 103 通过
[CORE] interface eth-trunk 1
[CORE-Eth-Trunk1] load-balance src-dst-mac
//配置 Eth-Trunk1 基于源 MAC 地址与目的 MAC 地址进行负载分担
```

（2）楼栋设备 2750 配置（以办公楼 OF1 为例，其余参照配置）

步骤 1：修改设备名，创建 VLAN，配置上行端口链路，配置设备管理地址。

```
<Huawei>sys
[Huawei]sysname OF1
[OF1]vlan batch 101 400 //创建 vlan 101 和 vlan 400
[OF1]interface Vlanif 400
[OF1-Vlanif400]ip address 192.168.1.2 255.255.255.0 //配置设备管理地址
[OF1-Vlanif400]quit
[OF1]port-group group-member GigabitEthernet 0/0/1 to GigabitEthernet 0/0/2
[OF1-port-group]port link-type trunk
[OF1-port-group]port trunk allow-pass vlan 101 102 103 400
//作为楼栋汇聚需要允许楼栋的所有用户 vlan 通过
```

步骤 2：创建上行链路聚合。

```
[OF1] interface eth-trunk 1   //创建 ID 为 1 的 Eth-Trunk 接口
[OF1-Eth-Trunk1] trunkport gigabitethernet 0/0/1 to 0/0/2
//在 Eth-Trunk1 接口中加入 GE0/0/1 和 GE0/0/2 两个成员接口，对应 5700 上的接口
[OF1-Eth-Trunk1] quit
[OF1]interface eth-trunk 1
[OF1-Eth-Trunk1] port link-type trunk
//设置接口链路类型为 trunk，接口缺省链路类型不是 trunk
[OF1-Eth-Trunk1] port trunk allow-pass vlan 101 102 103
//配置 Eth-Trunk1 接口允许哪些 vlan 通过，此处配置的是允许 vlan 101、vlan 102 和
```

```
//vlan 103 通过
[OF1] interface eth-trunk 1
[OF1-Eth-Trunk1] load-balance src-dst-mac
//配置 Eth-Trunk1 基于源 MAC 地址与目的 MAC 地址进行负载分担
[OF1-Eth-Trunk1]quit
[OF1]
```

步骤 3：配置下行端口的用户接口。

```
[OF1]port-group group-member Ethernet 0/0/1 to Ethernet 0/0/20
[OF1-port-group]
[OF1-port-group]port link-type access
[OF1-port-group]port default vlan 101
```

步骤 4：上行端口链路、配置设备管理地址。

```
<Huawei>sys
[Huawei]sysname T12
[T12]vlan batch 105 400 //创建 vlan 101 和 vlan 400
[T12]interface Vlanif 400
[T12-Vlanif400]ip address 192.168.1.7 255.255.255.0 //配置设备管理地址
[T12-Vlanif400]quit
[T12]port-group group-member GigabitEthernet 0/0/1 to GigabitEthernet 0/0/2
[T12-port-group]port link-type trunk
[T12-port-group]port trunk allow-pass vlan 105 400
//作为上行接口需要允许楼栋的所有用户 vlan 通过
```

（3）配置下行端口的用户接口

```
[T12]port-group group-member Ethernet 0/0/1 to Ethernet 0/0/24
[T12-port-group]
[T12-port-group]port link-type access
[T12-port-group]port default vlan 105
```

6.2.3 测试

在交换机 OF1 和 T12 的 Ethernet 0/0/1 接口上分别接入一台 PC1 和 PC2，两台 PC 都设置为自动获取 IP 地址。

（1）在 OF1 上执行 ping 192.168.1.1

```
[OF1]ping 192.168.1.1
  PING 192.168.1.1: 56  data bytes, press CTRL_C to break
    Reply from 192.168.1.1: bytes=56 Sequence=1 ttl=255 time=80 ms
    Reply from 192.168.1.1: bytes=56 Sequence=2 ttl=255 time=30 ms
    Reply from 192.168.1.1: bytes=56 Sequence=3 ttl=255 time=50 ms
    Reply from 192.168.1.1: bytes=56 Sequence=4 ttl=255 time=30 ms
    Reply from 192.168.1.1: bytes=56 Sequence=5 ttl=255 time=30 ms
    --- 192.168.1.1 ping statistics ---
        5 packet(s) transmitted
        5 packet(s) received
        0.00% packet loss
        round-trip min/avg/max = 30/44/80 ms
```

（2）在 OF1 上执行 ping 192.168.1.7

```
[OF1]ping 192.168.1.7
  PING 192.168.1.7: 56  data bytes, press CTRL_C to break
    Reply from 192.168.1.7: bytes=56 Sequence=1 ttl=255 time=130 ms
```

```
Reply from 192.168.1.7: bytes=56 Sequence=2 ttl=255 time=80 ms
Reply from 192.168.1.7: bytes=56 Sequence=3 ttl=255 time=50 ms
Reply from 192.168.1.7: bytes=56 Sequence=4 ttl=255 time=80 ms
Reply from 192.168.1.7: bytes=56 Sequence=5 ttl=255 time=70 ms
--- 192.168.1.7 ping statistics ---
    5 packet(s) transmitted
    5 packet(s) received
    0.00% packet loss
    round-trip min/avg/max = 50/82/130 ms
```

测试结果：交换机 OF1 与 CORE、T12 设备可以通信，设备连接正常。

（3）在 PC1 和 PC2 上分别执行 ipconfig 命令查看 IP 地址

PC1 上可以查看到如下信息：

```
C>ipconfig
Link local IPv6 address...........: fe80::5689:98ff:fe26:36d7
IPv6 address......................: :: / 128
IPv6 gateway......................: ::
IPv4 address......................: 172.16.1.254
Subnet mask.......................: 255.255.255.0
Gateway...........................: 172.16.1.1
Physical address..................: 54-89-98-26-36-D7
DNS server........................: 114.114.114.114
```

PC2 上可以查看到如下信息：

```
PC>ipconfig
Link local IPv6 address...........: fe80::5689:98ff:fe1c:16a9
IPv6 address......................: :: / 128
IPv6 gateway......................: ::
IPv4 address......................: 172.16.5.254
Subnet mask.......................: 255.255.255.0
Gateway...........................: 172.16.5.1
Physical address..................: 54-89-98-1C-16-A9
DNS server........................: 114.114.114.114
```

由测试结果可以看到，PC1 获得 IP 地址为 172.16.1.254，网关为 172.16.1.1；PC2 获得 IP 地址为 172.16.5.254，网关为 172.16.5.1；与设备规划配置符合。

（4）在 PC2 上执行 ping 192.168.1.1 和 ping 172.16.1.254

```
PC>ping 192.168.1.1
Ping 192.168.1.1: 32 data bytes, Press Ctrl_C to break
From 192.168.1.1: bytes=32 seq=1 ttl=255 time=47 ms
From 192.168.1.1: bytes=32 seq=2 ttl=255 time=31 ms
From 192.168.1.1: bytes=32 seq=3 ttl=255 time=47 ms
--- 192.168.1.1 ping statistics ---
  3 packet(s) transmitted
  3 packet(s) received
  0.00% packet loss
  round-trip min/avg/max = 31/41/47 ms
PC>ping 172.16.1.254
Ping 172.16.1.254: 32 data bytes, Press Ctrl_C to break
From 172.16.1.254: bytes=32 seq=1 ttl=127 time=109 ms
From 172.16.1.254: bytes=32 seq=2 ttl=127 time=110 ms
```

```
From 172.16.1.254: bytes=32 seq=3 ttl=127 time=94 ms
From 172.16.1.254: bytes=32 seq=4 ttl=127 time=93 ms
--- 172.16.1.254 ping statistics ---
  4 packet(s) transmitted
  4 packet(s) received
  0.00% packet loss
  round-trip min/avg/max = 93/101/110 ms
```

测试结果显示，PC2 能访问 CORE 的管理地址，也能与 PC1 通信。

（5）在 T12 交换机上执行 telnet 192.168.1.1

```
<T12>telnet 192.168.1.1
Trying 192.168.1.1 ...
Press CTRL+K to abort
Connected to 192.168.1.1 ...
Login authentication
Username:admin12
Password:
Info: The max number of VTY users is 5, and the number
      of current VTY users on line is 1.
      The current login time is 2020-02-13 00:40:51.
<core>
```

测试结果显示，CORE 可以实现 Telnet 远程登录。

通过以上测试结果可以看出，这个校园网络按照规划设计的要求，组建和设备调试顺利完成，满足建设需求。

6.3 课堂评价

完成本单元学习，认真填写学习情况考核表（见表 6.11），并及时予以反馈。

表 6.11　学习情况考核表

序号	评价内容	自我评价					小组评价					老师评价				
		A	B	C	D	E	A	B	C	D	E	A	B	C	D	E
1	逻辑地址与物理地址															
2	IP 地址的结构、分类与表示方法															
3	IP 地址规划与子网划分															
4	划分子网的意义															
5	IP 协议															
6	ARP 协议与 RARP 协议															
7	ICMP 协议															
8	三层交换机在网络中的基本配置															

说明：评价等级分为 A、B、C、D 和 E 共 5 等。其中，对知识与技能掌握很好，能够熟练地完成任务为 A 等；掌握 75%以上的内容，能较为顺利地完成任务为 B 等；掌握 60%以上的内容为 C 等；基本掌握为 D 等；大部分内容不够清楚为 E 等。

6.4 思考与讨论

一、填空题

1. 物理地址是用 OSI______层。
2. IP 地址结构由______和______两部分组成。

二、选择题

1. IP 地址长度为（　　）。
A. 16 位　B. 32 位　C. 48 位　D. 128 位
2. 主机号为全 1 的是（　　）。
A. 组播地址　B. 回环地址　C. 直接广播地址　D. 受限广播地址
3. 一个 A 类网络能容纳最大主机数为（　　）。
A. 16 777 214　B. 65 534　C. 254　D. 256
4. IPv4 中包含（　　）个 B 类网络。
A. 126　B. 256　C. 16 382　D. 2 097 150
5. IPv4 中包含（　　）个 A 类网络。
A. 126　B. 512　C. 16 382　D. 2 097 150
6. ARP 协议工作在 OSI 的（　　）。
A. 物理层　B. 数据链路层　C. 网络层　D. 传输层
7. RARP 协议工作在 OSI 的（　　）。
A. 物理层　B. 数据链路层　C. 网络层　D. 传输层

三、讨论题

1. 为什么要进行子网划分？
2. 如何规划满足 1000 台主机的网络？
3. 一个园区网络的某子网中的网关地址为 172.192.16.1，子网掩码为 255.255.254.0，该网络能容纳最大主机数是多少？
4. 如何用三层交换机实现网络内多个子网之间的通信？交换机应该如何配置？
5. 已知一个主机地址为 172.16.100.200，子网掩码为 255.255.240.0，该主机所在的网络地址是多少？广播地址是多少？

拓展阅读　新技术、新工艺

组建大型网络

教学目标

知识教学目标

1. 掌握路由器的工作原理和 OSPF、RIP 协议
2. 掌握 TCP、UDP 协议应用、区别与联系
3. 熟悉 TCP、UDP 报文格式
4. 了解静态路由、动态路由、默认路由的区别与联系

技能培养目标

1. 能够掌握路由器的配置方法
2. 能够掌握静态路由、动态路由、默认路由的配置
3. 能够掌握路由器在网络中测试与故障排除方法

素质培养目标

1. 培养宏观整体思维
2. 提高过程管理能力

7.1 相关知识：网络层与传输层技术应用

随着信息计算的高速发展，网络业务应用日益丰富，传统的网络建设很难满足大型网络的需求，现代大型网络业务运行复杂繁多，覆盖地域广，用户数量庞大，少的二三万用户、几十个系统，多的数十万用户、百多个应用系统，多个网络与网络互联互通，通信带宽需求高，以前的 1000Mb/s 不能满足使用要求，10Gb/s、40Gb/s 的传输需求已经常态化，100Gb/s 传输速率的网络正在建设；现代大型网络的生产经营对网络可靠性以及网络延迟要求高，要做到链路冗余、业务冗余以及网络开销最小等，需要满足链路自愈以及快速重路由的能力。

7.1.1 路由与路由协议

细心的读者可能已经注意到，在前面关于 ARP 工作原理的介绍中还留下了一个悬而未决的问题，即当目的主机和源主机不在同一网络中时，数据包将被发送至源主机的默认网关，在前面所介绍的例子中相当于给了路由器的 E0 端口，那么路由器收到该数据包后又将做什么样的处理呢？这就涉及下面要讨论的路由与路由协议。

1. 路由和路由表

路由与路由表
（视频）

所谓路由，是指对到达目的网络所进行的最佳路径选择，通俗地讲就是解决“何去何从”的问题，路由是网络层最重要的功能。在网络层完成路由功能的设备被称为路由器，路由器是专门设计用于实现网络层功能的网络互连设备。除了路由器外，某些交换机里面也可集成带网络层功能的模块，即路由模块，带路由模块的交换机又称三层交换机。另外，在某些操作系统软件中也可以实现网络层的路由功能，在操作系统中所实现的路由功能又称为软件路由。软件路由的前提是安装了相应操作系统的主机必须具有多宿主功能，即通过多块网卡至少连接两个不同网络。不管是软件路由、路由模块还是路由器，它们所实现的路由功能都是一致的，因此下面再提及路由设备时，将以路由器为代表。

路由器将所有有关如何到达目的网络的最佳路径信息以数据库表的形式存储起来，这种专门用于存放路由信息的表被称为路由表。路由表的不同表项可给出到达不同目的网络所需要历经的路由器接口信息，正是路由表才使基于第三层地址的路径选择最终得以实现。图 7.1 给出了一个路由表信息的详细例子。

```
Code:C-connected, s-static, I-IGRP, R-RIP, M-mobile, B-BGP
     D-EIGRP, EX-EIGRP external, O-OSPF, IA-OSPF inter area
     E1-OSPF external type 1, E2-OSPF external type 2, E-EGP
     i-IS-IS, L1-IS-IS level 1, L2-IS-IS level 2
     *-candidate default
Gateway of last resort is not set

144.253.0.0 is subnetted (mask is 255.255.255.0).1 subnets
C  144.253.100.0 is directly connected. Ethernet1
R  133.3.0.0[120/2] via 144.253.100.200, 00:00:57, Ethernet1
R  153.50.0.0[120/5] via 183.8.128.12, 00:00:05, Ethernet0
   183.8.0.0 is subnetted (mask is 255.255.255.128), 4 subnets
R  183.8.0.128[120/10] via 183.8.64.130, 00:00:27, Serial1
   [120/10] via 183.8.128.130, 00:00:27, serial 0
C  183.8.128.0 is directly connected, Ethernet0
C  183.8.64.128 is directly connected, Serial
C  183.8.128.128 is directly connected, Seiral 0
O  172.16.0.0[110/125660] via 144.253.100.1, 00:00:55, Ethernet1
O  192.3.63.0[110/13334] via 144.253.100.200, 00:00:58, Ethernet1
```

图 7.1　路由表图例

路由器的某一个接口在收到帧后，首先进行帧的拆封以便从中分离出相应的 IP 分组，然后利用子网掩码求“与”方法从 IP 分组中提取出目的网络号，并将目的网络号与路由表进行比对，看能否找到一条路由匹配，即是否找到一条到达目的网络的最佳路径信息。若存在匹配，则说明找到一条最佳路径，路由器就将 IP 分组重新封装成输出端口所期望的帧格式，并将其从路由器相应端口转发出去；若不存在匹配，则将相应的 IP 分组丢弃。上述查找路由表以获得最佳路径信息的过程被称为路由器的“路由”功能，而将从接收端口进来的数据在输出端口重新转发出去的功能称为路由器的“交换”功能。“路由”与“交换”是路由器的两大基本功能。

2. 静态路由和动态路由

静态路由和动态路由
（视频）

在路由器中维持一个能正确反映网络拓扑与状态信息的路由表对于路由器完成路由功能是至关重要的。那么，路由表中的路由信息是从何而来的呢？通常有两种方式可用于路由表信息的生成和维护，分别是静态路由和动态路由。

所谓静态路由，是指网络管理员根据其所掌握的网络连通信息，用手工配置方式创建的路由表的各条表项。这种方式要求网络管理员对网络的拓扑结构和网络状态有着非常清晰的了解，而且当网络连通状态发生变化时，静态路由的更新也要通过手工方式完成。静态路由通常被用于与外界网络只有唯一通道的网络，也可作为网络测试、网络安全或带宽管理的有效措施。显然，当网络互连规模增大或网络中的变化因素增加时，依靠手工方式生成和维护一个路由表会变得不可想象的困难，同时静态路由也很难及时适应网络状态的变化。此时希望有一种能自动适应网络状态变化，而对路由表信息进行动态更新和维护的路由生成方式，这就是动态路由。

动态路由是指路由协议通过自主学习而获得的路由信息，通过在路由器上运行路由协议并进行相应的路由协议配置，即可保证路由器自动生成并维护正确的路由信息。使用路由协议动态构建的路由表不仅能更好地适应网络状态的变化，如网络拓扑和网络流量的变化，同时也减少了人工生成与维护路由表的工作量。但为此付出的代价则是用于运行路由协议的路由器之间，为了交换和处理路由更新信息而带来的资源耗费，包括网络带宽和路由器资源的占用。

3. 路由协议

在网络层用于动态生成路由表信息的协议被称为路由协议，路由协议使得网络中的路由设备能够相互交换网络状态信息，从而在内部生成关于网络连通性的映像（map），并由此计算出到达不同目的网络的最佳路径或确定相应的转发端口。

路由协议有时被称为主动路由（routing）协议，这是与规定网络层分组格式的网络层协议（如 IP 协议）相对应而言的。IP 协议的作用是规定了包括逻辑寻址信息在内的 IP 数据包的报文格式，其使网络上的主机有了一个唯一的逻辑标识，并为从源到目的的数据转发提供了必需的目的网络地址信息。但 IP 数据包只能告诉路由设备数据包要往何处去，还不能解决如何去的问题，而路由协议则恰恰提供了关于如何到达既定目标的路径信息。也就是说，路由协议为 IP 数据包到达目的网络提供了路径选择服务，而 IP 协议则提供了关于目的网络的逻辑标识，并且是路由协议进行路径选择服务的对象，所以在此意义上又将 IP 协议这类规定网络层分组格式的网络层协议称为被动路由（routed）协议。

路由协议的核心是路由选择算法。不同的路由选择算法通常会采用不同的评价因子与权重来进行最佳路径的计算。常见的评价因子包括带宽、可靠性、延时、负载、跳数和费用等。在此，跳数指所需经过的路由器的个数。

通常，按路由选择算法的不同，路由协议被分为距离矢量路由协议、链路状态路由协议和混合型路由协议 3 大类。距离矢量路由协议的典型例子包括路由消息协议（routing information protocol，RIP）和内部网关路由协议（interior gateway routing protocol，IGRP）等；链路状态路由协议的典型例子则是开放最短路径优先协议（open shortest path first，OSPF）；混合型路由协议是综合了距离矢量路由协议和链路状态路由协议的优点而设计出来的路由协议，如 IS-IS（intermediate system - intermediate system）和增强型内部网关路由协议（enhanced interior gateway routing protocol，EIGRP）就属于此类路由协议。

按照作用范围和目标的不同，路由协议还可被分为内部网关协议（interior gateway protocol，IGP）和外部网关协议（exterior gateway protocol，EGP）。内部网关协议是指作用于自治系统以内的路由协议；而外部网关协议则是作用于不同自治系统之间的路由协议。所谓自治系统（autonomous system，AS），是指网络中那些由相同机构操纵或管理，对外表现出相同的路由视图的路由器所组成的系统。自治系统由一个16位长度的自治系统号进行标识，它由网络信息中心（NIC）指定并具有唯一性。图7.2给出了关于内部网关协议和外部网关协议作用的简单示意图。内部网关协议和外部网关协议的主要区别在于其工作目标不同，前者关注于如何在一个自治系统内提供从源到目的的最佳路径，而外部网关协议则更多关注于能够为不同自治系统之间通信提供多种路由策略。前面所提到的RIP、IGRP、OSPF、EIGRP 等都属于内部网关协议，在 Internet 上广为使用的边界网关协议（border gateway protocol，BGP）则是外部网关协议的典型例子。

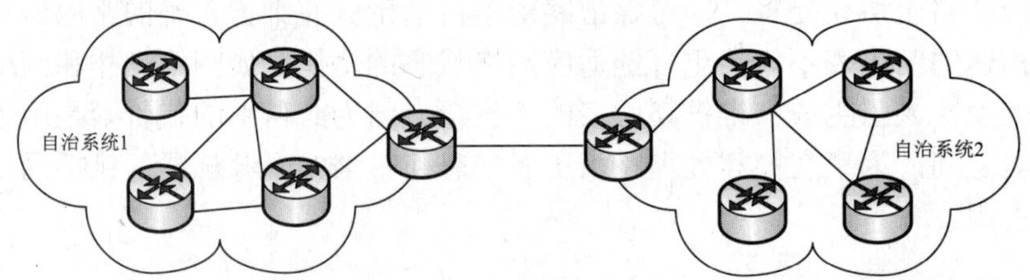

图 7.2 内部网关协议和外部网关协议作用范围示意

7.1.2 路由器的功能

作为网络层的网络互连设备，路由器在网络互连中起到了不可或缺的作用。与物理层或数据链路层的网络互连设备相比，它具有一些物理层或数据链路层的网络互连设备所没有的重要功能。

1. 提供异构网络的互连

在物理上，路由器可以提供与多种网络的接口，如以太网口、令牌环网口、FDDI 口、ATM 口、串行连接口、SDH 连接口、ISDN（integrated service digital network，综合业务数字网）连接口等多种不同的接口。通过这些接口，路由器可以支持各种异构网络的互连，其典型的互连方式包括 LAN-LAN、LAN-WAN 和 WAN-WAN 等。

事实上，正是路由器强大的支持异构网络互连的能力才使其成为 Internet 中的核心设备。图 7.3 给出了一个采用路由器互连的网络实例。从网络互连设备的基本功能来看，路由器具备了非常强的在物理上扩展网络的能力。

路由器之所以能支持异构网络的互连，关键还在于它在网络层能够实现基于 IP 协议的分组转发。只要所有互连的网络、主机及路由器能够支持 IP 协议，则位于不同 LAN 和 WAN 中的主机之间都能以统一的 IP 数据报形式实现相互通信。以图 7.3 中的主机 1 和主机 5 为例，一个位于以太网 1 中，另一个位于令牌环网中，中间还隔着以太网 2。假定主机 1 要给主机 5 发送数据，则主机 1 将以主机 5 的 IP 地址为目的 IP 地址，以自己的 IP 地址为源 IP 地址启动 IP 分组的发送。由于目的主机和源主机不在同一网络中，为了发送该 IP 分组，主机 1 需要将该分组封装成以太网的帧发送给默认网关，即路由器 A 的 E0 端口；E0 端口收到该帧后进行帧的拆封并分离出 IP 分组，通过将 IP 分组中的目的网络号与自己的路由表进行匹配，决定将该分组由自己的 E1 口送出，但在送出之前，必须首先将该 IP 分组重新按以太网帧的帧格式进行封装，这次要以自己的 E1 口的 MAC 地址为源 MAC 地址、路由器 B 的 E0 口 MAC 地址为目的 MAC 地址进行帧的封装，然后将帧发送出去；路由器 B 收到该以太网帧之后，通过帧的拆封，再度得到原来的 IP 分组，并通过查找自己的 IP 路由表，决定将该分组从自己的以太网口 T0 送出去，即以主机 5 的 MAC 地址为目的 MAC 地址，以自己的 T0 口的 MAC 地址为源 MAC 地址进行 802.5 令牌环网帧的封装；然后启动帧的发送；最后，该帧到达主机 5，主机 5 进行帧的拆封，得到主机 1 给自己的 IP 分组并送到自己的更高层，即传输层。

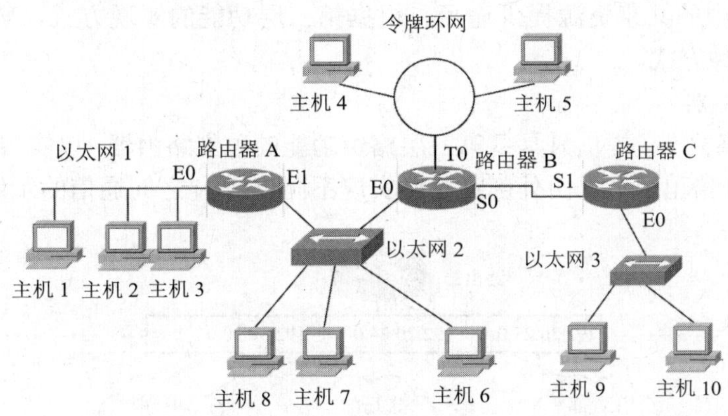

图 7.3 一个采用路由器互连的网络

2. 实现网络的逻辑划分

路由器在物理上扩展网络的同时，还提供了逻辑上划分网络的功能。如图 7.3 所示，当网段 1 中的主机 1 给主机 2 发送 IP 分组 1 的同时，网段 2 中的主机 5 可以给主机 6 发送 IP 分组 2，而网段 3 中的主机 7 则可以向主机 8 发送 IP 分组 3，它们互不矛盾，因为路由器是基于第三层 IP 地址来决定是否进行分组转发的，所以这 3 个分组由于源和目的 IP 地址在同一网络中，因此都不会被路由器转发。换言之，路由器所连的网络必定属于不同的冲突域，即从划分冲突域的能力来看，路由器具有和交换机相同的性能。

不仅如此，路由器还可以隔离广播流量。假定主机 1 以目的地址“255.255.255.255”向本网中的所有主机发送一个广播分组，则路由器通过判断该目的 IP 地址就知道自己不必转发该 IP 分组，从而广播被局限于网段 1 中，而不会渗漏到网段 2 或网段 3 中；同样的道理，若主机 1 以广播地址 192.168.2.255 向网段 2 中的所有主机进行广播时，则该广播也不会被路由器转发到网段 3 中，因为通过查找路由表，该广播 IP 分组是要从路由器的 E1 接口出去的而不是 E2 接口。也就是说，由路由器相连的不同网段之间除了可以隔离网络冲突外，还可以相互隔离广播流量，即路由器不同接口所连的网段属于不同的广播域。广播域是对所有能分享广播流量的主机及其网络环境的总称。

根据前面几章所学的知识并结合上面的讨论可以看出，当网络互连设备所关联的 OSI 层次越高时，其网络互连能力也就越强。物理层设备只能简单地提供物理扩展网络的能力；数据链路层设备在提供物理上扩展网络能力的同时，还能进行冲突域的逻辑划分；而网络层设备则在提供物理上扩展网络能力之外，同时提供了逻辑划分冲突域和广播域的功能。

3. 实现 VLAN 之间的通信

下面介绍基于以太网交换机的 VLAN 技术。尽管 VLAN 限制了网络之间不必要的通信，但在任何一个网络中，还必须为不同 VLAN 之间的必要通信提供手段，同时也要为 VLAN 访问网络中的其他共享资源提供途径，这些都要借助于 OSI 第三层或网络层的功能。第三层的网络设备可以基于第三层的协议或逻辑地址进行数据包的路由与转发，从而可提供在不同 VLAN 之间以及 VLAN 与传统 LAN 之间进行通信的功能，同时也为 VLAN 访问网络中的共享资源提供途径。根据第三层功能的实现方式，VLAN 之间的通信可分为以下两种方式。

（1）外部路由器

在交换机设备之外，提供只具备第三层路由功能的独立路由器，以实现不同 VLAN 之间的通信。图 7.4 给出了一个由外部路由器实现不同 VLAN 之间通信的示例。

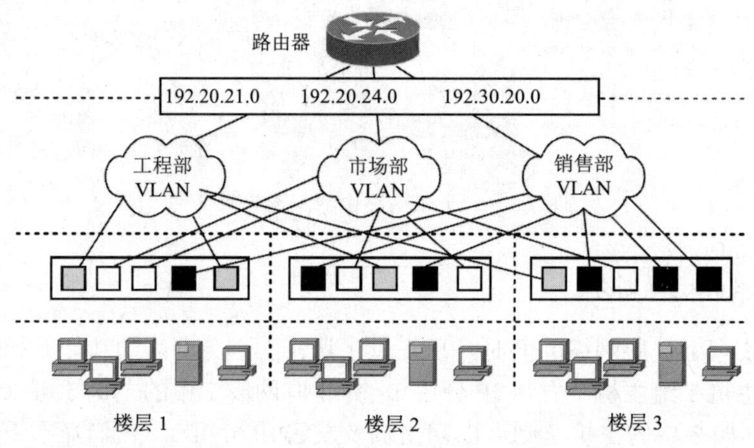

图 7.4 路由器用于实现不同 VLAN 之间的通信

（2）三层交换机

大家知道，通常说的交换机指的是传统 OSI 第二层的设备。但在目前很多中高端的交换机设备中，通常将交换机的第二层功能与路由器的第三层功能集成到同一网络设备中，即在交换机中加上一个具有路由功能的路由模块，主要适用于路由不太复杂或者路由条数不是特别多的网络中。这种具备了网络层路由功能的交换机被称为三层交换机。有了第三层交换机，VLAN 之间的通信所必需的路由功能就可以通过路由模块来实现，而不再需要额外的独立路由器。

事实上，路由器在计算机网络中除了上面所介绍的作用外，还可以实现其他一些重要的网络功能，如提供访问控制功能、优先级服务、地址转换、负载均衡等，尤其是地址转换能力。总之，路由器是一种功能非常强大的计算机网络互连设备。

7.1.3 路由器工作原理

路由器是互联网的枢纽，是连接 Internet 中各局域网、广域网的设备，它会根据信道的情况自动选择和设定路由，以最佳路径，按前后顺序发送数据。路由器工作在 OSI 模型的第三层，提供了路由与交换两种重要机制。

对路由器而言，上述这种根据分组的目的网络号查找路由表以获得最佳路径信息的功能被称为路由（routing），而将从接收端口进来的数据分组再按照输出端口所期望的帧格式重新进行封装并转发（forward）出去的功能称为交换（switching）。路由与交换是路由器的两大基本功能。

路由器工作原理
（视频）

下面以图 7.5 为例解释路由的过程：3 台路由器 routeA、routeB 和 routeC 连接了 4 个网络（192.168.10.0/24、192.168.11.0/24、192.168.12.0/24 和 192.168.13.0/24），3 台路由器的互连又需要 3 个网络，它们是 10.0.0.0/8、11.0.0.0/8 和 12.0.0.0/8。

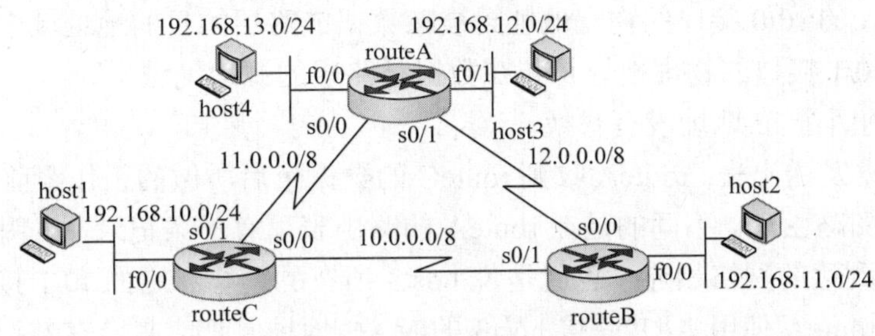

图 7.5 路由交换数据过程

假如 host1 向 host3 发送数据，而 host1 和 host3 不在同一个网络，数据要到达 host3 需要经过两个路由器。host1 看不到这个图，它如何知道 host3 在哪里呢？host1 上配置了 IP 地址和子网掩码，知道自己的网络号是 192.168.10.0，它在把 host3 的 IP 地址（这个地址 host1 知道）与自己的掩码做“与”运算后，可以得知 host3 的网络号是 192.168.12.0。显然两者不在同一个网络中，这就需要借助路由器来相互通信（如前所述，路由器就是在不同网络之间转发数据用的）。

因此，host1 得知目的主机与自己不在同一个网络时，它只需将这个数据包送到距它最近的 routeC 就可以了。host1 需要知道 routeC 的位置。在 host1 上除配置了 IP 地址和掩码外，还配置了另外一个参数——默认网关，其实就是路由器 routeC 与 host1 处于同一个网络的接口 f0/0 的地址。为了找到 routeC 的 f0/0 接口的 MAC 地址，host1 使用了 ARP。获得了必要信息之后，host1 开始封装数据包：首先，把自己的 IP 地址封装在网络层的源地址域；其次，把 host3 的 IP 地址封装在网络层的目的地址域；再次，把 f0/0 接口的 MAC 地址封装在数据链路层的目的地址域；接着，把自己的 MAC 地址封装在数据链路层的源地址域；最后，把数据发送出去。路由器 routeC 收到 host1 送来的数据包后，把数据包解开到第三层，读取数据包中的目的 IP 地址，然后查阅路由表决定如何处理数据。路由表是路由器工作时的向导，是转发数据的依据。如果路由表中没有可用的路径，路由器就会把该数据丢弃。路由表中记录以下内容（参照上面有关路由表的信息）：

1）把自己的 IP 地址封装在网络层的源地址域。

2）已知的目的网络号（目的地网络）。

3）到达目的网络的距离。

4）到达目的网络应该经由自己的哪一个接口。

5）到达目的网络的下一台路由器的地址。

routeC 有两种选择，一种选择是把数据交给 routeA，一种选择是把数据交给 routeB。经由哪一台路由器到达目的网络的距离近，routeC 就把数据交给哪一台。这里假设经由 routeA 比经由 routeB 近。routeC 决定把数据转发给 routeA，而且需要从自己的 s0/1 接口把数据送出。为了把数据送给 routeA，routeC 也需要得到 routeA 的 s0/0 接口的数据链路层地址。由于 routeC 和 routeA 之间是广域网链路，因此并不使用 ARP，根据不同的广域网链路类型使用的方法不同。获取了 routeA 接口 s0/0 的数据链路层地址后，routeC 重新封装数据：

1）把 routeA 的 s0/0 接口的物理地址封装在数据链路层的目的地址域中。

2）把自己 s0/1 接口的物理地址封装在数据链路层的源地址域中。

3）网络层的两个 IP 地址没有替换。

之后，把数据发送出去。routeA 收到 routeC 的数据包后所做的工作跟前面 routeC 所做的工作一样，查阅路由表。不同的是在 routeA 的路由表里有一条记录，表明它的 f0/1 接口正好和数据声称到达的网络相连，也就是说 host3 所在的网络和它的 f0/1 接口所在的网络是同一个网络。routeA 使用 ARP 获得 host3 的 MAC 地址并把它封装在数据帧头内，之后把数据传送给 host3。至此，数据传递的一个单程完成了。

7.1.4 路由器基本配置（以华为设备为例）

路由器配置与交换机一样，设备第一次上电可以使用 Console 口登录，使用 Console 口进行本地登录是登录设备最基本的方式，也是配置通过其他方式登录设备的基础。Console 口是一种通信串行端口，由设备的主控板提供。一块主控板提供一个 Console 口，端口类型为 EIA/TIA-232 DCE。用户终端的串行端口可以与设备的 Console 口直接连接，实现对设备的本地配置。可以适用 Windows 自带的超级终端，也可以由 SecureCRT、PuTTY 等客户端工具登录，建议采用客户端工具，本书以 PuTTY 为例。

1. 基本配置

打开 PuTTY.exe 程序，出现如图 7.6（a）所示客户端配置对话框。单击左侧目录树（Category）中的连接协议 Serial，出现如图 7.6（b）所示对话框，在此设置端口通信参数，与设备的缺省值保持一致。

单击 Open 按钮，将提示用户配置用户视图的命令行提示符，如<HUAWEI>，至此用户进入了用户视图配置环境，如图 7.7 所示。此时，用户可以输入命令，以配置设备或查看设备运行状态，需要帮助可以随时输入“?”。

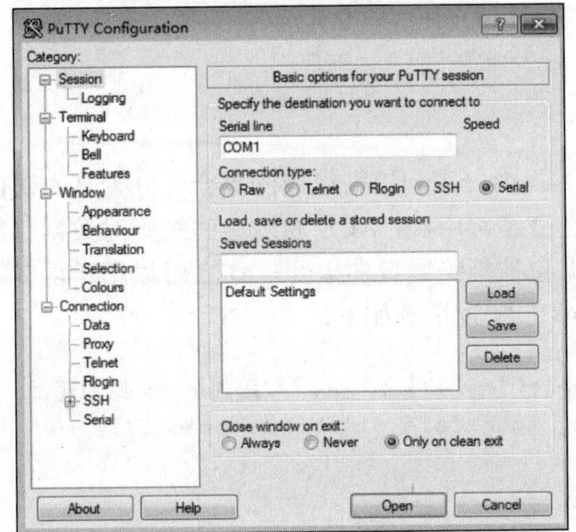

（a）客户端配置对话框

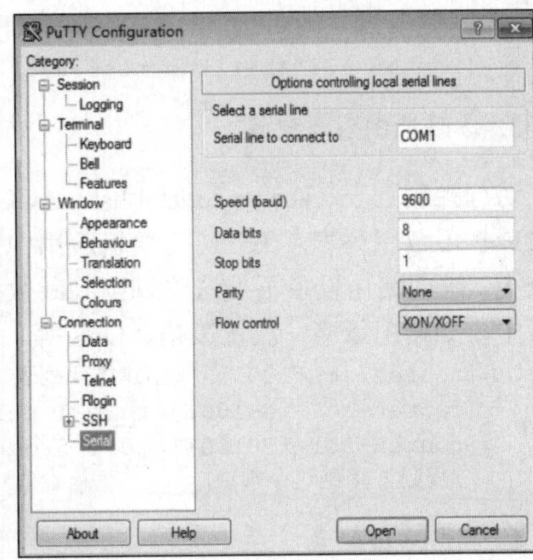

（b）Serial 配置对话框

图 7.6 软件配置路由器

```
COM1 - PuTTY
User interface con0 is available


Please Press ENTER.

Please configure the login password (8-16)
Enter Password:
Confirm Password:
Info: Save the password now. Please wait for a moment.
Info: The max number of VTY users is 21, the number of current VTY users online
is 0, and total number of terminal users online is 1.
      The current login time is 2018-09-25 11:41:33.
Warning: The password of the root account is the default password. Please change
 the password.
<HUAWEI>
```

图 7.7 提示用户配置验证密码

路由器设备基本配置举例如下：

```
<HUAWEI> system-view
[Huawei]sysname routeA  //配置名字为 routeA
[routeA] interface GigabitEthernet 0/1/1
//进入 GigabitEthernet 0/1/1 端口
[routeA -GigabitEthernet0/1/1] undo shutdown  //打开端口
[routeA-GigabitEthernet0/1/1] quit
[routeA-GigabitEthernet0/1/1]ip address 10.10.10.1 255.255.255.0
//配置 IP 地址
```

2. PPP 协议配置

PPP（point-to-point protocol，点对点协议）是一种点到点的链路层协议，易于扩充，并且支持同步和异步通信。在进行 PPP 链路层协议相关功能配置前，首先需要配置接口的链路层封装类型为 PPP，现在基本不用了。Serial 端口的默认链路是 PPP 协议，其余端口需要配置封装 PPP 协议。PPP 协议配置举例如下：

```
[routeA] interface GigabitEthernet 0/1/1
[routeA -GigabitEthernet0/1/1] link-protocol ppp
```

3. 访问控制列表配置

访问控制列表（access control list，ACL）是由一系列规则组成的集合，分为基本访问列表或扩展范围列表，在三层交换机应用中也会经常用到，ACL 通过这些规则对数据包进行分类，进而路由设备根据这些规则判断数据包被拒绝或者被接受。ACL 可以用于很多的业务中，如路由策略、流量策略、QoS 等。ACL 配置举例如下：

```
[routeA]acl 1001  //创建访问列表 1001
[routeA-acl-if-1001] rule 1 permit interface any //规则 1 允许端口通过
[routeA-acl-if-1001] rule 5 deny interface GigabitEthernet0/1/1
//规则 5 拒绝这个端口
```

4. 静态路由配置

静态路由和默认路由的配置（视频）

静态路由是一种需要管理员手工配置的特殊路由。当网络结构比较简单时，只需配置静态路由就可以使网络正常工作。当设备不能使用动态路由协议或者不能建立到达目的网络的路由时，也可以使用静态路由。静态路由可以非常准确地控制网络的路由选择，可为重要的应用保证带宽。静态路由的缺点在于当网络发生故障或者拓扑发生变化后，静态路由不会自动改变，必须管理员介入。创建 IPv4 静态路由需要注意目的地址、出接口和下一跳。静态路由配置举例如下：

```
[routeA]ip route-static 10.10.10.0 255.0.0.0 1.1.1.1
//指定访问 10.0 网络的下一跳地址是 1.1.1.1
[routeA]ip route-static 10.10.10.0 255.0.0.0 interface GigabitEthernet 0/1/1
//到 10.0 这个网络的数据从 interface GigabitEthernet 0/1/1 这个接口出去
```

5. 默认路由配置

默认路由是特殊的静态路由，是人工写入的，格式固定。0.0.0.0　0.0.0.0 表示所有数据都从某个下一跳或者接口出去。默认路由在所有路由中优先级最低，只有其他路由都不生效后，才走默认路由。默认路由配置举例如下：

```
[routeA]ip route-static 0.0.0.0 0.0.0.0 1.1.1.3  //所有都从 1.1.13 出去
[routeA]ip route-static 0.0.0.0 0.0.0.0 interface GigabitEthernet 0/1/1
//所有都从 interface GigabitEthernet 0/1/1 这个接口出去
```

6. RIP 配置

RIP 与 OSPF 配置（视频）

RIP（routing information protocol，路由信息协议）是一种较为简单的内部网关协议 IGP（interior gateway protocol），典型的 IGP 协议包括 RIP、OSPF、IS-IS。RIP 主要应用于规模较小的网络中，如校园网以及结构较简单的地区性网络。对于更为复杂的环境和大型网络，一般不使用 RIP 协议。

RIP 是一种基于距离矢量（distance-vector）算法的协议，它通过 UDP 报文进行路由信息的交换，使用的端口号为 520。RIP 使用跳数（hop count）来衡量到达目的地址的距离，称为度量值。在 RIP 中，缺省情况下，NE 到与它直接相连网络的跳数为 0，通过一个 NE 可达的网络跳数为 1，其余以此类推。也就是说，度量值等于从本网络到达目的网络间的 NE 数量。为限制收敛时间，RIP 规定度量值取 0～15 的整数，大于或等于 16 的跳数被定义为无穷大，即目的网络或主机不可达。由于这个限制，RIP 不可能在大型网络中得到应用。RIP 是最早的内部网关协议之一，其被设计用于使用同种技术的中小型网络。由于 RIP 的实现较为简单，在配置和维护管理方面也远比 OSPF 和 IS-IS 容易，因此在实际组网中仍有广泛的应用。为提高性能，防止产生路由循环，RIP 支持水平分割（split horizon）、毒性反转（poison reverse）和触发更新功能。RIP 有两个版本：RIP-1，一种有类别路由协议（classful routing protocol）；RIP-2，一种无类别路由协议（classless routing protocol）。RIP 配置举例如下：

```
[routeA]rip  //创建 rip 进程
[routeA-rip-1][routeA-rip-1]network  192.168.1.0
//192.168.1.0 使用 RIP 转发数据
[routeA-rip-1]network  192.168.2.0 //192.168.2.0 使用 RIP 转发数据
```

7. OSPF 配置

OSPF 是 IETF 组织开发的一个基于链路状态的内部网关协议，广泛应用于接入网和城域网中。在 OSPF 出现前，网络上广泛使用 RIP 作为内部网关协议。由于 RIP 是基于距离矢量算法的路由协议，存在收敛慢、路由环路、可扩展性差等问题，因此逐渐被 OSPF 取代。OSPF 配置举例如下：

```
[routeA] router id 1.1.1.1  //创建路由器的 id 号为 1.1.1.1
[routeA] ospf 1  //创建 ospf 进程号 1
[routeA-ospf-1] area 0  //创建区域 0
[routeA-ospf-1-area-0.0.0.0] network 192.168.0.0 0.0.0.255
//区域 0 的网络 192.168.0.0
[routeA-ospf-1-area-0.0.0.0] quit
[routeA-ospf-1] area 1  //创建区域 1
[routeA-ospf-1-area-0.0.0.1] network 192.168.1.0 0.0.0.255
//区域 1 的网络 192.168.1.0
```

8. IS-IS 配置

IS-IS（intermediate system to intermediate system，中间系统到中间系统）最初是国际标准化组织（ISO）为它的无连接网络协议 CLNP（connectionless network protocol）设计的一种动态路由协议。随着 TCP/IP 协议的流行，为了提供对 IP 路由的支持，IETF 在相关标准中对 IS-IS 进行了扩充和修改，使它能够同时应用在 TCP/IP 和 OSI 环境中，称为集成 IS-IS（integrated IS-IS 或 dual IS-IS）。如不加特殊说明，本书所指的 IS-IS，均指集成 IS-IS。IS-IS 属于内部网关协议 IGP，用于自治系统内部。IS-IS 是一种链路状态协议，使用最短路径优先（shortest path first，SPF）算法进行路由计算，IS-IS 配置举例如下：

```
[routeA] isis 1  //运行 IS-IS 进程
[routeA-isis-1] is-level level-1  //配置 level 级别为 1
[routeA-isis-1] network-entity 10.0000.0000.0001.00  //配置网络实体
[routeA-isis-1] quit
[routeA] interface GigabitEthernet 0/1/0
[routeA -interface GigabitEthernet0/1/0] isis enable 1
//在接口上使能 IS-IS 进程
```

9. BGP 配置

BGP（border gateway protocol，边界网关协议）是一种用于自治系统 AS 之间的动态路由协议。早期发布的 3 个版本分别是 BGP-1、BGP-2 和 BGP-3，主要用于交换 AS 之间的可达路由信息，构建 AS 域间的传播路径，防止路由环路的产生，并在 AS 级别应用一些路由策略。当前使用的版本是 BGP-4。BGP 作为事实上的 Internet 外部路由协议标准，被广泛应用于 ISP（Internet service provider，因特网服务提供商）之间。

BGP 是一种外部网关协议（EGP），与 OSPF、RIP 等内部网关协议（IGP）不同，其着眼点不在于发现和计算路由，而在于在 AS 之间选择最佳路由和控制路由的传播。BGP 是一种距离矢量路由协议，因此在设计上避免了环路的发生。

BGP 使用 TCP 作为其传输层协议，提高了协议的可靠性。BGP 进行域间的路由选择，对协议的稳定性要求非常高。因此，用 TCP 协议的高可靠性来保证 BGP 协议的稳定性。

BGP 的对等体之间必须在逻辑上连通，并进行 TCP 连接。目的端口号为 179，本地端口号任意。BGP 支持无类别域间路由（classless inter-domain routing，CIDR）。路由更新时，BGP 只发送更新的路由，大大减少了 BGP 传播路由所占用的带宽，适用于在 Internet 上传播大量的路由信息。

在 AS 之间，BGP 通过携带 AS 路径信息来标记途经的 AS，带有本地 AS 号的路由将被丢弃，从而避免了域间产生环路。在 AS 内部，BGP 学到的路由不再通告给 AS 内部的 BGP 邻居，避免了 AS 内产生环路。BGP 提供了丰富的路由策略，能够对路由实现灵活的过滤和选择；提供了防止路由振荡的机制，有效提高了 Internet 的稳定性；易于扩展，能够适应网络新的发展。BGP 配置举例如下：

```
[routeA] bgp 65008  //启动 BGP 进程，进程号 65008
[routeA-bgp] router-id 172.17.1.1  //配置路由器的路由 ID
[routeA-bgp] peer 192.168.1.1 as 65009
//创建对等体（对端的 IP 地址 192.168.1.1，对等实体所属 AS 为 65009）
[routeA-bgp] ipv4-family unicast//启用 IPv4 单播，按照实际需求也可以配置组播
[routeA-bgp-af-ipv4] network 10.0.0.0 255.0.0.0  //宣告网络路由
[routeA-bgp-af-ipv4] quit
[routeA-bgp] quit
```

10. NAT 配置

NAT（网络地址转换）用于实现私有网络和公有网络之间的互访。随着 Internet 的发展和网络应用的增多，IPv4 地址枯竭已成为制约网络发展的瓶颈。尽管 IPv6 可以从根本上解决 IPv4 地址空间不足的问题，但目前众多网络设备和网络应用大多是基于 IPv4 的，因此在 IPv6 广泛应用之前，一些过渡技术（如 CIDR、私网地址等）的使用是解决这个问题最主要的技术手段。NAT 技术主要用于实现内部网络（简称内网，使用私有 IP 地址）访问外部网络（简称外网，使用公有 IP 地址）的功能。当内网的主机要访问外网时，通过 NAT 技术可以将其私有网络地址（以下简称私网地址）转换为公有网络地址（以下简称公网地址），可以实现多个私网用户共用一个公网地址来访问外部网络，这样既可保证网络互通，又节省了公网地址。

NAT 技术（视频）

私网地址是指内部网络或主机的 IP 地址，公网地址是指在互联网上全球唯一的 IP 地址。IANA（Internet Assigned Number Authority，因特网编号分配机构）规定将下列的 IP 地址保留用作私网地址，不在 Internet 上分配，可在一个单位或公司内部使用。RFC 1918 中规定私有地址如下。

A 类私有地址：10.0.0.0～10.255.255.255。

B 类私有地址：172.16.0.0～172.31.255.255。

C 类私有地址：192.168.0.0～192.168.255.255。

NAT 的类型包括静态 NAT、PAT、Easy IP、动态 NAT 等。

静态 NAT 实现私网地址和公网地址的一对一转换。有多少个私网地址就需要配置多少个公网地址。静态 NAT 不能节约公网地址，但可以起到隐藏内部网络的作用。内部网络向外部网络发送报文时，静态 NAT 将报文的源 IP 地址替换为对应的公网地址；外部网络向内部网络发送响应报文时，静态 NAT 将报文的目的地址替换为相应的私网地址。静态 NAT 在目前实际应用中使用非常广泛。

PAT（port address translation，端口地址转换）又称为 NAPT（network address port translation，网络地址端口转换），它实现一个公网地址和多个私网地址之间的映射，因此可以节约公网地址。PAT 的基本原理是将不同私网地址的报文的源 IP 地址转换为同一公网地址，但它们是被转换为该地址的不同端口号，因而仍然能够共享同一地址。PAT 需要维护一张私网地址和端口的映射表。当不同的私网地址向外发送报文时，PAT 将报文的源 IP 地址替换为相同的公网地址，但源端口号被替换为不同的端口号；当外部网络向内部网络发送响应报文时，PAT 根据报文的目的端口号，将报文的目的 IP 地址替换为不同的私网地址，在实际应用中通常作为内网服务器对公网发布使用。

当 Easy IP 进行地址转换时，直接使用接口的公有 IP 地址作为转换后的源地址。同样，它也利用访问控制列表控制哪些内部地址可以进行地址转换，在小型网络中常用这种方式。

动态 NAT 是指将内部网络的私有 IP 地址转换为公有 IP 地址时，IP 地址对是不确定的，是随机的，所有被授权访问 Internet 的私有 IP 地址可随机转换为任何指定的合法 IP 地址。也就是说，只要指定哪些内部地址可以进行转换，以及用哪些合法地址作为外部地址，就可以进行动态转换，实质是多对多的转换，通常用于大型网络中。

（1）静态 NAT+端口转换

静态 NAT+端口转换配置举例如下：

```
[routeA]interface GigabitEthernet0/0/0
[routeA-GigabitEthernet0/0/0]ip address 192.168.1.1 255.255.255.0
//配置内网接口地址
[routeA-GigabitEthernet0/0/0] interface GigabitEthernet0/0/1
[routeA-GigabitEthernet0/0/1] ip address 12.1.1.1 255.255.255.0
//配置外网接口地址
[routeA-GigabitEthernet0/0/1] nat server global 12.1.1.10 inside 192.168.1.10
//在接口下将 192.168.1.10 转换成 12.1.1.10 地址访问公网
[routeA-GigabitEthernet0/0/1]nat server protocol tcp global 12.1.1.10 21
inside 192.168.1.10 21
//把内网地址 192.168.1.10 的 21 端口的 TCP 转换到公网地址 12.1.1.10 的 TCP 21 端口
[routeA-GigabitEthernet0/0/1] nat static enable
//启用 NAT 功能（全局或者接口都可以配置）或者全局下也可以配置静态 NAT
```

```
[routeA] nat static global 12.1.1.10 inside 192.168.1.10 netmask 255.255.
255.255
```

（2）动态 NAT 转换

动态 NAT 转换配置举例如下：

```
[routeA]interface GigabitEthernet0/0/0
[routeA-GigabitEthernet0/0/0]ip address 192.168.1.1 255.255.255.0
//配置内网接口地址
[routeA-GigabitEthernet0/0/0] interface GigabitEthernet0/0/1
[routeA-GigabitEthernet0/0/1] ip address 12.1.1.1 255.255.255.0
//配置外网接口地址
[routeA] nat address-group 1 12.1.1.100 12.1.1.200
//配置公网地址池 12.1.1.100 到 12.1.1.200
[RouteA] acl 2000  //创建 ACL 2000
[RouteA-acl-basic-2000] rule 5 permit source 192.168.20.0 0.0.0.255
//创建规则允许源地址为 192.168.1.0 地址段的地址通过
[RouteA-acl-basic-2000] quit
[RouteA] interface gigabitethernet 0/0/1
[RouteA-GigabitEthernet0/0/1] nat outbound 2000 address-group 1 no-pat
//配置地址转换匹配
[RouteA-GigabitEthernet0/0/1] quit
```

7.1.5 网络传输层技术

传输层位于 OSI 参考模型的第 4 层，在七层模型中处于中间一层，起到承上启下的作用，是整个分层体系的核心。

1. 传输层技术概述

传输层也称为运输层，是介于低三层通信子网和高三层资源子网之间的一层，是 OSI 模型的核心，如图 7.8 中阴影部分所示。从通信和信息处理的角度看，传输层向其上面的应用层提供通信服务，它属于面向通信部分的最高层，同时也是用户功能中的最底层。

应用层
表示层
会话层
传输层
网络层
数据链路层
物理层

图 7.8　传输层在 OSI 中位置

如果没有传输层，那么复杂而经常变化的网络就缺少了相应的安全机制，其中众多的事务将发生错误。为了避免或减少错误的发生，必须由上层协议（如应用层或应用程序本身）完成流量控制和错误恢复工作。尽管传输协议并不能完全避免出现传输错误，但是这些协议对于在易于出错的网络（如 Internet）上传输数据还是有效的。

传输层的最终目标是向它的用户（通常是应用层中的进程）提供高效、可靠和性价比合理的服务。为了实现这个目标，传输层需要充分利用网络层提供给它的服务。在传输层内部，完成这项工作的硬件和软件称为传输实体。传输实体可能位于操作系统的内核，或者在一个独立的用户进程中，或者以一个链接库的形式被绑定到网络应用中，或者位于网络接口卡上。

由于有了传输层，应用开发人员可以根据一组标准的原语来编写代码，而且他们的程序有可能运行在各种各样的网络上，且不用处理不同的子网接口，也不用担心不可靠的传输过程。如果所有实际的网络都是完美无缺的，并且具有相同的服务原语，也保证不会发生变化，那么传输层可能也就不再需要了。

然而，在现实世界中，传输层承担了将子网在技术上、设计上的各种缺陷与上层隔离的关键作用。由于这个原因，许多人习惯将网络的层分成两部分：第1～4层为一部分，第4层之上为另一部分。底下的4层可以被看成传输服务的提供者，而上面的层则是传输服务的用户。这种“提供者-用户”的区分，对于层的设计有重要的影响，同时也把传输层放到了一个关键的位置上，因为它构成了可靠数据传输服务的提供者和用户之间的主要边界。传输层反映并扩展了网络层子系统的服务功能，并通过传输层地址提供给高层用户传输数据的通信端口，使系统间高层资源的共享不必考虑数据通信方面的问题。

2. 传输层的功能与作用

传输层是OSI模型中最重要的一层，它涉及从源主机到目的主机的可靠数据传输。传输层利用了网络层所提供的源到目的分组的传输服务，向会话层提供可靠的源主机到目的主机的数据传输，并使之与当前使用的网络无关。

（1）数据分段

将数据发送给网络层之前，传输层需将数据分段。在将数据上传给会话层或应用层之前，传输层也需要重新组合数据。当传输层接收来自OSI模型中的上层所发送的数据时，数据可能会太长以致不能被一次传输给网络层。这种情况下，正是在传输层将数据分解为更小的称为数据段的部分，然后将它们分别传送到网络层。每一个数据段都标记有一个序列号，因此，如果数据段到达目的地而顺序发生错乱，仍然可以利用此序列号将它们正确地组装起来。

（2）流量控制

传输层的另一个功能是流量控制，它可以防止目的地被大量的数据淹没，这种情况可能会导致数据包的丢失。传输层通过确立一个传送数据包的最大字节数来实现这一功能。在达到最大字节数之前，接收方必须提供对收到数据包的确认。TCP/IP协议中，这样一个最大字节数被称为窗口宽度。如果发送方在发送达到窗口宽度的字节之前没有收到确认，那么，它将停止发送数据。如果发送方在一段时间间隔中没有收到确认，将从最近收到确认的地方开始重新发送数据。

（3）校验和的提供

校验和是一个基于数据段，在字节的基础上计算出来的16位的比特值。许多传输层提供了校验和来保证数据的完整性，传输层的校验和提供了与CRC类似的功能。必须注意的是，CRC并不是一个完美的机制，不能保证数据在到达目的地的途中不发生崩溃。路由器与交换机可以用来发现崩溃了的数据，重新计算CRC，并将崩溃了的数据发送到应该送达的地方。由于CRC是在数据崩溃以后计算的，接收方将无法获知数据曾经崩溃过。中间设备对传输层中的校验和不做计算，因此，如果通路上发生数据崩溃，最后接收方的工作站将检测出校验和错误并丢弃数据。校验和可应用于面向连接与无连接协议的传输层之中。

（4）对数据的辨认

传输层必须能够通知接收方的计算机包含在报文中的数据类型。这个信息保证了应用程序对数据的正确处理。当一个计算机接收数据包时，数据从网络接口卡被接收，然后被发送到数据链路层、网络层，最后到达传输层。接着如何处理呢？最终，收到的数据必定到达一个应用程序。但是，计算机可能同时具有一个、两个、三个，甚至几十个应用程序在等待数据。幸运的是，传输层的头文件提供了信息，决定收到的数据所对应服务的应用程序。在 TCP/IP 协议中，端口号被用来确认数据应到达的应用程序。

（5）决定服务质量

网络中，QoS（服务质量）决定了数据传输的可靠性及传输的性能级别。当一个应用程序传输数据时，在传输层上工作的协议将帮助确定业务质量。如果一个应用程序需要可靠的方式来传输数据，它将利用一个传输层的协议（如 TCP）来提供所要求的可靠性，不过通常会有一些性能级别上的丧失。如果应用程序不需要高度的可靠性，可以使用可靠性稍差，但效率更高的协议，如 UDP。

（6）面向连接的服务

数据经过不确定的环境进行传输，如 Internet，对于 QoS 的要求会变得特别强烈。需要可靠性的应用程序将利用这样一种传输层协议，它提供了一条端到端的虚电路，利用流量控制、确认及其他方式来保证数据的传输，这样的协议被称为面向连接的协议。两个网络点之间会话层或数据传输会话的建立，是传输层所提供的可靠性的一个重要组成部分。

（7）面向无连接的服务

并不是所有的应用程序都需要传输层来提供可靠的 QoS。有一些应用程序主要在局域网中，而不是在 Internet 中运行，用来提供高可靠性的开销与复杂的传输系统既不必要也不需要。在这种情况下，应用程序将使用一个无连接的传输层协议。因为从网络带宽与处理的角度来说，它的开销较小。

既然传输层的整个思想是向网络层提供一个可靠的上层，那么为什么会存在不可靠的传输层协议呢？要回答这个问题，首先要记住的是对于面向连接的会话，传输层并不只是提供可靠性给网络层，它同时通过校验和来保护数据，并且向应用程序提供有用的信息。因此，如果一个应用程序要求利用传输层协议，而希望避免面向连接的协议所需要的附加开销的话，这可能是因为可靠性并不是主要的问题，它就可以使用无连接协议。

由于 TCP/IP 的网络层提供的是面向无连接的数据报服务，也就是说 IP 数据报传送会出现丢失、重复或乱序的情况。因此，在 TCP/IP 网络中传输层就变得极为重要。TCP/IP 的传输层提供了两个主要的协议，即面向连接服务的传输控制协议（transport control protocol，TCP）和面向无连接服务的用户数据报协议（user datagram protocol，UDP）。

3. TCP 技术

尽管 TCP/IP 的网络层提供的是一种面向无连接的 IP 数据报服务，但传输层的 TCP 旨在向 TCP/IP 的应用层提供一种端到端的面向连接的可靠的数据流传输服务。TCP 常用于一次传输要交换大量报文的情形，如文件传输、远程登录等。

为了实现这种端到端的可靠传输，TCP 必须规定传输层的连接建立与拆除的方式、数据传输格式、确认的方式、目标应用进程的识别及差错控制和流量控制机制等。与所有网络协议类似，TCP 将自己所要实现的功能集中体现在了 TCP 的协议数据单元中。

（1）TCP 分段的格式

TCP 的协议数据单元被称为分段（segment），TCP 通过分段的交互来建立连接、传输数据、发出确认、进行差错控制、流量控制及关闭连接。分段分为两部分，即分段头和数据。所谓分段头，就是 TCP 为了实现端到端可靠传输所加上的控制信息；而数据则是指由高层即应用层来的数据。图 7.9 给出了 TCP 分段的格式。

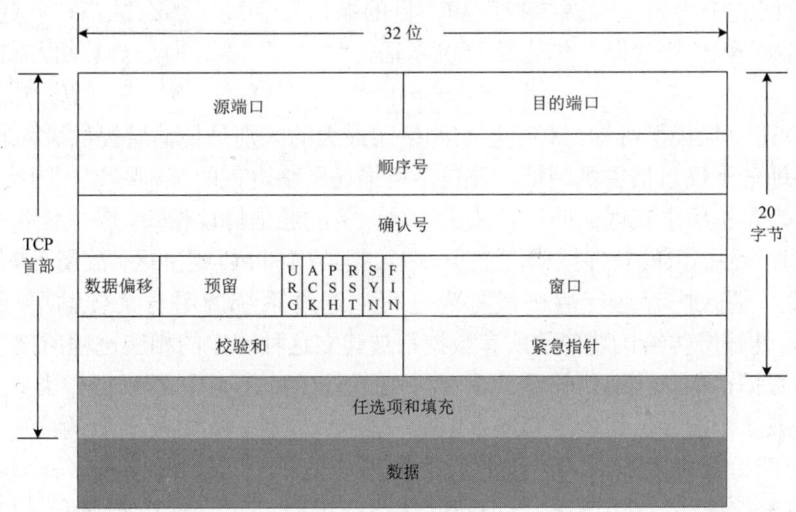

图 7.9 TCP 分段的格式

TCP 分段格式中的各字段含义说明如下。

源端口：主叫方的 TCP 端口号。

目的端口：被叫方的 TCP 端口号。

顺序号：分段的序列号，表示该分段在发送方的数据流中的位置。

确认号：下一个期望接收的 TCP 分段号，相当于是对对方所发送的并已被本方所正确接收的分段的确认。顺序号和确认号共同用于 TCP 服务中的确认、差错控制。

数据偏移：TCP 头长，以 32 位字长为单位。实际上相当于给出数据在数据段中的开始位置。

预留：未用的 6 位，为将来的应用而保留，目前置为“0”。

编码位：TCP 分段有多种应用，如建立或关闭连接、传输数据、携带确认等，这些编码位用于给出与分段的作用及处理有关的控制信息。URG 表示启用了紧急指针字段；ACK 表示确认字段是有效的；PSH 请求急迫操作，即分段一到马上发给应用程序而不等到接收缓冲区满时才发送到应用程序；RST 连接复位，复位因主机崩溃或其他原因而出现错误的连接，也可用于拒绝非法的分段或拒绝连接请求；SYN 与 ACK 合用以建立 TCP 连接，如 SYN=1，ACK=0 表示连接请求，而 SYN=1，ACK=1 表示同意建立连接；FIN 表示发送方已无数据要发送从而要释放连接，但接收方仍可继续接收发送方此前发送的数据。

窗口：窗口的大小表示发送方可以接收的数据量，以 8 位字长为计量单位。使用可变大小的滑动窗口协议来进行流量控制。

校验和：用于对分段头和数据进行校验。通过将所有 16 位字以补码形式相加，然后再对其相加和取补，正常情况下应为“0”。

紧急指针：给出从当前顺序号到紧急数据位置的偏移量。

任选项：提供一种增加额外设置的方法，如最大 TCP 分段的大小的约定。

填充：当任选项字段长度不足 32 位字长时，需要加以填充。

数据：来自高层即应用层的协议数据。

（2）TCP 端口和套接字

TCP 分段格式中出现了“源端口”和“目的端口”字段，那么端口在此起到什么作用呢？端口是英文 port 的意译，作为计算机术语，“端口”被认为是计算机与外界通信交流的出入口。

由网络 OSI 七层模型可知，传输层与网络层最大的区别是传输层提供进程通信能力，网络通信的最终地址不仅包括主机地址，还包括可描述网络进程的某种标识。因此，TCP/IP 协议所涉及的端口是指用于实现面向连接或无连接服务的通信协议端口，是对网络通信进程的一种标识。它属于一种抽象的软件结构，包括一些数据结构和 I/O 缓冲区，故属于软件端口范畴。

应用程序（调入内存运行后一般称为进程）通过系统调用与某传输层端口建立绑定（binding）后，传输层传给该端口的所有数据都被建立这种绑定的相应进程所接收，相应进程发给传输层的数据也都从该端口输出。在 TCP/IP 协议的实现中，端口操作类似于一般的 I/O 操作，进程获取一个端口，相当于获取本地唯一的 I/O 文件，可以用一般的读写方式访问。

TCP 层用端口号来区别不同类型的应用程序。类似于文件描述符，每个端口都拥有一个叫端口号的整数描述符，用来标识不同的端口或进程。在 TCP/IP 传输层，可以定义一个 16 位长度的整数作为端口标识，也就是说可定义 65 536（216）个端口，其端口号从 0 到 65 535。由于 TCP/IP 传输层的 TCP 和 UDP 两个协议是完全独立的软件模块，因此各自的端口号也相互独立，即各自可独立拥有 65 536 个端口。

端口号有两种基本分配方式，即全局分配和本地分配方式。全局分配指由一个公认权威的机构根据用户需要进行统一分配，并将结果公布于众，因此这是一种集中分配方式；本地分配则是指当进程需要访问传输层服务时，向本地系统提出申请，系统返回本地唯一的端口号，进程再通过合适的系统调用将自己和该端口绑定起来，显然这是一种动态的连接方式。实际的 TCP/IP 端口号分配综合了以上两种方式，并将端口号分为如下 3 部分。

1）0～255 被规定作为公共应用服务的端口，如 WWW、FTP、DNS 和电子邮件服务等，又被称为著名端口（well-known ports）。

2）256～1023 端口被保留用作商业性的应用开发，如一些网络设备厂商专用协议的通信端口等。

3）1023 以上端口未做限定，即作为自由端口，以本地方式进行分配。表 7.1 列举了一些著名端口及其用途。

表 7.1 传输层著名端口列表

端口编号	协议名称	用途
20	FTP（数据）	网络数据文件传输
21	FTP（控制）	网络文件传输控制信息
23	Telnet	远程登录
25	SMTP	邮件传输
69	TFTP	不具有可靠性的简单文件传输
80	HTTP	超文本链接传输
161	SNMP	简单网络管理

应该指出，尽管采用了上述的端口分配模式，但在实际使用中，经常会采用端口重定向技术。所谓端口重定向，是指将一个著名端口重定向到另一个端口。例如，默认的 HTTP 端口是 80，不少人将它重定向到另一个端口，如 8080。请注意，端口在传输层的作用有点类似 IP 地址在网络层的作用或 MAC 地址在数据链路层的作用，只不过 IP 地址和 MAC 地址标识的是主机，而端口标识的是网络应用程序。由于同一时刻一台主机上会有大量的网络应用进程在运行，因此需要有大量的端口号来标识不同的进程，来区别不同应用程序的数据，防止不同应用程序进程传输的数据发生混乱。

TCP 实现的是面向连接的数据传输服务，即在数据传输以前需要在源主机和目标主机之间创建相应的虚电路连接。由于一台主机上的多个应用程序可同时与其他多台主机上的多个对等进程进行通信，因此需要对不同的虚电路进行标识。对 TCP 虚电路连接采用发送端和接收端的套接字（socket）组合来识别，形如（socket1，socket2）。所谓套接字，实际上是一个通信端点，每个套接字都有一个套接字序号，包括主机的 IP 地址与一个 16 位的主机端口号，即形如（主机 IP 地址，端口号）。

正是由于 TCP 使用通信端点来识别连接，才使得一台计算机上的某个 TCP 端口号可以被多个连接所共享，从而程序员可以设计出能同时为多个连接提供服务的程序，而不需要为每个连接设置各自的本地端口号。

（3）TCP 连接的实现

TCP 连接包括建立与拆除两个过程。TCP 使用 3 次握手机制来建立连接。连接可以由任何一方发起，也可以由双方同时发起。一旦一台主机上的 TCP 软件已经主动发起连接请求，运行在另一台主机上的 TCP 软件就被动地等待握手。图 7.10 给出了 3 次握手建立 TCP 连接的简单示意。

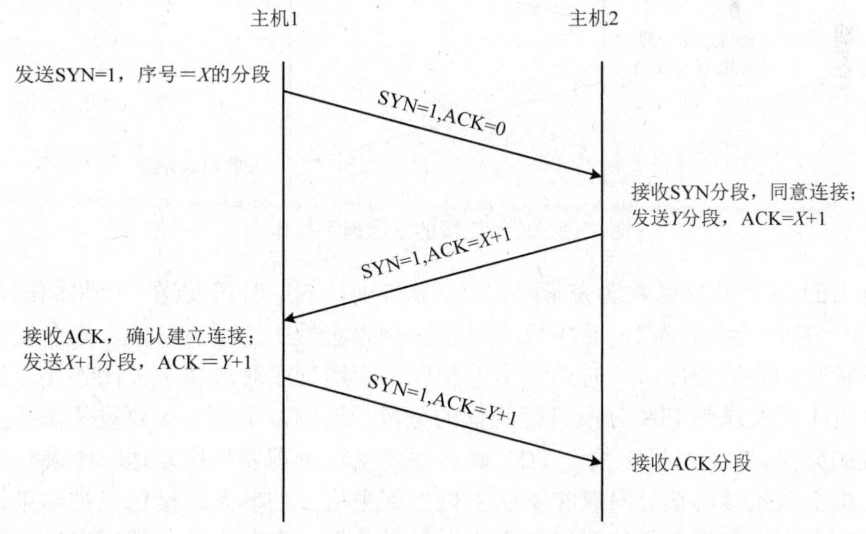

图 7.10　TCP 的 3 次握手建立连接机制

主机 1 首先发起 TCP 连接请求，并在所发送的分段中将编码位字段中的 SYN 位置为“1”、ACK 位置为“0”。主机 2 收到该分段，若同意建立连接，则发送一个连接接收的应答分段，其中编码位字段的 SYN 和 ACK 位均被置为“1”，指示对第一个 SYN 报文段的确认，以继续握手操作；否则，主机 2 要发送一个将 RST 位置为“1”的应答分段，表示拒绝建立连接。主机 1 收到主机 2 发来的同意建立连接分段后，还有再次进行选择的机会，若其确认要建立这个连接，则向主机 2 发送确认分段，用来通知主机 2 双方已完成建立连接；若主机 1 不想建立这个连接，则可以发送一个将 RST 位置为“1”的应答分段告诉主机 2 拒绝建立连接。

不管是哪一方先发起连接请求，一旦连接建立，就可以实现全双向的数据传送，而不存在主从关系。TCP 将数据流看作字节的序列，其将从用户进程所接收任意长的数据，分成不超过 64KB（包括 TCP 头在内）的分段，以适合 IP 数据包的载荷能力。所以对于一次传输要交换大量报文的应用如文件传输、远程登录等，往往需要以多个分段进行传输。

数据传输完成后，还要进行 TCP 连接的拆除或关闭。如图 7.11 所示，TCP 协议使用修改的 3 次握手协议来关闭连接，以结束会话。TCP 连接是全双工的，可以看作两个不同方向的单工数据流传输，所以一个完整连接的拆除涉及两个单向连接的拆除。

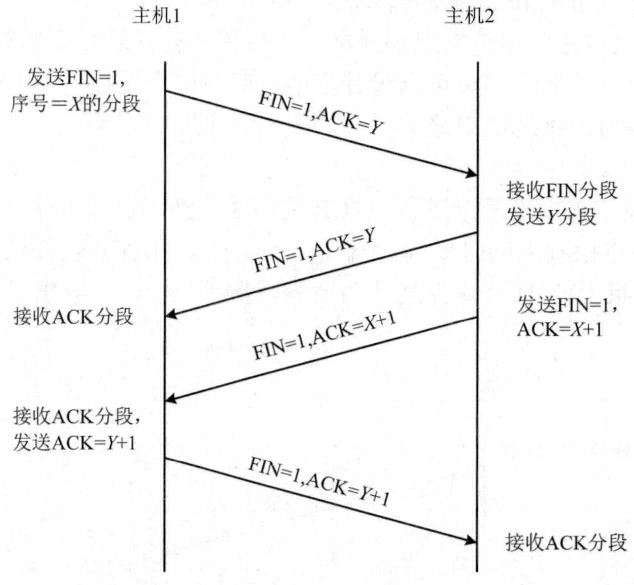

图 7.11　关闭连接的 3 次握手操作

当主机 1 的 TCP 数据已发送完毕时，它在等待确认的同时可发送一个将编码位字段的 FIN 位置“1”的分段给主机 2，若主机 2 已正确接收主机 1 的所有分段，则会发送一个数据分段正确接收的确认分段，同时通知本地相应的应用程序对方要求关闭连接，接着再发送一个对主机 1 所发送的 FIN 分段进行确认的分段，否则，主机 1 就要重传那些主机 2 未能正确接收的分段。收到主机 2 关于 FIN 确认后的主机 1 需要再次发送一个确认拆除连接的分段，主机 2 收到该确认分段意味着从主机 1 到主机 2 的单向连接已经被结束。但是，此时在相反方向上，主机 2 仍然可以向主机 1 发送数据，直到主机 2 数据发送完毕并要求关闭连接。一旦两个单向连接都被关闭，则两个端节点上的 TCP 软件就要删除与这个连接有关记录，于是原来所建立的 TCP 连接被完全释放。

（4）TCP 可靠数据传输的实现

TCP 协议采用了许多与数据链路层类似的机制来保证可靠的数据传输，如采用序列号、确认、滑动窗口协议等。只不过 TCP 协议的目的是实现端到端节点之间的可靠数据传输，而数据链路层协议则是为了实现相邻节点之间的可靠数据传输。

1）TCP 分段编号。TCP 要为所发送的每一个分段加上序列号，保证每一个分段能被接收方接收，并只被正确地接收一次。

2）TCP 差错控制。TCP 采用具有重传功能的积极确认技术作为可靠数据流传输服务的基础。这里，“确认”是指接收端在正确收到分段之后向发送端回送一个确认（ACK）信息。发送方将每个已发送的分段备份在自己的发送缓冲区里，而且在收到相应的确认之前是不会丢弃所保存的分段的。“积极”是指发送方在每一个分段发送完毕的同时启动一个定时器，假如定时器的定时期满而关于分段的确认信息尚未到达，则发送方认为该分段已丢失并主动重发。图 7.12 给出了 TCP 分段确认的实现示例，图 7.13 表示分组丢失引起了超时重传。为了避免由于网络延迟引起迟到的确认和重复的确认，TCP 规定在确认信息中捎带一个分段的序号，使接收方能正确地将分段与确认联系起来。

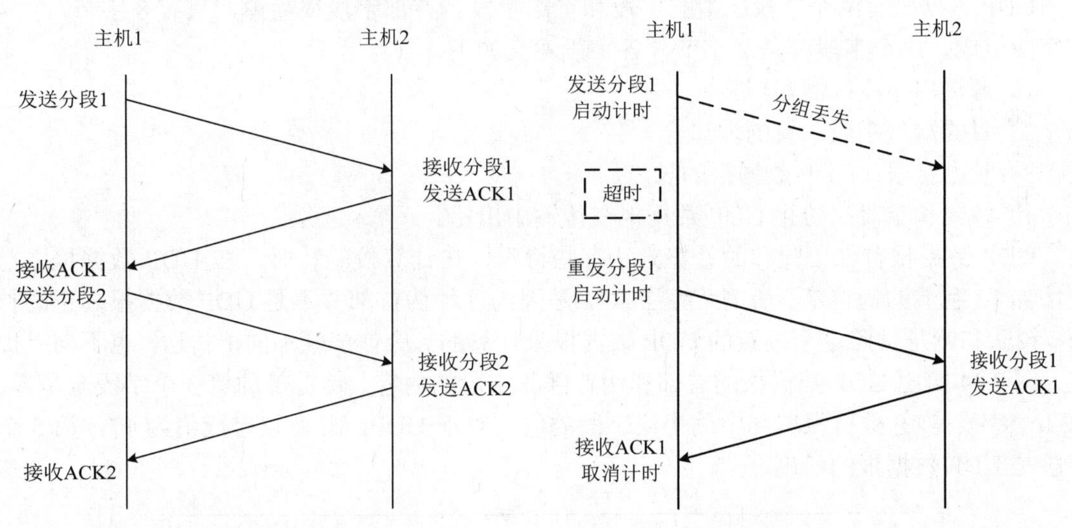

图 7.12　TCP 分段接收确认的机制　　图 7.13　TCP 分组丢失引起超时重传的机制

3）TCP 流量控制。采用可变长的滑动窗口协议进行流量控制，以防止由于发送端与接收端之间的不匹配而引起数据丢失。这里所采用的滑动窗口协议与在数据链路层所讨论的滑动窗口协议在工作原理上是完全相同的，唯一的区别在于滑动窗口协议用于传输层是为了在端到端节点之间实现流量控制，而用于数据链路层是为了在相邻节点之间实现流量控制。TCP 采用可变长的滑动窗口，使得发送端与接收端可根据自己的 CPU 和数据缓存资源对数据发送和接收能力来做出动态调整，从而灵活性更强，也更合理。例如，假设主机 1 有一个大小为 4096 字节的缓冲区，其向主机 2 发送 2048 字节长度的数据分段，则在未收到主机 2 关于该 2048 字节长度分段的确认之前，主机 1 向其他主机只能声明自己有一个 2048 字节长度的发送缓冲区。过了一段时间后，假定主机 1 收到了来自主机 2 的确认，但其中声明的窗口大小为 0，这表明主机 2 虽然已经正确收到主机 1 前面所发送的分段，但目前主机 2 已不能接受任何来自主机 1 的新的分段了，除非以后主机 2 给出窗口大于 0 的新信息。

4. UDP 技术

UDP 与 TCP 相反，它提供的是不可靠的面向无连接的数据传输服务，不提供数据接收的确认、排序、差错控制及流量控制等功能，因此数据传输可能会出现丢失、重复及乱序等现象。从这一点看，UDP 与网络层的 IP 类似，因此被称为用户数据报协议。使用 UDP 为传输层协议的网络应用，其可靠性问题需要由使用 UDP 的应用程序来解决。UDP 常用于一次性传输数据量较小的网络应用，如 SNMP、DNS 应用数据的传输。因为对于这些一次性传输数据量较小的网络应用，若采用 TCP 服务，则所付出的关于连接建立、维护和拆除的开销是非常不合算的。

UDP 采用的协议数据单元称为用户数据报。由于不需要提供确认、差错控制、流量控制等一系列与可靠传输有关的机制，因此 UDP 数据报与 TCP 分段相比，其格式要简单得多。

（1）UDP 数据报的结构

UDP 数据报有两个字段：数据字段和首部字段。首部字段很简单，只有 8 字节，由 4 个字段组成，每个字段都是 2 字节，各字段意义如下。

1）源端口字段：源端口号。

2）目的端口字段：目的端口号。

3）长度字段：UDP 数据报的长度。

4）校验和字段：防止 UDP 数据报在传输中出错。

UDP 数据报首部校验和的计算方法有些特殊，在计算校验和时，在 UDP 数据报之前要增加 12 字节的伪首部。所谓“伪首部”，是因为这种伪首部并不是 UDP 数据报真正的首部。校验和就是按照这个过渡的 UDP 数据报来计算的。伪首部既不向下传送，也不向上提交。图 7.14 给出 UDP 数据报的首部和伪首部各字段的内容。伪首部的第 3 个字段全是零，第 4 个字段是 IP 数据报首部中的协议字段的值。对于 UDP，此协议字段值为 17，第 5 个字段是 UDP 数据报的长度。

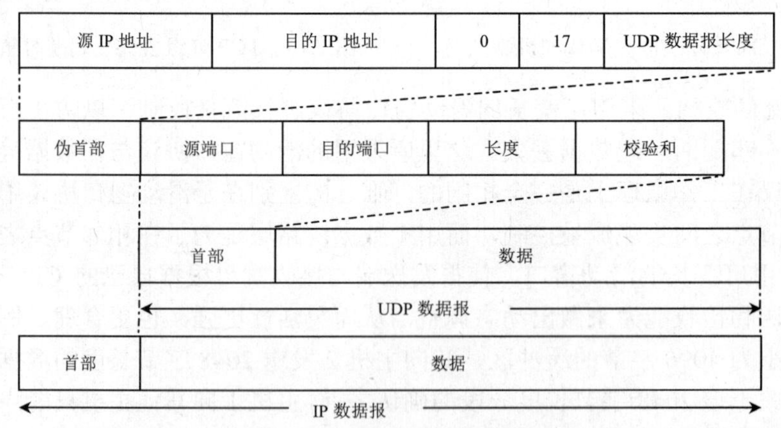

图 7.14 UDP 数据报的首部和伪首部

UDP 传输的数据报是由 8 字节的头和数据域构成的。源端口（source port）和目的端口（destination port）分别用来识别出源机器和目的机器的端点。当一个 UDP 分组到来时，它的数据域被递交给与目的端口相关联的那个进程。这种关联关系是在调用了 BIND 原语或者其他某一种类似的做法之后建立起来的。

当目的端口必须将一个应答送回给源端口时，源端口是必需的。发送应答的进程只要将进来的数据段中的源端口域复制到输出的数据段中的目的端口域，就可以指定在发送方机器上由那个进程来接收应答。

UDP 尤其适用的一个领域是在客户端/服务器的情况下。通常，客户端给服务器发送一个短的请求，并且期望一个短的应答回来。如果这里的请求或者应答丢失的话，客户端就会超时，于是它只要重试即可。

（2）UDP 端口号

UDP 也使用端口号来标识发送和接收的应用程序。与 TCP 类似，UDP 有如下两类端口。

1）众所周知的用于 UDP 上的标准服务端口包括 DNS（端口号 53）、SNMP（端口号 161）和其他一些协议，服务器在这些端口上监听想要访问服务的客户。

2）临时端口：客户在自己的对话端使用临时端口。

UDP 只在 IP 的数据报服务之上增加了很少的一点功能，这就是端口的功能（有了端口，传输层就能进行复用和分用）和差错检测的功能。虽然 UDP 只能提供不可靠的交付，但 UDP 在某些方面有其特殊的优点。

1）发送数据之前不需要建立连接，因而减少了开销和发送数据之前的时延。

2）UDP 没有拥塞控制，也不保证可靠交付，因此主机不需要维持具有许多参数的、复杂的连接状态表。

3）UDP 只有 8 字节的首部开销，比 TCP 的 20 字节的首部开销要短。

7.1.6 IPv6 基础

IPv6（Internet protocol version 6）是 IETF（Internet Engineering Task Force，因特网工程任务组）设计的用于替代现行版本 IP 协议（IPv4）的下一代 IP 协议。

由于 IPv4 的网络地址资源有限，目前全球基本耗尽，严重制约了互联网的应用和发展，开发 IPv6 是为了解决网络地址资源数量的问题和多种接入设备连入互联网的障碍。IPv6 也提供了一些新的特性和改善措施：设计回归简洁、透明；提高实现效率；减少复杂性；为新出现的移动业务提供支持；重新引入端到端安全和 QoS。

IPv6 的优点如下：

1）128 位地址结构，提供充足的地址空间。

2）层次化的网络结构，提高了路由效率。

3）IPv6 报文头简洁，灵活，效率更高，易于扩展。IPv6 和 IPv4 相比，去除了 IHL、Identification、Flags、Fragment Offset、Header Checksum、Options、Padding 域，只增加了流标签（flow label）域，更利于支持 QoS。另外，IPv6 为了更好地支持各种选项处理，提出了扩展头的概念。

4）支持自动配置，即插即用。

5）支持端到端安全（IPSec）。

6）支持移动特性。

1. IPv6 地址结构

IPv6 地址包括 128 位，使用由冒号分隔的 16 位十六进制数表示，如图 7.15 所示。

全球路由前缀 N位	子网ID M位	接口ID （128-N-M）位

图 7.15 IPv6 地址表示

全球路由前缀：全球路由前缀为提供商分配给客户或场点的地址前缀（网络部分）。

子网 ID：组织使用子网 ID 表示其场点的子网。

接口 ID：类似于 IPv4 的主机号。使用术语“接口 ID”是因为单台主机可能有多个接口，而每个接口又有一个或多个 IPv6 地址。

2. IPv6 地址表示

首选格式：将 128 位二进制数按每 16 位划分为一组，可以划分为 8 个组，每组使用 4 位十六进制整数表示，各组之间用冒号相隔，即“X:X:X:X:X:X:X:X”。

压缩格式：对每个“组”进行化简，将无关紧要的“0”去除掉。

内嵌格式：规定当地址中存在一个或多个连续的 16 的倍数个比特的字符“0”时，可以使用两个冒号（双冒号）表示。注意，在内嵌格式中只允许出现一个双冒号，如果出现两个双冒号，那么两个双冒号各代表了几位 0 就会存在二义性。

原始数据：

1010101111001101 0000101010111100 0000000010101011 0000000000001010
0000000000000000 0000000000000000 0000000000000000 0001000000000000

首选格式：ABCD:0ABC:00AB:000A:0000:0000:0000:1000。

压缩格式：ABCD:ABC:AB:A:0:0:0:1000。

内嵌格式：ABCD:ABC:AB:A::1000。例如：1080:0:0:0:8:800:200C:417A 等价于 1080::8:800:200C:417A；FF01:0:0:0:0:0:0:101 等价于 FF01::101；1080:0:0:0:8:0:0:417A 等价于 1080::8:0:0:417A。

3. IPv6 地址前缀表示

IPv6 地址的表示方法为：ipv6-address/prefix-length。例如，一个 IPv6 地址 2001:cdba:0000:0000:0000:0000:3257:9652/64，其中 2001:cdba:0000:0000:0000:0000:3257:9652 是 ipv6-address 以十六进制表示的 128 位地址；64 是 prefix-length 以十进制表示的地址前缀长度。

4. IPv6 地址分类

RFC2373 中定义了多种 IPv6 地址类型，IPv6 地址分为单播地址、多播地址、泛播地址。和 IPv4 相比，取消了广播地址类型，以更丰富的多播地址代替，同时增加了泛播地址类型。

（1）单播地址

单播地址又叫单目地址，就是传统的点对点通信，单播表示一个单接口的标识符。IPv6

单播地址的类型又分为全球单播地址、链路本地地址和站点本地地址。

全球单播地址相当于 IPv4 的公网地址，这类地址由供应商提供，或由交换局提供。地址的前 3 位格式前缀，用于区分其他地址类型。TLA ID 表示顶级聚合体，是运营商管理的路由；NLA ID 表示下级聚合体，也是运营商管理的路由；SLA ID 表示节点级聚合体，是本地站点管理的 16 位子网 ID。8 位的 Res 字节段是以备将来 TLA 或 NLA 扩充之用的，为保留位，64 位接口 ID 用于识别 SLA 网络中某个接口的唯一性。

（2）多播（组播）地址

多播地址又称为多点传送地址，即一组接口的标识符，只要存在合适的多点传输的路由拓扑，就可将设有多播地址的包传输到这个地址识别的那组接口。

（3）泛播地址

泛播地址又称任播地址，也称任意点传送地址，它也是一个标识符，可以识别多重接口的情况，只要有合适的路由拓扑，就可以将设有泛播地址的数据包传送给地址识别的最近的单一接口。最近的接口是指最短的路由距离。泛播地址空间可以认为是从单播地址空间中划分出来的，它可以是表示单播地址的任何形式。它与单播地址在结构上是没有差别的。泛播地址仅分配给路由器。子网-路由泛播地址是必须预先定义的，根据给定接口的子网前缀产生，要构建一个子网-路由泛播地址必须固定子网前缀的位数，余下位数必须设定为 0。

5. IPv6 基本功能

IPv6 基本功能包括 IPv6 邻居发现协议（邻居发现、路由器发现、无状态地址自动配置、重定向）、IPv6 路径 MTU 发现以及 IPv6 域名解析。其中，路由器发现和无状态地址自动配置是 IPv6 的新增功能；邻居发现功能类似于 IPv4 ARP，但做了改进和增强。

7.2　实训任务：路由器互联配置

7.2.1　路由器互联配置实训准备及注意事项

1. 实训准备

进行路由器互联配置需做如下准备。

1）各实训小组有 Cisco 2620 路由器 2 台，交换机 3 台。

2）联网 PC 每人 1 台。

3）各实训小组有 Console 电缆 2 条。

2. 实训注意事项

进行路由器互联配置的注意事项如下。

1）绘制拓扑图要准确。

2）搭建环境线缆连接要正确，不要把 Console 接入以太网口。

3）要合理规划网络地址。

4）要按照网络规划准确配置，尤其注意端口以及端口对应地址。

5）注意命令在配置环境中的使用。

7.2.2 路由器互联配置过程

1. 规划网络和绘制网络拓扑图

规划网络，制作网络规划表如表 7.2 所示。绘制网络拓扑图如图 7.16 所示。

表 7.2 网络规划表

路由器/PC 名	F0/0，地址	F0/1，地址	S0/0，地址	S0/1，地址	特权密码	仿真终端密码
Router_A	193.10.18.1/24	198.8.15.1/24	195.16.13.2/24		student	network
Router_B	202.7.20.1/24			195.16.13.1/24	student	network
PC1	198.8.15.2/24；网关：198.8.15.1/24					
PC2	193.10.18.2/24；网关：193.10.18.1/24					
PC3	202.7.20.2/24；网关：202.7.20.1/24					

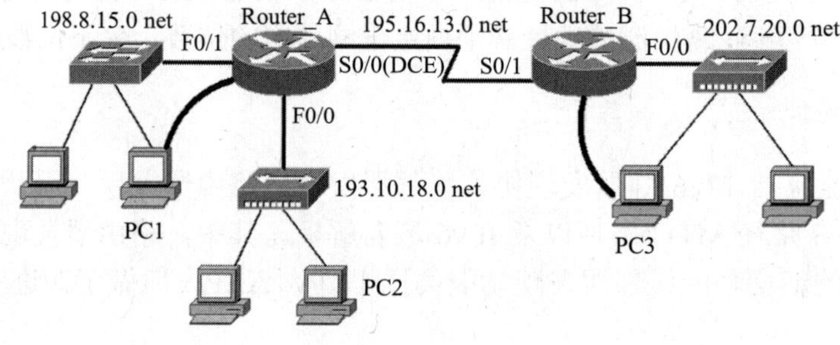

图 7.16 网络拓扑图

2. 路由器基本配置

配置路由器的主机名、Console 口令、远程登录口令、超级密码，配置路由器接口的 IP 地址、速率等。

步骤 1：通过控制台端口直接访问路由器，将 Console 通信电缆的 DB9（孔）插头插入 PC 机的串口（COM）中，再将 RJ-45 插头端插入设备的 Console 口中，如图 7.17 所示。

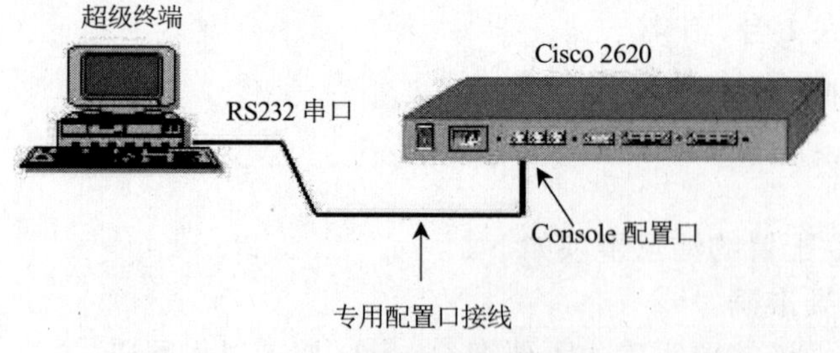

图 7.17 控制台与路由器连接

步骤 2：运行终端仿真软件，新建连接，设置计算机与路由器连接的通信参数，参照单元 3 的交换机配置操作（交换机和路由器的配置相同，对串口 COM1 的参数进行配置。其中，传输速率为“9600”，数据位为“8”，停止位为“1”，奇偶校验为“无”，流量控制为“无”）。

步骤 3：配置连接完成后，按几次 Enter 键，进入路由器的用户 EXEC 模式下，如欲进入特权 EXEC 模式，输入“en”，提示输入密码（如果特权 EXEC 设置密码），进入特权 EXEC 模式。

步骤 4：配置路由器主机名和口令。

1）配置主机名。路由器的名字被称为主机名（hostname），系统默认的名字是 router。

```
Router>en
Router#config terminal
router(config)#hostname cernet          //配置主机名为 cernet
cernet#
```

2）配置登录路由器的口令。

```
Router#config terminal
router(config)#line console 0
router(config-line)#login
router(config-line)#password cisco      //配置路由器密码为 cisco
```

3）配置增加用户和用户对应密码。

```
Router#config terminal
router(config)#username user1 password password1
//配置用户 user1 的密码为 password1
router(config)#username user2 password password2
router(config)#username user3 password password3
router(config)#line console 0
router(config-line)#login local
```

4）配置 VTY 线路密码，保证 Telnet 能使用密码登录。

```
router(config)#line vty 0 4
router(config-line)#password cisco      //VTY 线路密码为 cisco
```

5）特权模式的口令。

```
router(config)#enable secret Cisco!@#   //配置密码为 Cisco!@#
router(config)#enable secret level 10 Cisco!@#
//操作等级为 10 的口令（最高等级默认 15）
```

步骤 6：路由器的检查命令。

```
router(config)# show version            //查看设备硬软件信息
router(config)# show process            //查看路由器当前进程
router(config)# show running-config     //查看路由器当前配置信息
```

步骤 7：配置路由器接口。

1）配置 Fastethernet 0/0，IP 地址为 218.12.225.6。

```
Router (config) # interface  Fastethernet 0/0
Router (config-if) #IP address  218.12.225.6  255.255.255.252
```

2）配置 Fastethernet 0/0 接口的描述为 caiwu。

```
Router(config-if)#descr  caiwu
```

3）配置 Fastethernet 0/0 接口通信方式为全双工。

```
Router(config-if)#duplex  full
```

```
//auto 为自动协商，full 代表全双工，half 代表半双工
```

4）启用与禁用接口。

```
Router(config-if)# no shutdown                //启用接口
Router(config-if)#shutdown                    //禁用接口
```

3. 静态路由的配置

步骤 1：配置路由器的名称。

1）在路由器 A 上配置。

```
Router#config terminal
Router(config)#
Router(config)#hostname Router_A     //配置路由器 A 的主机名为 Router_A
Router_A(config)#
```

2）在路由器 B 上配置。

```
Router#config terminal
Router(config)#
Router(config)#hostname Router_B     //配置路由器 B 的主机名为 Router_B
Router_B(config)#
```

步骤 2：配置路由器的各种密码。

配置路由器 A 的各种密码的操作如下。

```
Router_A (config)#enable secret student
//设置 enable secret 密码为 student
Router_A (config)#line vty 0 4
Router_A (config-line)#
Router_A (config-line)#login
Router_A (config-line)#password network  //设置 VTY 登录密码为 network
Router_A (config-line)#exit
Router_A (config)#
```

配置路由器 B 的各种密码与配置路由器 A 的各种密码相同，这里不再赘述。

步骤 3：配置路由器的各接口。

1）配置路由器 A 的各接口。

```
Router_A (config)#interface f0/0
Router_A (config-if)#
Router_A (config-if)#ip address 193.10.18.1 255.255.255.0
//配置 f0/0 接口的 IP 地址为 193.10.18.1，子网掩码为 255.255.255.0
Router_A (config-if)#no shutdown  //激活 f0/0 接口
Router_A (config-if)#interface f0/1
Router_A (config-if)#ip address 198.8.15.1 255.255.255.0
//配置 f0/1 接口的 IP 地址为 198.8.15.1，子网掩码为 255.255.255.0
Router_A (config-if)#no shutdown
Router_A (config-if)#interface s0/0
Router_A (config-if)#ip address 195.16.13.2 255.255.255.0
//配置 s0/0 接口的 IP 地址为 195.16.13.2，子网掩码为 255.255.255.0
Router_A (config-if)# clock rate 56000 //配置时钟点频率为 56000
Router_A (config-if)#no shutdown
```

2）配置路由器 B 的各接口。

```
Router_B (config)#interface f0/0
Router_B (config-if)#
```

```
Router_B (config-if)#ip address 202.7.20.1 255.255.255.0
//配置 f0/0 接口的 IP 地址为 202.7.20.1，子网掩码为 255.255.255.0
Router_B (config-if)#no shutdown
Router_B (config-if)#interface s0/1
Router_B (config-if)#ip address 195.16.13.1 255.255.255.0
//配置 s0/1 接口的 IP 地址为 195.16.13.1，子网掩码为 255.255.255.0
Router_B (config-if)#no shutdown
```

步骤 4：清空路由表并进行静态路由的配置。

1）清空路由表。

```
Router_A#
Router_A#show ip route        //查看路由表的内容
Router_A#clear ip route       //清空路由表
Router_A#config terminal
Router_A(config)#
Router_A(config)#no router rip  //删除 RIP 协议动态路由配置
Router_A(config)#no ip route 202.7.20.0 255.255.255.0 195.16.13.1
//删除到目的网 198.8.15.0/24 的静态路由
```

2）在路由器 A 上配置静态路由。

```
Router_A#
Router_A#config terminal
Router_A(config)#
Router_A(config)# ip route 202.7.20.0 255.255.255.0 195.16.13.1
//配置到目的网 198.8.15.0/24 的静态路由
Router_A(config)#
Router_A#show ip route
```

3）在路由器 B 上配置静态路由。

```
Router_B#
Router_B#config terminal
Router_B(config)#
Router_B(config)# ip route 193.10.18.0 255.255.255.0 195.16.13.2
//配置到目的网 193.10.18.0 /24 的静态路由
Router_B(config)# ip route 198.8.15.0 255.255.255.0 195.16.13.2
//配置到目的网 198.8.15.0 /24 的静态路由
Router_B(config)#exit
Router_B#show ip route
```

4. 动态路由的配置

步骤 1：清空路由表。

1）清空路由器 A 上的路由表。

```
Router_A#
Router_A#clear ip route  //清空路由表
Router_A#config terminal
Router_A(config)#
Router_A(config)#no ip route 202.7.20.0 255.255.255.0 195.16.13.1
//删除到目的网 198.8.15.0/24 的静态路由
```

2）清空路由器 B 的路由表方法与清空路由器 A 上的路由表相同，这里不再赘述。

步骤 2：进行 RIP 的配置（有 V1 和 V2 两个版本，配置是一样的，只是 V2 启用 RIP

协议后，多一步 version 2 命令）。

1）在路由器 A 上配置 RIP V1。

```
Router_A#
Router_A#config terminal
Router_A(config)#
Router_A(config)# router rip                //配置 RIP 协议
Router_A(config-router)#
Router_A(config)#network  193.10.18.0      //更新路由通告
Router_A(config)#network  198.15.1.0
Router_A(config)#network  195.16.13.0
Router_A(config-router)#ctrl+z
Router_A#
```

2）在路由器 B 上配置 RIP V1。

```
Router_B#
Router_B#config terminal
Router_B(config)#
Router_B(config)# router rip                //配置 RIP 协议
Router_B(config)#network  195.16.13.0      //更新路由通告
Router_B#202.7.20.0
```

步骤 3：配置 OSPF。

1）在路由器 A 上配置 OSPF。

```
Router_A#
Router_A#config terminal
Router_A(config)# router ospf 200
Router_A(config-router)#network 193.10.18.0 0.0.0.255 area 0
Router_A(config-router)#network 198.8.15.0 0.0.0.255 area 0
Router_A(config-router)#network 195.16.13.0 0.0.0.255 area 0
```

2）在路由器 B 上配置 OSPF。

```
Router_B#
Router_B#config terminal
Router_B(config)# router ospf 200
Router_B(config-router)#network 195.16.13.0 0.0.0.255 area 0
Router_B(config-router)#network 202.7.20.0 0.0.0.255 area 0
```

7.2.3 路由器互联配置测试

1）在 PC1 上运行 ping 202.7.20.2（PC3 的 IP 地址）。

```
C:\>ping 202.7.20.2
正在 Ping 202.7.20.2 具有 32 字节的数据:
来自 202.7.20.2 的回复: 字节=32 时间=1ms TTL=64
来自 202.7.20.2 的回复: 字节=32 时间=2ms TTL=64
来自 202.7.20.2 的回复: 字节=32 时间=4ms TTL=64
来自 202.7.20.2 的回复: 字节=32 时间=1ms TTL=64
202.7.20.2 的 Ping 统计信息:
    数据包: 已发送 = 4，已接收 = 4，丢失 = 0 (0% 丢失)，
往返行程的估计时间(以毫秒为单位):
    最短 = 1ms，最长 = 4ms，平均 = 2ms
C:\>
```

说明 PC1 通过路由器 A、路由器 B 能够与 PC3 通信。

2）在 PC3 上运行 ping 198.8.15.2（PC1 的 IP 地址）。

```
正在 Ping 198.8.15.2 具有 32 字节的数据:
来自 198.8.15.2 的回复: 字节=32 时间=1ms TTL=64
来自 198.8.15.2 的回复: 字节=32 时间=2ms TTL=64
来自 198.8.15.2 的回复: 字节=32 时间=1ms TTL=64
来自 198.8.15.2 的回复: 字节=32 时间=1ms TTL=64
198.8.15.2 的 Ping 统计信息:
    数据包: 已发送 = 4, 已接收 = 4, 丢失 = 0 (0% 丢失),
往返行程的估计时间(以毫秒为单位):
    最短 = 1ms, 最长 = 2ms, 平均 = 2ms
```

说明 PC3 通过路由器 B、路由器 A 能够与 PC1 通信。

3）在 PC3 上运行 ping 193.10.18.2（PC2 的 IP 地址）。

```
正在 Ping 193.10.18.2 具有 32 字节的数据:
来自 193.10.18.2 的回复: 字节=32 时间=1ms TTL=64
来自 193.10.18.2 的回复: 字节=32 时间=2ms TTL=64
来自 193.10.18.2 的回复: 字节=32 时间=1ms TTL=64
来自 193.10.18.2 的回复: 字节=32 时间=4ms TTL=64
193.10.18.2 的 Ping 统计信息:
    数据包: 已发送 = 4, 已接收 = 4, 丢失 = 0 (0% 丢失),
往返行程的估计时间(以毫秒为单位):
    最短 = 1ms, 最长 = 4ms, 平均 = 2ms
```

说明 PC3 通过路由器 B、路由器 A 能够与 PC2 通信。

以上 3 个测试结果说明通过路由器 A、路由器 B 所连接的不同网络之间能相互通信。

7.3 课堂评价

完成本单元学习，认真填写学习情况考核表（见表 7.3），并及时予以反馈。

表 7.3 学习情况考核表

序号	评价内容	自我评价					小组评价					老师评价				
		A	B	C	D	E	A	B	C	D	E	A	B	C	D	E
1	路由与路由协议															
2	网络层设备与组件															
3	路由器工作原理															
4	网络传输层技术															
5	TCP 协议与 UDP 协议															
6	IPv6 基础															
7	路由器基本配置															

说明：评价等级分为 A、B、C、D 和 E 共 5 等。其中，对知识与技能掌握很好，能够熟练地完成任务为 A 等；掌握 75%以上的内容，能较为顺利地完成任务为 B 等；掌握 60%以上的内容为 C 等；基本掌握为 D 等；大部分内容不够清楚为 E 等。

7.4 思考与讨论

一、填空题

1. 路由器是用在 OSI 第______层。
2. 传输层中面向连接的协议是______。
3. 传输层中无连接的协议是______。

二、选择题

1. IPv6 地址的长度为（ ）。

   A. 48 位　　B. 32 位　　C. 64 位　　D. 128 位

2. 由于 TCP/IP 的网络层提供的是一种面向无连接的 IP 数据报服务，那么 TCP/IP 的应用层会提供（ ）来保障可靠的数据流传输服务。

   A. UDP 协议　　B. ICMP 协议　　C. TCP 协议　　D. OSPF 协议

3. 由于 IPv4 提供的地址远远不能满足实际应用的需要，通常采用（ ）技术来解决目前地址不够的需求。

   A. OSPF　　B. RIP　　C. IGP　　D. NAT

4. 有一个小型网络，有专门的网络管理人员，用下面（ ）实现路由协议。

   A. OSPF　　B. RIP　　C. 静态路由　　D. 默认路由

5. 有一个大型网络，有专门的网络管理人员，用下面（ ）实现路由协议。

   A. OSPF　　B. RIP　　C. 静态路由　　D. 默认路由

三、讨论题

1. 什么是静态路由，适用哪些场景？
2. 动态路由与静态路由的区别是什么？
3. OSPF 适用的场景有哪些？
4. 简述路由器的工作原理。
5. 简述路由表更新过程。
6. 简述 TCP 与 UDP 的适用场景与区别。

拓展阅读　新技术、新工艺

单元 8 组建广域网

教学目标

知识教学目标

1. 了解广域网的常用技术
2. 掌握 Internet 的接入方式
3. 熟悉 Intranet 的技术特点

技能培养目标

1. 能够掌握路由器配置 PPP 的方法
2. 能够掌握 ADSL 拨号上网配置
3. 能够掌握 PPP 与 ADSL 拨号故障排除方法

素质培养目标

1. 理解内因与外因的关系
2. 在工作中提高内外协作能力

8.1 相关知识：广域网及 Internet 接入技术

广域网是覆盖范围很广的长距离网络，其组网技术包括广域网协议、服务类型、路由器等核心组网设备等。应用最多的广域网连接类型为 PPP、ATM、帧中继及 SDH 等技术。

Internet 是一个巨大的资源宝藏，用户要使用这些资源时，首先必须将自己的计算机接入 Internet，一旦用户的计算机接入 Internet，便成为 Internet 中的一员，可以访问 Internet 中提供的各类服务与丰富的信息资源。

8.1.1 广域网概述

当主机之间的通信距离较远时，如相隔几十千米甚至数千千米，局域网显然就无法完成主机之间的通信任务，这时就需要另一种结构的网络，即广域网。当然，现在以太网技术的发展也可以满足远距离传输使用。

1. 广域网的特点

广域网与局域网相比，其特点非常明显。第一，广域网的地理覆盖范围在上百千米以上，远远超出局域网通常为几千米到几十千米的小覆盖范围；第二，局域网主要是为了实现小范围内的资源共享而设计的，而广域网则主要用于互连广泛地理范围内的局域网；第三，局域网通常采用基带传输方式，而广域网为了实现远距离通信通常要采用载波形式的频带传输或光传输；第四，与局域网的私有性不同，广域网通常是由公共通信部门来建设和管理的，它们利用各自的广域网资源向用户提供收费的广域网数据传输服务，所以又被称为网络服务提供商，用户如需要此类服务，需要向广域网的服务提供商提出申请；第五，在网络拓扑结构上，广域网更多采用网状拓扑，其原因在于广域网由于其地理覆盖范围广，网络中两个节点在进行通信时，数据一般要经过较长的通信线路和较多的中间节点，这样一来中间节点设备的处理速度、线路质量及传输环境噪声都会影响广域网的可靠性，采用基于网状拓扑的网络结构可以大大提高广域网链路的容错性。

2. 广域网服务的实现模型

当用户向服务提供商申请广域网服务时，需要购买一些连接广域网所需的基本设备，图 8.1 给出了实现广域网服务的一般模型。相关设备和术语的说明如下。

1）用户端设备（customer premises equipment，CPE）。物理上放置在用户一侧的设备，包括属于用户的设备或服务提供商放置在用户侧的设备。

2）分界（demarcation）。在 CPE 的前端，本地环路开始的地方，通常 CPE 也就是用户接入所在地。

3）本地环路（local loop）。从分界到服务提供商中心局的线路。

4）中心局交换机（central office switch）。中心局交换机是由广域网服务提供商提供的，离用户最近的局端交换机。

5）长途网络（toll network）。广域网服务提供商用来实现长途传输的通信网络，通常由成组的交换机和中继设备组成。

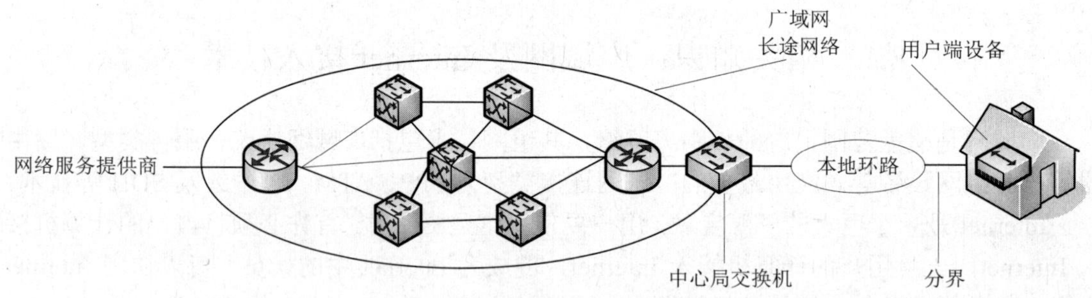

图 8.1 广域网服务的实现模型

3. 常见的广域网设备

常见的广域网设备包括路由器、广域网交换机、调制解调器和通信服务器等，如图 8.2 所示。路由器是属于网络层的互连设备，它可以实现不同网络之间的互连。在广域网中，路由器主要是用来实现 LAN 与 WAN 的互连或 WAN 和 WAN 的互连。广域网交换机与局域网中所用的以太网交换机一样，都属于数据链路层的多端口存储转发设备，只不过广域网交换机实现的是广域网数据链路层协议帧的转发。在实际应用中，广域网交换机有不同的种类，如帧中继交换机、X.25 交换机等。

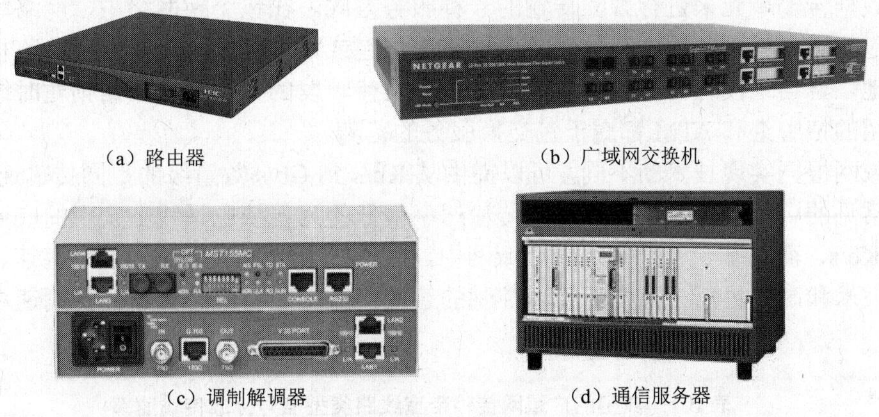

（a）路由器　（b）广域网交换机

（c）调制解调器　（d）通信服务器

图 8.2　常见广域网设备

作为广域网 DCE 设备的调制解调器是一种实现数字和模拟信号转换的设备，当数据通过电话网络进行传输时，发送与接收双方就需要安装相应的调制解调器，如 ISDN 网络中用到的 TA/NT1 设备等。通信服务器主要用来对广域网用户进行身份合法性的验证并提供服务策略。

4. 常见的广域网服务类型和带宽

广域网服务按其实现方式的不同可分为专线服务、线路交换服务和包交换（分组交换）服务，如图 8.3 所示。专线服务方式可以为用户提供永久的专用连接，这种服务不管用户是否有数据在线路上传送都要为专线付租用费，故又被称为租用线。可靠的连接性能和相对较高的租用费使得专线一般用于 WAN 的核心连接或 LAN 和 LAN 之间的长期固定连接。线路交换服务又称为电路交换服务，这种服务方式在每次通信时都要首先在网络中建立一条物理线路或连接，并在用户数据传输完毕后撤除或结束所建立的连接。传统的电话网络就属于典型的线路交换网络，而在传统电话网络上实现的数字传输服务 ISDN 也是采用了

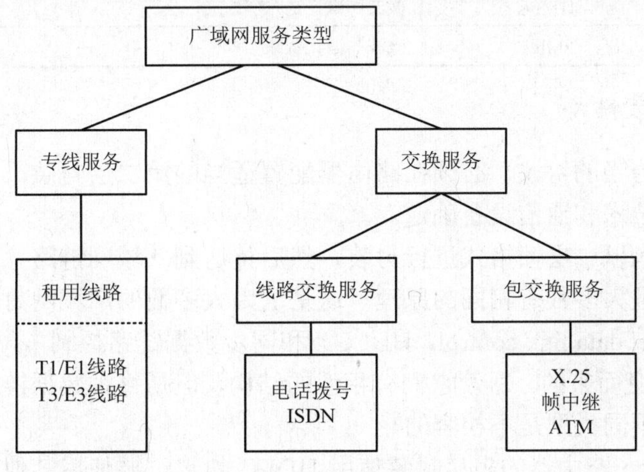

图 8.3　广域网服务类型

线路交换服务。与线路交换服务不同，包交换服务是将待传输的数据分成若干个等长或不等长的数据传输单元来进行独立传输的一种服务方式。在包交换网络中，网络线路为不同的数据包或数据帧所共享，交换设备为这些数据包或数据帧选择一条合适的路径将其传送到目的地。若信道没有空闲，则交换设备可以将待转发的数据包或数据帧暂时缓存起来。下面介绍的帧中继和ATM都属于包交换服务的范畴。

广域网根据实现技术的不同，可以提供从Kb/s到Gb/s数量级的不同传输速率。表8.1给出了常见的广域网传输带宽，其中传输速率最低的为传统电话线上实现的广域网服务，只有56Kb/s，而在基于光纤实现的广域网中，SONET（光同步网络，它是高速、大容量光纤传输技术和高度灵活、又便于管理控制的智能网技术的有机结合）的传输速率可达到近10Gb/s。

表8.1　典型的广域网传输带宽线路类型信号标准传输速率

连接类型	最大带宽	特点描述
ISDN	128Kb/s	ISDN BRI 在两个 B 信道集成在一起时，提供 128Kb/s 的速率。适用于终端节点和小的分支机构
X.25	2Mb/s	一种老式的包交换技术，具有高可靠性的特点。一般只适用于帧中继服务不可用的地方
帧中继	44.736Mb/s	永久虚电路（PVC）使得帧中继适用于远程办公节点
ATM	622Mb/s	高成本的信元交换技术，提供高吞吐量。作为广域网技术，适用于服务提供商和对带宽要求敏感的应用
SMDS	44.736Mb/s	与 ATM 密切相关，通常用在城域网（MAN）中
T1、T3	44.736Mb/s	在电信中广泛应用
xDSL	384Kb/s	一旦用户打开它们连接到 DSL 的计算机，就被连接了
SONET	9952Mb/s	快速的光纤传输
Cable Modem	10Mb/s	电缆调制解调器可以使用传输有线电视的同轴电缆进行双向、高速的数据传输
电话拨号	56Kb/s	通过普通电话线来提供有限的带宽，但是具有高可用性。适用于家庭用户和移动用户
地面无线	11Mb/s	微波和激光链路
卫星无线	2Mb/s	微波和激光链路

5. 广域网帧封装格式

为了确保使用恰当的协议，必须在路由器配置适当的第二层封装。协议的选择需要根据所采用的广域网技术和通信设备确定。

路由器把数据包以二层帧格式进行封装，然后传送到广域网链路。尽管存在几种不同的广域网封装，但是大多数有相同的原理。这是因为大多数的广域网封装都是从高层数据链路控制（high-level data link control，HDLC）和同步数据链路控制（synchronous data link control，SDLC）演变而来的。尽管它们有相似的结构，但是每种数据链路协议都指定了自己特殊的帧类型，不同类型是不相容的。

默认情况，Cisco路由器的串口封装使用HDLC协议。要使用其他封装，必须手动配置。封装协议的选择依赖于所使用的广域网技术和通信设备。通常的广域网协议有以下几种。

1）点对点协议（PPP）。这是一种标准协议，规定了同步或异步电路上的路由器对路由器、主机对网络的连接。

2）串行线路互联协议（serial line internet protocol，SLIP）。这是 PPP 的前身，用于使用 TCP/IP 的点对点串行连接。SLIP 已经基本上被 PPP 取代。

3）HDLC。HDLC 标准是私有的，它是点对点、专用链路和电路交换连接上默认的封装类型。HDLC 是按位访问的同步数据链路层协议，它定义了同步串行链路上使用帧标识和校验和的数据封装方法。当连接不同设备商的路由器时，要使用 PPP 封装（基于标准）。HDLC 同时支持点对点与点对多点的连接。

4）X.25/平衡式链路访问程序（link access procedure balanced，LAPB）。X.25 是帧中继的原型，它指定 LAPB 为一个数据链路层协议。LAPB 是定义 DTE 与 DCE 之间如何连接的 ITU-T 标准，是在公用数据网络上维护远程终端访问与计算机通信的。LAPB 用于包交换网络，用来封装位于 X.25 中第二层的数据包。X.25 具有扩展错误检测和滑动窗口特点，原因是 X.25 是在错误率很高的模拟铜线电路上实现的。

5）帧中继。它是一种高性能的包交换式广域网协议，可以被应用于各种类型的网络接口。帧中继适用于更高可靠性的数字传输设备。

6）ATM。它是信元交换的国际标准，在定长（53 字节）的信元中能实现传送各种各样的服务类型（如话音、音频、数据）。ATM 适于利用高速传输介质，如 SONET。

7）Cisco/IETF。用来封装帧中继流量，Cisco 定义的专属选项，只能在 Cisco 路由器之间使用。

8）综合业务数字网（ISDN）。综合业务数字网是一组数字服务，可经由现有的电话线路传输语音和数据资料。

最常用的两个广域网协议是 HDLC 和 PPP，所有串行线路的封装共享一个公共的帧格式。每种广域网连接类型使用一个第二层的协议来封装广域网链路的数据。为确保使用正确的封装协议，必须为路由器的每个串行接口配置使用第二层封装类型。

8.1.2 PPP 与 PPPoE 技术

利用现有的电话网络基础设施并通过拨号认证接入广域网是一种非常经济适用的上网选择，先后出现了 PPP（point-to-point protocol）和 PPPoE（PPP over Ethernet）技术。

1. PPP 技术

PPP 是点对点协议，它是一个工作于数据链路层的广域网协议。PPP 由 IETF（Internet Engineering Task Force）开发，目前已被广泛使用并成为国际标准。PPP 为路由器到路由器、主机到网络之间使用串行接口进行点到点的连接提供了 OSI 第二层的服务。例如，人们熟悉的利用 Modem 进行拨号上网就是使用 PPP 实现主机到网络连接的典型例子。

PPP 作为第二层的协议，在物理上可使用各种不同的传输介质，包括双绞线、光纤及无线传输介质，在数据链路层提供了一套解决链路建立、维护、拆除和上层协议协商、认证等问题的方案；在帧的封装格式上，PPP 采用的是 HDLC 的变化形式；其对网络层协议的支持则包括了多种不同的主流协议，如 IP 和 IPX 等。图 8.4 给出了 PPP 的体系结构，其中，链路控制协议（link control protocol，LCP）用于数据链路连接的建立、配置与测试；

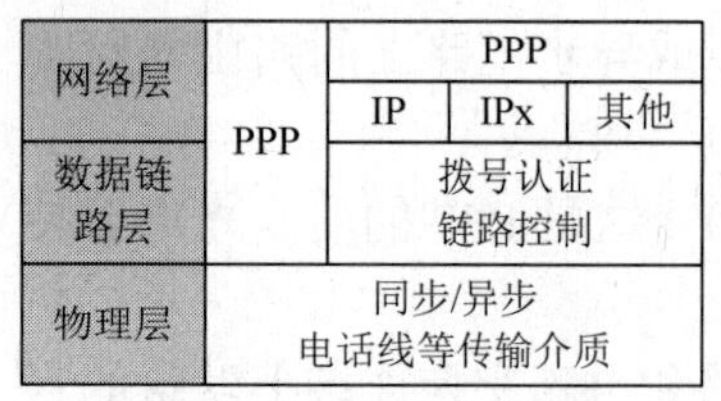

图 8.4 PPP 的体系结构

网络控制协议（network control protocol，NCP）则是一组用来建立和配置不同的网络层协议。

PPP 的连接一般要经历链路建立、链路质量协商、网络层协议选择和链路拆除 4 个阶段。在链路建立阶段主要是通过发送 LCP 的帧来对链路进行相关的配置，包括数据的最大传输单元、是否采用 PPP 的压缩、PPP 的认证方式等；链路质量协商阶段作为一个可选的阶段主要用于对链路质量进行测试，以确定其能否为上层所选定的网络协议提供足够的支持。另外，若连接的双方已经要求采用安全认证，则在该阶段还要按所选定的认证方式进行相应的身份认证；在网络层协议选择阶段，通过发送 NCP 包来选择网络层协议并进行相应的配置，不同的网络层协议要分别进行配置；在第三个阶段完成后，一条完整的 PPP 链路就建立起来了，从而可在所建立的 PPP 链路上进行数据传输。任何时候只要用户请求断开连接或者由于链路故障，PPP 的连接都会被终止即进入链路拆除阶段。

需要说明的是，尽管 PPP 的验证是一个可选项，但一旦选择了采用身份验证，则其必须在网络层协议阶段之前进行。有两种类型的 PPP 验证，即 PAP（password authentication protocol）与 CHAP（challenge handshake authentication protocol）方式。PAP 采用的是一种两次握手方式，远程节点提供用户名与密码，由本地节点提供身份验证的确认或拒绝。

用户名与密码对由远程网络节点不断地在链路上发送，直到验证被确认或被终结。密码在传输过程中采用的是明文方式，而且发送登录请求的时间和频率完全由远程节点控制，所以这种验证方式虽然实现简单但易受到攻击。CHAP 使用的是三次握手的验证方式，本地节点提供一个用于身份验证的挑战值，由远程节点根据所收到的挑战值计算出一个回应值发送回本地节点，若该值与本地节点的计算结果一致，则远程节点被验证通过；显然一个没有获得挑战值的远程节点是不可能尝试登录并建立连接的，也就是说 CHAP 是由本地来控制登录的时间与频率的；并且由于每次所发送的挑战值都是一个不可预测的随机变量，CHAP 较 PAP 更加安全、有效，因此在通常情况下，更多采用的是 CHAP 验证方式。

2. PPPoE 技术

PPPoE 是在以太网上建立的 PPP 连接，由于以太网技术十分成熟且使用广泛，而 PPP 协议在传统的拨号上网应用中显示出良好的可扩展性和优质的管理控制机制，二者结合而成的 PPPoE 协议得到了宽带接入运营商的认可并广为采用。

PPPoE 建立过程可以分为发现（discovery）阶段和 PPP 会话阶段。发现阶段是一个无状态的阶段，该阶段主要是选择接入服务器，确定所要建立的 PPP 会话标识符 Session ID，同时获得对方点到点的连接信息；PPP 会话阶段执行标准的 PPP 拨号认证过程。

一个典型的发现阶段包括以下 4 个步骤。

1）主机首先主动发送广播包 PADI 寻找接入服务器，PADI 必须至少包含一个服务名称类型的标记 TAG，以表明主机所要求提供的服务。

2）接入服务器收到在服务范围内的 PADI 包后，发送 PPPoE 有效发现提供（PADO）包以响应请求，表明可向主机提供的服务种类。

3）主机在回应 PADO 的接入服务器中选择一个合适的，并发送 PADR 告知接入服务器，PADR 中必须声明向接入服务器请求的服务种类。

4）接入服务器收到 PADR 包后开始为用户分配一个唯一的会话标识符 Session ID，启动 PPP 状态机以准备开始 PPP 会话，并发送一个会话确认包 PADS。

主机收到 PADS 后，双方进入 PPP 会话阶段。在会话阶段，PPPoE 的以太网类域设置为 0x8864，CODE 为 0x00，Session ID 必须是发现阶段所分配的值。PPP 会话阶段主要是 LCP、认证、NCP 这 3 个协议的协商过程，LCP 阶段主要完成建立、配置和检测数据链路连接，认证协议类型由 LCP 协商（CHAP 或者 PAP），NCP 是一个协议族，用于配置不同的网络层协议，常用的是 IP 控制协议（IPCP），它负责配置用户的 IP 和 DNS 等工作。

PPPoE 不仅有以太网的快速、简便的特点，还有 PPP 的强大功能，任何能被 PPP 封装的协议都可以通过 PPPoE 传输。此外，PPPoE 还有如下特点。

1）PPPoE 很容易检查到用户下线，可通过一个 PPP 会话的建立和释放对用户进行基于时长或流量的统计，计费方式灵活、方便。

2）PPPoE 可以提供动态 IP 地址分配方式，用户无须任何配置，网管维护简单，无须添加设备就可解决 IP 地址短缺问题，同时根据分配的 IP 地址，可以很好地定位用户在本网内的活动。

3）用户通过免费的 PPPoE 客户端软件（如 EnterNet），输入用户名和密码就可以上网，跟传统的拨号上网差不多，最大限度地延续了用户的习惯，从运营商的角度来看，PPPoE 对其现存的网络结构进行的变更也很小。

8.1.3 ISDN 技术

随着计算机网络应用的多样化，信息在表达形式上呈现出多媒体趋势，在这种情况下，网络不仅被要求能够传输文字、数据，还被要求能够传输图形、声音和视频等多媒体信息。以往，电信网只是用来传输语音信息，而电报、数据等其他业务皆需要各自独立的网络来传输，这种多种网络并存的现状为用户的使用带来许多不便，并且这些网络存在着线路利用率低、资源不能共享、管理不便等问题。为了克服上述缺点，人们提出了建立一个能够将话音、数据、图像、视频等业务综合在一个网络内的设想，即建立一个 ISDN。

ISDN 是基于现有的电话网络来实现数字传输服务的标准。与后来提出的宽带 ISDN 相对应，传统的 ISDN 又被称为窄带（narrowed）ISDN，即 N-ISDN，简称 ISDN。CCITT 对 ISDN 的定义为：ISDN 是由电话综合数字网（IDN）演变而来的，它向用户提供端到端的连接，并支持一切话音、数字、图像、图形、传真等广泛业务。用户可以通过一组有限、标准、多用途的用户网络接口来访问这个网络获得相应的业务。根据上述定义，可以归纳出 ISDN 的特性：ISDN 是以电话综合数字网为基础发展而成的通信网；支持端到端的数字连接，是一个全数字化的网络；支持各种通信业务；提供标准的用户-网络接口，用户对 ISDN 的访问通过该接口完成。

1. ISDN 的组成

ISDN 包括终端、终端适配器、网络终端设备、线路终端设备和交换终端设备等，如图 8.5 所示。其中，ISDN 的终端分为两种类型，即标准 ISDN 终端和非标准 ISDN 终端；网络终端也被分为网络终端 1（NT1）和网络终端 2（NT2）两种类型。在图 8.5 中，R、S、

T、U 等是 ISDN 组件之间的连接规范，被称为 ISDN 参考点。ISDN 参考点是 ISDN 中不同功能的分界点，R 点为非 ISDN 兼容设备和 TA 之间的参考点；S 点为连接 NT2 或用户交换设备的参考点；T 点为从 NT2 向外连接 NT1 的参考点；U 点为 NT1 与 ISDN 网络连接的参考点。

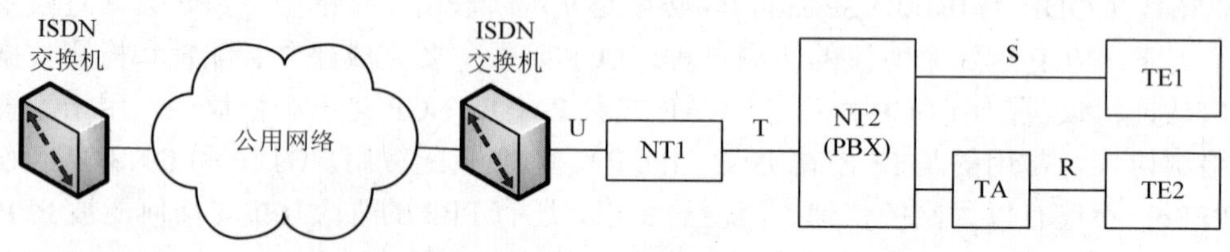

图 8.5 ISDN 的基本组成

2. ISDN 的速率服务

在 ISDN 用户网络接口 UNI 中提供了两种类型的信道：一种是信息信道，用于传输各种信息流；另一种是信令信道，用于传输对用户和网络实施控制的信令信息。

对于线路交换来说，ISDN 信道有以下两种。

1）信息信道分为 B 信道和 H 信道。B 信道为速率 64Kb/s 的信道。几个 B 信道合成 H 信道，H 信道分速率为 384Kb/s 和 1920Kb/s 的信道。

2）信令信道为 D 信道。D 信道的速率根据不同的接口结构分为 16Kb/s 和 64Kb/s 两种。在某种情况下，D 信道也能用于传输分组交换数据。

ITU 规定了两种 UNI，即基本速率接口（basic rate interface，BRI）和基群速率接口（primary rate interface，PRI）。

1）基本速率接口。它是为将现有电话网的普通用户线作为 ISDN 的用户线而规定的接口，也是 ISDN 最基本的 UNI。它的结构简称为 2B+D，即由 2 条 64Kb/s 的 B 信道和 1 条 16Kb/s 的 D 信道组成。2 条 B 信道可以用来独立地传输用户信息，而 D 信道则可以用来传输信令信息，也可以用来传输数据。

2）基群速率接口。它主要用于高速传输大业务量的场合，如召开视频会议等。我国采用的基群速率为 2048Kb/s。它可提供 30 条速率为 64Kb/s 的 B 信道和 1 条速率为 64Kb/s 的 D 信道，或者可提供 5 条速率为 384Kb/s 的 H 信道和 1 条速率为 64Kb/s 的 D 信道，或者将它们混合起来而组成混合信道接口。用户线是指用户终端连接到程控交换机的线路和设备。在只开展电话业务时，它传输的是音频话音信号，并且是双向二线传输。在开展数据业务时，数字传输一般要求采用四线传输，而现有的用户线大都是二线电路。因此，必须解决在二线用户线上双向传输数字信号的问题。常用的有两种方法：时间压缩复用法（又称乒乓法）和回波抵消法（又称单频双工法）。前者较简单，易于实现，但要求传输速率高，故传输距离较近；后者较复杂，但要求传输速率低，传输距离较长。我国主要采用回波抵消法。

8.1.4 xDSL 技术

xDSL 是 DSL（digital subscriber line）的统称，意即数字用户线路，是以铜电话线为传输介质的点对点传输技术。DSL 技术在传统的电话网络（POTS）的用户环路上支持对称和非对称传输模式，解决了经常发生在网络服务供应商和最终用户间的“最后一公里”的传输瓶颈问题。由于电话用户环路已经被大量铺设，如何充分利用现有的铜缆资源，通过铜质双绞线实现高速接入就成为业界的研究重点，因此 DSL 技术很快就得到重视，并在一些国家和地区得到大量应用。

1. xDSL 的实现

xDSL 系统主要由局端设备（digital subscriber line access multiplexer，DSLAM）和用户端设备（CPE）组成，局端由 DSLAM 接入平台、DSL 局端卡、语音分离器、IPC（数据汇聚设备）等组成，其中 IPC 为可选的设备。语音分离器将线路上的音频信号和高频数字调制信号分离，并将音频信号送入电话交换机，高频数字调制信号送入 DSL 接入系统；DSLAM 接入平台可以同时插入不同的 DSL 接入卡和网管卡等；局端卡将线路上的信号调制为数字信号，并提供数据传输接口；IPC 为 DSL 接入系统提供不同的广域网接口，如 ATM、帧中继、T1/E1 等。这些设备都设在电话系统的交换机房中。

用户设备由 DSL Modem 和语音分离器组成，DSL Modem 对用户的数据包进行调制和解调，并提供数据传输接口。

2. xDSL 的分类

xDSL 中的“x”代表着不同种类的数字用户线路技术。各种数字用户线路技术的不同之处主要表现在信号的传输速率和距离，还有对称和非对称的区别上。DSL 技术主要分为对称和非对称两大类。

（1）对称 DSL 技术

对称 DSL 技术主要有以下几种。

1）高比特率数字用户线 DSL（high-bit-rate DSL，HDSL）。HDSL 是 xDSL 技术中最成熟的一种，已经得到了较为广泛的应用。这种技术可以通过现有的铜双绞线以全双工 T1 或 E1 方式传输。其特点是：利用两对双绞线传输；支持 N×64Kb/s 各种速率，最高可达 E1 速率；HDSL 是 T1/E1 的一种替代技术，主要用于数字交换机的连接、高带宽视频会议、远程教学、蜂窝电话基站连接、专用网络建立等。

2）对称数字用户线 SDSL（symmetrical DSL）。SDSL 是 HDSL 的单线版本，它可以提供双向高速可变比特率连接，速率范围从 160Kb/s 到 2.084Mb/s。其特点是：利用单对双绞线；支持多种速率到 T1/E1；用户可根据数据流量选择最经济合适的速率，最高可达 E1 速率，比用 HDSL 节省一对铜线；在 0.4mm 双绞线上的最大传输距离为 3km 以上。

3）多虚拟数字用户线（multiple virtual line，MVL）。MVL 是 Paradyne 公司开发的低成本 DSL 传输技术。其特点是：利用一对双绞线；安装简便，价格低廉；功耗低，可以进行高密度安装；利用与 ISDN 技术相同的频率段，对同一电缆中的其他信号干扰非常小；支持语音传输，在用户端无须语音分离器；支持同一条线路上同时连接多至 8 个 MVL 用户设备，动态分配带宽；上/下行共享速率可达 768Kb/s；传输距离可达 7km。

（2）非对称 DSL 技术

非对称 DSL 技术主要有以下几种。

1）非对称数字用户线（asymmetric DSL，ADSL）。ADSL 为网络提供速率从 32Kb/s 到 8.192Mb/s 的上行流量和从 32Kb/s 到 1.088Mb/s 的下行流量，同时在同一根线上可以仿真提供语音电话服务。其特点是：利用一对双绞线传输；上行速率从 1.5Mb/s 到 6Mb/s，下行速率从 64Kb/s 到 640Kb/s；支持同时传输数据和语音。

2）速率自适应 DSL（rate adaptive DSL，RADSL）。这种技术允许服务提供者调整 xDSL 连接的带宽以适应实际需要并且解决线长和质量问题。其特点是：利用一对双绞线传输；支持同步和非同步传输方式；速率自适应，下行速率从 640Kb/s 到 12Mb/s，上行速率从 128Kb/s 到 1Mb/s；支持同时传输数据和语音。

3）甚高速数字用户线（very high data rate DSL，VDSL）。VDSL 在用户回路长度小于 5000feet（1feet＝0.3048m）的情况下，可以提供的速率高达 13Mb/s 甚至还可能更高，这种技术可作为光纤到路边网络结构的一部分。此技术可在较短的距离上提供极高的传输速率，但应用还不是很多。

3. xDSL 技术的应用

（1）对称 DSL 技术

对称 DSL 技术主要用于替代传统的 T1/E1 接入技术。与传统的 T1/E1 接入相比，DSL 技术具有对线路质量要求低、安装调试简单等特点，广泛地应用于通信、校园网互连等领域，通过复用技术，可以同时传送多路语音、视频和数据。

（2）非对称 DSL 技术

非对称 DSL 技术非常适用于对双向带宽要求不一样的应用，如 Web 浏览、多媒体点播、信息发布等，因此适用于 Internet 接入、VOD 系统等。

8.1.5 ATM 技术

针对 N-ISDN 的不足，提出了一种高速传输网络，就是宽带 ISDN（broadband ISDN），即 B-ISDN。B-ISDN 的设计目标是以光纤为传输介质，以提供远远高于一次群速率的传输信道，并针对不同的业务而采用相同的交换方法，即致力于真正做到用统一的方式来支持不同的业务。为此，一种新的数据交换方式即异步转移模式（asynchronous transfer mode，ATM）被提了出来。ATM 已成为高速广域网传输技术的重要基础。

1. ATM 的实现

传统的交换模式为线路交换与分组交换。线路交换采用时分复用方式，通信双方周期性地占用重复出现的时隙，信道以其在一帧中的时隙来区分，而且在通信过程中无论是否有信息发送，所分配的信道（时隙）均被相应的两端独占。分组交换则不分配任何时隙，采用存储转发方式，属于统计复用。显然，线路交换模式的实时性好，适合于发送对延迟敏感的数据，但信道带宽的浪费较大；分组交换方式的灵活性好，适合突发性业务，且信道带宽的利用率高，但分组间不同的延时会导致传输抖动，因此不适合实时通信。ATM 技术综合了线路交换的可靠性与分组交换的高效性，借鉴了两种交换方式的优点，采用了基于信元的统计时分复用技术。

信元（cell）是 ATM 用于传送信息的基本单元，其采用 53B 的固定长度。其中，前 5B

为信头，载有信元的地址信息和其他一些控制信息，后 48B 为信息段，装载来自各种不同业务的用户信息。固定长度的短信元可以充分利用信道的空闲带宽。信元在统计时分复用的时隙中出现，即不采用固定时隙，而是按需分配，只要时隙空闲，任何允许发送的单元都能占用。所有信元在底层采用面向连接方式传送，并对信元交换采用以并行处理方式去实现的硬件，减少了节点的时延，其交换速度远远超过总线结构的交换机。

ATM 网络系统由 ATM 业务终端、交换、传输等部分组成，其结构如图 8.6 所示。其中，ATM 交换机是 ATM 网络的核心，它采用面向连接的方式实现信元的交换。

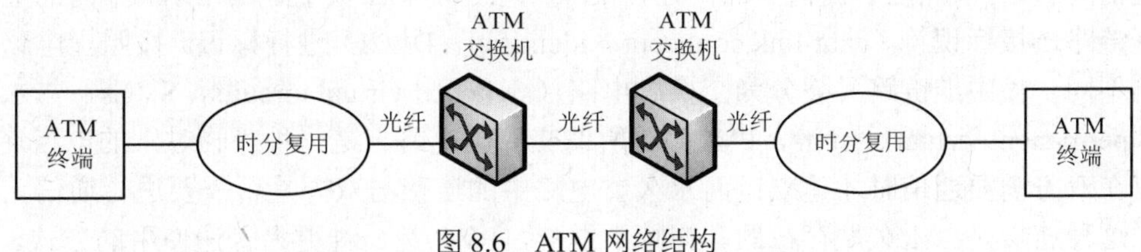

图 8.6　ATM 网络结构

2. ATM 的特点和应用

ATM 具有如下特点。首先，ATM 是以面向连接的方式工作的，大大降低了信元的丢失率，保证了传输的可靠性；其次，由于 ATM 的物理线路使用光纤，误码率很低；再次，短小的信元结构使得 ATM 信头的功能被简化，并使信头的处理能基于硬件实现，从而大大减少了处理时延；最后，采用短信元作为数据传输单位可以充分利用信道空闲，提高了带宽利用率。总之，ATM 的高可靠性和高带宽使其能有效传输不同类型的信息，如数字化的声音、数据、图像等。目前，ATM 论坛定义的物理层接口有 SDH STM-1、SDH、STM-416，其数据传输速率分别可达到 55.52Mb/s、662.08Mb/s、2488.32Mb/s。对应于不同信息类型的传输特性，如可靠性、延迟特性和损耗特性等，ATM 可以提供不同的服务质量来适应这些差别。

ATM 是一种应用极为广泛的技术，在实际的应用中能够适应从低速到高速的各种传输业务，可应用于视频点播（VOD）、宽带信息查询、远程教育、远程医疗、远程协同办公、家庭购物、高速骨干网等。

8.1.6　帧中继技术

帧中继（frame relay，FR）技术被提出之前，X.25 分组交换在广域网中被大量采用，它是借助于虚电路（逻辑电路）来提供面向连接服务的一种技术。X.25 丰富的检、纠错机制特别适合当时广泛使用铜缆的网络环境。但是，随着容量大、质量高（误码率低于 10^{-9}）的光纤被大量使用，通信网的纠错能力就不再成为评价网络性能的主要指标。这样一来，以往的 X.25 分组交换的某些优点在光纤传输系统中已经得不到体现（如丰富的检、纠错机制等），相反有些功能显得累赘。在此背景下产生了帧中继技术。

帧中继是以 X.25 分组交换技术为基础，摒弃其中烦琐的检、纠错过程，改造了原有的帧结构，从而获得了良好的性能。帧中继的用户接入速率一般为 64Kb/s～2Mb/s，局间中继传输速率一般为 2Mb/s、34Mb/s，现已可达 155Mb/s。

1. 帧中继的实现

帧中继技术继承了 X.25 提供统计复用功能和采用虚电路交换的优点，但是简化了可靠传输和差错控制机制，将那些用于保证数据可靠性传输的任务如流量控制和差错控制等委托给用户终端或本地节点机来完成，从而在减少网络时延的同时降低了通信成本。帧中继中的虚电路是帧中继分组交换网络为实现不同 DTE 之间的数据传输所建立的逻辑链路，这种虚电路可以在帧中继交换网络内跨越任意多个 DCE 设备或帧中继交换机。虚电路为两个相互通信的 DTE 节点之间提供了面向连接的第二层服务。在帧中继网络中，不同的虚电路由数据链路连接标识符（data-link connection identifier，DLCI）进行标识。按照虚电路实现方式的不同，帧中继链路又被分为交换虚电路（switched virtual circuits，SVCs）与永久虚电路（permanent virtual circuits，PVCs）。所谓交换虚电路，是一种“临时”的电路连接，它只有在双方需要通信时才建立；而永久虚电路中的连接与双方是否需要进行通信无关，或者说这种连接是“永久”存在的。在帧中继中，PVC 是一种更为普遍使用的方式。

从网络层次上看，相对于具有三层体系的 X.25 而言，帧中继网络只有物理层和数据链路层两层，并对数据链路层功能进行了较大的调整。它将统计复用、数据交换、路由选择等功能定义在数据链路层执行，取消了流量控制、纠错及确认等处理功能，并且数据交换以帧为单位（故称为帧交换）。通过这些简化措施，提高了网络性能，减少了网络时延。

2. 帧中继的组成

一个典型的帧中继网络由用户设备与网络交换设备组成，如图 8.7 所示。作为帧中继网络核心设备的 FR 交换机，其作用类似于本书前面讲到的以太网交换机，都是在数据链路层完成对帧的传输，只不过 FR 交换机处理的是 FR 帧而不是以太帧。帧中继网络中的用户设备负责把数据帧送到帧中继网络，用户设备分为帧中继终端和非帧中继终端两种，其中非帧中继终端必须通过帧中继装拆设备 FRAD 接入帧中继网络。

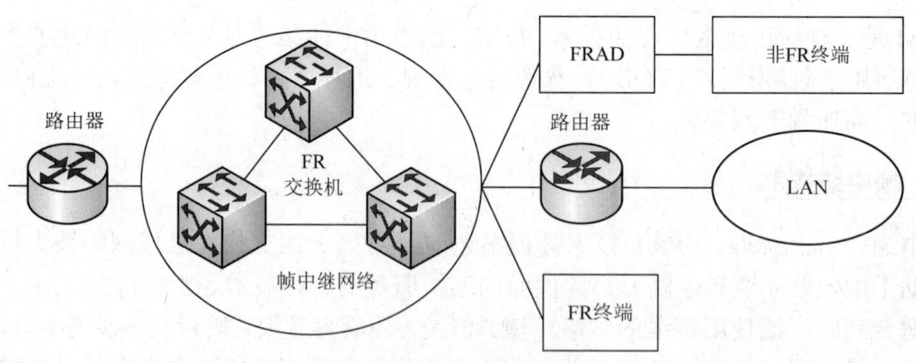

图 8.7 帧中继网络结构

3. 帧中继的特点与应用

帧中继具有如下特点。首先，帧中继采用统计复用技术为用户提供共享的网络资源，提高了网络资源的利用率。帧中继不仅可以提供用户事先约定的带宽，还在网络资源富裕时，允许用户使用超过预定值的带宽，而只用付预定带宽的费用。其次，帧中继在 OSI 模型中仅实现物理层和数据链路层的核心功能，这样大大简化了网络中各个节点机之间的处理过程，有效地降低了网络时延。再次，帧中继提供了较高的传输质量。高质量的线路和智能化的终端是实现帧中继技术的基础，前者保证了传输中的误码率很低，即使出现了少量的错误也可以由智能终端进行端到端的恢复。另外，在网络中还采取了 PVC 管理和拥塞管理，客户智能化终端和交换机可以清楚地了解网络的运行情况，不向发生拥塞和已删除的 PVC 上发送数据，以避免造成信息的丢失，进一步保证了网络的可靠性。最后，从网络实现角度，帧中继只需对现有数据网上的硬件设备稍加修改，同时进行软件升级就可以实现，操作简单，实现方便。

帧中继技术首先在美国和欧洲得到应用。帧中继的应用领域十分广泛，一般来说帧中继技术适用于以下情况。

1）当用户需要数据通信，其带宽要求为 64Kb/s～2Mb/s，而参与通信的各方多于两个时，使用帧中继是一种较好的方案。

2）当数据业务量为突发性时，由于帧中继具有动态分配带宽的功能，选用帧中继可以有效地处理突发性数据。

用户可以采用帧中继技术来传输高分辨率的图形数据或者长文件，除此之外，帧中继还可以支持多个低速率复用，可以使用它来组建虚拟专业网或者用来互连局域网。

8.1.7 SDH 技术

目前世界上主要有两种数字传输体系：一种为准同步数字体系（plesiochronous digital hierarchy，PDH）；另一种为同步数字体系（synchronous digital hierarchy，SDH）。其中，PDH 自 20 世纪 80 年代以来，在电信网络中得到了普遍的应用。但是随着信息社会的到来，人们希望电信网络能够更加快速、经济、有效地提供各种业务，此时的 PDH 暴露出一些固有的缺陷：PDH 的复用系统结构复杂，硬件数量多，上下电路的费用高；PDH 没有世界性的标准；PDH 设备缺少全世界统一的光接口标准，大大限制了组网的灵活性。

基于以上原因，1988 年 CCITT 在美国贝尔通信研究所光同步网络（SONET）的基础上提出了同步数字系列——SDH。SDH 是一种基于光纤的传输网络，它具有传输速率高、传输带宽大等特点，SDH 不仅适用于光纤，也适用于微波和卫星传输，并且其网络管理功能大大增强，是目前广域网中普遍采用的技术。SDH 技术与 PDH 技术相比有很多优点。首先，SDH 具有统一的比特率、统一的接口标准，这为不同厂家设备间的互连提供了可能；其次，SDH 的网络管理能力相比 PDH 大大加强；再次，SDH 提出了自愈网的新概念，用 SDH 设备组成的带有自愈保护功能的环形网络，可以在传输媒体主信号被切断时，自动通过自愈功能恢复正常通信；最后，SDH 所采用的字节复接技术，使网络中上下支路信号变得十分简单。

SDH 的复用包括两种情况：一种是低阶的 SDH 信号复用成高阶的 SDH 信号；另一种是低速支路信号（如 2Mb/s、34Mb/s、140Mb/s）复用成 SDH 信号 STM-N。

8.1.8 移动互联网技术

随着宽带无线接入技术和移动终端技术的快速发展，人们迫切希望能够随时随地乃至在移动过程中都能方便地从互联网获取信息和服务，移动互联网则应运而生并迅猛发展。移动互联网（mobile Internet，MI）是一种通过智能移动终端，采用移动无线通信方式获取网络服务的新兴技术，主要由移动终端、系统软件和应用程序 3 个部分组成。移动终端包括智能手机、平板电脑、电子书等；系统软件包括操作系统、中间件、数据库和安全软件等；应用程序包括休闲娱乐、工具媒体、电子商务等各种应用服务。

1. 传统 IPv4 协议的局限性

前面讨论的传统 IPv4 协议假定网络主机是在固定位置连接到 Internet 的，并假定主机的 IP 地址可标识与其相连接的网络，即 IP 地址的网络号，网络号则代表了主机所在的位置信息。一方面，传统 Internet 协议都要求通信节点的 IP 地址保持不变，如果通信中的任一节点的 IP 发生了变化，则应用该协议将失败。另一方面，如果移动计算机（即移动节点）到新网络后其 IP 地址保持不变，则移动节点的地址不会反映新连接点。因此，所存在的路由协议无法将数据报正确路由到该移动节点，必须使用表示新位置的其他 IP 地址来重新配置移动节点，指定其他 IP 地址会比较麻烦。因此，在当前 Internet 协议下，如果移动节点在移动后其地址不变，则会失去路由。如果移动节点确实对其地址进行更改，则会失去连接。

2. 移动 IPv4 协议的拓扑结构

移动 IPv4 通过允许移动节点使用两个 IP 地址，可以解决传统 IPv4 在移动节点上面临的问题。第 1 个 IP 地址是家乡地址，它是固定的；第 2 个 IP 地址是转交地址，它在每个新连接点都会发生变化；移动 IP 允许计算机主机在 Internet 上自由漫游。另外，它还允许主机在网络上自由漫游的同时仍保持其家乡 IP 地址不变。因此，当用户更改计算机的连接点时，通信活动不会中断。相反，会使用移动节点的新位置对网络进行更新。图 8.8 为移动 IP 网络拓扑结构。

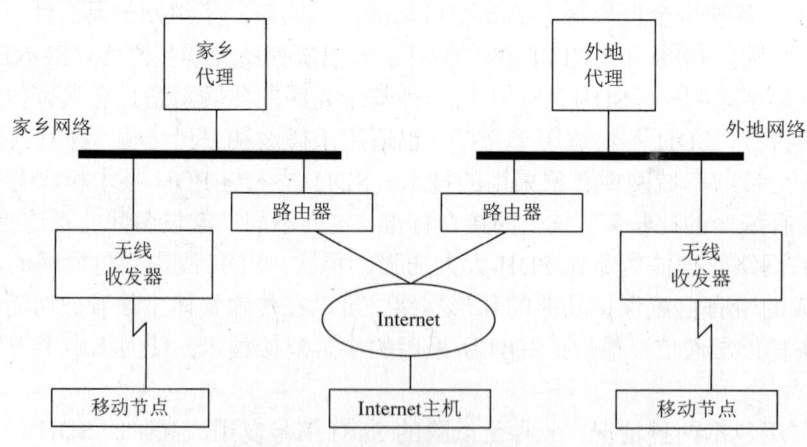

图 8.8　移动 IP 网络拓扑结构

移动节点（mobile node，MN）：主机或路由器，其连接点随网络变化而变化，但会使用其 IP 家乡地址维持所有现有的通信。

家乡代理（home agent，HA）：位于移动节点的家乡网络上的路由器或服务器。路由器会拦截发往移动节点的数据报，然后，通过转交地址传送数据报。家乡代理也会维护有关移动节点位置的当前信息。

外地代理（foreign agent，FA）：位于移动节点访问的外地网络上的路由器或服务器。外地代理可为移动节点提供主机路由服务。外地代理还可以在注册移动节点时向其提供转交地址。

如果移动节点位于家乡网络，则数据报会通过常规 IP 进程传送到移动节点；否则，数据报将传送到家乡代理。如果移动节点位于外地网络，则家乡代理将数据报转发到外地代理；家乡代理必须将数据报封装到外部数据报中，以便外地代理的 IP 地址出现在外部 IP 数据包头；外地代理将数据报传送到移动节点。

数据报通过使用标准的 IP 路由过程从移动节点发送到 Internet 主机。如果移动节点位于外地网络上，则数据报会传送到外地代理。外地代理随后会将数据报转发到 Internet 主机上。

如果存在入口过滤（ingress filtering），则发送数据报的子网的源地址在拓扑结构上必须正确，否则路由器无法转发数据报。如果移动节点和通信节点之间的链路上存在这种情况，则外地代理需要提供反向隧道连接支持。然后，外地代理即可将移动节点所发送的每个数据报传送到其家乡代理。家乡代理随后将转发数据报，所使用的路径即是移动节点驻留在家乡网络的情况下数据报应采用的路径。此过程保证数据报必须遍历的所有链路的源地址均正确。

此外，Internet 主机和移动节点之间的所有数据报也都使用移动节点的家乡地址。即使移动节点位于外地网络上，仍会使用家乡地址。转交地址仅用于与移动代理进行通信，其对于 Internet 主机不可见。

3. 移动 IP 的工作原理

使用移动 IP 可将 IP 数据报路由到移动节点。无论移动节点连接到何处，移动节点的家乡地址可始终标识该移动节点。如果移动节点不在家乡网络上，则转交地址将与移动节点的家乡地址相关联。转交地址可提供有关移动节点当前连接点的信息。移动 IP 使用注册机制向家乡代理注册转交地址。

家乡代理可将数据报从家乡网络重定向到转交地址。家乡代理会构造一个新的包含移动节点转交地址的 IP 数据报头，将其用作目的 IP 地址。这个新的 IP 数据报头用于封装初始 IP 数据报。因此，移动节点的家乡地址不会影响已封装数据报的路由，直到数据报到达转交地址为止。这种类型的封装被称为隧道连接。数据报到达转交地址之后，将对数据报解除封装。然后，将数据报传送到移动节点。

图 8.9 显示了驻留在家乡网络（网络 A）上的移动节点在移动到外地网络（网络 B）之前的情形。这两个网络都支持移动 IP。移动节点始终与其家乡地址 128.226.3.30 相关联。

图 8.10 显示了已经移到外地网络（网络 B）的移动节点。家乡网络（网络 A）上的家乡代理会拦截发往移动节点的数据报，并对数据报进行封装。然后，数据报会发送到网络 B 上的外地代理。外地代理会去除外部头，然后将数据报传送到位于网络 B 上的移动节点。

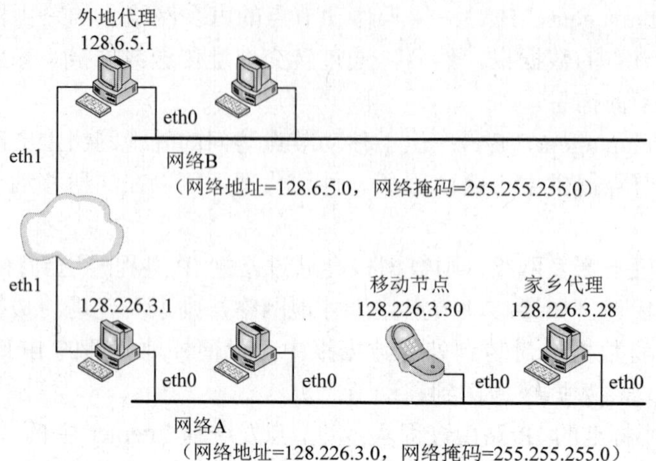

图 8.9　驻留在家乡网络上的移动节点

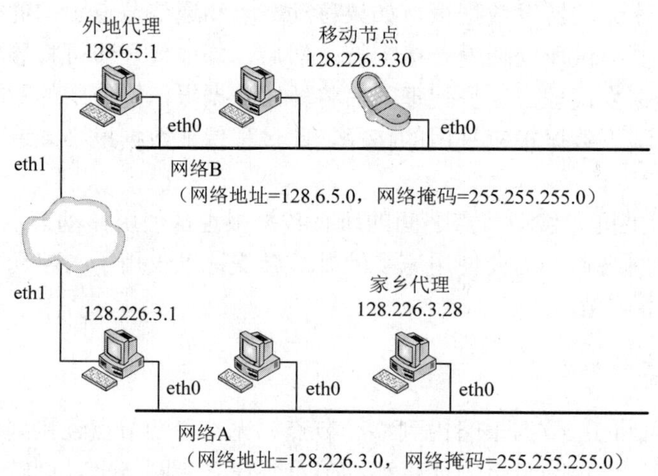

图 8.10　移动到外地网络的移动节点

转交地址可能属于外地代理。它可能由移动节点通过动态主机配置协议（dynamic host configuration protocol，DHCP）或点对点协议获取。对于后一种情况，移动节点具有协同定位的转交地址。

移动代理（家乡代理和外地代理）通过使用代理通告消息来通告其是否存在。移动节点可选择请求代理通告消息，可使用通过代理请求消息在本地连接的任何移动代理，可使用代理通告确定移动节点是在家乡网络上还是在外地网络上。

移动节点使用特殊注册过程通知家乡代理有关移动节点的当前位置，会始终“侦听”移动代理通告以确定移动代理是否存在。移动节点使用这些通告帮助确定移动节点何时移到另一个子网。如果移动节点确定其已移到新位置，则会使用新的外地代理将注册消息转发到家乡代理。移动节点从一个外地网络移到另一个外地网络时，会使用同一过程。如果移动节点检测到其位于家乡网络上，则移动节点将不使用移动服务。移动节点返回到家乡网络时，会向家乡代理取消注册。

8.1.9 Internet 接入技术

Internet 是一个巨大的资源宝藏，用户要使用这些资源时，首先必须将自己的计算机接入 Internet，一旦用户的计算机接入 Internet，便成为 Internet 中的一员，可以访问 Internet 中提供的各类服务与丰富的信息资源。

1. Internet 接入概述

ISP 是管理 Internet 接口的服务机构，它一方面为用户提供 Internet 接入服务；另一方面为用户提供 Internet 的各类信息代理服务，如电子邮件、信息发布等。ISP 是用户接入 Internet 的服务代理和用户访问 Internet 的入口点。各国和各地区都有自己的 ISP，在我国具有国际出口路线的四大互联网运营机构为 CHINANET、CHINAGBN、CERNET 和 CASNET，它们是全国排名前四的 ISP，它们在全国各地都设置了自己的 ISP 机构，如中国电信 CHINANET 的 163 服务、宽带网服务等。ISP 与互联网相连的网络被称为接入网络，其管理单位称为接入单位。ISP 是用户和 Internet 之间的桥梁，它位于 Internet 的边缘，用户通过某种通信线路连接到 ISP，借助于 ISP 与 Internet 的连接通道便可以接入 Internet，如图 8.11 所示。

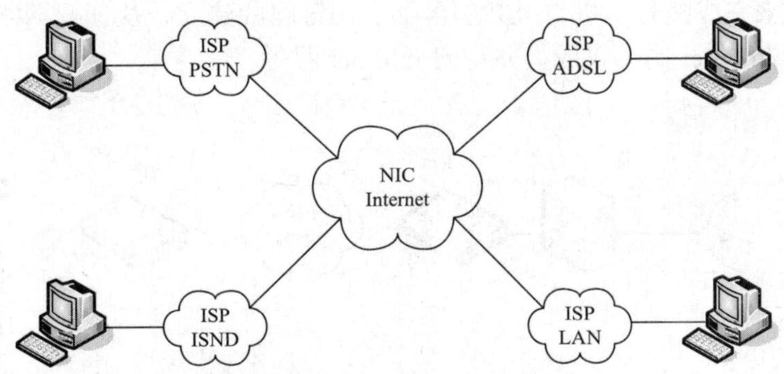

图 8.11 通过 ISP 接入 Internet 示意

至于用户能否有效地访问 Internet，则与 ISP 的选择直接有关。下面将介绍在选择 ISP 时应注意的几个问题。

（1）ISP 的位置

在选择 ISP 时，首先应考虑本地的 ISP，这样就可以减少通信线路的费用，得到更可靠的通信线路，花费更少的电话费用。例如，用户通过电话线路接入 Internet，如果选择的是本地的 ISP，费用按本地话费计算；否则按长途话费计算。

（2）ISP 的性能

可靠性：可靠性包括能否保证用户顺利地与之连接，在连接建立后能否保证连接不中断，能否提供可靠的电子邮件与域名服务器等服务。

传输速率：需要确定是否与国家或国际 Internet 主干连接，通常要选择找一家规模比较大的 ISP，因为它可以支持比较高的传输速率。

出口带宽：ISP 的所有用户共同分享 ISP 的 Internet 连接通道，如果 ISP 的出口带宽比较窄，它便可能成为用户访问 Internet 的瓶颈。

（3）ISP 的资费

对 ISP 服务质量的衡量是多方面的，如所能提供的增值服务、技术支撑、服务经验和收费标准等。增值服务是指为用户提供的上网以外的一些服务，如根据用户需求定制安全策略、提供域名注册服务等。技术支撑除了一天 24 小时的连续运行外，还涉及能否为客户提供咨询或软件升级等服务。ISP 的服务经验与其经营理念、服务的历史长短及客户的情况等都有关。目前，ISP 常见的收费标准包括按传输的信息量收费、按与 ISP 建立连接的时间来收费或通过包月、包年的形式收费等。

2. Internet 接入方式

在选择了合适的 ISP 以后，要解决的第 2 个问题是决定采用何种接入方式。下面介绍几种常见的 Internet 接入方式。

（1）拨号接入

利用电话线拨号上网是普通用户最早的 Internet 接入方式，只需一个内置或外置调制解调器 Modem，与 PC 相连或插入 PC，通过公用电话网 PSTN（程控电话交换网）接入 Internet，如图 8.12 所示；也可以直接拨打 ISP 所提供的上网服务电话，如当地 163 或 169 电话接入 Internet。用户 PC 和 ISP 访问服务器之间的连接采用 PPP 实现，用户要使用支持 PPP 的通信软件来完成拨号主机与 ISP 服务器之间链路的建立、认证及网络层协议选择等过程，从而成为 Internet 的正式成员并访问 Internet 服务。

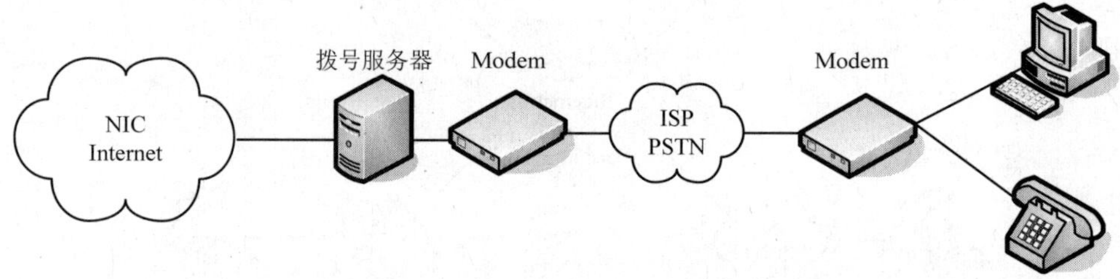

图 8.12　通过电话线拨号方式接入 Internet

早期的这种拨号接入方式成本低、安装简单，适合家庭个人用户或很小的局域网使用。但其在稳定性和带宽方面有局限性，最高接入速度仅 56Kb/s，已退出历史舞台。

（2）N-ISDN 接入

N-ISDN 是在现有电话网基础上，经济、有效地利用网络资源的一种技术，它采用端到端数字连接和标准接口，向用户提供包括语音、数据和图像等多媒体综合业务。作为 Internet 接入方式，使用的是 ISDN 的基本速率接口服务即 2B+D。

N-ISDN 的接入方式与电话拨号接入方式类似。如图 8.13 所示，若是个人用户，则可以通过一台 ISDN 终端适配器将个人计算机或电话机等连入 ISDN 的网络；如果是中小型企业，则可以通过一台 ISDN 路由器将企业的局域网、电话机、传真机等连入 ISDN 的网络。ISDN 可以为用户提供最高为 128Kb/s 的数据传输速率，相当于 2 个 B 信道的传输速率。用户在上网过程中，一旦有电话拨入时，ISDN 会自动释放其中的一个 B 信道用来进行电话的接听，因此用户利用 ISDN 可以在一条普通电话线上实现边上网边打电话或边上网边发传真的应用方式。因为这种应用方式，ISDN 被形象地称为“一线通”。

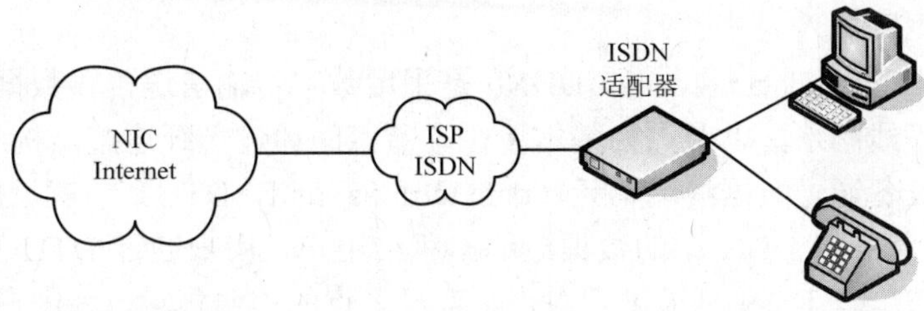

图 8.13 通过 ISDN 方式接入 Internet

尽管提供 Internet 接入是 N-ISDN 的主要应用，但是随着 XDSL 宽带接入方式技术的成熟及价格下降，N-ISDN 作为一种窄带接入的过渡方式正在逐渐退出历史舞台。

（3）xDSL 接入

公用电话网络 PSTN 作为为语音通信设计的通信网络，带宽上限只有 64Kb/s。为能够在现有的电话网上实现高速上网，采用 DSL 技术对 PSTN 进行改造，DSL 前面加“x”，代表一组以铜质电话线为传输介质的传输技术的组合，分别是 HDSL、ADSL、SDSL、VDSL 等。

所谓的“对称”，指的是从局端到用户端的下行数据速率和从用户端到局端的上行数据速率相同；而“不对称”，则指下行方向和上行方向的数据速率不同，并且通常上行速率要远小于下行速率。由于大部分 Internet 资源，特别是视频传输需要很大的下传带宽，而用户对上传带宽的需求不是很大，因此，“不对称”的 ADSL 和 VDSL 得到了大量的应用。下面以 ADSL 为例，介绍其接入方式。

如图 8.14 所示是 ADSL 的宽带接入方式，它采用频分复用原理将数据信号和电话音频信号调制于各自频段，用户端设备 ADSL 调制解调器和局端设备 DSLAM 在这里主要完成数据调制解调和接口匹配功能；语音分离器则相当于一个低通滤波器，能够实现数据和话音信号的分离，使两者互不干扰。对个人用户来说，只需在 PC 上安装网卡，在普通的现有电话线上加装一台 ADSL 调制解调器即可上网，避免了电话拨号上网时不能使用电话的烦恼。目前，ADSL 所能提供的上行最高速率为 2Mb/s，下行最高速率为 8Mb/s。

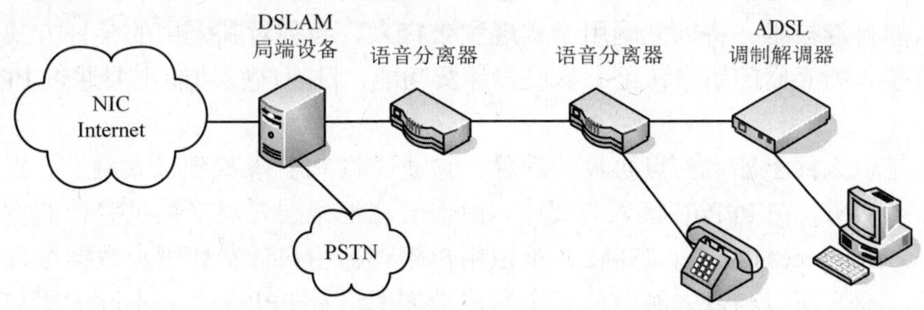

图 8.14 通过 ADSL 方式接入 Internet

由于 ADSL 安装简单，不需重新布线就可享受高速的网络服务，因此其为用户广为接受。VDSL 可以提供更高速度的数据传输，短距离内的最大下传速率可达 55Mb/s，上传速率可达 19.2Mb/s，甚至更高。目前其典型提供的是 10Mb/s 的上/下行对称速率，因而被视为 ADSL 的下一代，目前已开展这项业务。

（4）数字数据网接入

数字数据网（digital data network，DDN）是采用数字传输信道传输数据信号的通信网。它以光纤为中继干线网络，以节点为基本单位，节点间通过光纤连接，构成网状的拓扑结构，用户的终端设备通过数据终端单元（data terminal unit，DTU）与就近的节点机相连。DDN 专线是指运营商将 DDN 中的数据电路出租给用户，用户通过 DTU 直接进入运营商 DDN 网络的接入方式。DDN 可提供点对点、点对多点的透明传输，为用户传输包括文字、声音和图像在内的各类数据。因为这种接入采用固定连接的方式，不需要经过交换机房，所以称之为 DDN 专线。实际上 DDN 专线是一个半永久性的连接，因为它是根据用户的需要临时建立的一个固定连接，并且连接信道的数据传输率、路由、使用的网络协议等会随时根据需要申请改变。常见的 DDN 专线速率按美国标准可提供 14.4Kb/s、28.8Kb/s、64Kb/s、128Kb/s、256Kb/s、512Kb/s、768Kb/s、1.544Mb/s（就是常说的 T1 线路）及 44.763Mb/s（T3）9 种通信速率；按欧洲标准可提供 2.4Kb/s、4.8Kb/s、9.6Kb/s、19.2Kb/s、N×64Kb/s（注：N 取值在 1～31）及 2.048Mb/s 6 种通信速率。DDN 专线信道分配固定、传输质量高、网络可靠性强、时延小，不用拨号、每天 24 小时永久连接，因此得到了广泛的应用。但由于 DDN 专线需要铺设专用线路从用户端进入主干网络，花费较为昂贵，因此不适合普通的 Internet 用户，一般用于金融、无线移动通信网、气象、公安、铁路、医院、证券、银行等行业，特别是保密性要求高的行业。

（5）帧中继接入

帧中继与 DDN 专线方式类似，帧中继主要适合于企业用户接入 Internet。如果用户要通过帧中继入网，需申请帧中继电路，并配备支持 TCP/IP 协议的路由器以用于接入帧中继网络，其用户接入速率一般为 64Kb/s～2Mb/s。

由于帧中继可以同时为 20 多个点建立 PVC（永久性虚电路），而且租费比 DDN 专线低很多，因此得到了广泛的应用。它可以为大型写字楼、小区提供 2M 以下带宽接入，为大中型企业提供 n 倍 64Kb/s 的 VPN（虚拟专用网）服务。

（6）以太网接入

以太网技术是目前具有以太网布线的小区、小型企业、校园中用户实现宽带城域网或广域网接入的首选技术。将以太网用于实现宽带接入，必须对其采用的某种方式进行改造以增加宽带接入所必需的用户认证、鉴权和计费功能，目前这些功能主要通过 PPPoE 方式实现。

PPPoE 是以太网上的点到点协议的简称，它通过将 PPP 承载到以太网上，提供基于以太网的点对点服务。在 PPPoE 接入方式中，由安装在汇聚层三层交换机旁边的宽带接入服务器（broadband access server，BAS）承担用户管理、用户计费和用户数据续传等所有宽带接入功能。BAS 可以与以太网中的多个用户端之间进行 PPP 会话，不同的用户与接入服务器所建立的 PPP 会话以不同的会话标识（session ID）进行区分。BAS 是对不同用户和其之间所建立的 PPP 逻辑连接进行管理，并通过 PPP 建立连接和释放的会话过程，对用户上网业务进行时长和流量的统计，实现基于用户的计费功能。

作为以太网和拨号网络之间的一个中继协议，PPPoE 充分利用了以太网技术的寻址能力和 PPP 在点到点的链路上的身份验证功能，继承了以太网的快速和 PPP 拨号的简单、用户验证、IP 分配等优势，从而逐渐成为宽带上网的最佳方式。

如图 8.15 所示为一个简单的针对光纤到小区或大楼、五类线到户的应用 PPPoE 接入服务器的例子，接入用户不需要在网卡上设置固定 IP 地址、默认网关和域名服务器，PPP 服务器可以为其动态指定。PPPoE 接入服务器的上行端口可通过光电转换设备与局端设备连接，其他各接入端口与小区或大楼的以太网相连。用户只要在计算机上安装好网卡和专用的虚拟拨号客户端软件后，拨入 PPPoE 接入服务器就可以上网了。

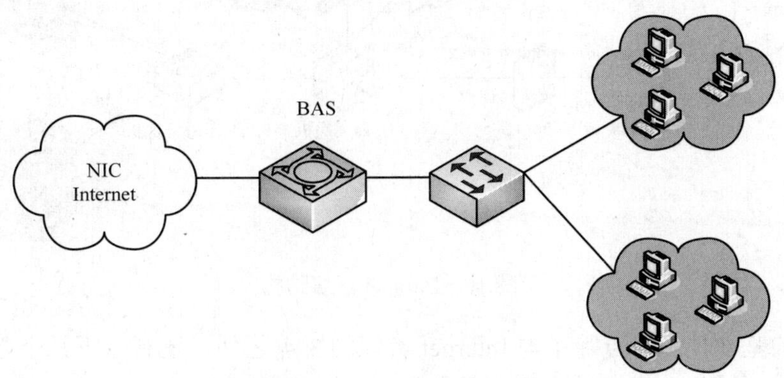

图 8.15 通过以太网方式接入 Internet

LAN 接入技术目前已经比较成熟、带宽高、用户端设备成本低，理论上用户速率可达 10Mb/s，目前较多地被用于具有以太网布线的住宅小区、酒店、写字楼等。但 LAN 传输距离短、初期投资成本高、管理不方便、需要重新布线等缺点在一定程度上限制了其应用。

（7）无线局域网接入

随着移动用户终端的增多和用户移动性的增加，无线接入方式已越来越被看好。相对其他的接入技术而言，宽带无线接入技术具有初期投资少，开通快、维护简单、灵活性大等优点。现有的无线局域网遵循 IEEE 802.11a/b/g/n/ac 标准，目前 802.11ax 标准传输速率可达 1000Mb/s。在有线网络布线受到限制的场合，无线局域网可以为用户提供移动的网络接入，所以是上述各种有线接入方式的一个重要补充。

对于用户来说，Internet 的接入分为单机接入与网络接入两大类方式。如果是个人用户，一般采用单机接入方式，可根据实际情况选择 Modem、ISDN、ADSL、LAN 等接入方式；如果是企业用户，则一般采用网络接入模式，可选择 ADSL、LAN、帧中继、DDN 等接入方式。

8.1.10 Intranet 技术

Intranet 通常称为企业内联网，又称企业内部网，虽然它并非只用于企业，但却被简称为“企业网”。Intranet 由于在其局域网内部采用了 Internet 技术而得名。因此，Intranet 可以定义为由私人、公司或企业等利用 Internet 技术及其通信标准和工具建立的内部 TCP/IP 信息网络。

1. Intranet 的技术特点

通常的 Intranet 都连入了 Internet，另外一些 Intranet 虽然没有连入 Internet，但是却使用了 Internet 的通信标准、工具和技术。例如，某公司组建的内部网络与 Internet 一样使用了 TCP/IP 协议，安装了 Web 服务器，用于内部员工进行公司业务通信，发布销售图表及其他公共文档。公司员工使用 Web 浏览器可以访问其他员工发布的信息，因此，这样的网络也称为 Intranet。图 8.16 为常见 Intranet 的网络结构。

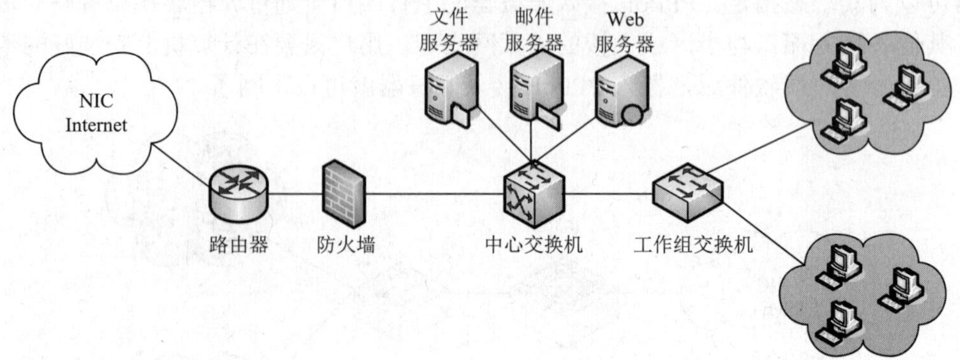

图 8.16　Intranet 网络结构

Intranet 的基本技术特点除了与 Internet 类似的 3 点之外，还有以下几个方面。

1）Intranet 是把 Internet 技术应用于企业内部管理的网络。

2）Intranet 提供了 6 项基于 Internet 标准的服务：文件共享、目录查询服务、打印共享管理、用户管理、电子邮件和网络管理。

3）Intranet 具备了 Internet 的开放性和灵活性，它在服务于内部的同时，又可以对外开放部分信息。

2. Intranet 与 Internet 的关系

随着 Internet/Intranet 的广泛使用，计算机“网络化”和“信息化”是当今企事业单位发展的总趋势。由于企事业单位的经营、生产和运作方式的改变，网络技术迅速普及并飞速发展，随之而来的是 Web 技术的出现和发展。

（1）Intranet 与 Internet 的联系

1）Intranet 是利用 Internet 技术组建的企业内部网络，Intranet 要与 Internet 互连才能更好地发挥其作用，真正成为开放的计算机信息网络。Intranet 所使用的主要技术与 Internet 一致，它使用的万维网、E-mail、FTP 和 Telnet 等都与 Internet 一致，这是 Intranet 和 Internet 的主要共同之处。

2）Intranet 采用统一的基于万维网浏览器的技术来开发客户端软件，因此，Intranet 用户使用的用户界面与 Internet 普通用户使用的都是相同的。因而，Intranet 用户可以方便地访问 Internet 上提供的各种服务和资源；同时 Internet 用户也可以方便地访问 Intranet 上的允许访问的各种资源。

总之，二者使用了相同的技术和应用方式，Intranet 只有通过与 Internet 互连才能更加充分地发挥自身的作用。

（2）Intranet 与 Internet 的区别

Intranet 与 Internet 的区别主要表现在以下几个方面。

1）Intranet 是属于某个企事业单位部门自己组建的内部计算机信息网络，而 Internet 是一种面向全世界用户开放的不属于任何部门所有的公共信息网络，这是两者在功能上的主要区别之一。

2）Internet 允许任何人从任何一个站点访问其中的资源，而 Intranet 上的内部保密信息则必须严格地进行保护。为此，Intranet 一般通过防火墙与 Internet 相连。

3）Intranet 内部的信息分为两类：一类是企业内部的保密信息；另一类是向社会公众开放的企业产品广告等信息。前一类信息不允许任何外部用户访问，而后一类信息则希望社会上广大用户尽可能多地访问。

3. 局域网与 Intranet 的关系

（1）局域网与 Intranet 的联系

局域网与 Intranet 的联系主要表现在以下几个方面。

1）局域网和 Intranet 都是企业内部的私有网络。局域网通常是指没有和 Internet 相连的、以普通方式工作的企业内部私有网络；而 Intranet 是一种可以根据自身需要选择与 Internet 相连还是断开，并且以 Internet 方式工作的企业内部私有网络。

2）网络内部的组成与结构类似。两种网络的内部网络的物理结构类似，其组建时都遵循局域网的设计规则和实施方法。

3）网络内部的基本网络服务类似。两种网络中所能提供的 6 项标准服务基本相同，例如，均有文件共享、目录服务、打印共享管理、用户管理、E-mail 服务和网络管理等服务。

（2）局域网与 Intranet 的区别

局域网与 Intranet 的区别主要表现在以下几个方面。

1）共享信息的性质不同。传统局域网中的信息均为企业内部的信息，而 Intranet 内的信息分为两类：一类是企业内部的保密信息；另一类是向社会公众开放的企业产品广告等公用信息。

2）安全性能的要求不同。局域网中的资源共享一般局限在网络内部，而 Intranet 中的共享资源一般允许外部的有条件访问，因此，内部网络通常通过防火墙与 Internet 相连。两种网络对安全性能的要求不同。

3）使用的技术要求不同。局域网可以仅使用局域网许可的标准构建，而并不要求一定使用 Internet 技术构建；而 Intranet 一般使用与 Internet 相同的技术构建，例如，Intranet 也会提供与 Internet 类似的多项基于标准的基本服务，如信息浏览和 E-mail 等。

4）具有的功能不同。局域网通常只是一个局部的互连网络，只要主机能够互相通信并连接到一起，就可以称为局域网，而 Intranet 对功能的要求则要强得多。

（3）局域网逐步发展成为 Intranet 的原因

目前，由于信息共享、信息交流和通信协作的需要，越来越多的局域网需要与外界相连而成为 Intranet。其主要原因如下。

1）企业内部需要与外界互相沟通，例如，企业内部信息的一部分，如产品广告和销售信息等，需允许外部计算机的随时访问。

2）企业内部的信息网络已经从 C/S 结构向 B/S 结构转向，即企业内部与外部将会以相同的浏览器工作方式进行信息的浏览和查询。

3）多个 Intranet 需要联合经营，并以 Extranet（企业外联网）方式工作，实现有限的资源共享。

8.2 实训任务：PPP 与 ADSL 拨号配置管理

8.2.1 PPP 与 ADSL 拨号配置管理实训准备及注意事项

1. 实训准备

进行 PPP 与 ADSL 拨号配置管理前应做如下准备。

1）Cisco 2620 路由器 2 台（配置串行 S 端口）。

2）联网计算机每人 1 台。

3）各实训小组有 Console 电缆 2 条。

4）申请 ISP 账号。

5）ADSL Modem 1 台。

6）与局域网相连且运行 Windows 操作系统的计算机 1 台。

7）绘制拓扑图。

2. 实训注意事项

进行 PPP 与 ADSL 拨号配置管理应注意如下事项。

1）搭建环境的时候要正确连接线缆。

2）绘制拓扑要详细标注。

3）用户名和密码应是对方路由器在全局配置模式下使用“username 用户名 password 密码”设置的用户名和密码。

4）在实际工作中一般多采用双向验证，因此这里也采用双向验证，即 Router_A 要获得 Router_B 的验证，Router_B 也要获得 Router_A 的验证。

5）要注意双方的用户名和密码需要设置成相同。

6）确认在运营商申请的账号和密码正确。

7）确保 ADSL Modem 正确连接。

8.2.2 PPP 与 ADSL 拨号配置管理实训过程

进行 PPP 与 ADSL 拨号配置管理的过程介绍如下。

1. 配置 PPP

PPP 配置（视频）

步骤 1：搭建路由器 PPP 配置实训环境，具体如图 8.17 所示。

步骤 2：配置路由器 PPP。对两台路由器之间的同步串行链路进行配置，使之成为运行 PPP 的链路，端口的配置如下。

图 8.17 PPP 配置连接

1）给 Router_A 的 S0/0 端口封装 PPP。

```
Router_A (config)# interface s0/0
Router_A (config)# ip address 1.1.1.1 255.255.255.0
Router_A (config-if)# encapsulation ppp
```

2）给 Router_B 的 S0/1 端口封装 PPP。

```
Router_B (config)# interface s0/1
Router_B (config)# ip address 1.1.1.2 255.255.255.0
Router_B (config-if)# encapsulation ppp
```

3）配置 PPP 的 PAP 验证。

```
Router_A (config)# interface s0/0
Router_A(config-if)#ppp authentication PAP
Router_A(config)#username  phs  password cisco
```

注意：phs 和 cisco 为用户名和密码，需要用户设定。

被授权方（Router_B）的配置如下：

```
Router_B (config)# interface s0/1
Router_B(config-if)# PPP PAP sent-username  phs  password  cisco
```

4）PPP 的 CHAP 验证。

① 单向 CHAP 验证的配置。

授权方（Router_A）的配置如下：

```
Router_A(config-if)#ppp  authentication  CHAP
Router_A(config)#username  phs   password  cisco
```

被授权方（Router_B）的配置如下：

```
Router_B(config-if)#PPP  CHAP  hostname  phs
Router_B(config-if)#PPP  CHAP  password  cisco
```

② 双向 CHAP 验证的配置。

授权方（Router_A）的配置如下：

```
Router_A (config)# interface s0/0
Router_A(config-if)#ppp  authentication  CHAP
Router_A(config)#username  Router_B  password  cisco
```

被授权方（Router_B）的配置如下：

```
Router_B (config)# interface s0/1
Router_B(config-if)#ppp  authentication  CHAP
Router_B(config)#username  Router_A  password cisco
```

2. ADSL 拨号配置

ADSL 拨号配置的过程介绍如下。

步骤 1：首先要向当地电信局申请 ADSL 服务，办理 ADSL 手续。ADSL 设备连接如图 8.18 所示。

1）安装网卡。将网卡插入计算机主板扩展槽，然后安装网卡驱动程序。由于现在计算机中的部件越来越多，因此在网卡安装中最容易出现的问题就是中断冲突，请注意合理调整避免冲突。

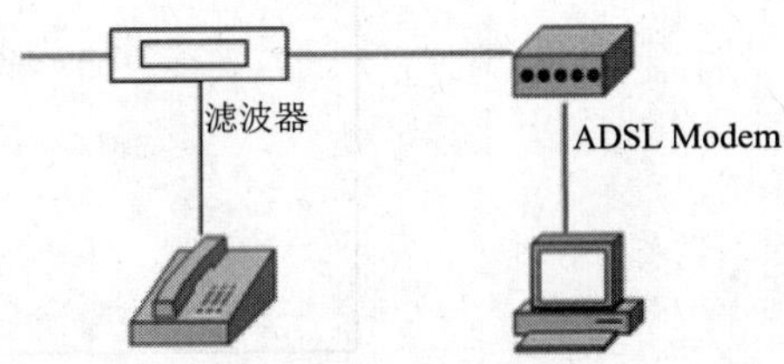

图 8.18　ADSL 硬件连接

2）安装滤波器。滤波器有 3 个接口，分别为电话信号输入、电话信号输出、数据信号输出。输入端连接入户线，如果有分机则不能在分线器后面接入滤波器。电话信号输出接电话机，这样就可以在上网的同时进行通话。

3）安装 ADSL Modem。将数据信号输出接到 ADSL Modem 的电话 LINK 端口。当正确连接后，其面板上面的电话 LINK 指示灯会亮，说明已正确连接；用交叉网线将 ADSL Modem 和网卡连接起来，一端接到网卡的 RJ-45 端口上，另一端接到 ADSL Modem 的以太网端口上，ADSL Modem 面板的网卡 LINK 灯亮即可。

步骤 2：软件设置。

1）安装网卡驱动程序，并安装 TCP/IP 协议，参照单元 2 的实训操作。

2）建立 PPPoE 协议的拨号连接。虚拟拨号使用 PPPoE 协议，Windows 系统中已内置了该协议，只需要建立一个 ADSL 拨号连接。右击“开始→设置”，选择“网络和 Internet”，选择“拨号”，进行网络连接设置，如图 8.19 所示。选择“设置新连接”，如图 8.20 所示。

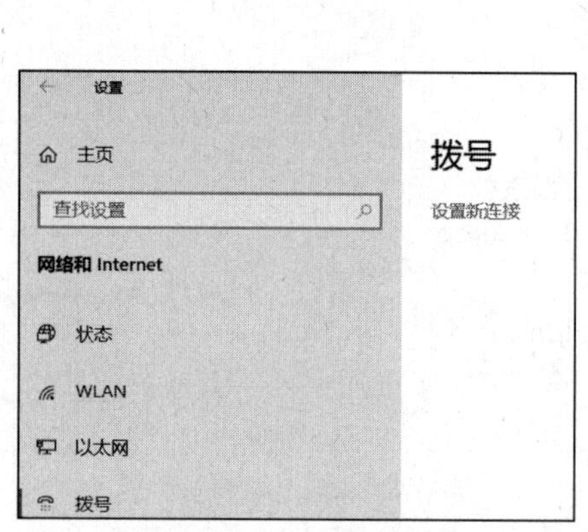

图 8.19　网络设置

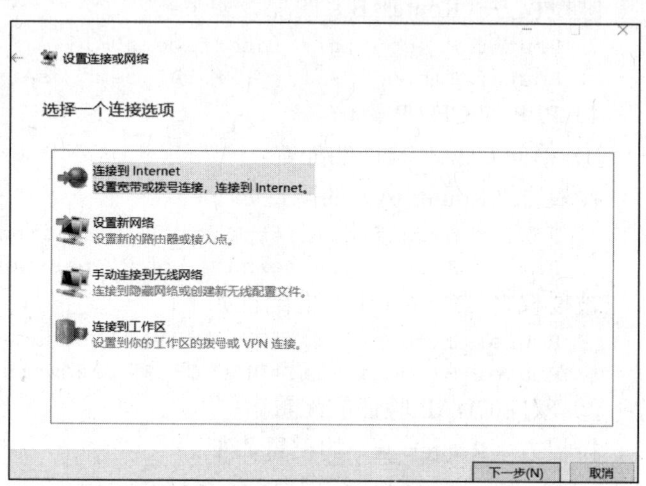

图 8.20　新建网络连接

3）在“设置连接或网络”对话框中选择“连接到 Internet”，打开如图 8.21 所示对话框，然后选择“设置新连接（S）”，在“连接到 Internet”对话框中选择“宽带（PPPoE）（R）”，如图 8.22 所示。

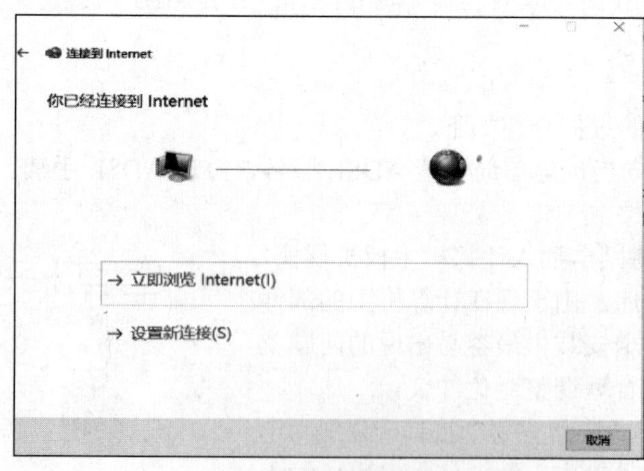

图 8.21　设置新连接

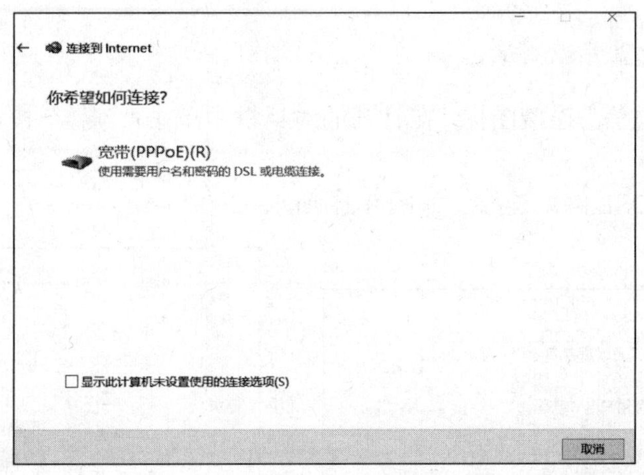

图 8.22　选择“宽带（PPPoE）（R）”

4）在如图 8.23 所示对话框中，分别输入网络运营商提供的用户名、密码以及连接名称（如果有业务需求时，可能会有多个运营商提供接入服务，建议把连接名称分别建立为运营商名称，参照如图 8.23 所示完成拨号连接设置）。

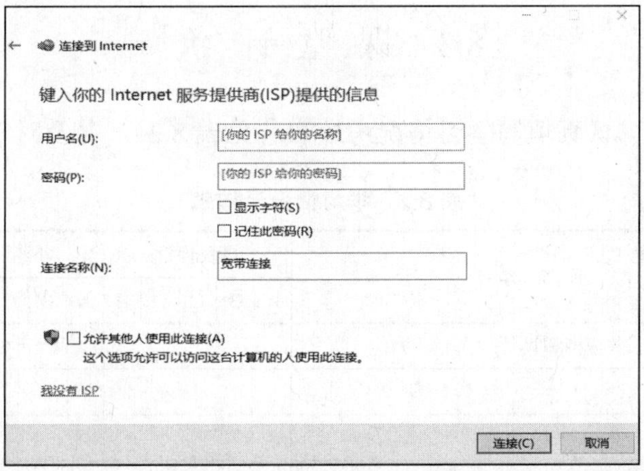

连接到 Internet
键入你的 Internet 服务提供商(ISP)提供的信息
用户名(U): [你的 ISP 给你的名称]
密码(P): [你的 ISP 给你的密码]
显示字符(S)
记住此密码(R)
连接名称(N): 宽带连接
允许其他人使用此连接(A)
这个选项允许可以访问这台计算机的人使用此连接。
我没有 ISP
连接(C)　取消

图 8.23　完成拨号连接

8.2.3　PPP 与 ADSL 拨号配置管理测试

PPP 与 ADSL 拨号配置管理测试过程介绍如下。

1. PPP 配置管理测试

在 Router_A 上 ping 1.1.1.2，如果如下：

```
Router_A#ping 1.1.1.2
  PING 1.1.1.2: 56  data bytes, press CTRL_C to break
    Reply from 1.1.1.2: bytes=56 Sequence=1 ttl=255 time=100 ms
    Reply from 1.1.1.2: bytes=56 Sequence=2 ttl=255 time=60 ms
    round-trip min/avg/max = 60/72/100 ms
```

说明两个路由器可以通信，PPP 配置成功。

2. ADSL 拨号配置管理测试

1）双击“中国电信”连接图标，在打开的对话框中单击“连接”按钮，建立认证连接，如图 8.24 所示。

2）成功建立 ADSL 网络连接，如图 8.25 所示。

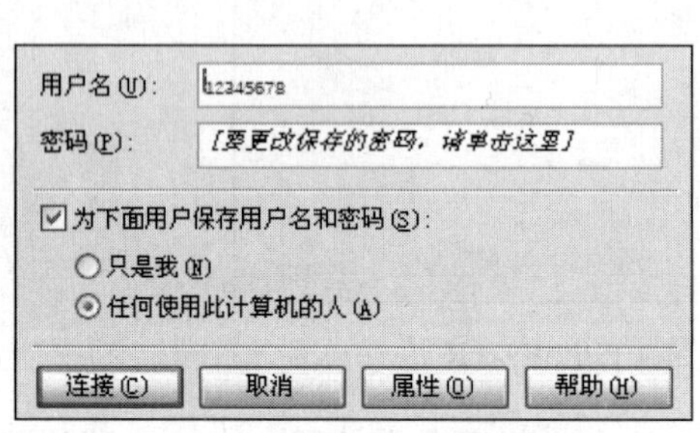

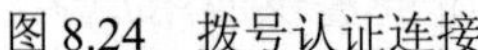
图 8.24　拨号认证连接

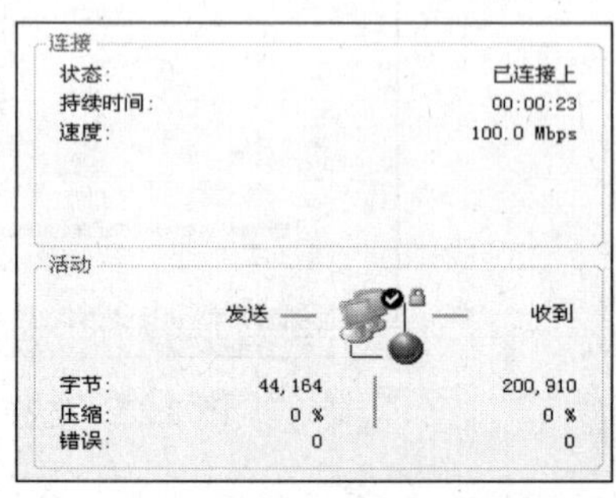

图 8.25　ADSL 连接成功

在 Windows 10 中建立 ADSL 拨号连接的方法与建立一个电话拨号连接一样。

8.3 课堂评价

完成本单元学习，认真填写学习情况考核表（见表 8.2），并及时予以反馈。

表 8.2　学习情况考核表

序号	评价内容	自我评价					小组评价					老师评价				
		A	B	C	D	E	A	B	C	D	E	A	B	C	D	E
1	广域网特点、服务模型和设备															
2	广域网帧封装															
3	PPP 与 PPPoE 技术															
4	ISDN 技术															
5	xDSL 技术															
6	ATM 技术															
7	帧中继技术															
8	SDH 技术															
9	移动互联网技术															
10	Internet 接入技术															
11	Intranet 技术															

说明：评价等级分为 A、B、C、D 和 E 共 5 等。其中，对知识与技能掌握很好，能够熟练地完成任务为 A 等；掌握 75%以上的内容，能较为顺利地完成任务为 B 等；掌握 60%以上的内容为 C 等；基本掌握为 D 等；大部分内容不够清楚为 E 等。

8.4　思考与讨论

一、填空题

1. ADSL 的中文是_______。
2. ADSL 最大下行速率可达到______Mb/s。

二、选择题

1. 下列有关广域网的叙述中，正确的是（　　）。
   A. 广域网必须使用拨号接入
   B. 广域网必须使用专用的物理通信线路
   C. 广域网必须进行路由选择
   D. 广域网都按广播方式进行数据通信
2. 以下属于广域网技术的是（　　）。
   A. 以太网　　B. 令牌环网　　C. 帧中继　　D. FDDI
3. （　　）是在 X.25 公用分组交换网的基础上发展起来的。
   A. ATM　　B. 帧中继　　C. ADSL　　D. 光纤分布式数据接口
4. ATM 技术最大带宽可达到（　　）。
   A. 100Mb/s　　B. 1000Mb/s　　C. 8Mb/s　　D. 622Mb/s

三、讨论题

1. ATM 技术适用哪些场景？
2. PDH 与 SDH 的区别是什么？
3. 简述帧中继主要应用场景和特点。
4. 简述 PPPoE 的实现过程。

拓展阅读　新技术、新工艺

学习笔记

单元 9

网络服务技术

教学目标

知识教学目标

1. 掌握会话层、表示层、应用层的功能
2. 了解 Internet 的发展
3. 掌握 DNS、DHCP 的工作原理

技能培养目标

1. 能够掌握 DNS 服务器的配置方法
2. 能够掌握 DHCP 服务器的配置方法
3. 能够掌握 DNS、DHCP 的测试与故障排除方法

素质培养目标

1. 培养逻辑思维能力
2. 树立规范意识

9.1 相关知识：会话层与表示层技术

位于 OSI 参考模型中第五层的会话层、第六层的表示层和第七层的应用层共 3 层属于网络的高层结构，与 TCP/IP 模型中的第四层应用层相对应，这里统称为网络体系结构的高层。

9.1.1 会话层技术

会话层是 OSI 体系结构中的第五层，会话层利用传输层来提供会话服务，会话可能是一个用户通过网络登录到一台主机，或是一个正在建立的用于传输文件的会话。

1. 会话层的功能

会话层的主要功能是在两个节点间建立、维护和释放面向用户的连接，并对会话进行管理和控制，保证会话数据可靠传输。

在 OSI 环境中，所谓一次会话，就是两个进程之间为了完成一次完整的通信而建立的会话连接。应用进程之间为了完成某项处理任务而需要进行一系列相关的信息交换，会话层就是为了有序、方便地控制这种信息交换而提供的控制机制。例如，合作的用户进程该

哪一方发送信息，数据流中哪些段在逻辑上是独立的对话单元，发送的信息进行到何处，以及会话连接的有序释放等。会话层的目的就是有效地组织会话服务用户之间的对话，并对它们之间的数据交换进行处理。为此，面向连接的会话服务提供会话连接，然后进入有序的数据交换。会话服务对用户接收的信息进行语义分析，以决定返回给对方什么样的信息内容。经过对网络应用的大量统计，应用进程间的大量通信大多数是交换式的半双工通信，主要是由于交互式应用软件比全双工的通信软件易于设计。对于半双工交换式的会话服务用户之间的通信用数据令牌来保证数据发送的完整性和确定该谁发送数据，这样通信才能有序地进行。持有释放令牌的会话服务用户可以释放连接，任一方都要得到对方的认可才可执行释放连接的动作，否则要继续维持数据交换，这种有序的释放或协商的释放避免了由释放引起的数据丢失。同时，会话层还提供名称解析。如果用户希望访问网络资源，可以使用计算机名称或统一资源定位符(universal resource locator，URL)，而无须使用 MAC 地址或逻辑地址（URL 是 Internet 资源的标准命名惯例）。会话层完成把用户易于理解的计算机名解析成计算机易于理解的 MAC 地址或逻辑地址的任务。

会话连接和传输连接之间有 3 种关系：一对一关系，即一个会话连接对应一个传输连接；一对多关系，一个会话连接对应多个传输连接；多对一关系，多个会话连接对应一个传输关系。例如，打电话，一个人讲完后可以换另一个人讲话，而不必让电信局知道换了人讲话。在会话过程中，会话层需要决定到底使用全双工通信还是半双工通信。如果采用全双工通信，则会话层在对话管理中要做的工作就很少；如果采用半双工通信，会话层则通过一个数据令牌来协调会话，保证每次只有一个用户能够传输数据。当会话层建立一个会话时，先让一个用户得到令牌，只有获得令牌的用户才有权发送数据。如果接收方想要发送数据，可以请求获得令牌。由发送方决定何时放弃。一旦得到令牌，接收方就转变为发送方。当进行大量的数据传输时，例如正在下载一个 100MB 的文件，当下载到 95MB 时，网络断线了，这时怎么办？是否需要从头再传？为了解决这个问题，会话层提供了同步服务，通过在数据流中定义检查点（checkpoint）来把会话分割成明显的会话单元。当网络故障出现时，可从最后一个检查点开始重新传送数据。

常见的会话层协议有结构化查询语言（SQL）、远程过程调用（RPC）、X-Windows、AppleTalk 会话协议、数字网络结构会话控制协议（DNA SCP）等。

2. 会话层的组件

会话层组件是 OSI 体系高层组件的一部分，但它的组件及服务不像识别底层组件那样有层次。会话层的主要工作之一就是把计算机名称解析成地址，这是在两台计算机之间建立通信会话的第一步。下一步通常是登录协商或验证过程。建立通信会话后，开始数据传输。一旦会话结束，就退出进程并关闭会话进程。下面首先介绍网络中计算机名称的解析过程，然后再分析建立会话连接及终止连接所涉及的组件。

（1）名称解析

在 Internet 环境里仅使用 TCP/IP 协议和服务。也就是说，在纯粹的 TCP/IP 环境里，负责名称解析服务的是 DNS。DNS 把主机名称和域名解析成 IP 地址。这里特别强调“纯粹”的 TCP/IP 环境，是因为早期 Windows 系统的客户端/服务器环境使用 Windows Internet 名称服务（Windows Internet naming service，WINS）把 Windows 计算机名解析成 IP 地址。

此外，在 Windows 环境中还利用 NetBIOS 把计算机名解析成 IP 地址，称为 TCP/IP 上的 NetBIOS。

在 IPX/SPX 协议的 NetWare 环境中，使用 SPA 把网络资源名称解析为 IPX/SPX 地址。SAP 是一种特殊的 IPX 包，NetWare 广播这种数据包以便通知网络资源服务器其是可用的。NetWare 客户端也利用 SAP 寻找 NetWare 资源。使用 IPX/SPX 协议的 Windows 环境利用 IPX 上的 NetBIOS 解析计算机名称。

除了与 IPX/SPX 和 TCP/IP 协议一起使用外，NetBIOS 也可独立使用。小型 Windows 网络使用 NetBEUI 协议，它是在数据链路层上作为会话层和传输层运行的简单的 NetBIOS 协议。NetBIOS 负责把计算机名称解析成 MAC 地址。

（2）建立和终止会话连接

在 TCP/IP 环境中，每一个应用层协议都有自己开始和结束会话的语法。如 FTP 协议，FTP 客户端向 FTP 服务器发送 USER 命令，之后紧随用户姓名，接着发送 PASS 命令和用户密码。当 FTP 会话结束时，FTP 程序发送 QUIT 命令。虽然这些功能只是 FTP 客户端和服务器程序的一部分，但是它们完成了会话层指定的功能。作为 TCP/IP 协议族一部分的应用程序，它们也有相似的会话建立和中断的命令来完成会话层的功能。

客户端/服务器环境利用登录和退出进程开始和中断会话。登录过程中有一个进程决定用户可以登录的时间，哪些工作站可以登录及用户可以访问哪些资源。当用户从资源中退出时，文件关闭，支持会话的网络进程中断，从而会话结束。网络客户端发动登录和退出过程，网络服务器处理相应的请求。

Windows 环境通过广播一系列包含 NetBIOS 命令的数据包定位工作站想登录的服务器。如果服务器可用，则响应数据包，然后往返传送一系列的服务器信息包（server message block，SMB），协商建立连接的详细信息。建立合适的会话参数后，就开始传输数据。

不管是 TCP/IP、IPX/SPX 或者 NetBEUI 协议，每种协议都有自己会话协商过程的细节，但是协商过程的目标却是相同的——在两台计算机之间为数据传输创建会话通信。当用户退出计算机或关闭计算机时，关闭连接，SMB 数据包也随之关闭。所有这些功能内置于 Microsoft 网络客户端软件中，如果想和其他 Windows 计算机通信，就需要安装此软件。Windows 服务器组件是 Microsoft 网络文件和打印机共享。在本章的后面将详细讨论 Windows 环境中会话的建立和中断。

NetWare 环境使用 NCP 数据包开始和结束会话。NCP 可以运行在 IPX 或 IP 协议之上。当 NetWare 客户端发现使用 SAP 数据包的 NetWare 服务器时，就发送 NCP 登录请求。一旦登录请求经过处理，客户端和服务器之间的连接细节开始协商，就建立了连接；同时，如果需要，可以运行登录脚本，客户端和服务器此时可以开始传输数据。当用户退出时，就发送 NCP 退出请求，此时文件关闭，会话中断。在 Windows 客户端工作站上，NetWare 客户端或 Novell 客户端软件处理客户端的登录，NetWare 服务器处理服务器端的登录。

9.1.2 表示层技术

表示层是 OSI 体系结构中的第六层，与会话层提供的透明数据传输不同，表示层是处理所有与数据表示及传输有关的问题，包括数据格式转换、压缩和加密等。

1. 表示层的功能

“数据翻译”是描绘表示层工作的广义术语。顾名思义，表示层把收到的数据翻译成应用层要求的形式。由于不同厂家的计算机产品常使用不同的信息表示标准，如在字段编码、数值表示和字符等方面存在着差异。如果不解决信息表示上存在的差异，通信用户之间就不能相互识别。从物理层到会话层的各层协议尽量采用各种措施来确保发送信息的准确、可靠，由于表示上的差异存在，这些正确传送的信息仍不能使用。解决差异的方法是，在保持数据含义的前提下进行信息格式的转换。如发送“机器零”，收方应收到符合自己意义上的“机器零”，而不是将发送方的“机器零”表示格式原封不动地交给接收方的用户，表示层则要完成信息表示格式的转换。为了保持数据信息的意义，可以在发送前转换，也可以在接收后转换，或双方都转换为某个标准的数据表示格式。

在 OSI 模型中，表示层以下的各层主要负责数据在网络中传输时不要出错。但数据的传输没有出错，并不代表数据所表示的信息不会出错。表示层就专门负责这些有关网络中计算机信息表示方式的问题。表示层负责在不同的数据格式之间进行转换操作，以实现不同计算机系统间的信息交换。如图 9.1 所示，基于 ASCII 码的计算机将信息“HELLO”的 ASCII 编码发送出去，但因为接收方使用 EBCDIC 编码，所以数据必须加以转换。因此，传送的是十六进制字符 48454C4C4F，接收到的却是 C8C5D3D3D6。两台计算机交换的不是数据；相反，同时也是更重要的，它们以单词“HELLO”的方式交换了信息。

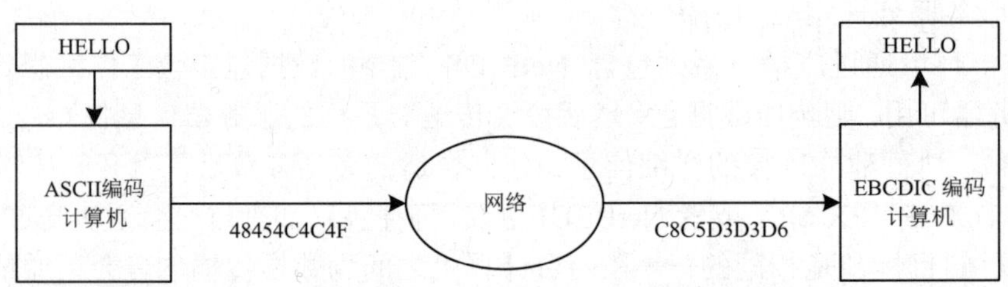

图 9.1　两台计算机之间的信息交换

除了编码外，还包括数组、浮点数、记录、图像、声音等多种数据结构，表示层用抽象的方式来定义交换中使用的数据结构，并且在计算机内部表示法和网络的标准表示法之间进行转换。

表示层还负责数据的加密，以在数据的传输过程对其进行保护。数据在发送端被加密，在接收端将其解密。使用加密密钥来对数据进行加密和解密。

表示层还负责文件的压缩，通过算法来压缩文件的大小，降低传输费用。例如，假设要传输一个包含 n 个字符的文件，采用 EBCDIC 编码，那就有 $8n$ 个比特位。如果会话层重新定义代码，用 0 代表 A，1 代表 B，以此类推，一直到 25 代表 Z，那么用 5 位（存储 0～25 所需要的最少位数）就可以表示一个大写字母。这样一来，减少 3 位实际上就可以少传送 38%的数据量。

2. 表示层的组件

表示层负责确定用户应用程序按应用层要求的格式接收数据。多数的应用层功能内置于应用程序中，这些应用程序实际上仅需要表示层提供服务，但是正式的表示层协议确实存在ASN.1（abstract syntax notation number one，抽象语法符号）。ASN.1 是 ISO 的标准协议，在许多网络应用程序中得到使用。例如，ASN.1 已经在 SNMP 使用，SNMP 协议是 TCP/IP 网络管理协议。在 HTTP 协议的新版本中，也叫下一代 HTTP 协议，也开始考虑使用 ASN.1。

目前，在多数系统中明确表现表示层还有些困难。可能最好表现表示层功能的例子就是 Web 文档中的 HTML 代码。HTML 代码指定了嵌入在文档中的信息（如电影或音频文件），它同时也能识别出处理文件所需要的适当的应用程序和 Web 浏览器插件。因为表示层功能模糊，因此在此只是简单讨论。

9.1.3 应用层技术

应用层是 OSI 体系结构中的第七层，也是最靠近用户的一层，是用户与网络间的接口。应用层直接为应用进程提供服务，确定进程之间通信的性质以满足用户的需要，不仅要提供应用进程所需要的信息交换和远程操作，而且还要为互相作用的进程的用户做代理。

1. 应用层的功能

应用层由若干面向用户提供服务的应用程序和支持应用程序的通信组件组成。为了向用户提供有效的网络应用服务，应用层需要确立相互通信的应用程序或进程的有效性并提供同步，需要提供应用程序或进程所需要的信息交换和远程操作，需要建立错误恢复的机制以保证应用层数据的一致性。应用层为各种实际的应用所提供的这些通信支持服务统称为应用服务组件（application service element，ASE）。不同的 ASE 使得各种实际的应用能够方便地与下层进行通信。其中，最重要的 3 个 ASE 分别是关联控制服务组件（association control service element，ACSE）、远端操作业务组件（remote operation service element，ROSE）和传输服务组件（reliable transfer service element，RTSE）。ACSE 可以将两个应用程序名关联起来，用于在两个应用程序之间建立、维护和终止连接；ROSE 采用类似远端过程调用的请求-应答机制实现远程操作；RTSE 则通过优化会话层来提供可靠的传输。

在应用服务组件外，OSI 的应用层提供了 5 种不同的应用协议来解决不同的应用类型要求，它们是报文处理系统（message handling system，MHS），文件传送、存取和管理（file transfer，access and management，FTAM），虚拟终端协议（virtual terminal protocol，VTP），目录服务（directory service，DS），事务处理（transaction processing，TP），远程数据库访问（remote database access，RDA）等。但是，由于目前 OSI 七层模型只是起到参考模型的作用，因此并没有实际的网络应用是按照上述协议实现的。而 TCP/IP 的应用层却相反，拥有许多主流的应用层协议和基于这些协议实现的 TCP/IP 应用。

2. 应用层的组件

应用层最靠近用户应用程序，因此为应用程序提供网络接口。这个接口非常重要，因为它使编程者不需要知道网络的具体工作细节的详细信息。但是这也可能导致问题，如果应用程序使用网络资源不当，将导致网络性能下降。

例如，在 Windows 操作系统中，应用层组件通常由一系列的应用程序接口（application programming interfaces，API）组成。一个网络 API 是一组操作系统子程序，程序开发人员可以从程序中调用、请求网络服务。例如，Windows 包括 Winsock API，它允许程序使用 TCP/IP 服务，NetBIOS API 允许为 NetBIOS 设计的程序访问网络资源。

NetBIOS API 有 3 种形式，即 IPX 上的 NetBIOS IPX（NBIPX）、IP 上的 NetBIOS 和 NetBIOS 帧协议（NBF），即 NetBEUI。虽然本书不讨论如何编写程序，但是理解术语的使用和 Windows 环境中使用的应用层组件是非常重要的。

除了 API，应用层组件还包括网络重定向器，它内置于网络客户端软件和服务器组件中。网络重定向器决定请求的资源对于应用程序来说是本地的还是网络上的。如果资源是本地的，那么就把请求发送到本地服务或驱动程序来处理资源；如果请求的是网络资源，重定向器就把请求传递到底层去。此功能可以使一般的程序，诸如字处理程序和电子表格处理程序等访问网络上的文件和打印机，而不必做修改，使其专门在网络环境中工作。

当用户打开字处理程序中的文件，字处理程序并不知道也不关心文件是在本地硬盘还是网络服务器上。文件请求只是简单地传给重定向器，由重定向器决定如何把请求传给适当的机器。Microsoft 网络的文件和打印共享是 Windows 环境中的重定向器。

当文件请求网络资源时，请求以 SMB 数据报的形式在网络上传输。SMB 数据报是 Microsoft、IBM 和 Intel 公司开发的协议，它包含重定向器使用的命令，指出包含在数据报中的请求和响应的类型。SMB 类似于 NetWare 网中 NCP 请求网络资源。

在 TCP/IP 环境中，应用层组件包括 DHCP、FTP、TELNET 和 HTTP 等。在 TCP/IP 模型的应用层定义了这些服务，主要与 OSI 模型的应用层相对应。但是，TCP/IP 模型的应用层包含了 OSI 模型的上面三层，因此这些服务自然就包括表示层和会话层的功能。表 9.1 总结了 OSI 模型中会话层、表示层与应用层等网络高层的常见网络组件。

表 9.1 网络高层协议及组件分布

组件类别	操作环境		
	Windows	NetWare	TCP/IP
应用层组件	Winsock、NetBIOS API、SMB、重定向器	NCP	FTP、TELNET、HTTP、DHCP、其他
表示层组件	SMB、重定向器	NCP	FTP、TELNET、HTTP、DHCP、其他
会话层组件	NetBIOS、WINS	SAP	DNS、RPC

9.1.4 Internet 技术

Internet 是全球最大的、开放的、由众多网络互连而成的计算机互联网，各种各样的计算机系统和计算机网络只要遵循 TCP/IP 网络协议就可以联入 Internet，使用其丰富的信息资源。

1. Internet 概述

Internet 的中文名称为因特网。在学习计算机网络课程以前，我们关于网络的感性认识绝大部分也来自 Internet。如通过 Internet 收发邮件、打 IP 电话、与认识或不认识的人聊天，或通过网上图书馆查阅资料、下载资料、接受远程教育，通过 Internet 获知新闻、看电影、进行网上购物等。Internet 是当今信息社会的一个巨大的信息资源宝藏，是全球最大的计算机网络。

2. Internet 的概念与组成

Internet是一个以TCP/IP 网络协议连接各个国家、各个地区、各个机构的计算机网络的数据通信网，它将数万个计算机网络、数千万台主机互连在一起，覆盖全球；从信息资源的角度，Internet是一个集各个部门、各个领域的信息资源为一体的，供网络用户共享的信息资源网。尽管 Internet 互连了遍布全球的各种网络和计算机，但在组成上仍可以归纳为以下几个部分。

（1）通信线路

通信线路将Internet中的路由器、计算机等连接起来，是Internet的基础设施，如光缆、铜缆、卫星、无线等。通信线路带宽越宽，传输速率也就越高，传输能力也就越强。犹如交通道路，道路越宽，车开得越快，能够容纳的车流量也就越大。

（2）路由器

路由器是Internet中最为重要的设备之一，它实现了Internet中各种异构网络间的互连，并提供最佳路径选择、负载平衡和拥塞控制等功能。如果将通信线路比作道路的话，那么路由器就好比是十字路口和交通指挥警察，指挥和控制车辆的流动，防止交通阻塞。

（3）终端设备

接入Internet的终端设备可以是普通的PC或笔记本电脑，也可以是巨型机等其他设备，是Internet不可缺少的设备。终端设备分服务器和客户端两大类，服务器是Internet服务和信息资源的提供者，有WWW服务器、电子邮件服务器、文件传输服务器等，它们为用户提供信息搜索、信息发布、信息交流、网上购物、电子商务、娱乐、电子邮件、文件传输等功能。客户端是Internet服务和信息资源的使用者。

（4）计算机网络

通过 Internet 互连起来的分布在各地的各个计算机网络，可以是采用不同的局域网或广域网技术实现的异构网络。它们在Internet上借助统一的IP协议互连在了一起，实现了资源共享。

尽管Internet的内部结构非常复杂，但对Internet用户来说，根本不必关心Internet的内部结构，其所面对的只是接入Internet的主机及所能得到的网络资源和服务。

3. Internet 的形成与发展

1969年，美国国防部指派其高级研究计划局（Advance Research Projects Agency，ARPA）研究并设计一个能在战争期间使用的健壮的通信网络。该网络的目标是当网络的一部分受损时，数据仍然能够通过其他途径到达预定的目的地。于是，ARPA 将位于美国不同地方的几个军事及研究机构的计算机主机连接起来，建立了一个名为ARPANET的网络。

1980 年，ARPA 开始把 ARPANET 上运行的计算机转向采用新的 TCP/IP 协议。1983年，根据实际需要，ARPANET 又被分离成了两个不同的系统，一个是供军方专用的MILNET，而另一个是服务于研究活动的民用 ARNNET。这两个子网间使用严格的网关，可彼此交换信息，这便是 Internet 的前身。

1985 年，美国国家科学基金会（NFS）筹建了 6 个超级计算中心及国家教育科研网，1986年形成了用于支持科研和教育的全国性规模的计算机网络NFSNET，并面向全社会开放，实现超级计算机中心的资源共享。NSFNET 网同样采用 TCP/IP 协议族，并连接 ARPANET，从此 Internet 开始迅速发展起来，而 NSFNET 的建立标志着 Internet 的第一次快速发展。

随着 Internet 面向全社会开放，在 20 世纪 90 年代初，商业机构开始进入 Internet。由于大量商业公司进入 Internet，网上通信量迅猛增长，NSF 不得不采用更新的网络技术来适应发展的需要。1990 年 9 月，由 Merit、IBM 和 MCI 这 3 家公司联合组建高级网络服务公司（Advanced Network and Service，ANS），建立了覆盖全美的 ANSNET，其目的不仅在于支持研究和教育工作，还为商业客户提供网络服务。到 1991 年底，NSFNET 的全部主干网实现了与 ANS 提供的 T3 级主干网相通，并以 45Mb/s 的速率传输数据。Internet 的商业化标志着 Internet 的第二次快速发展。全世界其他国家和地区也都在 20 世纪 80 年代以后先后建立了各自的 Internet 骨干网，并与美国的 Internet 相连，形成了今天连接上百万个网络，拥有上亿个网络用户的庞大的国际互联网。Internet 随着规模的不断扩大，向全世界提供的信息资源和服务也越来越丰富，可以实现全球范围的电子邮件通信、WWW 信息查询与浏览、电子新闻、文件传输、语音与图像通信服务、电子商务等功能。Internet 的出现与发展，极大地推动了全球由工业化向信息化的转变，成了一个信息社会的缩影。

4. Internet 在我国的发展

Internet 在我国的发展起步较晚，但由于起点比较高，因此发展速度很快。1986 年，北京市计算机应用技术研究所开始与国际联网，建立了中国学术网（Chinese Academic Network，CANET）。1987 年 9 月，CANET 建成中国第一个 Internet 电子邮件节点，并于 9 月 14 日发出了中国第一封电子邮件，揭开了中国人使用 Internet 的序幕。

1989 年 9 月，高技术信息基础设施项目—— NCFC（The National Computing and Networking Facility of China）正式启动。1993 年 12 月，以高速光缆和路由器实现 NCFC 工程的院校网，即中国科学院网（CASNET）、清华大学校园网（TUNET）和北京大学校园网（PUNET）的主干网互连。1994 年 4 月，NCFC 开通了连入 Internet 的 64Kb/s 国际专线，实现与 Internet 的全功能连接。1994 年 5 月，建立了中国国家顶级域名（CN）服务器。1995 年 1 月，NCFC 开始向社会提供 Internet 接入服务。

1994 年以后，国内陆续开始筹建 CERNET、CHINAGBN、CSTNET、CHINANET 这四大互连网络，这四大网络分别在经济、文化和科学领域扮演不同的重要角色。

（1）CERNET

CERNET（中国教育和科研计算机网）于 1994 年 7 月试验开通；1995 年 7 月，CERNET 接通了第一条接连美国的 128Kb/s 国际专线。中国教育和科研计算机网主要实现校园间的计算机联网和信息资源共享，并与国际学术计算机网络互连。整个网络分主干网、地区网、校园网 3 个层次，网管中心设在清华大学，负责主干网的规划、实施、管理和运行，地区网管中心分别设在北京、上海等 8 个城市，负责为该地区各高校校园网提供接入服务。

（2）CHINAGBN

1996 年 9 月，CHINAGBN（中国金桥信息网）连入美国的 256Kb/s 专线正式开通，开始提供 Internet 服务。它充分利用现有资源，以天上卫星网与地面光纤网互连网络核心骨干层（以卫星通信为主），建成具有一定规模的、覆盖全国的信息通信网络，为国家宏观经济调控和决策服务，主要提供专线集团用户的接入和个人用户的单点上网服务。

（3）CSTNET

1995 年 12 月，CSTNET（中国科学技术计算机网，简称中国科技网）完成建设，实现国内各学术机构的计算机互连并和 Internet 相连，主要提供科技信息服务，还承担国家域名服务的功能。

（4）CHINANET

1996 年 1 月，CHINANET（中国公用计算机互联网）全国骨干网建成并正式开通，采用分层体系结构，由核心层、区域层、接入层组成，全国设 8 个大区，共 32 个节点，实现全国范围的公用计算机的网络互连，主要提供商业服务。1997 年 9 月，CHINANET 实现了与中国其他 3 个互连网络即 CSTNET、CERNET、CHINAGBN 的互连互通。

随着四大互连网络的陆续建立，为了规范网络管理，国家陆续颁布了一系列管理条例及法规，中国电信业的发展步入法制化轨道。

5. Internet 的主要特点与应用

首先，Internet 采用 TCP/IP 协议来实现互连的开放网络。TCP/IP 协议为任何一台计算机连入 Internet 提供了技术保证，任何机型、任何品牌的计算机只要其支持 TCP/IP 协议，就可以加入到 Internet 中。对用户开放、对服务提供者开放正是 Internet 获得成功的重要原因。

其次，Internet 是一个庞大的网际互联网，由各种异构网络互连而成。这些网络可以是基于不同技术实现的园区网、企业网或运营商的网络，其规模可以大到跨越国界，小到仅由几台 PC 组成。

再次，Internet 包括各种局域网技术和广域网技术，是一种非集中管理的松散型网络。它打破了中央控制的网络结构，各网络成员可以独立处理内部事务，而与整个 Internet 无关。

6. 下一代 Internet（Internet Ⅱ）

Internet 的产生和发展已对世界经济产生了巨大的影响。然而，随着网络规模的持续膨胀和新型网络应用需求的不断增长，现有的 Internet 面临着许多挑战。一方面是现有的 Internet 可扩展性差，IP 地址空间不够，将来会需要大量的公有地址（如信息家电、移动终端、工业传感器、自动售货机、汽车等对地址的需求），IPv4 无法为急剧增长的用户群提供服务；另一方面是新的分布式多媒体在线应用（例如，对服务质量和安全高度敏感的端到端实时语音及视频应用），对 Internet 所带来的影响和问题已超出了目前 IPv4 所能解决的范围。这就需要一个新的网络体系结构，提供更高、更完善的网络性能，包括更高的带宽、更高的服务质量（QoS）、可移动性和网络安全性、智能化的网络管理模式等。另外，还有无处不在的信息与通信服务方式，都需要通过探索新的技术来解决这些问题，在这样的背景下，下一代 Internet（Internet Ⅱ）应运而生。

以 IPv6 为基础核心协议的下一代 Internet 致力于发展 IPv6、多终点传输、服务质量、数字图书馆及虚拟实验室等应用。其中，IPv6 通过采用 128 位的地址空间替代 IPv4 的 32 位地址空间来扩充 Internet 的地址容量，使得 IP 地址在可以预见的时期内不再成为限制网络规模的一个因素，同时在安全性、服务质量及移动性等方面有了较大的改进。IPv6 解决的不仅是 IP 地址空间的问题，更重要的是可以推动业务创新，使 Internet 能承担更多的任务，为以 IP 为基础的网络融合奠定坚实的基础。

下一代 Internet 具有广阔的发展前景，将成为国家信息化的基础设施，并带动国民经济从基础教育、科研、医疗、能源、交通、金融、环保、工业到家电产业等各行各业的全面发展。在人类社会与生活的方方面面，无处不在的网络将提供无处不在的信息与通信服务。

9.1.5 DNS 技术

任何 TCP/IP 应用在网络层都是基于 IP 协议实现的，因此必然要涉及 IP 地址。但是 32 位二进制长度的 IP 地址难以记忆，即使采用十进制表示也不具备太大的可记忆性。因此，应用程序很少直接使用 IP 地址来访问主机。一般采用更容易记忆的 ASCII 串符号来指代 IP 地址，这种特殊用途的 ASCII 串被称为域名。例如，人们很容易记住代表新浪网的域名“www.sina.com”，但是恐怕极少有人知道新浪网的 IP 地址。使用域名访问主机虽然方便，但却带来了一个新的问题，即所有的应用程序在使用这种方式访问网络时，首先需要将这种以 ASCII 串表示的域名转换为 IP 地址，因为网络本身只认识 IP 地址。那么如何解决域名和 IP 地址之间的映射问题呢？

域名与 IP 地址的映射在 20 世纪 70 年代由网络信息中心（NIC）负责完成，NIC 记录所有的域名地址和 IP 地址的映射关系，并负责将记录的地址映射信息分发给接入 Internet 的所有最低级域名服务器（仅管辖域内的主机和用户）。每台服务器上维护一个称之为“hosts.txt”的文件，记录其他各域的域名服务器及其对应的 IP 地址。NIC 负责所有域名服务器上“hosts.txt”文件的一致性。主机之间的通信直接查阅域名服务器上的 hosts.txt 文件。但是，随着网络规模的扩大，接入网络的主机也不断增加，从而要求每台域名服务器都可以容纳所有的域名地址信息就变得极不现实，同时对不断增大的 hosts.txt 文件一致性的维护也浪费了大量的网络系统资源。

为了解决这些问题，提出了域名系统（domain name system，DNS），它通过分级的域名服务和管理功能提供了高效的域名解释服务。DNS 包括域及域名、主机、域名服务器三大要素。

1. 域、域名和域名空间

域（domain）指由地理位置或业务类型而联系在一起的一组计算机构成的一种集合，一个域内可以容纳多台主机。在域中，所有主机由域名（domain name）来标识，而域名由字符和（或）数字组成，用于替代主机的数字化地址。当 Internet 的规模不断增大时，域中所拥有的主机数目也随之增多，管理一个大而经常变化的域名集合就变得非常复杂，为此提出一种分级的基于域的命名机制，从而得到分级结构的域名空间。

域名空间的分级结构类似于邮政系统中的分级地址结构，如图 9.2 所示，域名空间的根域划分有几百个顶级（top-level）域，其中每个域可以包括许多主机。其还可以被划分为子域，而子域下还可以有更小的子域划分。域名空间的整个形状如一棵倒立的树，根不代表任何具体的域，树叶则代表没有子域的域，但这种叶子域可以包含一台主机或者成千上万台的主机。顶级域名由一般域名和国家域名两大类组成。其中，一般域名最初只有 6 个域，即 com（商业机构）、edu（教育单位）、gov（政府部门）、mil（军事单位）、net（提供网络服务的系统）和 org（非 com 类的组织）；后来又增加了一个为国际组织所使用的顶级域名 int。国家级域名是指代表不同国家的顶级域名，如 cn 表示中国，uk 表示英国，fr

表示法国，jp 表示日本，等等。

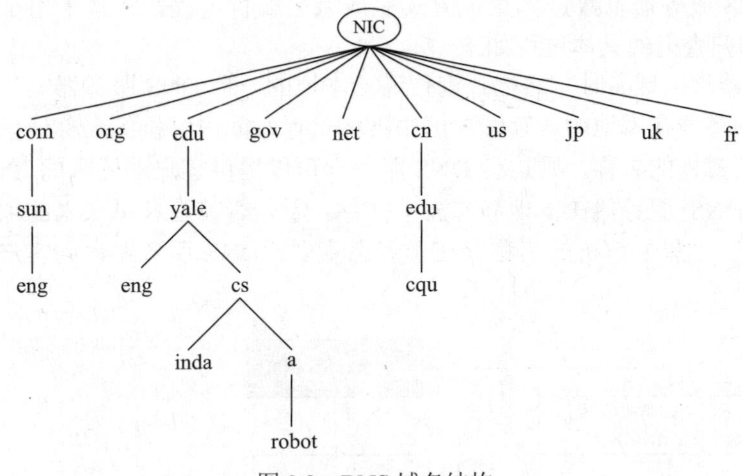

图 9.2　DNS 域名结构

采用分级结构的域名空间后，每个域就采用从节点往上到根的路径命名，一个完整的名字就是将节点所在的层到最高层的域名串起来，成员间由点分隔。例如，重庆大学的域名就应表达为 cqu.edu.cn。域名对大小写不敏感，例如 edu 和 EDU 是一样的。成员名最多长达 63 个字符，路径全名不能超过 255 个字符。

每个域都对分配其下面的域存在控制权。要创建一个新的域，必须征得其所属域的同意。如果重庆大学希望自己的域名为 cqu.edu.cn，则需要向 edu.cn 的域管理者提出申请并获得批准。采取这种方式，就可以避免同一域中的名字冲突，并且每个域都记录自己的所有子域。一旦一个新的子域被创建和登记，则这个子域还可以创建自己的子域而无须再征得它的上一级的同意，即采用分级管理的方式。例如，若重庆大学想再为它的计算机学院创建一个子域，这时就不需要再征得 edu.cn 的同意了。

注意

域的命名遵循的是组织界限，而不是物理网络。位于同一物理网络内的主机可以有不同的域，而位于同一域内的主机也可以属于不同的物理网络。

2. 域名系统与域名解析

在 Internet 中向主机提供域名解析服务的机器被称为域名服务器或名字服务器。从理论上看，一台名字服务器就可以包括整个 DNS 数据库，并响应所有的查询。但实际上 DNS 服务器就会由于负载过重而不能运行。于是，与分级结构的域名空间相对应，用于域名解析的域名系统 DNS 在实现上也采用了层次化模式，类似于分布式数据库的查询系统。

域名系统与域名解析（视频）

域名解析使用 UDP 协议，其 UDP 端口号为 53，DNS 服务器又叫名字服务器。提出 DNS 解析请求的主机与 DNS 服务器之间采用客户端/服务器（C/S）模式工作。当某个应用程序需要将一个名字映射为一个 IP 地址时，应用程序调用一种名为解析器（resolver，参数为要解析的域名地址）的库的过程，由解析器将 UDP 分组传送到本地 DNS 服务器上，由本地 DNS 服务器负责查找名字并将 IP 地址返回给解析器。解析器再把它返回给调用程序。本地 DNS 服务器以数据库查询方式完成域名解析过程，并且采用了递归查询。如图 9.3 所示，递归查询的具体过程如下。

1）当解析器查询域名时，它把查询传递给本地的一台 DNS 服务器。

2）DNS 服务器在本地的内存缓冲区中搜索最近时间内解析的名称地址。如果本地缓冲区中找到了要解析的名称，则这台 DNS 服务器可以提供客户端要求的 IP 地址。

3）否则，DNS 服务器在本地静态表中搜寻，看是否在管理员录入的项中有主机名称对应的 IP 地址。如果要解析的名称存在于静态表中，DNS 服务器也向客户端发送相应的 IP 地址。

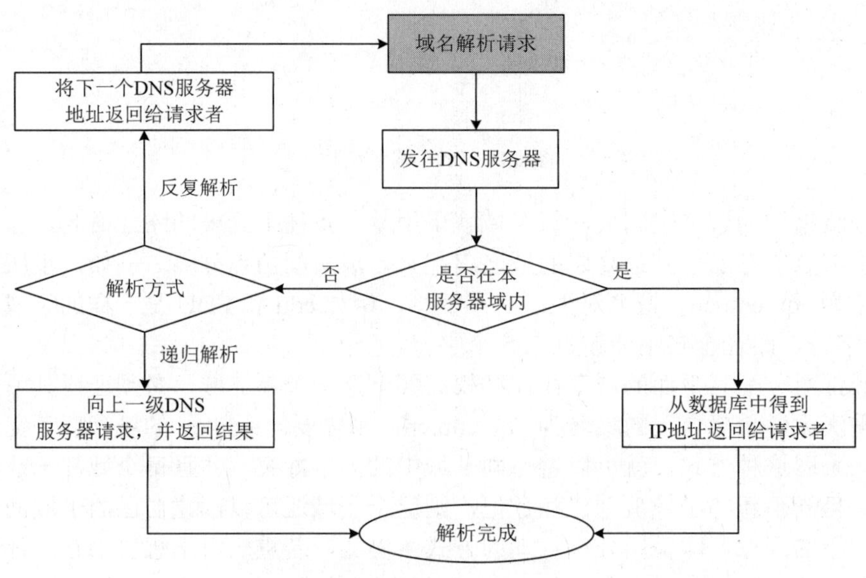

图 9.3　DNS 域名解析过程

4）如果第 2）和 3）都未解析出其对应的 IP 地址，则要求解析的域名为一远程域名。这台 DNS 服务器会向根 DNS 服务器查询。

5）根 DNS 服务器向主机名称中指定的顶层 DNS 服务器搜寻，顶层 DNS 服务器再向主机名称中指定的二层 DNS 服务器搜寻，依次下去，一直到要解析的名称全部解析完毕。

6）能完全解析主机名称的第一台服务器将解析出的 IP 地址报告给客户端。

下面以一个具体的实例域名解析为 IP 地址的过程说明域名解析过程。假设 Internet 上的一台主机 H 通过 URL 地址 www.cqu.edu.cn 要解析重庆大学 Web 主机的 IP 地址，则主机 H 将查询本地的 DNS 服务器 DS1，由于 DS1 中没有关于 www.cqu.edu.cn 的有效信息，因此 DS1 将根据本地根 DNS 服务器列表文件 cache.dns 中的根 DNS 服务器地址查询根 DNS 服务器 DS2；DS2 将具有 cn 顶级域授权的 DNS 服务器 DS3 的地址返回给 DS1；接着 DS1 将域名 cqu.的查询包发给 DS3，DS3 返回 cn 次级域 edu 的 DNS 服务器地址；然后 DS1 再与该 DNS 服务器联系，这样直至得到目标主机的 IP 地址。为了优化 DNS 的性能，每个 DNS 查询结果都有一个生存时间 TTL（time-to-live），表示查询结果在本地高速缓存中保留的时间，这样重复的域名就能在高速缓存中找到，这就是为什么有时候用浏览器中的刷新按钮能很快看到网页的原因，因为这时候用的是缓存的 IP 地址。除了将域名解析为 IP 地址外，有时系统还可能需要将 IP 地址解析为域名，这就需要名为 in-addr.arpa 的逆向域（reverse domains）。该域内的条目是按 IP 地址组织的，用于 IP 地址到域名的反向解析。

从上面的讨论可以看出，DNS 服务实际上是一个递归的数据库查询过程，因此每一台 DNS 服务器都要维持一个关于域名和 IP 地址映射关系的数据库，这个数据库又被称为 DNS 的资源记录（resource record）。

9.1.6 DHCP 技术

随着网络规模的不断扩大和网络复杂度的提高，计算机的数量经常超过可供分配的 IP 地址数量。同时随着便携机及无线网络的广泛使用，计算机的位置也经常变化，相应的 IP 地址也必须经常更新，从而导致网络配置越来越复杂。DHCP 就是为解决这些问题而发展起来的。DHCP 采用客户端/服务器通信模式，由客户端向服务器提出配置申请，服务器返回为客户端分配的 IP 地址等相应的配置信息，以实现 IP 地址等信息的动态配置。

DHCP 技术（视频）

DHCP 是在 BOOTP（BOOTstrap protocol）基础上发展起来的，但 BOOTP 运行在相对静态（每台主机都有固定的网络连接）的环境中，管理员为每台主机配置专门的 BOOTP 参数文件，该文件会在相当长的时间内保持不变。DHCP 对 BOOTP 进行了扩展：DHCP 加入了对重新使用的网络地址的动态分配和附加配置选项的功能，可使计算机仅用一个消息就获取它所需要的所有配置信息。

1. IP 地址分配策略

手工分配地址：由管理员为少数特定客户端（如 WWW 服务器等）静态绑定固定的 IP 地址。通过 DHCP 将配置的固定 IP 地址发给客户端。

自动分配地址：DHCP 为客户端分配租期为无限长的 IP 地址。

动态分配地址：DHCP 为客户端分配具有一定有效期限的 IP 地址，到达使用期限后，客户端需要重新申请地址。绝大多数客户端得到的都是这种动态分配的地址。

2. DHCP 功能

DHCP 允许计算机动态地获取 IP 地址，而不是静态地为每台主机指定地址。DHCP 技术实现用户地址和配置信息的动态分配和集中管理，使企业可以动态地为企业用户分配和管理地址，避免烦琐的手工配置，可以快速适应网络的变化。

3. DHCP 主体

DHCP 客户端：通过 DHCP 协议请求获取 IP 地址等网络参数的设备。例如，IP 电话、PC、手机、无盘工作站等。

DHCP 服务器：负责为 DHCP 客户端分配网络参数的设备。

DHCP 中继（不是必需的，DHCP 服务器和客户端在同一广播网络中时不需要中继）：负责转发 DHCP 服务器和 DHCP 客户端之间的 DHCP 报文，协助 DHCP 服务器向 DHCP 客户端动态分配网络参数的设备。

4. DHCP 工作原理

DHCP 客户端从 DHCP 服务器动态获取 IP 地址，主要通过 4 个阶段进行，如图 9.4 所示。

（1）发现阶段

发现阶段即 DHCP 客户端寻找 DHCP 服务器的阶段。客户端以广播的方式发送 DHCP-DISCOVER 报文。

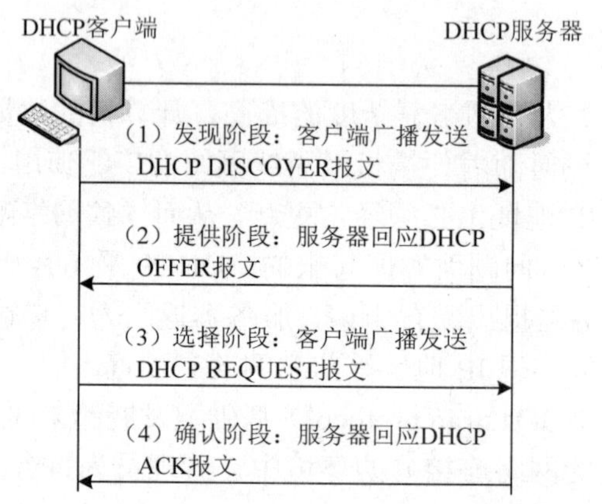

图 9.4　DHCP 客户端从 DHCP 服务器动态获取 IP 地址的 4 个阶段

DHCP 客户端通过发送 DHCP DISCOVER 报文来发现 DHCP 服务器。由于 DHCP 客户端不知道 DHCP 服务器的 IP 地址，因此 DHCP 客户端以广播方式发送 DHCP DISCOVER 报文（目的 IP 地址为 255.255.255.255），同一网段内所有 DHCP 服务器或中继都能收到此报文。DHCP DISCOVER 报文中携带了客户端的 MAC 地址（DHCP DISCOVER 报文中的 chaddr 字段）、需要请求的参数列表选项（标识了客户端需要从服务器获取的网络配置参数）、广播标志位（DHCP DISCOVER 报文中的 flags 字段，表示客户端请求服务器以单播或广播方式发送响应报文）等信息。

（2）提供阶段

提供阶段即 DHCP 服务器提供 IP 地址的阶段。DHCP 服务器接收到客户端发送的 DHCP-DISCOVER 报文后，根据 IP 地址分配的优先次序选出一个 IP 地址，与其他参数一起通过 DHCP-OFFER 报文发送给客户端。DHCP-OFFER 报文的发送方式由 DHCP-DISCOVER 报文中的 flag 字段决定，具体请参见“DHCP 报文格式”的介绍。

位于同一网段的 DHCP 服务器都会接收到 DHCP DISCOVER 报文，每个 DHCP 服务器上可能会部署多个地址池，服务器通过地址池来管理可供分配的 IP 地址等网络参数。服务器接收到 DHCP DISCOVER 报文后，选择跟接收 DHCP DISCOVER 报文接口的 IP 地址处于同一网段的地址池，并且从中选择一个可用的 IP 地址，然后通过 DHCP OFFER 报文发送给 DHCP 客户端。DHCP OFFER 报文里面携带了希望分配给指定 MAC 地址客户端的 IP 地址（DHCP 报文中的 yiaddr 字段）及其租期等配置参数。

（3）选择阶段

选择阶段即 DHCP 客户端选择 IP 地址的阶段。如果有多台 DHCP 服务器向该客户端发来 DHCP-OFFER 报文，客户端只接受第 1 个接收到的 DHCP-OFFER 报文，然后以广播方式发送 DHCP-REQUEST 报文，该报文中包含 DHCP 服务器在 DHCP-OFFER 报文中分配的 IP 地址。以广播方式发送 DHCP REQUEST 报文是为了通知所有的 DHCP 服务器，它将选择某个 DHCP 服务器提供的 IP 地址，其他 DHCP 服务器可以重新将曾经分配给客户端的 IP 地址分配给其他客户端。

（4）确认阶段

确认阶段即 DHCP 服务器确认 IP 地址的阶段。DHCP 服务器收到 DHCP 客户端发来的 DHCP-REQUEST 报文后，只有 DHCP 客户端选择的服务器会进行如下操作：如果确认将地址分配给该客户端，则返回 DHCP-ACK 报文；否则返回 DHCP-NAK 报文，表明地址不能分配给该客户端。

当 DHCP 服务器收到 DHCP 客户端发送的 DHCP REQUEST 报文后，DHCP 服务器回应 DHCP ACK 报文，表示 DHCP REQUEST 报文中请求的 IP 地址分配给客户端使用。

DHCP 客户端收到 DHCP ACK 报文，会广播发送免费 ARP 报文，探测本网段是否有其他终端使用服务器分配的 IP 地址，如果在指定时间内没有收到回应，表示客户端可以使用此地址。如果收到了回应，说明有其他终端使用了此地址，客户端会向服务器发送 DECLINE 报文，并重新向服务器请求 IP 地址，同时，服务器会将此地址列为冲突地址。当服务器没有空闲地址可分配时，再选择冲突地址进行分配，尽量减少分配出去的地址冲突。

5. DHCP 客户端更新租期的原则

DHCP 服务器采用动态分配机制给客户端分配 IP 地址时，分配出去的 IP 地址有租期限制。DHCP 客户端向服务器申请地址时可以携带期望租期，服务器在分配租期时把客户端期望租期和地址池中租期配置比较，分配其中一个较短的租期给客户端。租期时间到后，服务器会收回该 IP 地址，收回的 IP 地址可以继续分配给其他客户端使用。这种机制可以提高 IP 地址的利用率，避免客户端下线后 IP 地址继续被占用。如果 DHCP 客户端希望继续使用该 IP 地址，需要更新 IP 地址的租期（如延长 IP 地址租期）。

1）当租期达到 50%（T1）时，DHCP 客户端会自动以单播的方式向 DHCP 服务器发送 DHCP REQUEST 报文，请求更新 IP 地址租期。如果收到 DHCP 服务器回应的 DHCP ACK 报文，则租期更新成功（即租期从 0 开始计算）；如果收到 DHCP NAK 报文，则重新发送 DHCP DISCOVER 报文请求新的 IP 地址。

2）当租期达到 87.5%（T2）时，如果仍未收到 DHCP 服务器的应答，DHCP 客户端会自动以广播的方式向 DHCP 服务器发送 DHCP REQUEST 报文，请求更新 IP 地址租期。如果收到 DHCP 服务器回应的 DHCP ACK 报文，则租期更新成功（即租期从 0 开始计算）；如果收到 DHCP NAK 报文，则重新发送 DHCP DISCOVER 报文请求新的 IP 地址。

3）如果租期到期时都没有收到服务器的回应，客户端将停止使用此 IP 地址，重新发送 DHCP DISCOVER 报文请求新的 IP 地址。

客户端在租期时间到之前，如果用户不想使用分配的 IP 地址（如客户端网络位置需要变更），会触发 DHCP 客户端向 DHCP 服务器发送 DHCP RELEASE 报文，通知 DHCP 服务器释放 IP 地址的租期。DHCP 服务器会保留这个 DHCP 客户端的配置信息，将 IP 地址列为曾经分配过的 IP 地址中，以便后续重新分配给该客户端或其他客户端。客户端可以通过发送 DHCP INFORM 报文向服务器请求更新配置信息。

9.2 实训任务：配置 DNS 和 DHCP 服务器

9.2.1 配置 DNS 和 DHCP 服务器实训准备及注意事项

1. 实训准备

配置 DNS 和 DHCP 服务器前需做好如下准备。

1）各实训小组有运行 Windows Server 操作系统的服务器 1 台。

2）联网计算机每人 1 台。

2. 实训注意事项

配置 DNS 和 DHCP 服务器的注意事项如下。

1）绘制正确的网络拓扑图。

2）保证服务器与其他计算机能够通信。

3）服务器不要采用自动获取地址，要配置固定的 IP 地址。

9.2.2 配置 DNS 和 DHCP 服务器的过程

1. 配置 DNS 服务器

配置 DNS 服务器的过程介绍如下。

步骤 1：搭建 DNS 实训环境。

1）连接 DNS 服务器等硬件设备，如图 9.5 所示。

2）规划 DNS 结构，如图 9.6 所示。

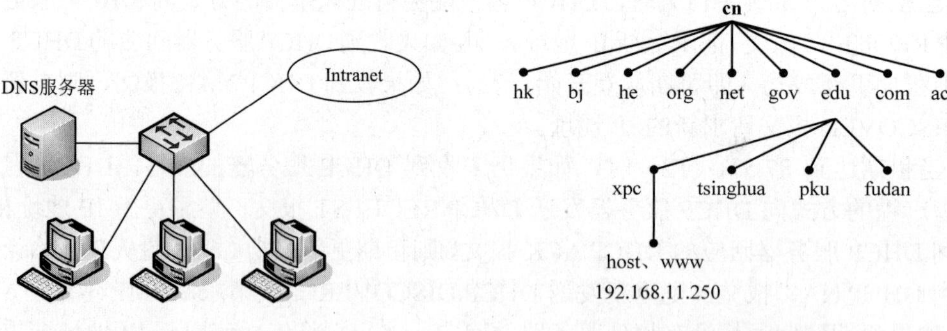

图 9.5　硬件连接　　　　图 9.6　DNS 结构规划

步骤 2：配置 DNS 服务器。

1）启动 Windows Server 服务器，选择“开始→程序→管理工具→DNS”命令，进行 DNS 管理与配置界面。在 DNS 管理与配置窗口中加入需要管理和配置的域名服务器。右击“树”区域的“DNS”选项，在弹出的快捷菜单中选择“连接到 DNS 服务器”命令，弹出“连接到 DNS 服务器”对话框，如图 9.7 所示。

2）Windows Server 中的 DNS 管理程序既可以管理和配置本地的域名服务，也可以管理和配置网络中其他主机的域名服务。选择“这台计算机”，单击“确定”按钮，系统将把这台计算机（计算机名为 XXZX-CHUJL）加入 DNS 树中，如图 9.8 所示。这就是在该计算机上建立一个数据库，用于存储授权区域的域名信息。

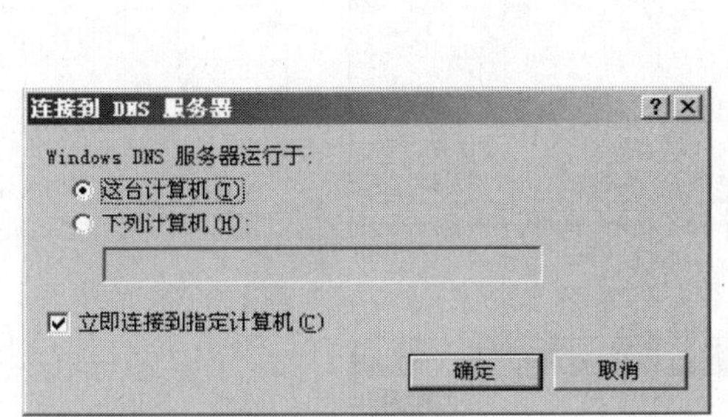

图 9.7 进入 DNS 设置

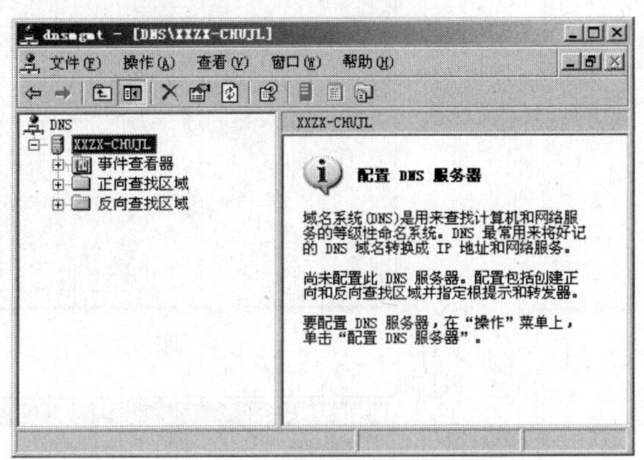

图 9.8 选择本机

步骤 3：建立区域。

1）建立主要区域。DNS 客户端所提出的 DNS 查找请求，大部分是属于正向的查找（forward lookup），也就是从主机名称来查找 IP 地址，建立过程如下。

① 选择“开始→程序→管理工具→DNS”命令，然后选择“DNS 服务器”并右击“正向查找区域”选项，在弹出的快捷菜单中选择“新建区域”命令，启动“欢迎使用新建区域”向导。单击“下一步”按钮，弹出“区域类型”窗口，如图 9.9 所示。

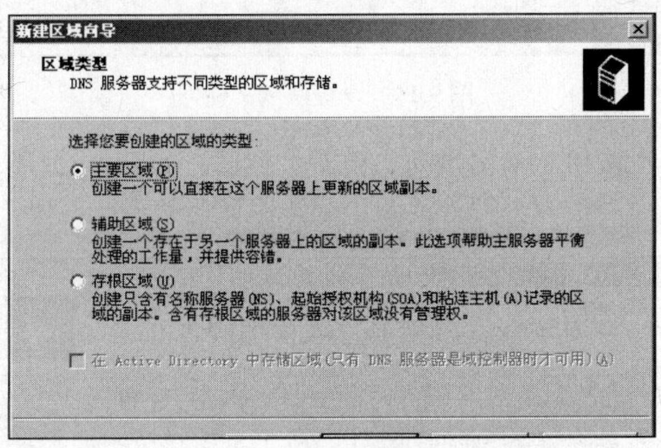

图 9.9 选择区域类型

② 选中“主要区域”单选按钮，单击“下一步”按钮，弹出“区域名称”窗口，如图 9.10 所示。在“区域名称”文本框中输入区域名“xpc.edu.cn”。注意只输入到次阶域，而不是连同子域和主机名称都一起输入。

③ 单击“下一步”按钮，弹出“区域文件”窗口，如图 9.11 所示。创建文件选择默认文件名 xpc.edu.cn.dns（区域名.dns）。

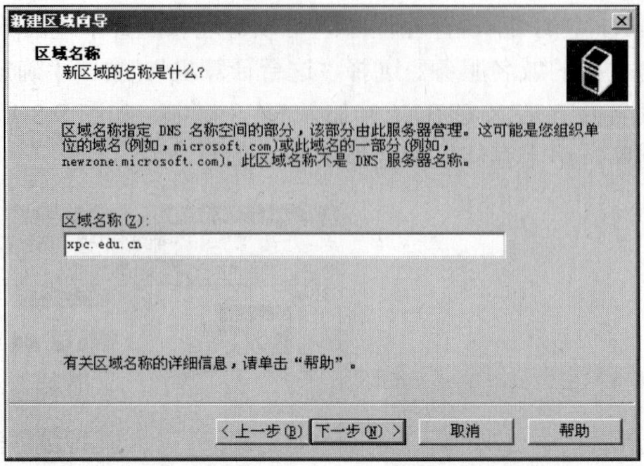

图 9.10　配置区域名称

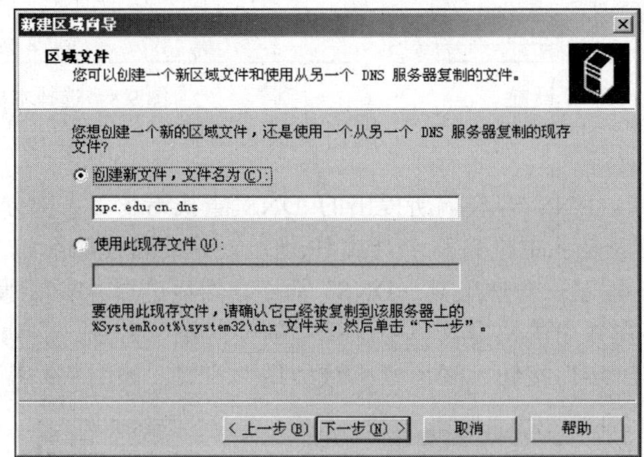

图 9.11　设置区域文件

④ 单击“下一步”按钮，弹出“动态更新”窗口，如图 9.12 所示。选中“不允许动态更新”单选按钮。

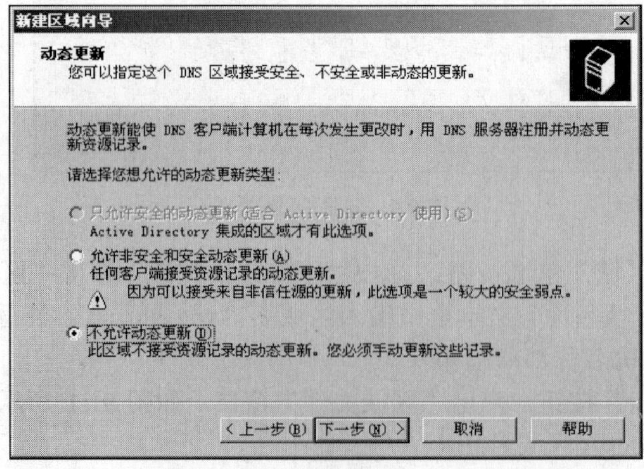

图 9.12　设置更新方式

⑤ 单击“下一步”按钮，再单击“完成”按钮，新区域“xpc.edu.cn”便添加到 DNS 管理窗口。

2）在主要区域内新建资源记录。

① 新建一项主机记录。右击预新增加记录的区域名，如 xpc.edu.cn，在弹出的快捷菜单中选择“新建主机”命令，打开“新建主机”对话框，如图 9.13 所示。在“名称”文本框中填写新增主机记录的名称为 host，在“IP 地址”文本框中输入新建名称的实际 IP 地址为 192.168.11.250。单击“添加主机”按钮，该主机的名字、对象类型及 IP 地址就显示在 DNS 管理窗口中，如图 9.14 所示，添加了一条名称为 host、数据为 192.168.11.250 的主机记录。

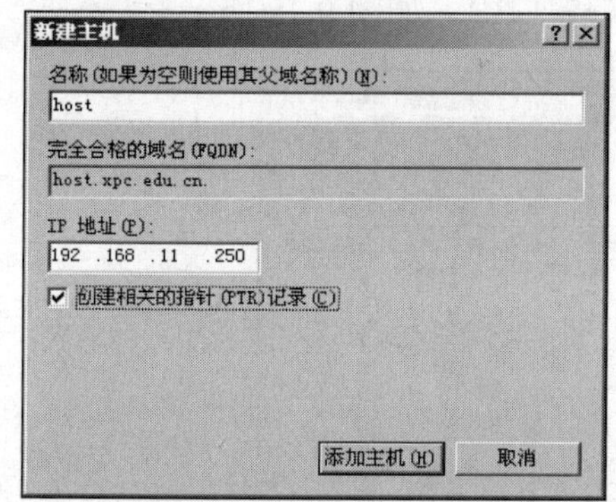

图 9.13　“新建主机”对话框

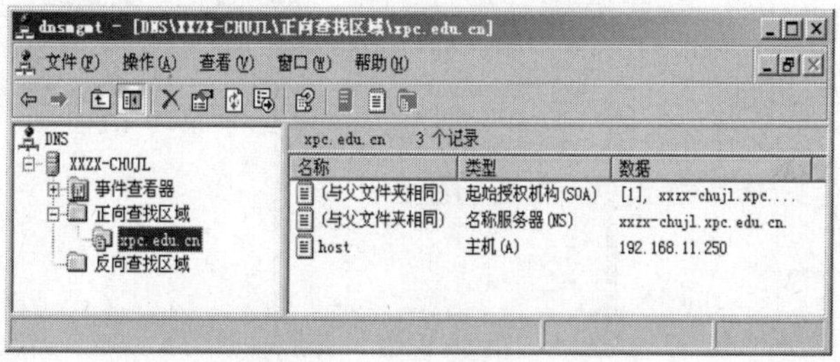

图 9.14　添加主机记录

② 新建一项主机别名。右击预新建立别名主机的区域名 xpc.edu.cn，在弹出的快捷菜单中选择“新建别名”命令，打开“新建资源记录”对话框，如图 9.15 所示。在“别名”文本框中输入主页服务器的名字“www”，然后输入目的主机的完全合格的域名 host.xpc.edu.cn（也可以通过单击“浏览”按钮进行选择），单击“确定”按钮完成别名配置。使用同样的方法可创建别名 ftp。如图 9.16 所示为完成后的画面，它表示 host.xpc.edu.cn 的别名是 www.xpc.edu.cn 和 ftp.xpc.edu.cn。

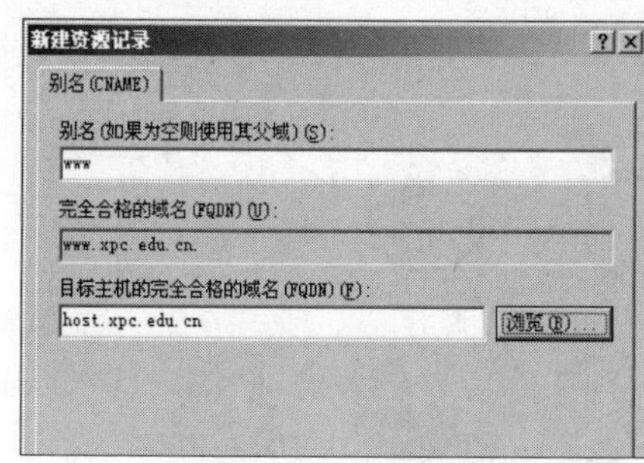

图 9.15　设置主机别名图

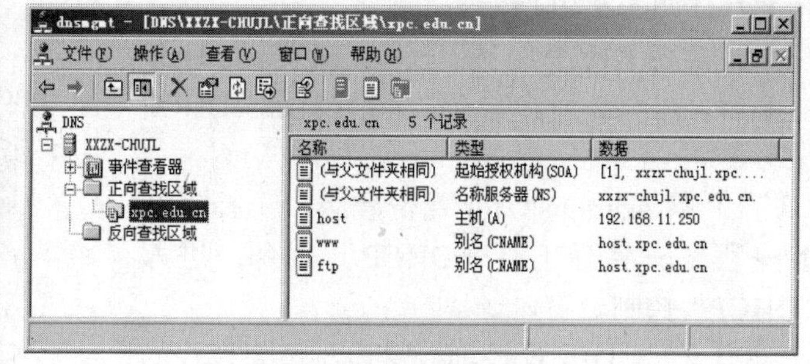

图 9.16　创建别名信息

3）建立反向区域。

右击“反向查找区域”选项，在弹出的快捷菜单中选择“新建区域”命令，弹出“新建区域向导”对话框，单击“下一步”按钮，弹出“区域类型”对话框，选择“主要区域”选项，单击“下一步”按钮，弹出“反向查找区域名称”窗口，如图 9.17 所示，在“网络

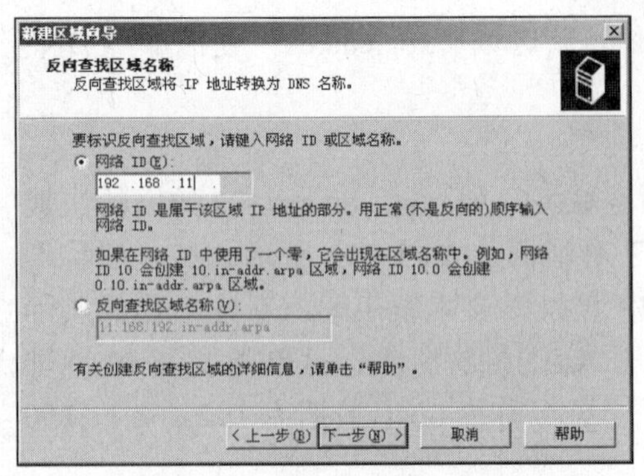

图 9.17 新建反向查找区域

ID”文本框中输入正常的地址，如 192.168.11.，这时会自动在“反向查找区域名称”中显示 11.168.192.in-addr.arpa。单击“下一步”按钮，弹出“区域文件”窗口，在“新文件”文本框中自动输入以反向查找区域名为文件名的 DNS 文件 192.168.11.in-addr.arpa.dns。

单击“下一步”按钮，选择“不允许动态更新”选项，单击“下一步”按钮，单击“完成”按钮，完成设置。反向查找区域自动添加到 DNS 管理窗口中，如图 9.18 所示。

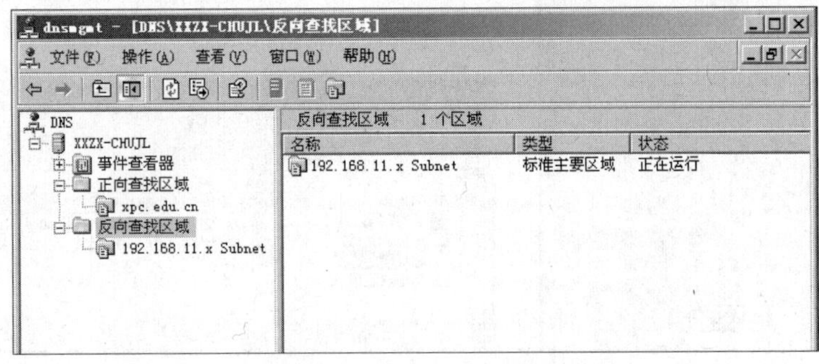

图 9.18 查找区域自动添加到 DNS 管理窗口中

2. 配置 DHCP 服务器

将一台 Windows Server 配置为 DHCP 服务器，IP 地址为 192.168.11.200，创建一个作用域，名称为子网 1，开始地址为 192.168.11.2，结束地址为 192.168.11.90，默认租约期限。

步骤 1：搭建 DHCP 服务器配置实训环境。

具体如图 9.19 所示。

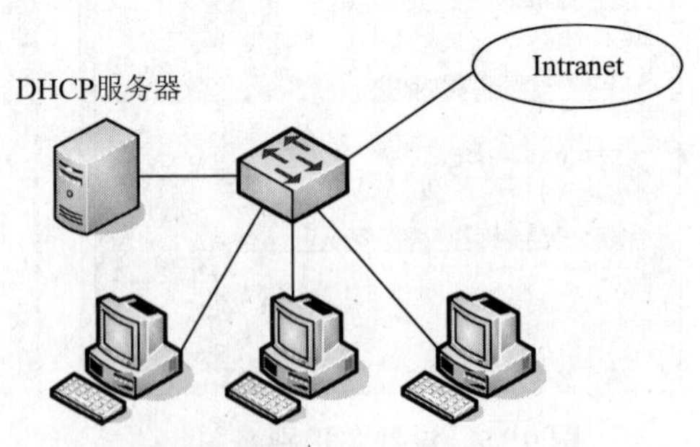

图 9.19 DHCP 配置任务实训环境

步骤 2：DHCP 服务器授权。在安装 DHCP 服务后，用户必须首先添加一个授权的 DHCP 服务器。

1）以 Administrator 身份登录，选择“开始→程序→管理工具→DHCP”命令，进入“DHCP”控制台窗口。

2）右击 DHCP 控制台窗口左边要授权的 DHCP 服务器，本例中为 xxzx-chujl.xpc.edu.cn，从弹出的快捷菜单中选择“授权”命令，完成授权，如图 9.20 所示。再右击要授权的 DHCP 服务器“xzx-chujl.xpc.edu.cn[192.168.11.200]”，在弹出的快捷菜单中，“授权”命令已经变为“撤销授权”命令。

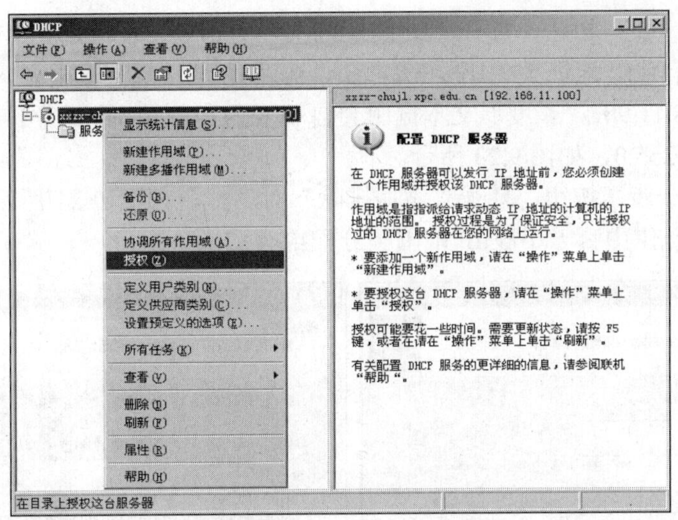

图 9.20　DHCP 授权

在 Windows Server 的网络中，如果 DHCP 服务器没有“授权”，是不能为网络中的客户端分配 IP 地址的。没有“授权”的 DHCP 服务器前面的“计算机图标”有一个红色的“箭头”，经过“授权”的 DHCP 服务器前面的“计算机图标”有一个绿色的“箭头”。

3）右击“DHCP”，在弹出的快捷菜单中选择“管理授权的服务器”命令，打开“管理授权的服务器”对话框，如图 9.21 所示，在此可以授权和撤销授权。

步骤 3：DHCP 服务器的配置。在 Windows Server 中，DHCP Administrators 和 Administrators 组内的成员可以执行 DHCP 服务器的管理工作，如新建作用域、修改作用域、修改配置等。DHCP User 组内的成员可以检查 DHCP 服务器内的数据库与配置，但无权修改。

1）右击 DHCP 服务器的“计算机名（xzx-chujl.xpc.edu.cn[192.168.11.200]）”，在弹出的快捷菜单中选择“新建作用域”命令，打开“新建作用域向导”对话框，单击“下一步”按钮，打开“作用域名”对话框。在这里先建立“子网 1”的作用域。

在“名称”文本框中输入“子网 1”，在“描述”文本框中输入“为子网 1 的用户分配 IP 地址”，如图 9.22 所示。

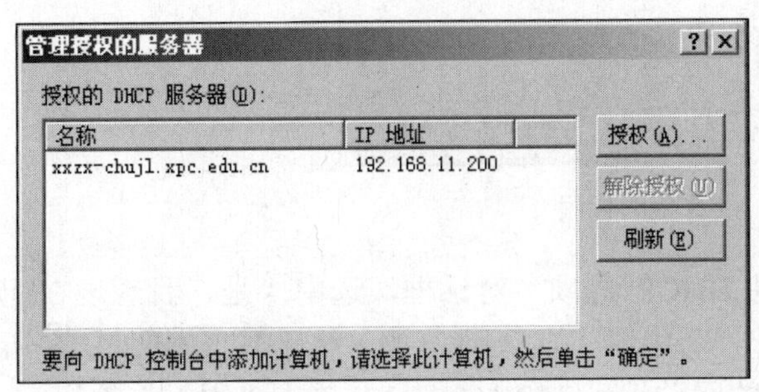

图 9.21　管理 DHCP 授权

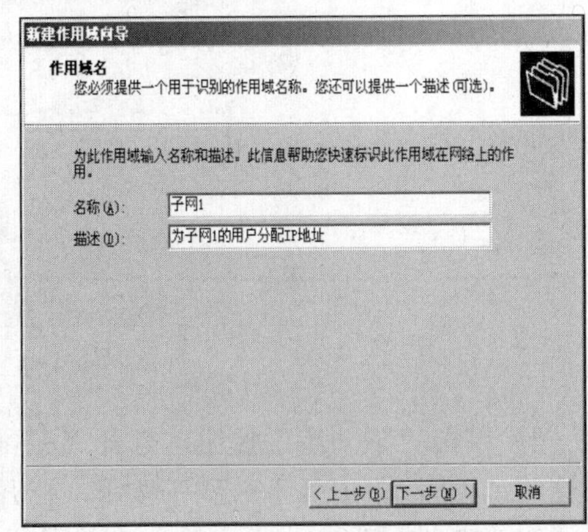

图 9.22　建立子网 1 的作用域

2）单击“下一步”按钮，打开“IP 地址范围”对话框。在“起始 IP 地址”文本框中输入此作用域的开始 IP 地址 192.168.11.2，在“结束 IP 地址”文本框中输入此作用域的结束 IP 地址 192.168.11.90，“长度”文本框中会自动变为 24，此时“子网掩码”文本框的数值自动为 255.255.255.0，如图 9.23 所示。

3）单击“下一步”按钮，打开“添加排除”对话框，如图 9.24 所示，可设置在上一步设置的 IP 地址范围中哪一小段 IP 范围不分配给客户端。

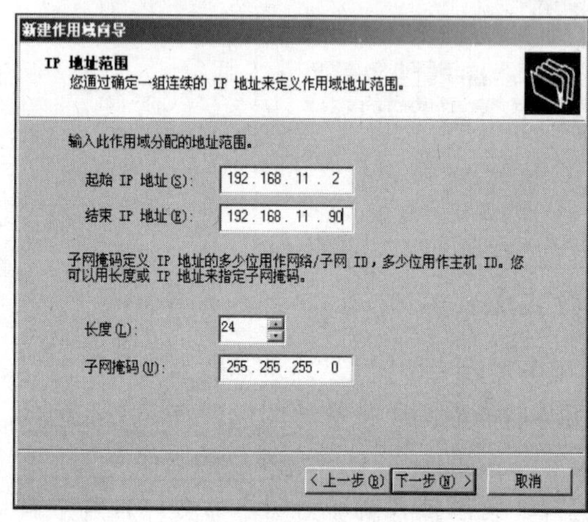

图 9.23　设置地址范围

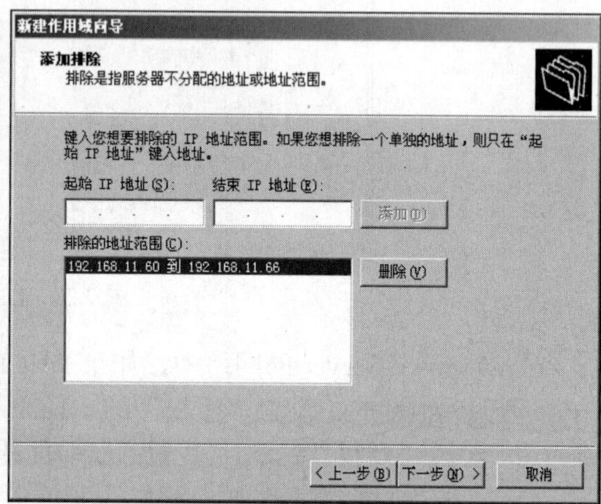

图 9.24　预留不分配的地址

在此设置排除地址为 192.168.11.60～192.168.11.66，单击“下一步”按钮，打开“租约期限”对话框，如图 9.25 所示，可设置客户端从 DHCP 服务器租用地址使用的时间长短，默认为 8 天。

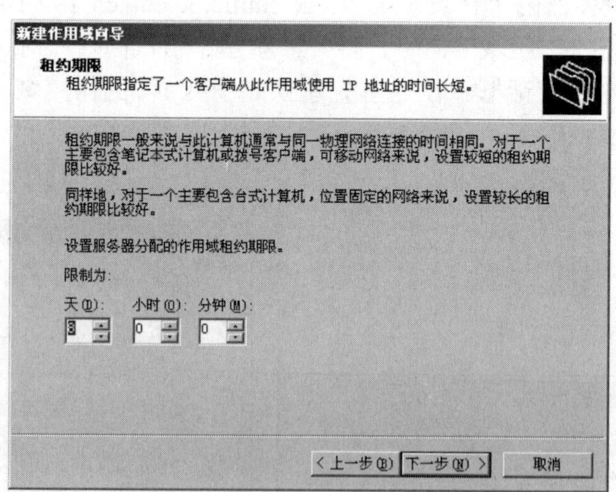

图 9.25　设置租约期限

4）单击“下一步”按钮，打开“配置 DHCP 选项”对话框，选中“是，我想现在配置这些选项”，单击“下一步”按钮，打开“路由器（默认网关）” 对话框，如图 9.26 所示，在“IP 地址”文本框中输入当前子网的网关地址 192.168.11.1，单击“添加”按钮。

5）单击“下一步”按钮，打开“激活作用域”对话框，选中“是，我想现在激活此作用域”，单击“下一步”按钮，再单击“完成”按钮。结束新建作用域的工作，回到 DHCP 控制台，如图 9.27 所示。

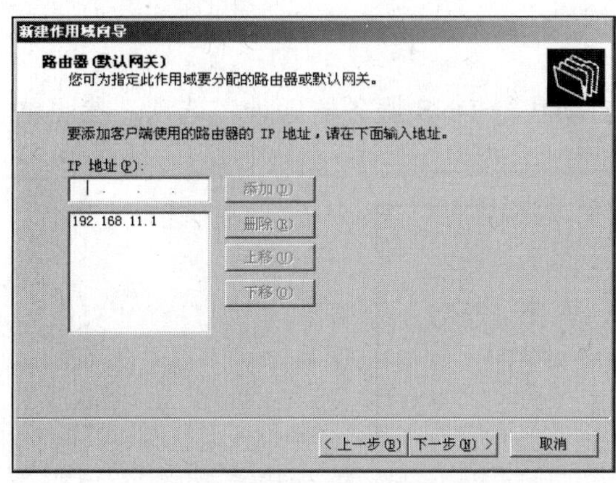

图 9.26　设置默认网关地址

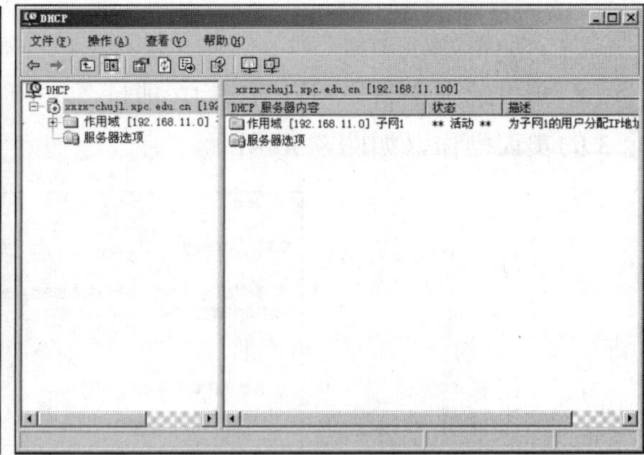

图 9.27　DHCP 控制台

步骤 4：保留特定 IP 地址给客户端。进入 DHCP 控制台，选择“作用域”子项中的“保留”项，右击，在弹出的快捷菜单中选择“新建保留”命令，打开“新建保留”对话框，如图 9.28 所示。在“保留名称”文本框中输入名称，在“IP 地址”文本框中输入 IP 地址，在“MAC 地址”文本框中输入 MAC 地址，单击“完成”按钮。

步骤 5：配置选项。在 DHCP 控制台中，展开作用域，右击“作用域”选项，在弹出的快捷菜单中选择“配置选项”命令，打开“作用域选项”对话框，选中“006 DNS 服务器”复选框，如图 9.29 所示。在“IP 地址”文本框直接输入 DNS 服务器的 IP 地址，单击“添加”“确定”按钮完成。如果不知道 DNS 服务器的 IP 地址，可以先在“服务器名”文本框输入 DNS 服务器的计算机名称，然后单击“解析”按钮让系统帮忙查找 DNS 服务器的 IP 地址。

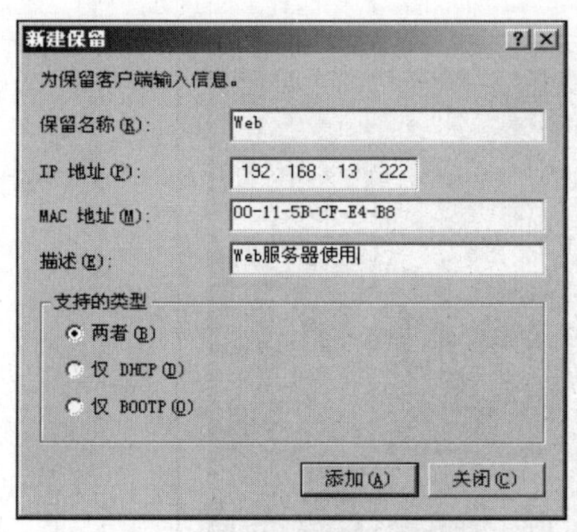

图 9.28　设置保留地址

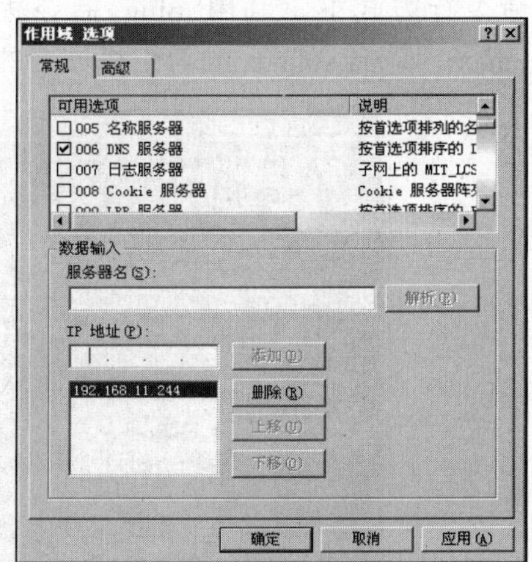

图 9.29　在作用域添加 DNS 服务

9.2.3 DNS 服务器和 DHCP 客户端测试

1. DNS 服务器测试

（1）配置测试主机

在客户端上配置“自动获得 IP 地址”和“自动获得 DNS 服务器地址”选项，参照单元 3 的实训操作，如图 9.30 所示。

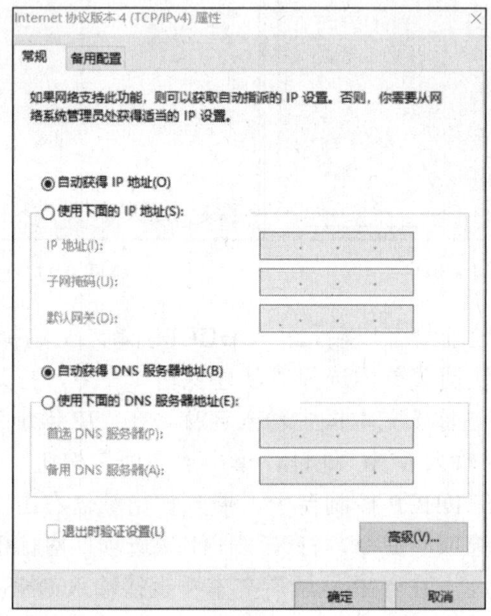

图 9.30　配置主机 TCP/IP 协议地址参数

（2）DNS 正向解析测试

在命令行方式下，利用 ping 命令去解析 www.sina.com.cn、www.263.net、www.yahoo.com.cn、www.sohu.com 等主机域名的 IP 地址，如图 9.31 所示。

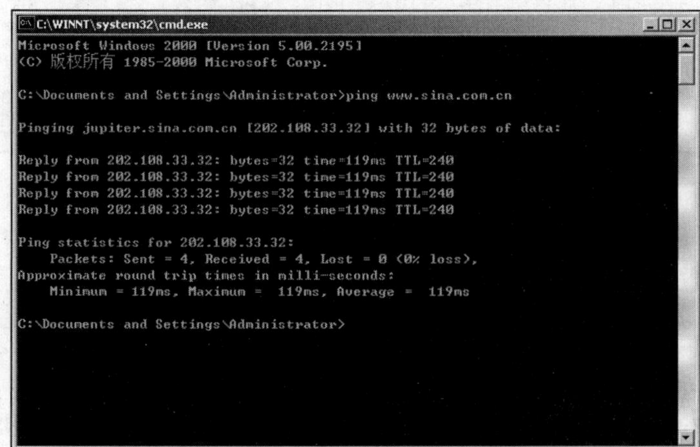

图 9.31　测试 DNS 的解析功能

2. DHCP 客户端测试

1）将 DHCP 客户端设置为自动获取 IP 地址，如图 9.30 所示。

2）在命令行提示符方式下，利用 ipconfig 命令可查看获得的 IP 地址，如图 9.32 所示。

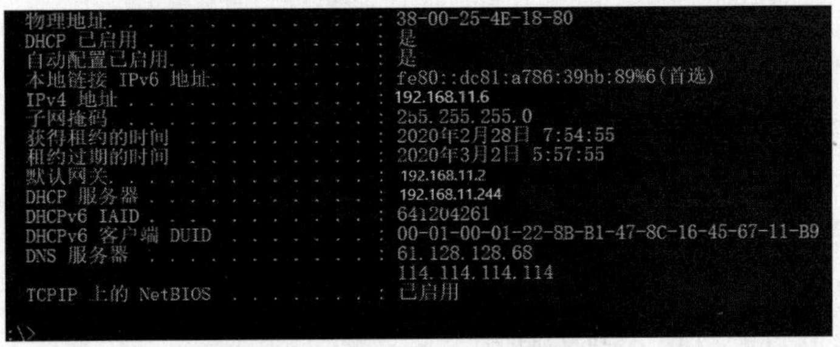

```
物理地址. . . . . . . . . . . . . : 38-00-25-4E-18-80
DHCP 已启用 . . . . . . . . . . . : 是
自动配置已启用. . . . . . . . . . : 是
本地链接 IPv6 地址. . . . . . . . : fe80::dc81:a786:39bb:89%6(首选)
IPv4 地址 . . . . . . . . . . . . : 192.168.11.6
子网掩码  . . . . . . . . . . . . : 255.255.255.0
获得租约的时间  . . . . . . . . . : 2020年2月28日 7:54:55
租约过期的时间  . . . . . . . . . : 2020年3月2日 5:57:55
默认网关. . . . . . . . . . . . . : 192.168.11.2
DHCP 服务器 . . . . . . . . . . . : 192.168.11.244
DHCPv6 IAID . . . . . . . . . . . : 641204261
DHCPv6 客户端 DUID  . . . . . . . : 00-01-00-01-22-8B-B1-47-8C-16-45-67-11-B9
DNS 服务器  . . . . . . . . . . . : 61.128.128.68
                                    114.114.114.114
TCPIP 上的 NetBIOS  . . . . . . . : 已启用

:\>
```

图 9.32 ipconfig 命令可查看 IP 地址

9.3 课堂评价

完成本单元学习，认真填写学习情况考核表（见表 9.2），并及时予以反馈。

表 9.2 学习情况考核表

序号	评价内容	自我评价					小组评价					老师评价				
		A	B	C	D	E	A	B	C	D	E	A	B	C	D	E
1	会话层功能与应用															
2	表示层功能与应用															
3	应用层功能与应用															
4	Internet 发展与形成															
5	Internet 的特点与应用															
6	DNS 工作原理															
7	DHCP 工作原理															
8	DNS 服务器配置															
9	DHCP 服务器配置															

说明：评价等级分为 A、B、C、D 和 E 共 5 等。其中，对知识与技能掌握很好，能够熟练地完成任务为 A 等；掌握 75%以上的内容，能较为顺利地完成任务为 B 等；掌握 60%以上的内容为 C 等；基本掌握为 D 等；大部分内容不够清楚为 E 等。

9.4 思考与讨论

一、填空题

1. DNS 的中文名称是______。
2. DHCP 的中文名称是______。

二、选择题

1. 下列关于 DHCP 服务器的描述中，正确的是（　　）。
   A. 客户端只能接收本网段内 DHCP 服务器提供的 IP 地址
   B. 需要保留的 IP 地址可以包含在 DHCP 服务器的地址池中
   C. DHCP 服务器不能帮助用户指定 DNS 服务器
   D. DHCP 服务器可以将一个 IP 地址同时分配给两个不同用户
2. 关于会话层功能描述正确的是（　　）。
   A. 实现两个节点间建立、维护和释放面向用户的连接，并对会话进行管理和控制，保证会话数据可靠传送
   B. 在源、目的主机实现路由路径的选择
   C. 实现主机名字到 IP 地址的翻译
   D. 实现数据格式变换、数据加密与解密、数据压缩与恢复等功能
3. 关于表示层功能描述正确的是（　　）。
   A. 实现两个节点间建立、维护和释放面向用户的连接，并对会话进行管理和控制，保证会话数据可靠传送
   B. 在源、目的主机实现路由路径的选择
   C. 实现主机名字到 IP 地址的翻译
   D. 实现数据格式变换、数据加密与解密、数据压缩与恢复等功能

三、讨论题

1. 简述应用层的功能。
2. 简述 DNS 的工作原理。
3. 简述 DHCP 的工作原理。
4. 简述如何搭建内部 DHCP 服务器和 DNS 服务器。

拓展阅读　新技术、新工艺

单元 10 计算机网络资源建设

教学目标

知识教学目标

1. 了解万维网的基本概念
2. 熟悉 FTP 的常用命令
3. 掌握 WWW、FTP、EMAI 的工作原理

技能培养目标

1. 能够掌握 WWW 服务器的配置方法
2. 能够掌握 FTP 服务器的配置方法
3. 能够掌握 WWW、FTP 的测试与故障排除方法

素质培养目标

1. 深入理解“资源共享”的含义
2. 培养资源分类和合理利用的意识

10.1 相关知识：应用层技术

信息技术的飞速发展，人们对获取的资源需求越来越丰富，要求也越来越高，计算机网络的目的是实现资源共享，如何建设资源，建设哪些资源，这些资源通过怎样的技术手段来完成，是人们关注的重点。

10.1.1 Web 技术

万维网（world wide web，WWW）是 Internet 上发展最快同时又使用最多的一项服务，它可以提供包括文本、图形、声音和视频等在内的多媒体信息的浏览。

万维网起源于 1989 年欧洲粒子物理研究（European Organization for Nuclear Research，CERN），其目的是收集时刻变化的报告、蓝图、绘制图、照片和其他文献。链接文档的万维网 Web 的最初计划是由 CERN 的物理学家 Lee To B 于 1989 年 3 月提出的，第一个原型（基于文本的）于 18 个月后运行，1991 年 12 月在得克萨斯州的 San Antonio 91 超文本会议上进行了一次公开演示，次年继续发展，并于 1993 年 2 月在第一个图形界面 Mosaic 发布时达到了其发展的高峰。到今天，WWW 已经成为 Internet 不可缺少的技术。

1. Web的基本概念

万维网由遍布在Internet中的被称为WWW服务器（又称为Web服务器）的计算机组成。Web是一个容纳各种类型信息的集合，从用户的角度看，万维网由庞大的、世界范围的文档[或称为页面（page）]集合而成。页面具有严格的格式，页面是用超文本标识语言（hyper text markup language，HTML）写成的，存放在Web服务器上。每张页面可以包含到世界上任何地方的其他相关页面的超链接（hyperlink），这种能够指向其他页面的页面被称为超文本（hypertext）。用户可以跟随一个超链接到其所指向的其他页面，并且这一过程可以被无限制地重复。通过这种方法可浏览无数的互相链接的信息。

用户使用浏览器总是从访问某个主页（homepage）开始的。由于主页中包含了超链接，因此可以链接另外的页面，这样就可以查看大量的信息。下面介绍万维网中的常用术语及其意义。

（1）超文本标识语言

超文本标识语言（HTML）是ISO标准8879-SGML（standard generalized markup language，标准通用标识语言）在万维网上的应用。所谓标识语言就是格式化的语言，存在于万维网服务上的页面，就是由HTML描述的。它使用一些约定的标记对万维网上各种信息（包括文字、声音、图形、图像、视频等）、格式及超链接进行描述。当用户浏览万维网上的信息时，浏览器会自动解释这些标记的含义，并将其显示为用户在屏幕上所看到的网页。

（2）超文本传输协议

超文本传输协议（hypertext transfer protocol，HTTP）是用来在浏览器和万维网服务器之间传送超文本的协议。HTTP协议由两个相当明显的项组成：从浏览器到服务器的请求集和从服务器到浏览器的应答集。HTTP协议是一种面向对象的协议，为了保证WWW客户端与万维网服务器之间通信不会产生二义性，HTTP精确定义了请求报文和响应报文的格式。HTTP会话过程包括4个步骤，即连接、请求、应答和关闭。

（3）统一资源定位器

人们已经知道万维网是以页面的形式来组织信息的。那么怎样来识别不同的页面，怎样才能知道页面在哪个位置，以及如何访问页面呢？为了解决这个问题，万维网采用了URL方法。URL是在Internet上唯一确定资源位置的方法，其基本格式为

协议://主机域名/资源文件名

其中，协议（protocol）用来指明资源类型，除了万维网用的HTTP协议之外，还可以是FTP、Telnet等；主机域名表示资源所在机器的DNS名字；资源文件名用以提出资源在所在机器上的位置，包含路径和文件名，通常为“目录名/目录名/文件名”，也可以不含有路径。例如，重庆大学的万维网主页的URL就表示为http://www.cqu.edu.cn/html/index.htm。在输入URL时，资源类型和服务器地址不分字母大小写，但目录和文件名则可能区分字母大小写。这是因为大多数服务器安装了UNIX操作系统，而UNIX的文件系统是区分文件名字母大小写的。

2. 万维网服务的实现过程

万维网以客户端/服务器（client/server）模式进行工作。运行万维网服务器程序并提供

万维网服务的机器被称为万维网服务器；在客户端，用户通过一个被称为浏览器（browser）的交互式程序来获得万维网信息服务。常用的浏览器有 Chrome 浏览器、IE 浏览器、QQ 浏览器、搜狐浏览器、火狐浏览器等。对于每个万维网服务器站点都有一个服务器监听 TCP 的 80 端口（注：80 为 HTTP 默认的 TCP 端口），看是否有从客户端（通常是浏览器）过来的连接。当在客户端的浏览器地址栏中输入一个 URL 或者单击网页上的一个超链接时，网页浏览器就要检查相应的协议以决定是否需要重新打开一个应用程序，同时对域名进行解析以获得相应的 IP 地址。然后，以该 IP 地址并根据相应的应用层协议，即 HTTP 所对应的 TCP 端口与服务器建立一个 TCP 连接。连接建立之后，客户端的浏览器使用 HTTP 协议中的“GET”功能向万维网服务器发出指定的万维网页面请求，服务器收到该请求后将根据客户端所要求的路径和文件名，使用 HTTP 协议中的“PUT”功能将相应的 HTML 文档回送到客户端。如果客户端没有指明相应的文件名，则由服务器返回一个默认的 HTML 页面；页面传送完毕则中止相应的会话连接。

下面以一个具体的例子来说明 Web 服务的实现过程。假设有用户要访问重庆大学的主页 http://www.cqu.edu.cn/home/web2.htm，则浏览器与服务器的信息交互过程如下。

1）浏览器确定 URL。

2）浏览器向 DNS 获取 Web 服务器 www.cqu.edu.cn 的 IP 地址。

3）浏览器以相应的 IP 地址 202.202.0.8 应答。

4）浏览器和 IP 地址为 202.202.0.8 的 80 端口建立一条 TCP 连接。

5）浏览器执行 HTTP 协议，发送 GET/home/web2.htm 命令，请求读取该文件。

6）www.cqu.edu.cn 服务器返回/home/web2.htm 文件到客户端。

7）释放 TCP 连接。

8）浏览器显示/home/web2.htm 中的所有正文和图像。

自万维网服务问世以来，其已取代电子邮件服务成为 Internet 上最为广泛的服务。除了普通的页面浏览外，万维网服务中的浏览器/服务器（browser/server，B/S）模式还取代了传统的 C/S 模式。网络数据库工作模式被广泛用于网络数据库应用开发中。

10.1.2 E-mail 技术

E-mail 是 Internet 上最受欢迎也是最为广泛的应用之一。E-mail 服务是一种通过计算机网络与其他用户进行联系的快速、简便、高效、廉价的现代化通信手段。

1. E-mail 概述

在 Internet 上将一段文本信息从一台计算机传送到另一台计算机上，可通过两种协议来完成，即简单邮件传输协议（simple mail transfer protocol，SMTP）和邮局协议（post office protocol 3，POP3）。SMTP 是 Internet 协议集中的邮件标准。在 Internet 上能够接收 E-mail 的服务器都有 SMTP。E-mail 在发送前，发件方的 SMTP 服务器与接收方的 SMTP 服务器联系，确认接收方准备好了，则开始邮件传递；若没有准备好，发送服务器便会等待，并在一段时间后继续与接收方邮件服务器联系。这种方式在 Internet 上称为“存储/转发”方式。POP3 可允许 E-mail 客户端向某一 SMTP 服务器发送 E-mail，另外，也可以接收来自 SMTP 服务器的 E-mail。换句话说，E-mail 在客户端 PC 与服务提供商之间的传递是通过

POP3 来完成的，而 E-mail 在 Internet 上的传递则是通过 SMTP 来实现的。

E-mail 之所以受到广大用户的喜爱，是因为与传统通信方式相比，其具有以下非常明显的优点。

1）成本低。与传统的邮件系统相比，E-mail 费用很低。传统的国内特快快递需 20 元人民币，国际快递则更贵，而通过 E-mail 将信件发送到国外，可能只需付几分钱的上网费。

2）速度快。E-mail 一般只需几秒钟就可以到达目的地，远比人工邮件传递速度要迅速，而且比较可靠。

3）安全与可靠性高。传统的邮件在投递过程中有可能被损坏，而使用 E-mail 则不必担心这一点。

4）可达到范围广。E-mail 可以到达 Internet 可达的任何地方，并且可以实现一对多的邮件传送，即可以一次同时向多人发出多个内容相同的邮件。

5）内容表达形式多样。E-mail 可以将文字、图像、语音等多种类型的信息集成到一个邮件中传送，因此它成为多媒体信息传送的重要手段。

2. E-mail 系统的构成

E-mail 是如何通过网络被发送和接收出去的呢？首先，E-mail 要有自己规范的格式，就好像人们使用普通的邮政系统要遵循标准的邮件格式一样。

E-mail 的格式由信封和内容两大部分组成，即邮件头（header）和邮件主体（body）两部分。邮件头包括收信人的 E-mail 地址、发信人的 E-mail 地址、发送日期、标题和发送优先级等，其中，前两项是必选的。邮件主体才是发件人和收件人要处理的内容，早期的 E-mail 系统只能传递文本信息，而通过使用多用途 Internet 邮件扩展协议（multipurpose internet mail extensions，MIME），还可以发送语音、图像和视频等信息。E-mail 主体不存在格式上的统一要求，但对信封即邮件头有严格的格式要求，尤其是 E-mail 地址。E-mail 地址的标准格式为

<收信人信箱名>@主机域名

其中，收信人信箱名指用户在某个邮件服务器上注册的用户标识，相当于是他的一个私人邮箱，收信人信箱名通常用收信人姓名的缩写来表示；@为分隔符，一般把它读为英文的 at；主机域名是指信箱所在的邮件服务器的域名。例如，phs@163.com，表示在网易邮件服务器上的名为 phs 的用户信箱。

其次，除有标准的 E-mail 格式外，电子邮件的发送与接收还要依托于用户代理、邮件服务器和邮件协议组成的 E-mail 系统。图 10.1 给出了 E-mail 系统的简单示意图。其中，用户代理运行在客户端的一个本地程序上，它提供命令行方式、菜单方式或图形方式的界面来与 E-mail 系统交互，允许人们读取和发送 E-mail，如 outlook express 或 hotmail 等。邮件服务器包括邮件发送服务器和邮件接收服务器。顾名思义，所谓邮件发送服务器，是指为用户提供邮件发送功能的邮件服务器，如图 10.1 中的 SMTP 服务器；而邮件接收服务器是指为用户提供邮件接收功能的邮件服务器，如图 10.1 中的 POP3 服务器。用户在发送 E-mail 时，要使用邮件发送协议，常见的邮件发送协议有简单邮件传输协议和 MIME 协议，前者只能传输文本信息，后者则可以传输包括文本、声音、图像等在内的多媒体信息。

当用户代理向邮件发送服务器发送 E-mail 时，或邮件发送服务器向邮件接收服务器发送 E-mail 时都要使用邮件发送协议。用户从邮件接收服务器接收邮件时，要使用邮件接收协议，通常使用邮局协议 POP3，该协议由 RFC 1225 定义，具有用户登录、退出、读取消息、删除消息的命令。POP3 的关键之处在于能从远程邮箱中读取 E-mail，并将它存在用户本地的机器上以便以后读取。通常，SMTP 使用 TCP 的 25 号端口，而 POP3 则使用 TCP 的 101 号端口。

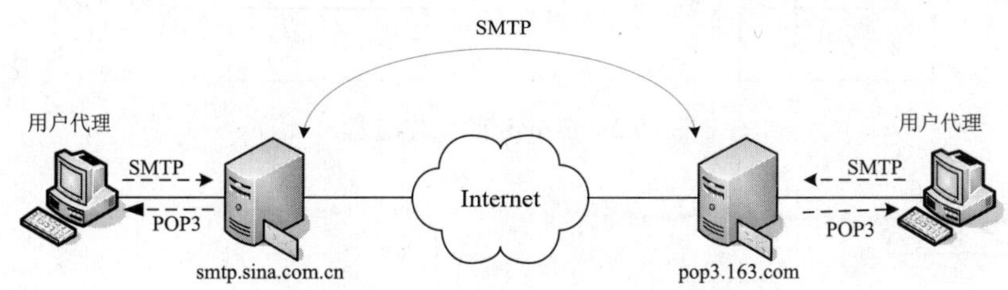

图 10.1 E-mail 系统组成示意

3. E-mail 的工作过程

假定用户 XXX 使用“XXX@sina.com.cn”作为发信人地址向用户 YYY 发送一个文本格式的 E-mail，该发信人地址所指向的邮件发送服务器为 smtp.sina.com.cn，收信人的 E-mail 地址为“YYY@163.com”。

首先，用户 XXX 在自己的机器上使用独立式的文本编辑器、字处理程序或是用户代理内部的文本编辑器来撰写邮件正文；然后，使用 E-mail 用户代理程序如 outlook express 完成标准邮件格式的创建，即选择创建新邮件图标，填写收件人地址、主题、邮件的正文、邮件的附件等。一旦用户邮件发送图标之后，则用户代理程序将用户的邮件传送给负责邮件传输的程序，由其在 XXX 所用的主机和名为 smtp.sina.com.cn 的邮件发送服务器之间建立一个关于 SMTP 的连接，并通过该连接将 E-mail 发送至服务器 smtp.sina. com.cn。

邮件发送服务器 smtp.sina.com.cn 在获得用户 XXX 所发送的邮件后，根据邮件接收者的地址，在邮件发送服务器与 YYY 的邮件接收服务器之间建立一个 SMTP 的连接，并通过该连接将邮件发送至 YYY 的邮件接收服务器。

邮件接收服务器 smtp.163.com 接收到邮件后，根据邮件接收者的用户名将邮件放到用户的邮箱中。在 E-mail 系统中，为每个用户分配一个邮箱（用户邮箱）。例如，在基于 UNIX 的邮件服务系统中，用户邮箱位于/usr/spool/mail/目录下，邮箱标识一般与用户标识相同。

当邮件到达邮件接收服务器后，用户随时都可以接收邮件。当用户 YYY 需要查看自己的邮箱并接收邮件时，其首先要在自己的机器与邮件接收服务器 pop3.163.com 之间建立一条关于 POP3 的连接，该连接也是通过系统提供的用户代理程序进行的。连接建立之后，用户就可以从自己的邮箱中“取出”E-mail，进行阅读、处理、转发或回复等操作。

E-mail 的工作过程如图 10.2 所示。从上面的例子可以看出，E-mail 的“发送→传递→接收”是异步的，E-mail 在发送时并不要求接收者“在场”（即正在使用 E-mail 系统），E-mail 可存放在接收者的邮箱中，接收者可以随时接收。

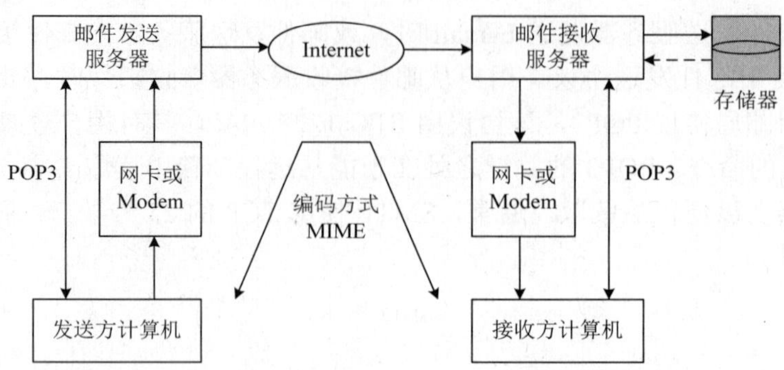

图 10.2 E-mail 的工作过程

10.1.3 FTP 技术

在网络上常常需要将一台计算机上的文件复制到另一台计算机上，这就是文件传输服务。在 Internet 中使用 FTP 文件传输协议，这也是最常用的传输协议之一。

1. FTP 概述

文件传输协议（file transfer protocol，FTP）是用于在 TCP/IP 网络上两台计算机间进行文件传输的协议，其位于 TCP/IP 协议堆栈的应用层，也是最早用于 Internet 上的协议之一。FTP 允许在两个异构体系之间进行 ASCII 码或 EBCDIC 码（扩充的二进制码十进制转换）字符集的传输，这里的异构体系是指采用不同操作系统的两台计算机。与大多数 Internet 服务一样，FTP 使用客户端/服务器模式，即由一台计算机作为 FTP 服务器提供文件传输服务，而由另一台计算机作为 FTP 客户端提出文件服务请求并得到授权的服务。FTP 客户端/服务器模型如图 10.3 所示。FTP 服务器与客户端之间使用 TCP 作为实现数据通信与交换的协议。然而，与其他客户端/服务器模型不同的是，FTP 客户端与服务器之间建立的是双重连接，一个是"控制连接（control connection）"，另一个是"数据传送连接（data transfer connection）"。控制连接传送命令，告诉服务器将传送哪个文件；数据传送连接也使用 TCP 作为传输协议，传送所有数据。

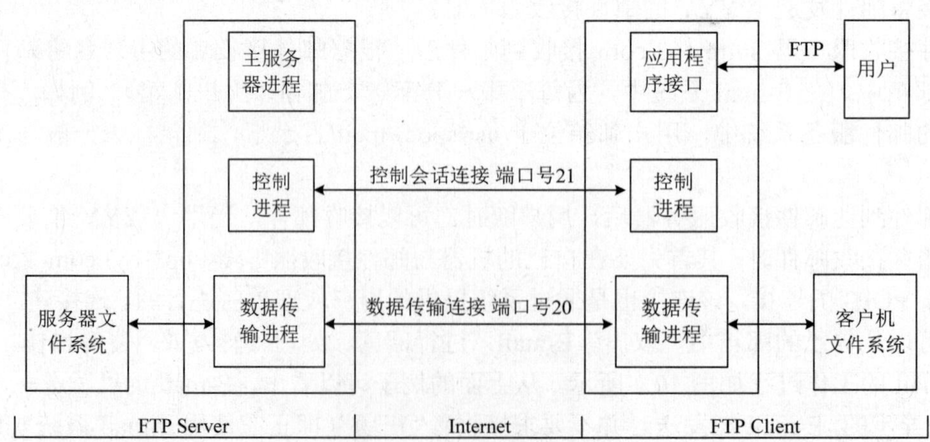

图 10.3 FTP 客户端/服务器模型

在 FTP 的服务器上，只要启动了 FTP 服务，总是有一个 FTP 的守护进程在后台运行，以随时准备对客户端的请求做出响应。当客户端需要文件传输服务时，其将首先设法打开一个与 FTP 服务器之间的控制连接，在连接建立过程中服务器会要求客户端提供合法的登录名和密码，在许多情况下，用户使用匿名登录，即采用“anonymous”为用户名，自己的 E-mail 地址为密码。一旦该连接被允许建立，其相当于在客户端与 FTP 服务器之间打开了一个命令传输的通信连接，所有与文件管理有关的命令将通过该连接被发送至服务器端执行。该连接在服务器端使用 TCP 端口号的默认值为 21，并且该连接在整个 FTP 会话期间一直存在。每当请求文件传输即要求从服务器复制文件到客户端时，服务器将再形成另一个独立的通信连接，该连接与控制连接使用不同的协议端口号，默认情况下在服务器端使用的 TCP 端口号为 20，所有文件可以以 ASCII 模式或二进制模式通过该数据通道传输。一旦客户请求的一次文件传输完毕，则该连接就要被拆除。新一次的文件传输需要重新建立一条数据连接，但前面所建立的控制连接则被保留，直至全部文件传输完毕、客户端请求退出时才会被关闭。

2. FTP 的常用命令和工具软件

用户使用 FTP 命令来进行文件传输，这种模式称为交互模式。当用户交互使用 FTP 时，FTP 发出一个提示，用户输入一条命令，FTP 执行该命令并发出下一个提示。FTP 允许文件沿任意方向传输，即文件可以上传与下载，在交互方式下，也提供了相应的文件上传与下载的命令。前面介绍过，FTP 有文本方式与二进制方式两种文件传输类型，因此用户在进行文件传输之前，还要选择相应的传输类型。远程计算机文本文件所使用的字符集是 ASCII 或 EBCDIC，用户可以用 ASCII 或 EBCDIC 命令来指定文本方式传输；所有非文本文件，如声音剪辑或者图像等都必须用二进制方式传输，用户输入 binary 命令可将 FTP 设置为二进制模式。如在 Windows 操作系统下可使用的 FTP 命令形式为

FTP [-d-g-i-n-t-v] [host]

其中，host 代表主机名或者主机对应的 IP 地址；d 表示允许调试；g 表示不允许在文件名中出现“*”和“?”等通配符；i 表示在多文件传输时，不显示交互信息；n 表示不利用 $HOME/netrc 文件进行自动登录；t 表示允许分组跟踪；v 表示显示所有从远程服务器上返回的信息；“[]”中的内容为命令的可选参数。

用户输入 FTP 命令如“ftp 61.189.248.15”后，屏幕就会显示“FTP>”提示符，表示用户进入 FTP 的工作模式，在该模式下用户可输入 FTP 操作的子命令。常见的 FTP 子命令及其功能如表 10.1 所示。

表 10.1 FTP 常用命令及其功能

FTP 命令	功能
ASCII	进入 ASCII 方式，传送文本文件
BINARY	传送二进制文件，进入二进制方式
BYE 或 QUIT	结束本次文件传输，退出 FTP 程序
CD dir	改变远地当前目录
LCD dir	改变本地当前目录

续表

FTP 命令	功能
DIR 或 LS	列表远地目录
GET remote-file [local-file]	获取远地文件
MGET remote-files	获取多个远地文件，可以使用通配符
PUT local-file [remote-file]	将一个本地文件传递到远地主机上
MPUT local-files	将多个本地文件传到远地主机上
DELETE remote-file	删除远地文件
MDELETE remote-files	删除远地多个文件
MKDIR dir-name	在远地主机上创建目录
RMDIR dir-name	删除远地目录
OPEN host	与指定主机的 FTP 服务器建立连接
CLOSE	关闭与远地 FTP 程序的连接
PWD	显示远地当前目录
USER user-name	向 FTP 服务器表示用户身份

另外，有许多工具软件被开发出来用于实现 FTP 的客户端功能，如迅雷、网际快车、NetAnts、Cute FTP 等，IE 和 Netscape 也提供发 FTP 客户软件的功能。这些软件的共同特点是采用直观的图形界面，通常还实现了文件传输过程中的断点续传和多路传输功能。

10.2 实训任务：配置万维网、文件服务器

10.2.1 万维网、文件服务器配置实训准备及注意事项

1. 实训准备

进行万维网、文件服务器配置需做如下准备。

1）各实训小组配置拥有万维网、文件服务器配置的服务器各 1 台。

2）交换机 1 台。

3）联网计算机每人 1 台。

2. 实训注意事项

进行万维网、文件服务器配置的注意事项如下。

1）服务器要设置固定 IP 地址。

2）服务器与客户端能够保持通信。

10.2.2 万维网、文件服务器配置过程

万维网、文件服务器配置过程介绍如下。

1. 搭建万维网服务器

步骤 1：搭建万维网服务器配置实训环境，具体如图 10.4 所示。

步骤 2：IIS 的安装。

在默认情况下，在 Windows Server 中，IIS 并不在其安装过程中一同安装，如果需要使用 IIS，还需要单独安装，方法如下。

1）选择控制面板→添加/删除程序→添加/删除 Windows 组件→组件→Windows 组件向导→应用程序服务器→详细信息，打开“应用程序服务器”窗口，如图 10.5 所示。

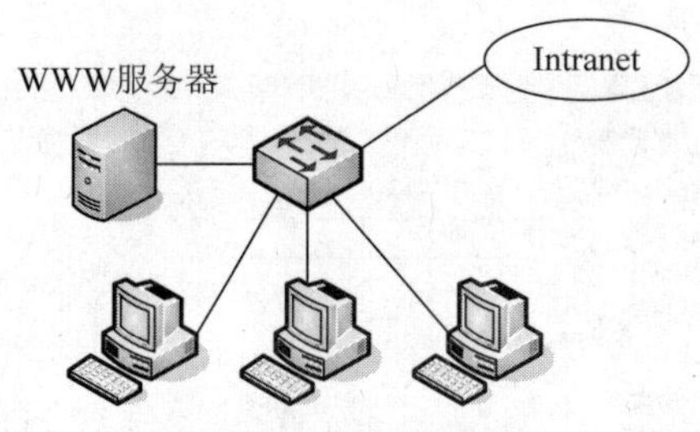

图 10.4　WWW 服务器配置环境

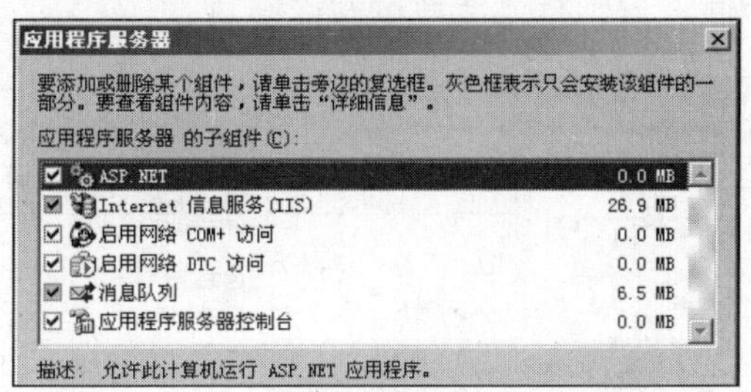

图 10.5　“应用程序服务器”窗口

选中“ASP.NET”“Internet 信息服务”复选框，单击“详细信息”按钮，在弹出的“Internet 信息服务”对话框中选中“公用文件”和“万维网服务”复选框，再次单击“详细信息”按钮，在弹出的“万维网服务”对话框中选中“Active Server Pages”“万维网服务”“远程管理（HTML）”等复选框，然后单击“确定”按钮。完成安装后，可以通过“IIS 管理器”看到 Internet 信息服务网（IIS）管理器界面有“默认网站”，如图 10.6 所示。

2）启用所需的服务。在“Internet 信息服务（IIS）管理器”窗口中，选择“Web 服务扩展”选项，在右侧的窗格中启用所需的服务，如图 10.7 所示。启用 ASP 服务，在右侧选中“Active Server Pages”选项，然后单击“允许”按钮即可。

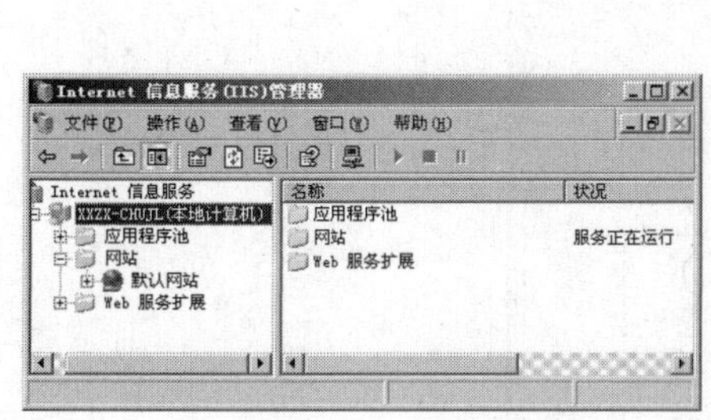

图 10.6　IIS 管理器界面

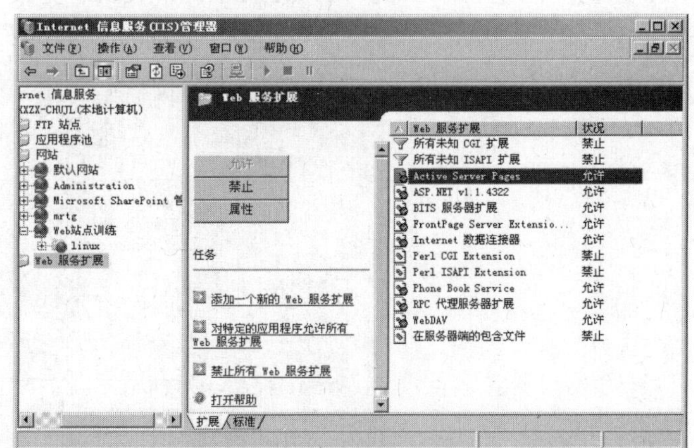

图 10.7　启用相关服务

3）IIS 的启动。右击“Internet 信息服务”树下的“主机”，在弹出的快捷菜单中选择“所有任务→重新启动 IIS”命令即可，如图 10.8 所示。

步骤 3：网站的基本配置。

1）设置 Web 站点标识。IIS 安装完成后，系统会自动建立一个“默认网站”，右击“默认网站”，在弹出的快捷菜单中选择“属性”命令，打开“默认网站 属性”对话框，如图 10.9 所示。

① 在“网站标识”区域内选择默认设置，默认 HTTP 的端口号是 80。

② 在“IP 地址”下拉列表框中选择“192.168.11.250”。

③ 在“TCP 端口”文本框中为站点指定一个 TCP 端口以运行服务，默认的端口号是 80。也可以设置其他任意一个唯一的 TCP 端口，这时需以“IP 地址：TCP 端口号”的格式访问，否则将无法连接到该站点。

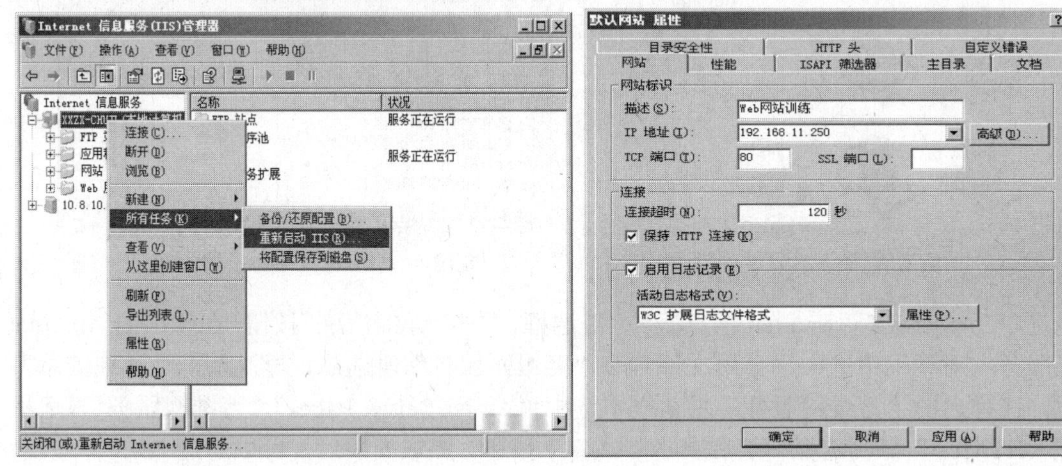

图 10.8 重启 IIS 服务　　　　图 10.9 Web 站点标识

2）设置主目录和目录文件权限。主目录是指保存 Web 网站内容的文件夹，当用户向该网站发出请求时，Web 服务器将自动从该文件夹中调取相应的文件显示给用户。“默认 Web 站点”的主目录默认为 c:\inetpub\wwwroot，更改 Web 站点的主目录的方法如下。

① 在“默认网站 属性”对话框中选择“主目录”选项卡，如图 10.10 所示。

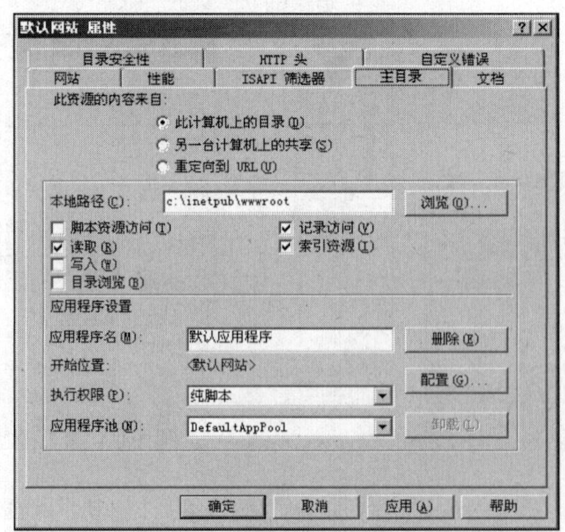

图 10.10 设置主目录

② 选中“此计算机上的目录”单选按钮，并在“本地路径”文本框中指定新的磁盘或目录 d:\xpcweb，即可将该 Web 网站的主目录修改至新的位置。

3）设置默认文档。

① 在“默认网站 属性”对话框中选择“文档”选项卡，如图 10.11 所示。

② 如果要启用默认文档，可选中“启用默认文档”复选框。在默认文档列表中选中“Default.htm”，单击“↑”“↓”箭头将其调整到最上面。

4）设置内容自动失效和 HTTP 头。设置内容自动失效的方法如下：在“默认网站 属性”对话框中选择“HTTP 头”选项卡，如图 10.12 所示。选中“启用内容过期”复选框。选中“此时间段后过期”单选按钮，然后选择数量 3 天。单击“应用”“确定”按钮完成。

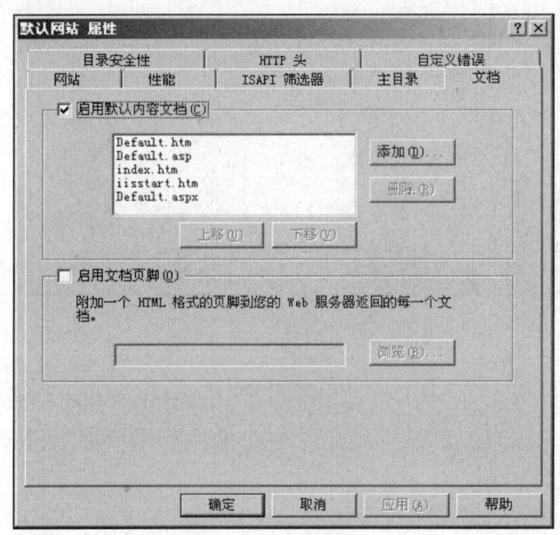

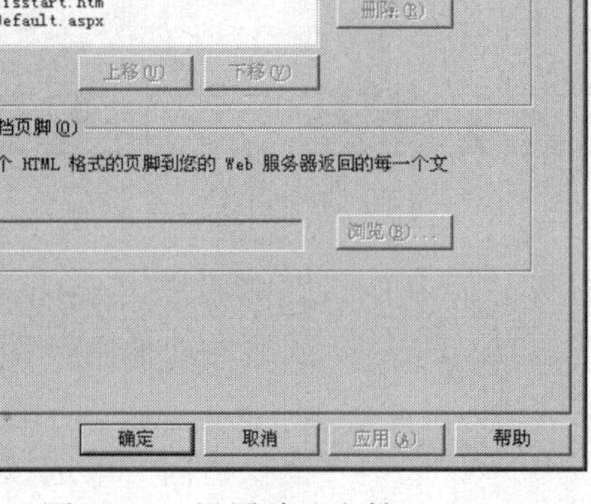

图 10.11　设置默认文档

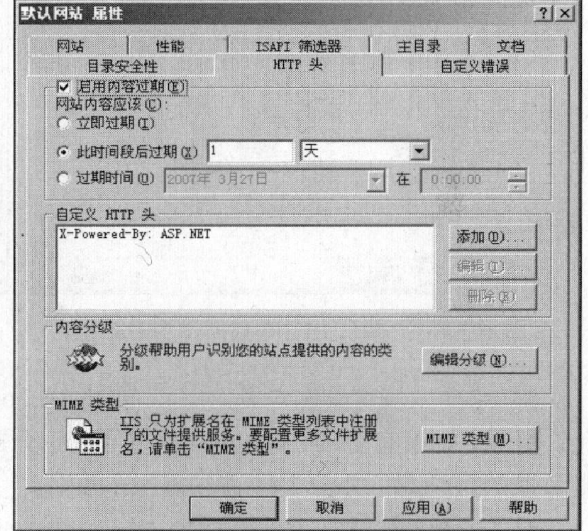

图 10.12　设置自动失效期限

2. FTP 的配置

在 Windows Server 操作系统中利用 IIS 创建 FTP 站点实现客户端的文件上传与下载。

步骤 1：搭建 FTP 服务器配置实训环境，具体如图 10.13 所示。

步骤 2：安装 Internet 信息服务 IIS 的 FTP 服务。

由于 FTP 依赖 Microsoft Internet 信息服务（IIS），因此计算机上必须安装 IIS 和 FTP 服务。安装 IIS 和 FTP 服务，参照万维网服务器步骤完成。选中“公用文件”“文件传输协议（FTP）服务”“Internet 信息服务管理器”复选框（通常默认已经安装）。

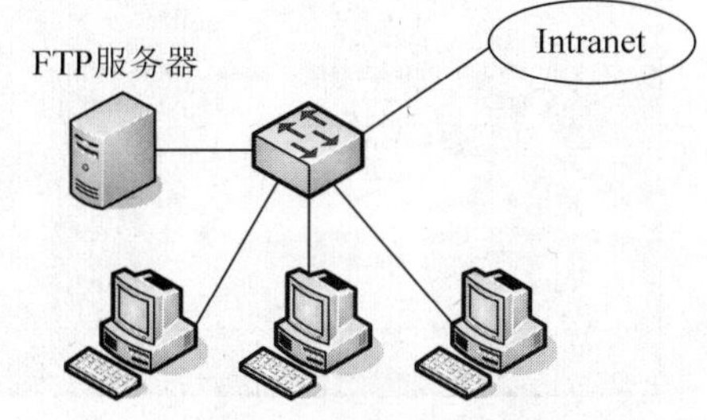

图 10.13　FTP 服务器配置实训环境

步骤 3：新建 FTP 站点。

添加新的 FTP 站点，执行以下步骤。

1）右击“Internet 信息服务→FTP 站点→默认 FTP 站点”选项，在弹出的快捷菜单中选择“属性”命令，打开“默认 FTP 站点属性”对话框，如图 10.14 所示。在说明栏中输入“默认 FTP 站点”，在 IP 地址栏中输入本机 IP 地址“192.168.11.250”，在 TCP 端口栏中输入“21”（默认是 21）。

2）选择“主目录”选项卡，在“FTP 站点目录”域中单击“浏览”按钮，选择目标目录“E:\myweb”，访问权限通常选择“读取”（输入相应格式的主机名或 IP 地址就可登录到“E:\myweb”目录下使用 FTP 相关服务），如图 10.15 所示。

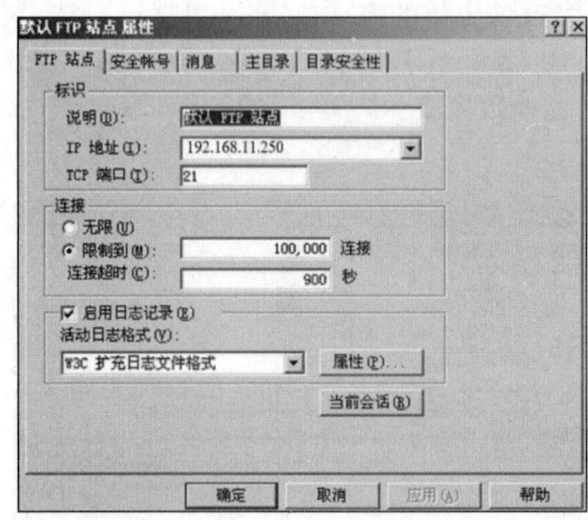

图 10.14 “默认 FTP 站点属性”对话框

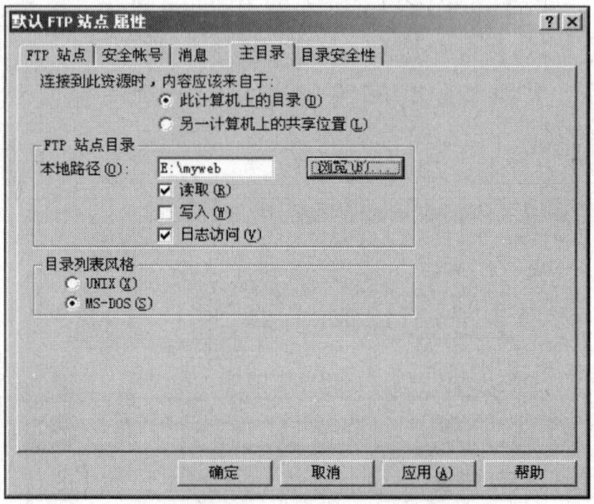

图 10.15 “主目录”选项卡

3）选择“安全账号”选项卡，如图 10.16 所示。默认的，匿名用户（Anonymous）被允许登录，如果有必要，此处可设置拒绝其登录以增加安全性，或增加其他用于管理此 FTP 服务器的用户名（默认为“Administrators”）。

4）选择“目录安全性”选项卡，如图 10.17 所示。选中“授权访问”单选按钮，此处可以设置只被允许或只被拒绝登录此 FTP 服务器的计算机的 IP 地址。

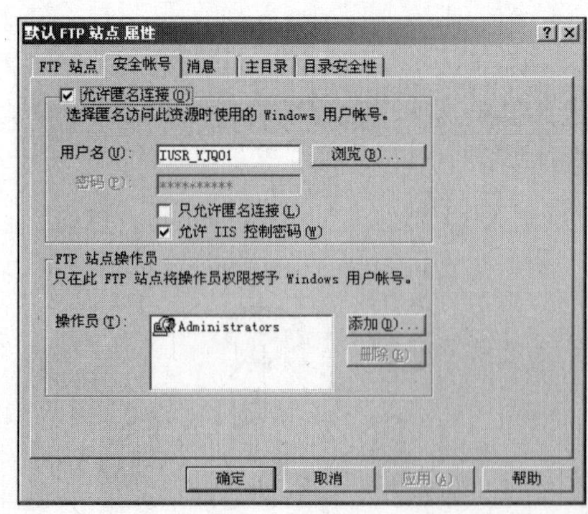

图 10.16 “安全账号”选项卡

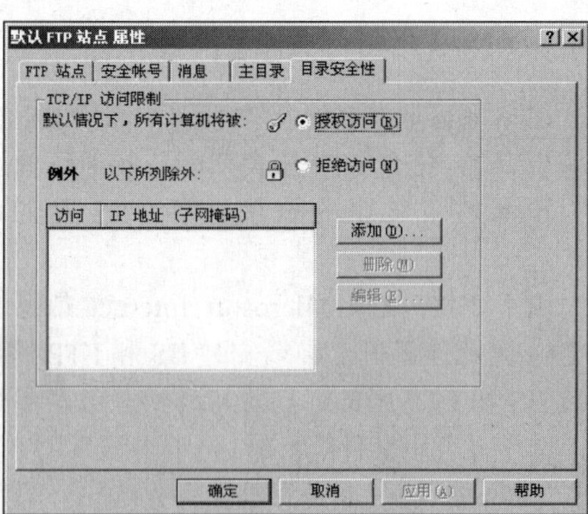

图 10.17 “目录安全性”选项卡

10.2.3 万维网、文件服务器测试

1. 万维网服务器测试

在能与服务器通信的计算机上利用浏览器来连接新网站。用户在浏览器内输入 http://www.xpc.cn 来连接网站时，出现的界面如图 10.18 所示。

图 10.18 连接网站

2. 文件服务器测试

利用 Web 浏览器访问 FTP 站点，可在浏览器地址栏输入 ftp://192.168.11.250 或 ftp://ftp.xpc.edu.cn。此时，将在浏览器中显示该 FTP 站点主目录中所有的文件夹和文件，如图 10.19 所示。

（1）浏览和下载

当该 FTP 站点只被授予“读取”权限时，则只能浏览和下载该站点中的文件夹和文件。浏览的方式非常简单，只需双击即可打开相应的文件夹和文件。若欲下载，只需右击，在弹出的快捷菜单中选择“复制”命令，之后打开 Windows 资源管理器，将该文件或文件夹粘贴到欲保存的位置即可，如图 10.20 所示。

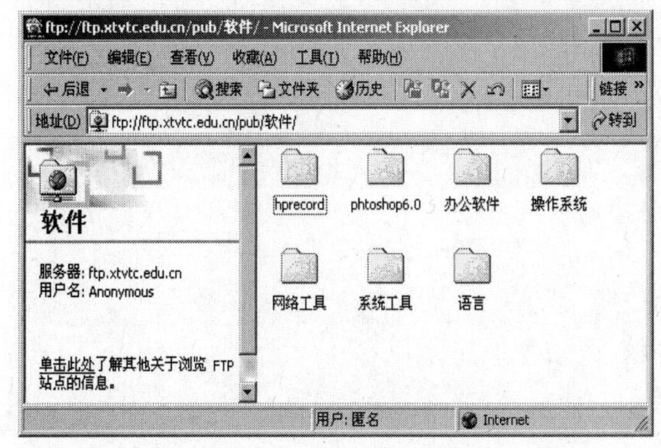

图 10.19 通过浏览器方式访问 FTP 服务器

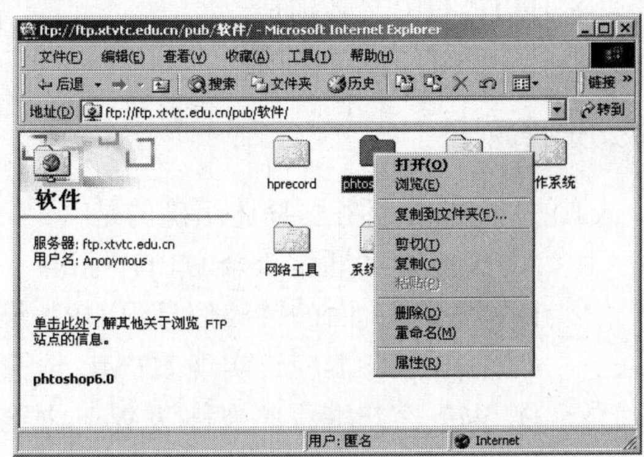

图 10.20 下载文件操作

（2）重命名、删除、新建文件夹和文件上传

当该 FTP 站点被授予“读取”和“写入”权限时，则不仅能够浏览和下载该站点中的文件夹和文件，而且还可以直接在 Web 浏览器中实现新文件的建立及对文件夹和文件的重命名、删除和上传。在 Web 浏览器中重命名和删除 FTP 站点中文件夹和文件的方式与在 Windows 资源管理器中相同。

10.3 课堂评价

完成本单元学习，认真填写学习情况考核表（见表 10.2），并及时予以反馈。

表 10.2 学习情况考核表

序号	评价内容	自我评价					小组评价					老师评价				
		A	B	C	D	E	A	B	C	D	E	A	B	C	D	E
1	Web 技术															
2	万维网服务的实现过程															
3	E-mail 技术															
4	E-mail 的工作过程															
5	FTP 技术															
6	FTP 的常用命令和工具软件															
7	Web 服务器配置															
8	文件服务器配置															

说明：评价等级分为 A、B、C、D 和 E 共 5 等。其中，对知识与技能掌握很好，能够熟练地完成任务为 A 等；掌握 75%以上的内容，能较为顺利地完成任务为 B 等；掌握 60%以上的内容为 C 等；基本掌握为 D 等；大部分内容不够清楚为 E 等。

10.4 思考与讨论

一、填空题

1. HTTP 的中文名称是______。
2. HTML 的中文名称是______。

二、选择题

1. 关于 Web 服务器描述正确的是（　　）。
   A. Web 页面通常符合 HTTP 标准
   B. 页面到页面的链接信息由 URL 维持
   C. Web 服务器应该实现 HTML 传输协议
   D. Web 客户端程序被称为 Web 浏览器
2. 下列对 FTP 业务的描述正确的是（　　）。
   A. FTP 服务必须通过用户名和口令才能访问。FTP 可以基于 UDP 或 TCP 传输

信息

B. FTP 服务器必须通过用户名和口令才能访问。FTP 只能基于 TCP 传输信息

C. FTP 服务器无须用户名和口令即可访问。FTP 可以基于 UDP 或 TCP 传输信息

D. FTP 服务器无须用户名和口令即可访问。FTP 只能基于 UDP 传输信息

3. 下列关于电子邮件服务的描述中，正确的是（　　）。

A. 用户发送邮件使用 SNMP 协议

B. 邮件服务器之间交换邮件使用 SMTP 协议

C. 用户下载邮件使用 FTP 协议

D. 用户加密邮件使用 IMAP 协议

4. 下列关于 SMTP 协议的叙述中，正确的是（　　）。

A. 只支持传输 7 比特 ASCII 码内容

B. 支持在邮件服务器之间发送邮件

C. 支持从用户代理向邮件服务器发送邮件

D. 支持从邮件服务器向用户代理发送邮件

5. 关于 POP3 的叙述中正确的是（　　）。

A. 电子邮件客户端应用程序向邮件服务器发送邮件时使用的协议

B. 其中文名称是简单邮件传输协议

C. 电子邮件客户端应用程序从邮件服务器接收邮件时使用的协议

D. 以上都不对

6. 电子邮件地址的正确格式是（　　）。

A. 主机名.用户名　　B. 用户名.主机名

C. 主机名@用户名　　D. 用户名@主机名

7. 关于 IIS 提供的 WWW 服务说法正确的是（　　）。

A. 使用的 TCP 端口必须是 80，才能提供正确的访问服务

B. 是否为 Web 站点指派默认文档，对浏览器的访问不产生任何影响

C. Web 站点的主目录可以是网络中另一台计算机上的共享文件夹

D. 必须为主目录指定“目录浏览”权限，用户才能访问 Web 服务

8. 关于 IIS 的配置，下列说法正确的是（　　）。

A. IIS 一般只能管理一个应用程序

B. IIS 要求默认文档的文件名必须为 default 或 index，扩展名则可以是 .htm、.asp 等已被服务器支持的文件扩展名

C. IIS 可以通过添加 Windows 组件安装

D. IIS 只能管理 Web 站点，而管理 FTP 站点必须安装其他相关组件

三、讨论题

1. 简述 Web 服务器的工作原理。
2. 简述 FTP 服务器的工作原理。
3. 简述邮件收发的工作过程。
4. 简述 HTTP 协议的作用。

拓展阅读 新技术、新工艺

学习笔记

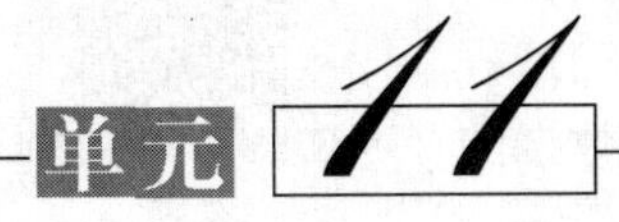

网络安全技术

教学目标

知识教学目标

1. 了解网络攻击的方法
2. 熟悉网络安全体系结构
3. 掌握网络安全的属性和几种网络安全技术

技能培养目标

1. 能够掌握防火墙的配置方法
2. 能够掌握防火墙在网络中部署的基本内容
3. 能够掌握防火墙配置测试与故障排除方法

素质培养目标

1. 理解没有网络安全就没有国家安全的含义
2. 进一步培养信息安全意识与素质

11.1 相关知识：计算机网络安全应用技术

11.1.1 计算机网络安全概述

网络安全是一个关系到国家安全和主权、社会稳定的重要问题。它是一门涉及计算机科学、网络技术、通信技术、密码技术、应用数学、数论、信息论等多种学科的综合性学科。

1. 网络安全概述

网络安全是指网络系统的硬件、软件及其系统中的数据受到保护，不因偶然的或者恶意的原因而遭受到破坏、更改、泄露，系统连续可靠正常地运行，网络服务不中断。狭义上讲，网络安全是指计算机及其网络系统资源和信息资源不受有害因素的威胁和危害。广义上讲，凡是涉及计算机网络信息安全属性特征（保密性、完整性、可用性、可控性、可审查性）的相关技术和理论，都是网络安全的研究领域。网络安全问题包括两方面内容，一是网络的系统安全，二是网络的信息安全，而网络安全的最终目标和关键是保护网络的信息（数据）安全。

（1）网络安全属性特征

网络安全属性特征（视频）

1）保密性：信息不泄露给非授权用户、实体或过程，或供其利用。

2）完整性：数据未经授权不能进行改变，即信息在存储或传输过程中保持不被修改、不被破坏和不丢失。无论数据形式怎么变化，数据的准确性和一致性保持不变。

3）可用性：可被授权实体访问并按需求使用，即合法用户在需要时可以访问信息及相关资产，能存取所需的信息。例如，网络环境下拒绝服务、破坏网络和有关系统的正常运行等都属于对可用性的攻击。

4）可控性：对信息的传播及内容具有控制能力。

5）可审查性：出现安全问题时提供依据与手段，在信息交流过程结束后，通信双方不能抵赖曾经做出的行为。

（2）几个常见名称

黑客：最早源自英文 hacker，在媒体报道中，“黑客”一词往往指那些“软件骇客”（software cracke）。“黑客”一词，原指热心于计算机技术、水平高超的电脑专家，尤其是程序设计人员。但到了今天，黑客一词已被用于泛指那些专门利用计算机网络搞破坏或恶作剧的人。

骇客：是“Cracker”的音译，就是“破解者”的意思。从事恶意破解商业软件、恶意入侵别人的网站等事务。与黑客近义，其实黑客与骇客在本质上是相同的，都是指恶意闯入计算机系统/软件的人。黑客和骇客并没有一个十分明显的界限，随着两者含义越来越模糊，两者含义的区别已经显得不那么重要了。

红客：源于黑客，在中国，红色有着特定的价值含义，正义、道德、进步、强大等。红客是一种精神，它是一种热爱祖国、坚持正义、开拓进取的精神。因此，只要具备这种精神并热爱计算机技术的人员都可称为红客。红客通常会利用自己掌握的技术去维护国内网络的安全，并对外来的网络进攻进行还击。

蓝客：是指一些利用或发掘系统漏洞，DoS 系统，或者令个人操作系统蓝屏的一群黑客。

白客：指在网络世界中打击黑客以保护人们信息安全的网络专业人员。很多白客以前都曾经充当过黑客。

（3）网络安全技术

网络安全技术是指由网络管理者采用的安全规则和策略，用以防止和监控非授权的访问、误用、窃听、篡改计算机网络和对可访问资源的拒绝服务行为，解决如何有效进行介入控制和保证数据在传输中的安全性等安全问题。

2. 网络安全重要性

随着信息化建设和 IT 技术的快速发展，各种网络技术的应用更加广泛深入，信息、物资、能源已经成为人类社会赖以生存与发展的三大支柱和重要保障，信息技术的快速发展为人类社会带来了深刻的变革，同时出现很多网络安全问题，致使网络安全技术的重要性更加突出。网络安全已经成为各国关注的焦点，不仅关系到机构和个人用户的信息资源和资产风险，也关系到国家安全和社会稳定，已成为热门研究和人才需求的新领域。网络空间已经逐步发展成为继陆、海、空之后的第五大战略空间，是影响国家安全、社会稳定、经济发展和文化传播的核心、关键和基础。网络空间具有开放性、异构性、移动性、动态性、安全性等特性，不断演化出下一代互联网、5G 移动通信网络、移动互联网、物联网等新型网络形式，以及云计算、大数据、人工智能、社交网络等众多新型的服务模式。

网络安全是个系统工程，已经成为信息化建设和应用的首要任务。网络安全技术涉及法律法规、政策、策略、规范、标准、机制、措施、管理和技术等方面，这些是网络安全的重要保障。

随着信息技术的快速发展与广泛应用，网络安全的内涵在不断扩展，从最初信息的保密性发展到信息的完整性、可用性、可控性和可审查性，进而又发展为“攻（攻击）、防（防范）、测（检测）、控（控制）、管（管理）、评（评估）”等多方面的基本理论和实施技术。

随着计算机系统功能的日益完善和速度的不断提高，系统组成越来越复杂，系统规模越来越大，特别是 Internet 的迅速发展，存取控制、逻辑连接数量不断增加，软件规模空前膨胀，任何隐含的缺陷、失误都能造成巨大损失。人们对计算机系统的需求在不断扩大，这类需求在许多方面都是不可逆转、不可替代的，而计算机系统使用的场所正在转向野外、天空、海上、宇宙空间等，这些环境都比机房恶劣，出错率和故障的增多必将导致可靠性和安全性的降低。随着计算机系统的广泛应用，各类应用人员队伍迅速发展壮大，教育和培训却往往跟不上知识更新的需要，操作人员、编程人员和系统分析人员的失误或缺乏经验都会造成系统的安全功能不足。

计算机网络安全问题涉及许多学科领域，既包括自然科学，又包括社会科学。就计算机系统的应用而言，安全技术涉及计算机技术、通信技术、存取控制技术、校验认证技术、容错技术、加密技术、防病毒技术、抗干扰技术、防泄露技术等。因此，计算机网络安全是一个非常复杂的综合问题，并且其技术、方法和措施都要随着系统应用环境的变化而不断变化。

3. 网络威胁的主要原因

1）人为因素。Internet 是一个开放的、无控制机构的网络，黑客经常会侵入网络中的计算机系统，或窃取机密数据和盗用特权，或破坏重要数据，或使系统功能得不到充分发挥直至瘫痪，使用者广泛存在着重应用、轻安全、法律意识淡薄的现象。计算机系统的安全是相对不安全而言的，许多危险、隐患和攻击都是隐蔽的、潜在的、难以明确却又广泛存在的。

2）通信协议缺陷。Internet 的数据传输是基于 TCP/IP 通信协议进行的，这些协议缺乏使传输过程中的信息不被窃取的安全措施。

3）系统本身存在缺陷。Internet 上的通信业务多数使用 UNIX 操作系统来支持，UNIX 操作系统中明显存在的安全脆弱性问题会直接影响安全服务。

4）数据存储、传输和处理存在缺陷。在计算机上的数据信息存储、传输和处理，还没有像传统的邮件通信那样进行信封保护和签字盖章。信息的来源和去向是否真实，内容是否被改动，以及是否被泄露等，在应用层支持的服务协议中是凭着君子协定来维系的。

5）电子邮件存在着被拆看、误投和伪造的可能性。使用电子邮件来传输重要机密信息会存在很大的危险。

6）计算机病毒通过 Internet 的传播给上网用户带来极大的危害。病毒可以使计算机和计算机网络系统瘫痪，数据和文件丢失。在网络上传播病毒可以通过公共匿名 FTP 文件传送，也可以通过邮件和邮件的附加文件传播。

11.1.2 网络攻击

网络攻击（cyber attacks）也称赛博攻击，是指针对计算机信息系统、基础设施、计算机网络或个人计算机设备的、任何类型的进攻动作。对于计算机和计算机网络来说，破坏、揭露、修改、使软件或服务失去功能、在没有得到授权的情况下偷取或访问任何一台计算机的数据，都会被视为计算机和计算机网络中的攻击。网络攻击是利用网络信息系统存在的漏洞和安全缺陷对系统和资源进行攻击。网络信息系统所面临的威胁来自很多方面，而且会随着时间的变化而变化。从宏观上看，这些威胁可分为人为威胁和自然威胁。自然威胁来自各种自然灾害、恶劣的场地环境、电磁干扰、网络设备的自然老化等。这些威胁是无目的的，但会对网络通信系统造成损害，危及通信安全。而人为威胁是对网络信息系统的人为攻击，通过寻找系统的弱点，以非授权方式达到破坏、欺骗和窃取数据信息等目的。两者相比，精心设计的人为攻击威胁难防备、种类多、数量大。

1. 网络攻击分类

通常网络安全与网络攻击是紧密联系的，网络攻击是网络安全研究中的重要内容，常见的网络攻击多是利用网络通信协议（如 TCP/IP、HTTP 等）自身存在或者配置不当而产生的漏洞、操作系统存在的缺陷、用户软件程序或者程序语言本身存在的安全隐患等，使用代码攻击等方法非法访问、修改用户数据，给用户带来经济损失、敏感数据泄露、系统服务失效等危害。攻击的方式多种多样，从单一方式向多方位、多手段、多方法结合发展。

从对信息的破坏性来说，网络攻击分为主动攻击和被动攻击两类。

（1）主动攻击

主动攻击会导致某些数据流的篡改和虚假数据流的产生。这类攻击可分为篡改消息、伪造消息数据和拒绝服务三类。

1）篡改消息。篡改消息是指一个合法消息的某些部分被改变、删除，消息被延迟或改变顺序，通常用以产生一个未授权的效果。如修改传输消息中的数据，将“允许甲执行操作”改为“允许乙执行操作”。

2）伪造消息数据。伪造消息数据指的是某个实体（人或系统）发出含有其他实体身份信息的数据信息，假扮成其他实体，从而以欺骗的方式获取一些合法用户的权利和特权。

3）拒绝服务。拒绝服务，会导致对通信设备的正常使用或管理被无条件地中断。通常是对整个网络实施破坏，以达到降低网络性能、终端服务的目的。这种攻击也可能有一个特定的目标，如到某一特定目的地（如安全审计服务）的所有数据包都被阻止。

（2）被动攻击

被动攻击中攻击者不对数据信息做任何修改，截取/窃听是指在未经用户同意和认可的情况下，攻击者获得了信息或相关数据，通常包括流量分析、窃听等攻击方式。

1）流量分析。流量分析攻击方式适用于一些特殊场合，如敏感信息都是保密的，攻击者虽然从截获的消息中无法得到消息的真实内容，但可以通过观察这些数据报的模式，分析确定出通信双方的位置、通信的次数及消息的长度，获知相关的敏感信息，这种攻击方式称为流量分析。

2）窃听。窃听是最常用的手段。应用最广泛的局域网上的数据传送是基于广播方式进行的，这就使一台主机有可能收到本地子网上传输的所有信息。而计算机的网卡工作在接收模式时，就可以将网络上传送的所有信息上传到上层，以供进一步分析使用。如果没有采取加密措施，通过协议分析可以完全掌握通信的全部内容。窃听还可以用无限截获的方式得到信息，通过高灵敏接收装置接收网络站点辐射的电磁波或网络连接设备辐射的电磁波，通过对电磁信号的分析恢复原数据信号，从而获得网络信息。尽管有时数据信息不能通过电磁信号全部恢复，但可能得到极有价值的情报。

由于被动攻击不会对被攻击的信息做任何修改，可能根本不留下痕迹，因而非常难以检测，所以抗击这类攻击的重点在于预防，具体措施包括虚拟专用网 VPN，采用加密技术保护信息以及使用交换式网络设备等。被动攻击不易被发现，因而常常是主动攻击的前奏。

而要有效地防止主动攻击是十分困难的，开销太大，抗击主动攻击的主要技术手段是检测，以及从攻击造成的破坏中及时地恢复。检测同时还具有某种威慑效应，在一定程度上也能起到防止攻击的作用。具体措施包括自动审计、入侵检测和完整性恢复等。

2. 网络攻击方法

（1）口令入侵

口令入侵是指使用某些合法用户的账号和口令登录到目的主机，然后再实施攻击活动，这种方法的前提是必须先得到该主机上的某个合法用户的账号，然后再进行合法用户口令的破译。获得普通用户账号的方法非常多，这里介绍如下 4 种。

1）利用目的主机的 Finger 功能：当用 Finger 命令查询时，主机系统会将保存的用户资料（如用户名、登录时间等）显示在终端上。

2）利用目的主机的 X.500 服务：有些主机没有关闭 X.500 的目录查询服务，也给攻击者提供了获得信息的一条简易途径。

3）从电子邮件地址中收集：有些用户电子邮件地址常会透露其在目的主机上的账号。

4）查看主机是否有习惯性的账号：有经验的用户都知道，非常多的系统会使用一些习惯性的账号，造成账号的泄露。

（2）特洛伊木马

特洛伊木马程序能直接侵入用户的计算机并进行破坏，它常被伪装成工具程序或游戏程序等诱使用户打开带有特洛伊木马程序的邮件附件或从网上直接下载，一旦用户打开了这些邮件的附件或执行了这些程序之后，它们就会像古特洛伊人在敌人城外留下的藏满士兵的木马一样留在用户的计算机中，并在用户的计算机系统中隐藏一个能在 Windows 启动时悄悄执行的程序。当用户连接到 Internet 上时，这个程序就会通知攻击者用户的 IP 地址及预先设定的端口。攻击者在收到这些信息后，再利用这个潜伏在其中的程序，就能任意修改用户计算机的参数设定、复制文件、窥视整个硬盘中的内容等，从而达到控制用户计算机的目的。

（3）WWW 欺骗

用户能利用 IE 等浏览器访问各种各样的 Web 站点，如阅读新闻组、咨询产品价格、订阅报纸、电子商务等。然而，一般用户恐怕不会想到有这些问题存在：正在访问的网页已被黑客篡改过，网页上的信息是虚假的。例如，黑客将用户要浏览的网页的URL改写为指向黑客自己的服务器，当用户浏览目标网页的时候，实际上是向黑客服务器发出请求，那么黑客就能达到欺骗的目的。

一般Web欺骗使用两种技术手段，即URL地址重写技术和相关信息掩盖技术。利用URL地址重置技术，使这些地址都指向攻击者的Web服务器，即攻击者能将自己的Web地址加在所有URL地址的前面。这样，当用户和站点进行安全连接时，就会毫无防备地进入攻击者的服务器，于是用户的所有信息便处于攻击者的监视之中。但由于浏览器一般均设有地址栏和状态栏，当浏览器和某个站点连接时，能在地址栏和状态栏中获得连接中的Web站点地址及相关的传输信息，用户由此能发现问题。因此，攻击者往往在URL地址重写的同时，利用相关信息掩盖技术，即一般用JavaScript程序来重写地址栏和状态栏，以达到掩盖欺骗的目的。

（4）电子邮件

电子邮件是互联网上运用十分广泛的一种通信方式。攻击者能使用一些邮件炸弹软件或CGI程序向目的邮箱发送大量内容重复、无用的垃圾邮件，从而使目的邮箱被撑爆而无法使用。当垃圾邮件的发送流量特别大时，更有可能造成邮件系统对于正常工作反应缓慢，甚至瘫痪。相对于其他的攻击手段来说，这种攻击方法具有简单、见效快等优势。

（5）节点攻击

攻击者在突破一台主机后，往往以此主机作为根据地，攻击其他主机（以隐蔽其入侵路径，避免留下蛛丝马迹）。他们能使用网络监听方法，尝试攻破同一网络内的其他主机；也能通过IP欺骗和主机信任关系攻击其他主机。

这类攻击非常狡猾，但由于某些技术非常难掌控，如TCP/IP欺骗攻击，攻击者可以通过外部计算机伪装成另一台合法机器来实现。它能破坏两台机器间通信链路上的数据，其伪装的目的在于哄骗网络中的其他机器误将这些攻击者作为合法机器加以接受，诱使其他机器向它发送数据或允许它修改数据。TCP/IP欺骗能发生在TCP/IP系统的所有层次，包括数据链路层、网络层、运输层及应用层均容易受到影响。如果底层受到损害，则应用层的所有协议都将处于危险之中。另外，由于用户本身不直接和底层互相交流，因而对底层的攻击更具有欺骗性。

（6）网络监听

网络监听是主机的一种工作模式，在这种模式下，主机能接收到本网段在同一条物理通道上传输的所有信息，而不管这些信息的发送方和接收方是谁。因为系统在进行密码校验时，用户输入的密码需要从用户端传送到服务器端，而攻击者就能在两端之间进行数据监听。此时若两台主机进行通信的信息没有加密，只要使用某些网络监听工具（如NetXRay、Sniffit、Solaries等）就可轻而易举地截取包括口令和账号在内的信息资料。虽然网络监听获得的用户账号和口令具有一定的局限性，但监听者往往能够获得其所在网段的所有用户账号及口令。

（7）黑客软件

利用黑客软件攻击是互联网上比较多的一种攻击手法。Back Orifice 2000、冰河等都是比较著名的特洛伊木马，它们能非法取得用户计算机的终极用户级权利，能对其进行完全的控制，除了能进行文件操作外，同时也能进行对方桌面抓图、取得密码等操作。这些黑客软件分为服务器端和用户端，当黑客进行攻击时，会使用用户端程序登录已安装好服务器端程序的计算机，这些服务器端程序都比较小，一般会附带于某些软件上。有可能当用户下载了一个小游戏程序并运行时，黑客软件的服务器端就安装完成了，而且大部分黑客软件的重生能力比较强，给用户进行清除造成一定的麻烦。特别是一种 TXT 文件欺骗手法，表面看上去是个 TXT 文本文件，但实际上却是个附带黑客程序的可执行程序。另外，有些程序也会伪装成图片或其他格式的文件。

（8）安全漏洞

许多系统都有这样那样的安全漏洞（bug），其中一些是操作系统或应用软件本身具有的由于非常多系统在不检查程序和缓冲之间变化的情况下就任意接收任意长度的数据输入，把溢出的数据放在堆栈里，还照常执行命令，这样攻击者只要发送超出缓冲区所能处理的长度的指令，系统便进入不稳定状态。有的攻击者特别设置一串准备用作攻击的字符，其甚至能访问根目录，从而拥有对整个网络的绝对控制权。还有的攻击者利用协议漏洞进行攻击，例如攻击者利用 POP3 一定要在根目录下运行的这一漏洞发动攻击，破坏根目录，从而获得终极用户的权限。又如，ICMP 协议经常被用于发动拒绝服务攻击，具体手法是向目的服务器发送大量的数据包，几乎占取该服务器所有的网络宽带，使其无法对正常的服务请求进行处理，从而导致网站无法进入、网站响应速度大大降低或服务器瘫痪。常见的蠕虫病毒或和其同类的病毒都能对服务器进行拒绝服务攻击。它们的繁殖能力很强，一般通过 Microsoft 的 Outlook 软件向众多邮箱发出带有病毒的邮件，而使邮件服务器无法承担如此庞大的数据处理量而瘫痪。对于个人上网用户而言，也有可能遭到大量数据包的攻击使其无法进行正常的网络操作。

（9）端口扫描

所谓端口扫描，就是利用 Socket 编程和目的主机的某些端口建立 TCP 连接、进行传输协议的验证等，从而侦测到目的主机的扫描端口是否处于激活状态、主机提供了哪些服务、提供的服务中是否含有某些缺陷等。常用的扫描方式有 Connect 扫描和 Fragmentation 扫描。

（10）网络钓鱼

网络钓鱼（phishing，与钓鱼的英语 fishing 发音相近，又名钓鱼法或钓鱼式攻击）是通过大量发送声称来自银行或其他知名机构的欺骗性垃圾邮件，意图引诱收信人给出敏感信息（如用户名、口令、账号 ID、ATM PIN 码或信用卡详细信息）的一种攻击方式。攻击者通常会仿照一个与真实站点系统相似的网页，模糊用户视角。

11.1.3　网络参考模型和安全体系结构

OSI 安全体系结构的研究开始于 1982 年。国际标准化组织于 1988 年发布了 ISO 7498-2 标准，该标准名称为《信息处理系统　开放系统互连　基本参考模型　第 2 部分：安全结构》，描述了开放系统互连安全的体系结构，提出设计安全的信息系统的基础架构中应该包含的安全服务和相关的安全机制。1990 年，ITU 决定采用 ISO 7498-2 作为其 X.800 推荐标准。1995 年，我国颁布国家标准《信息处理系统　开放系统互连　基本参考模型　第 2 部分：安全体系结构》（GB/T 9387.2—1995）（等同于 ISO 7498-2），规定了基于 OSI 参考模型七层协议之上的信息安全体系结构。

1. OSI 安全体系结构的核心

为保证异构计算机进程与进程之间远距离交换信息的安全，定义了系统应当提供的五类安全服务及支持这些服务的八类安全机制，并根据具体系统适当地配置于 OSI 模型的七层协议中，如图 11.1 所示。安全服务与安全机制的关系为：一种安全服务可以通过某种安全机制单独提供，也可以通过多种安全机制联合提供；一种安全机制可用于提供一种安全服务，也可用于提供多种安全服务。在 OSI 七层协议中，除第五层（会话层）外，每层均能提供相应的安全服务。

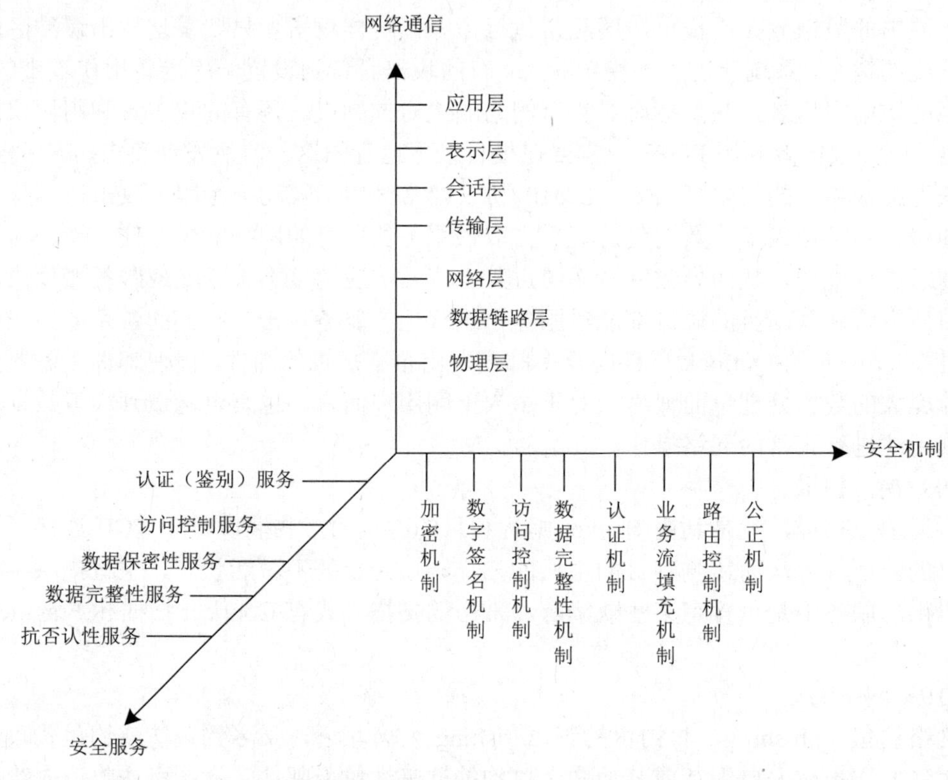

图 11.1 OSI 参考模型与安全对应图

2. 安全机制

安全机制是对安全服务的详尽补充，包含了加密机制、数字签名机制、访问控制机制、数据完整性机制、认证机制、业务流填充机制、路由控制机制、公证机制。安全服务和安全机制的对应关系如图 11.2 所示。

1）加密机制。加密机制对应数据保密性服务。加密是提高数据安全性的最简便方法。通过对数据进行加密，可以有效提高数据的保密性，防止数据在传输过程中被窃取。常用的加密算法有对称加密算法（如 DES 算法）和非对称加密算法（如 RSA 算法）。

2）数字签名机制。数字签名机制对应认证（鉴别）服务。数字签名是有效的鉴别方法，利用数字签名技术可以实施用户身份认证和消息认证，它具有解决双方纠纷的能力，是认证（鉴别）服务最核心的技术。在数字签名技术的基础之上，为了鉴别软件的有效性，又产生了代码签名技术。常用的签名算法有 RSA 算法和 DSA 算法等。

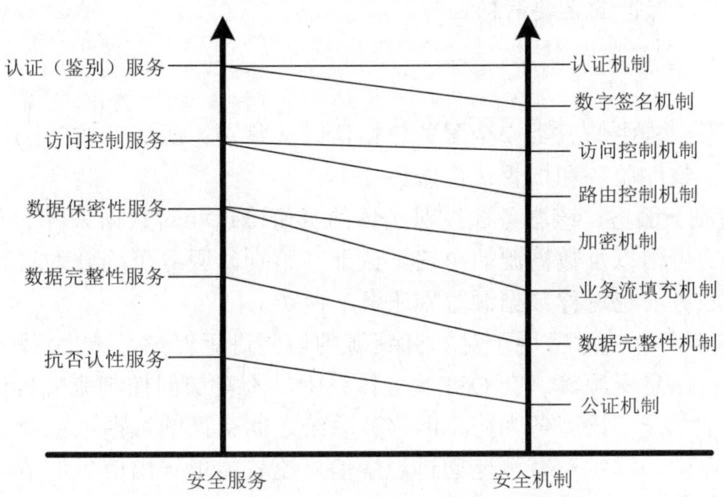

图 11.2　安全服务和安全机制的对应关系

3）访问控制机制。访问控制机制对应访问控制服务。通过预先设定的规则，对用户所访问的数据进行限制。通常情况下，首先是通过用户的用户名和口令进行验证；其次是通过用户角色、用户组等规则进行验证；最后用户才能访问相应的限制资源。一般的应用常使用基于用户角色的访问控制方式。

4）数据完整性机制。数据完整性机制对应数据完整性服务。数据完整性的作用是为了避免数据在传输过程中受到干扰，同时防止数据在传输过程中被篡改，以提高数据传输完整性。通常可以使用单向加密算法对数据加密，生成唯一验证码，用以校验数据完整性。常用的加密算法有 MD5 算法和 SHA 算法。

5）认证机制。认证机制对应认证（鉴别）服务。认证的目的在于验证接收方所接收到的数据是否来源于所期望的发送方，通常可以使用数字签名来进行验证，常用算法有 RSA 算法和 DSA 算法等。在计算机网络中认证主要有用户认证、消息认证、站点认证和进程认证等，可用于认证的方法有已知信息（如口令）、共享密钥、数字签名、生物特征（如指纹）等。

6）业务流填充机制。业务流填充机制也称为传输填充机制，对应数据保密性服务。业务流填充机制通过在数据传输过程中传输随机数的方式，混淆真实的数据，加大数据破解的难度，提高数据的保密性。攻击者通过分析网络中有一路径上的信息流量和流向来判断某些事件的发生，为了对付这种攻击，一些关键站点间在无正常信息传送时，会持续传递一些随机数据，使攻击者不知道哪些数据是有用的，哪些数据是无用的，从而挫败攻击者的信息流分析。

7）路由控制机制。路由控制机制对应访问控制服务，能够为某些数据动态地或预定地选取路由，确保只使用物理上安全的子网络、中继站或链路。在大型计算机网络中，从源点到目的地址往往存在多条路径，其中有些路径是安全的，有些路径是不安全的。路由控制机制可根据信息发送者的申请选择安全路径，以确保数据安全。

8）公证机制。公证机制对应抗否认性服务。利用可信的第三方来保证数据交换的某些性质。这种机制可以保证两个或多个实体之间数据通信的特征，包括数据的完整性、源点、终点及收发时间等。这种保证由通信实体信赖的第三方——公证员提供。在可检测方式下，公证员掌握用以可以保证的必要信息。

3. 安全服务

OSI 安全体系结构中的五类安全服务包括认证（鉴别）服务、访问控制服务、数据保密性服务、数据完整性服务和抗否认性服务。

1）认证（鉴别）服务。该服务通过对实体的身份确认和对数据来源的确认，保证两个或多个通信实体的可信以及数据源的可信。认证（鉴别）服务可细分为对等实体鉴别服务和数据原发鉴别服务（也可称数据源鉴别服务）两类。

2）访问控制服务。该服务用于对 OSI 资源的访问进行保护，防止资源的非授权使用，如读信息资源、写信息资源等。在 OSI 安全体系中，不对访问控制服务再进行细分。

3）数据保密性服务。该服务为防止网络各系统之间交换的数据被截获或被非法存取而泄密，提供机密保护，同时对有可能通过观察信息流就能推导出信息的情况进行防范。数据保密性服务可以细分为连接机密性、无连接机密性、选择字段机密性和通信数据流机密性 4 类安全服务。

4）数据完整性服务。该服务用于组织非法实体对交换数据的修改、插入、删除以及在数据交换过程中的数据丢失，保证收到的消息和发出的消息一致，可用于抗击主动攻击。数据完整性服务可以细分为带恢复的连接完整性、不带恢复的连接完整性、选择字段的连接完整性、无连接完整性和选择字段无连接完整性 5 类安全服务。

5）抗否认性服务。该服务用于防止发送方在发送数据后否认发送，接收方在收到数据后否认收到或伪造数据。抗否认性服务可以细分为有数据原发证明的抗否认性和有交付证明的抗否认性两类安全服务。

11.1.4 网络安全相关技术

1. 数据加密技术

加密技术是一个过程，它使有意义的信息表现出没有意义。在加密技术实施过程中，加密算法的密钥是根本，一个加密算法就是一系列规则或者过程，用于将“明文”（原始信息）加密成“密文”（混乱的信息），算法对明文使用密钥，尽管算法相同，不同的密钥将产生不同的密文。没有加密算法的密钥，密文将保持在混乱状态，不能转换回明文。数据的加密、解密过程如图 11.3 所示。

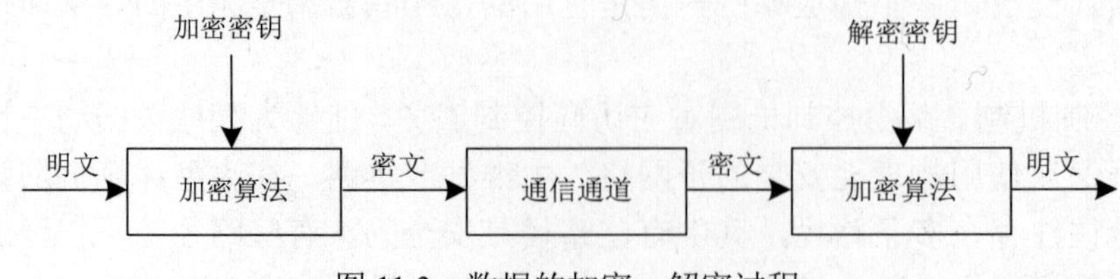

图 11.3 数据的加密、解密过程

2. 密码体制分类

密码体制也叫密码系统，是指能完整地解决信息安全中的机密性、数据完整性、认证、身份识别、可控性及不可否认性等问题中的一个或几个的一个系统。密码体制的安全性依赖于密钥的安全性，现代密码学不追求加密算法的保密性，而是追求加密算法的完备性与复杂性，使攻击者在不知道密钥的情况下，无法从算法找到突破口。根据加（解）密算法所使用的密钥是否相同，或能否由加（解）密密钥简单地求得解（加）密密钥，密码体制可分为对称密码体制和非对称密码体制。

（1）对称密码体制（symmetric key encryption）

对称密钥加密又称私有密钥加密或单钥加密。这种加密技术的主要特点是加（解）密钥相同，发送方用密钥对明文进行加密，接收方在收到密文后，使用同一个密钥解密，实现容易、算法公开、计算量小、加密速度快、加密效率高。密文可以在不安全的信道上传输，但密钥必须通过安全信道传输。加密和解密用的密钥 K（key）是一串秘密的字符串（即比特串），明文通过加密算法变成密文，接收端利用解密算法运算和解密密钥，解出明文。解密算法是加密算法的逆运算。在进行解密运算时，如果不使用事先约定好的密钥就无法解出明文。私有密钥加密、解密的过程如图 11.4 所示。

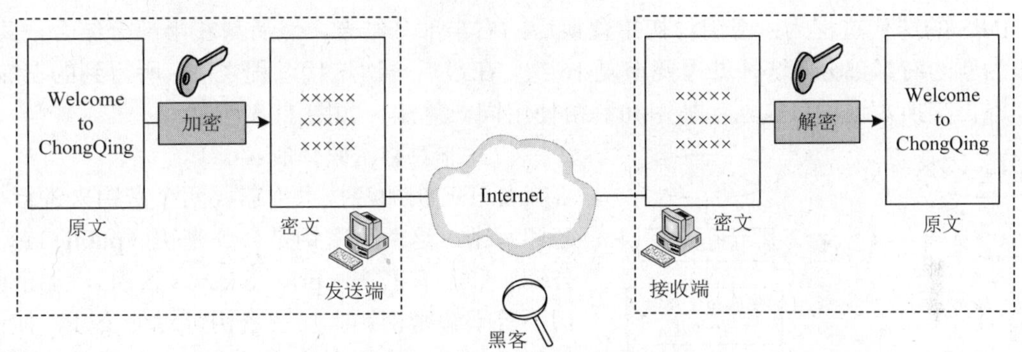

图 11.4　私有密钥加密、解密的过程

常用的对称加密算法有 DES（data encryption standard，数据加密标准）：该算法速度较快，适用于加密大量数据的场合。3DES（triple DES，三重 DES）：该算法基于 DES，对一块数据用 3 个不同的密钥进行三次加密，强度更高。AES（advanced encryption standard，高级加密标准）：该算法是下一代加密算法的标准，速度快，安全级别高，支持 128、192、256、512 位密钥的加密。

DES 属于对称密钥密码体制。在加密前，先对整个明文进行分组，每组为 64 位长的二进制数据；然后对每个 64 位二进制数据进行加密处理，产生一组 64 位密文数据；最后将各组密文串接起来，即得出整个的密文。使用的密钥占有 64 位（实际密钥长度为 56 位，外加 8 位用于奇偶校验）。

DES 的保密性仅取决于对密钥的保密，而算法是公开的。DES 的问题是它的密钥长度。56 位长的密钥意味着共有 256 种可能的密钥，也就是说，共有约 7.6×10^{16} 种密钥。假设一台计算机 1s 可执行一次 DES 加密，同时假定平均只需搜索密钥空间的一半即可找到密钥，那么破译 DES 要超过 1000 年。

但现在已经设计出来搜索 DES 密钥的专用芯片。例如，在 1999 年有人借助于一台不到 25 万美元的专用计算机，用 22 小时破译了 56 位密钥的 DES。若用价格为 100 万美元或 1000 万美元的机器，则预期的搜索时间分别为 3.5 小时或 21 分钟。现在，56 位 DES 已不再被认为是安全的。

对于 DES 56 位密钥的问题，学者们提出了 3DES 方案，3DES 广泛用于网络、金融、信用卡等系统。3DES 把一个 64 位明文用一个密钥加密，再用另一个密钥解密，然后使用第一个密钥加密。

在 DES 之后，美国国家标准与技术研究院（NIST）在 1997 年开始公开征集 AES，以取代 DES。在 2001 年，NIST 发布了最终 AES。

DES 的基本思想是将二进制序列的明文分成 64 位的分组，使用 64 位的密钥进行变换，每个 64 位的明文数据分组经过初始置换、16 次迭代和逆置换 3 个主要阶段，得到 64 位的密文，最后将各组密文串联得到整个密文。

初始置换过程为：输入 64 位明文，按初始置换规则将 64 位数据按位重组，并把输出分为左右两部分，每部分各为 32 位。在迭代前，先要对 64 位的密钥进行变换，密钥经过去掉其第 8、16、24、…、64 位减至 56 位，去掉的 8 位被视为奇偶校验位，因此实际密钥长度为 56 位。

DES 的迭代过程为：密钥与初始置换后的右半部分结合，然后与左半部分结合，其结果作为新的右半部分。这种过程要重复 16 次。在最后一次迭代过程之后，所得到的左右两部分不再交换，这种可能性使加密和解密使用同一算法，如图 11.5 所示。

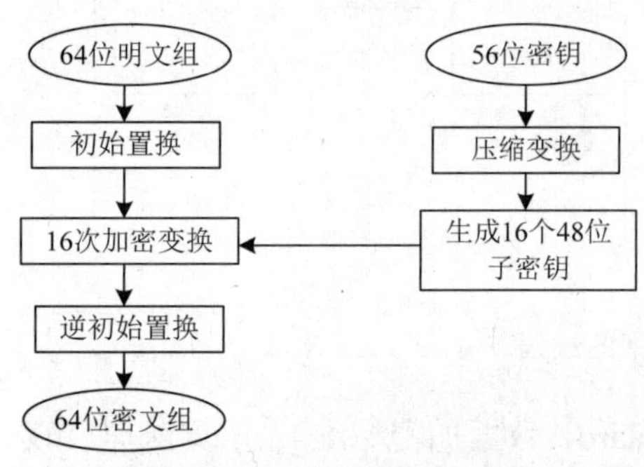

图 11.5 DES 加密流程

（2）非对称密码体制

公开密钥加密技术中需要两个密钥来进行加密和解密，这两个密钥是公开密钥（public key，公钥）和私有密钥（private key，私钥），加密密钥不等于解密密钥。加密密钥可对外公开，使任何用户都可以将传送给此用户的信息用公开密钥加密，而该用户唯一保存的私有密钥是保密的。用户可以将加密的密钥公开地分发给任何需要的其他用户，这解决了私有密钥加密技术中的“密钥分发”问题。公开密钥加密方法如图 11.6 所示。

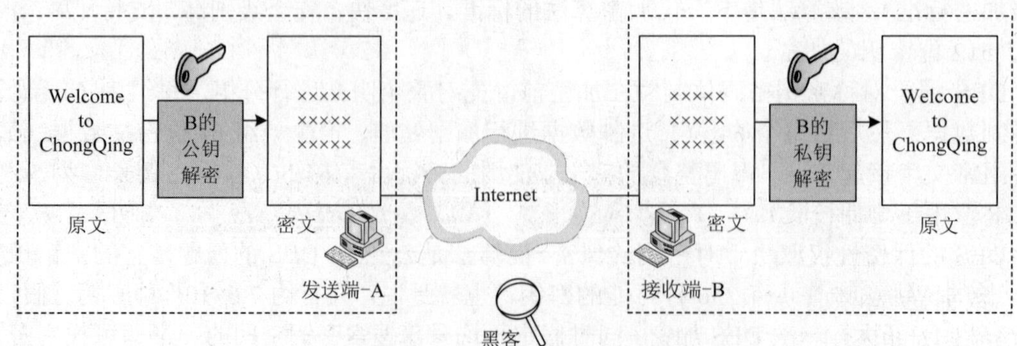

图 11.6 公开密钥加密方法

工作过程：A 生成一对密钥（公钥和私钥）并将公钥向其他方公开。得到该公钥的 B 使用该密钥对机密信息进行加密后再发送给 A。A 再用自己保存的另一把专用密钥（私钥）对加密后的信息进行解密。A 只能用其专用密钥（私钥）解密由对应的公钥加密后的信息。在传输过程中，即使攻击者截获了传输的密文，并得到了 A 的公钥，也无法破解密文，因为只有 A 的私钥才能解密密文。同样，如果 A 要回复加密信息给 B，那么需要 B 先公布 B 的公钥给 A 用于加密，B 自己保存 A 的私钥用于解密。如果成功解密即可证实信息确实是由 A 所发，并非他人冒充，这就是常用的数字签名技术。

非对称加密算法的特点是算法强度复杂，其安全性依赖于算法与密钥。由于其算法复杂，而加密解密的速度远远低于对称加密算法，因此不适用于数据量较大的情况。由于非对称加密算法有两种密钥，因此在密钥传输上不存在安全性问题，使得其在传输加密数据的安全性上又高于对称加密算法。非对称加密算法的主要优点是密钥分配简单，密钥的保存量少，可以满足互不相识的人之间进行私人谈话时的保密性要求，可以完成数字签名和数字鉴别。非对称加密算法包括 RSA、ELGamal、背包算法、Rabin、D-H、ECC（椭圆曲线加密算法），常见的有 RSA 和 ECC。

3. 身份认证技术

身份认证技术是在计算机网络中确认操作者身份而产生的有效解决方法。计算机网络世界中一切信息包括用户的身份信息都是用一组特定的数据来表示的，计算机只能识别用户的数字身份，所有对用户的授权也是针对用户数字身份授权的。如何保证以数字身份进行操作的操作者就是这个数字身份的合法拥有者，即保证操作者的物理身份与数字身份相对应？身份认证技术可以解决这个问题。作为防护网络资产的第一道关口，身份认证有着举足轻重的作用。

（1）数字签名

数字签名（又称公钥数字签名、电子签章）是一种类似写在纸上的普通的物理签名，但是使用了公钥加密领域的技术实现，用于鉴别数字信息的方法。数字签名用来保证信息传输过程中信息的完整和提供信息发送者的身份认证，一个数字签名算法主要由两个算法组成，即签名算法和验证算法。数字签名既可以用对称算法实现，也可以用非对称算法实现，还可以用报文摘要算法来实现。其过程可描述为：甲首先使用他的私钥对消息进行签名以得到加密的文件；然后将文件发给乙；最后乙用甲的公钥验证甲的签名的合法性。这样的签名方法符合以下可靠性原则：签名可以被确认、签名无法伪造、签名无法重复使用、文件被签名后是无法被篡改的、签名具有不可否认性，一般采用公开密钥算法实现数字签名。

数字签名主要经过以下几个过程：信息发送者使用一个单向散列函数（HASH 函数）对信息生成信息摘要；信息发送者使用自己的私钥签名信息摘要；信息发送者把信息本身和已签名的信息摘要一起发送出去；信息接收者使用与信息发送者相同的单向散列函数（HASH 函数）对接收的信息本身生成新的信息摘要；再使用信息发送者的公钥对信息摘要进行验证，以确认信息发送者的身份和信息是否被修改过。

数字签名和数字加密的过程虽然都使用公开密钥体系，但实现的过程却正好相反，使用的密钥对也不同。数字签名使用的是发送方的密钥对，发送方用自己的私钥进行加密，接收方用发送方的公钥进行解密，这是一个一对多的关系，任何拥有发送方公钥的人都可以验证数字签名的正确性。

数字加密使用的是接收方的密钥对，这是多对一的关系，任何知道接收方公钥的人都可以向接收方发送加密信息，只有唯一拥有接收方私钥的人才能对信息解密。另外，数字签名只采用了非对称密钥加密算法，它能保证发送信息的完整性、身份认证和不可否认性；而数字加密采用了对称密钥加密算法和非对称密钥加密算法相结合的方法，它能保证发送信息的保密性。

（2）静态密码

用户的密码是由用户自己设定的。在网络登录时输入正确的密码，计算机就认为操作者就是合法用户。实际上，由于许多用户为了防止忘记密码，经常采用诸如生日、电话号码等容易被猜测的字符串作为密码，或者把密码抄在纸上并放在一个自认为安全的地方，这样很容易造成密码泄露。如果密码是静态的数据，在验证过程中可能会在计算机内存中和传输过程中被木马程序截获。因此，虽然静态密码机制无论是使用还是部署都非常简单，但从安全性上讲，却是一种不安全的身份认证方式。

目前智能手机的功能越来越强大，里面包含了很多私人信息。人们在使用手机时，为了保护信息安全，通常会为手机设置密码，由于密码存储在手机内部，可称之为本地密码认证。与之相对的是远程密码认证，例如，人们在登录电子邮箱时，电子邮箱的密码存储在邮箱服务器中，人们在本地输入的密码需要发送给远端的邮箱服务器，只有和邮箱服务器中的密码一致，才被允许登录电子邮箱。为了防止攻击者采用离线字典攻击的方式破解密码，通常会设置在登录尝试失败达到一定次数后锁定账号，在一段时间内可阻止攻击者继续尝试登录。

（3）智能卡

智能卡是一种内置集成电路的芯片，芯片中存有与用户身份相关的数据，智能卡由专门的厂商通过专门的设备生产，是不可复制的硬件。智能卡由合法用户随身携带，登录时必须将智能卡插入专用的读卡器来读取其中的信息，以验证用户的身份。

智能卡认证是通过智能卡硬件不可复制来保证用户身份不被仿冒的。然而，由于每次从智能卡中读取的数据是静态的，通过内存扫描或网络监听等技术还是很容易截取到用户的身份验证信息，因此还是存在安全隐患。

智能卡自身就是功能齐备的计算机，它有自己的内存和微处理器，该微处理器具备读取和写入的能力，允许对智能卡上的数据进行访问和更改。智能卡被包含在一个信用卡大小或者更小的物体里（如手机中的 SIM 卡就是一种智能卡）。智能卡技术能够提供安全的验证机制来保护持卡人的信息，并且智能卡的复制很难。从安全的角度来看，智能卡提供了在卡片里存储身份认证信息的能力，该信息能够被智能卡读卡器所读取。智能卡读卡器能够连接到 PC 上来验证 VPN 连接或验证访问另一个网络系统的用户。

（4）短信密码

短信密码以手机短信形式请求包含 6 位随机数的动态密码，身份认证系统以短信形式发送随机的 6 位密码到客户的手机上。客户在登录或者交易认证时输入此动态密码，从而确保系统身份认证的安全性。

（5）动态口令

动态口令是客户手持用来生成动态密码的终端，主流的是基于时间同步的方式，每 60

秒变换一次动态口令，口令一次有效，它产生 6 位动态数字，是一次一密的认证方式。

但是，由于基于时间同步方式的动态口令存在 60 秒的时间窗口，导致该密码在这 60 秒内存在风险，现在已有基于事件同步的、双向认证的动态口令。基于事件同步的动态口令是以用户动作触发的同步原则，真正做到了一次一密，并且由于是双向认证，即服务器验证客户端，并且客户端也需要验证服务器，从而达到杜绝木马网站的目的。

由于动态口令使用起来非常便捷，85%以上的世界 500 强企业用它来保护登录安全，广泛应用在 VPN、网上银行、电子政务、电子商务等领域。

（6）生物识别

生物识别是通过可测量的身体或行为等生物特征进行身份认证的一种技术。生物特征是指唯一的可测量或可自动识别和验证的生理特征或行为方式。使用传感器或者扫描仪来读取生物的特征信息，将读取的信息和用户在数据库中的特征信息比对，如果一致则通过认证。

生物特征分为身体特征和行为特征两类。身体特征包括声纹、指纹、掌型、视网膜、虹膜、人体气味、脸型、手的血管和 DNA 等；行为特征包括签名、语音、行走步态等。目前，部分学者将视网膜识别、虹膜识别和指纹识别等归为高级生物识别技术；将掌型识别、脸型识别、语音识别和签名识别等归为次级生物识别技术；将血管纹理识别、人体气味识别、DNA 识别等归为“深奥的”生物识别技术。

目前人们接触最多的是指纹识别技术，应用的领域有刑侦、门禁、金融、社保等。人们日常使用的部分手机和笔记本电脑已具有指纹识别功能，在使用这些设备前无须输入密码，只要将手指在扫描器上轻轻一按就能进入设备的操作界面，非常方便，而且别人很难复制。

生物识别的安全隐患在于一旦生物特征信息在数据库存储或网络传输中被盗取，攻击者就可以执行某种身份欺骗攻击，并且攻击对象会涉及所有使用生物特征信息的设备。

4. 防火墙技术

（1）防火墙概述

在信息技术领域中，防火墙（firewall）是指设置在不同网络（如可信任的内部网络和不可信任的外部网络）或网络安全域之间的一系列部件的组合。它是不同网络或网络安全域之间信息的唯一出入口，能根据企业的安全政策（允许、拒绝、监测）控制出入网络的信息流，且本身具有较强的抗攻击能力。它提供信息安全服务，是实现网络和信息安全的基础设施。在逻辑上，防火墙是一个分离器，是一个限制器，也是一个分析器，有效地监控了内部网络和 Internet 之间的任何活动，保证了内部网络的安全，如图 11.7 所示。

下面从 3 个方面来理解防火墙。首先，防火墙是一种安全策略，是一种防范措施的总称，利用这些防护措施来保护内部网络不被外部侵犯；其次，防火墙是一种访问控制技术，用于两个或者多个网络之间的访问控制；最后，防火墙是作为内部网络与外部网络之间的隔离设备，是由一组能够提供网络安全保障的硬件、软件构成的系统。

（2）防火墙的功能

1）创建一个阻塞点。防火墙在一个内部网络和外部网络间建立一个检查点，这种实现要求所有的流量都要通过这个检查点。一旦这个检查点清楚地建立，防火墙就可以监视、过滤和检查所有进来和出去的流量。这样一个检查点，在网络安全行业中称之为“阻塞点”。通过强制所有进出流量都通过这个检查点，网络管理员可以集中在较少的地方来实现安全的目的。

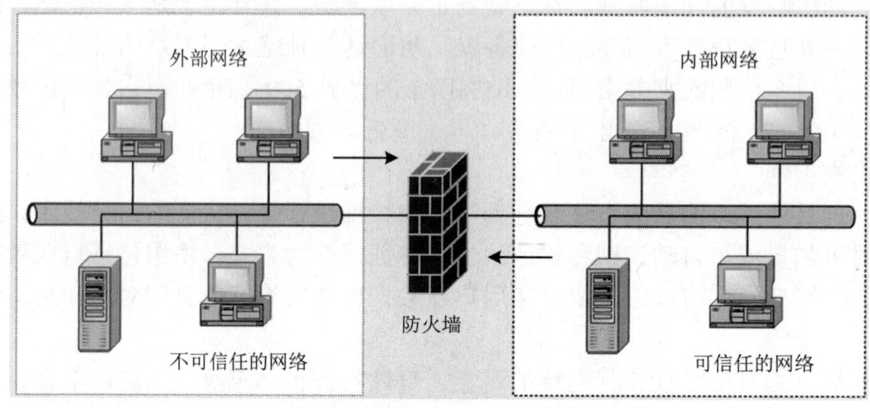

图 11.7 防火墙隔离内外网

2）隔离不同网络，防止内部信息的外泄。这是防火墙的最基本功能，它通过隔离内、外部网络来确保内部网络的安全，也限制了局部重点或敏感网络安全问题对全局网络造成的影响。企业机密是大家普遍非常关心的问题，一个内部网络中不引人注意的细节可能包含了有关安全的线索而引起外部攻击者的兴趣，甚至因此而暴露了内部网络的某些安全漏洞。使用防火墙就可以隐蔽那些透露内部细节（如 Finger、DNS 等）的服务。Finger 显示了主机的所有用户的注册名、真名，最后登录时间和使用 shell 类型等。Finger 显示的信息非常容易被攻击者截获，攻击者通过获取的信息可以知道一个系统使用的频繁程度，这个系统是否有用户正在连线上网等信息。防火墙可以同样阻塞有关内部网络中的 DNS 信息，这样一来主机的域名和 IP 地址就不会被外界所了解。

3）强化网络安全策略。通过以防火墙为中心的安全方案配置，能将所有安全软件（如口令、加密、身份认证、审计等）配置在防火墙上。与将网络安全问题分散到各个主机上相比，防火墙的集中安全管理更经济。各种安全措施的有机结合，更能有效地对网络安全性能起到加强作用。

4）有效地审计和记录内、外部网络上的活动。防火墙可以对内、外部网络存取和访问进行监控审计。如果所有的访问都经过防火墙，那么防火墙就能记录下这些访问并进行日志记录，同时也能提供网络使用情况的统计数据。当发生可疑动作时，防火墙能进行适当的报警，并提供网络是否受到监测和攻击的详细信息。这可为网络管理人员提供非常重要的安全管理信息，可以使管理员清楚防火墙是否能够抵挡攻击者的探测和攻击，并且清楚防火墙的控制是否充足。

（3）防火墙的缺陷

1）不能防范内部威胁。防火墙可以禁止网络内部、外部用户经过防火墙连接发送信息，但对于网络内部用户攻击网络内部信息无法监管。

2）不能防范不通过它的连接。网络外部用户通过特殊技术连接，逻辑上绕过防火墙的攻击，防火墙无法阻止，如图 11.8 所示。例如，通过拨号连接到网络内部，或者通过隧道加密等连接到网络内部的攻击。

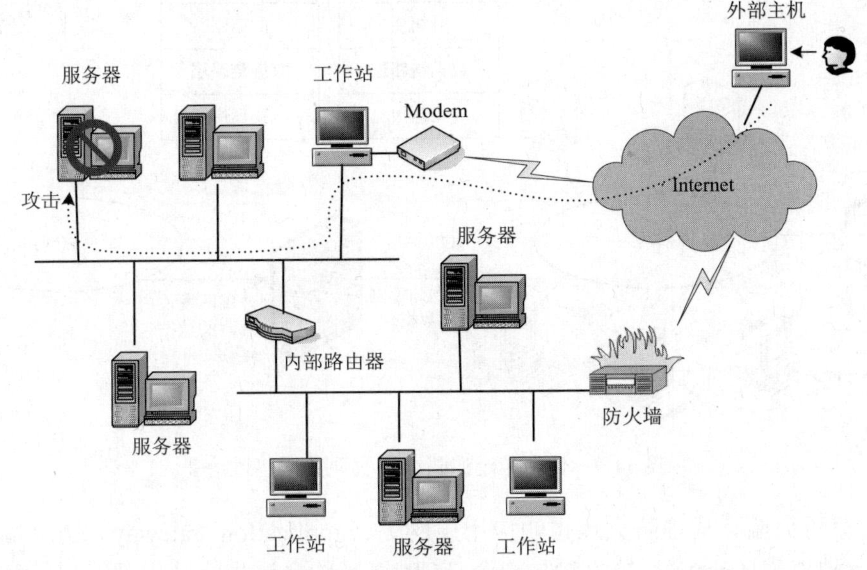

图 11.8　绕过防火墙攻击

3）不能防备全部的威胁。防火墙被用来防范已经知道的威胁，但对于未知的威胁无法识别和阻止，目前最新的态势感知能够做到较多的判断，通过长时间的沉淀后，结合防火墙的自动更新可以保证一定时期范围内的防御能力，但也不能解决突发性、及时性的威胁。

4）防火墙不能防范病毒。防火墙不能防范网络中计算机的病毒，只能做到对于病毒跨网络发起的连接进行阻断，解决病毒的问题只能通过内部计算机本身的防病毒措施，如安装杀毒软件等。

（4）防火墙的分类

按照防火墙处理数据的方法，防火墙大致可以分为两大体系，即包过滤（packet filtering）防火墙和应用代理（application proxy）防火墙。包过滤防火墙很多时候称为网络防火墙，应用代理防火墙也称为应用层网关防火墙。从形态上可以分为硬件防火墙和软件防火墙。硬件防火墙主要有物理实体存在，而软件防火墙（也称个人防火墙）是纯软件形态，需要安装在计算机或者服务器上运行。

1）包过滤防火墙。包过滤防火墙技术是一种基于网络层的防火墙技术，根据过滤规则，通过检查 IP 数据包来确定是否允许数据包通过，如图 11.9 所示。若过滤规则事先定义好，则称为静态包过滤防火墙；若过滤规则动态设置，则称为动态包过滤防火墙。

包过滤技术是一种简单、有效的安全控制技术，通过在网络间相互连接的设备上加载允许、禁止来自某些特定的 IP 源地址、IP 目的地址、TCP 端口号等规则，对通过设备的数据包进行检查，限制数据包进出内部网络。

包过滤的最大优点是对用户透明，传输性能高。但由于安全控制层次在网络层、传输层，安全控制的力度也只限于源地址、目的地址和端口号，因而只能进行较为初步的安全控制，对于恶意的拥塞攻击、内存覆盖攻击或病毒等高层次的攻击手段，则无能为力。

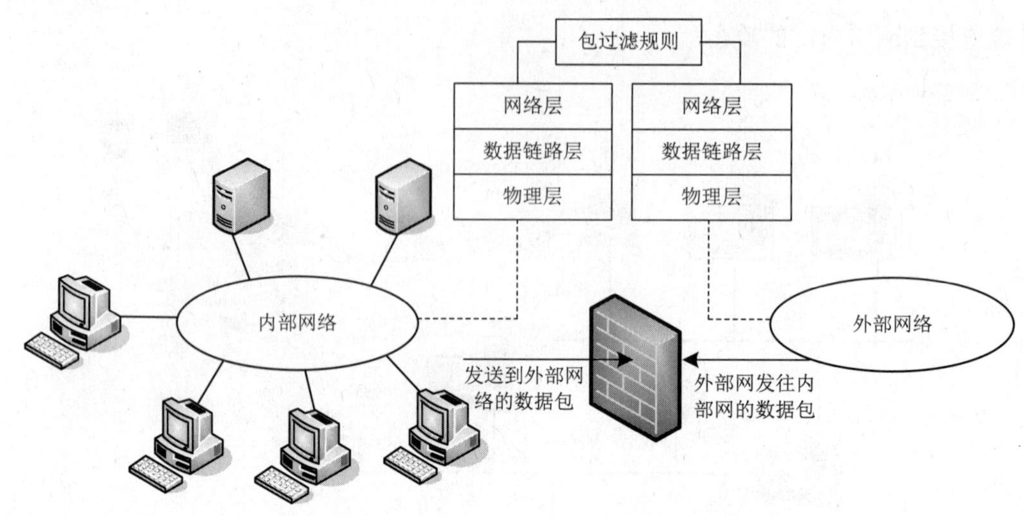

图 11.9　使用包过滤防火墙实现数据包过滤

2）代理防火墙。代理防火墙也叫应用层网关（application gateway）防火墙。这种防火墙通过一种代理（proxy）技术参与一个 TCP 连接的全过程。从内部发出的数据包经过这样的防火墙处理后，就好像是源于防火墙外部网卡一样，从而可以达到隐藏内部网结构的作用。这种类型的防火墙被网络安全专家和媒体公认为是最安全的防火墙。它的核心技术就是代理服务器技术。所谓代理服务器，是指代表客户处理在服务器连接请求的程序。当代理服务器得到一个客户的连接意图时，它们将核实客户请求，并经过特定的安全化的代理应用程序处理连接请求，将处理后的请求传递到真实的服务器上，然后接收服务器应答，并做进一步处理后，将答复交给发出请求的最终客户。代理服务器在外部网络向内部网络申请服务时发挥了中间转接的作用，如图 11.10 所示。

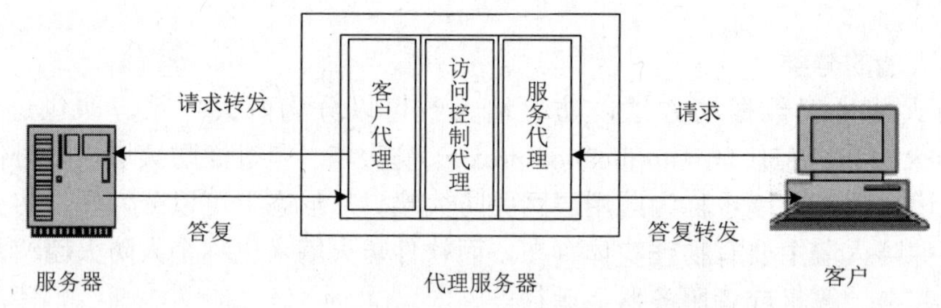

图 11.10　代理防火墙的工作原理

代理防火墙具有可以检查应用层、传输层和网络层的协议特征，对数据包的检测能力比较强的优点。但应用代理防火墙也有如下不足：

① 难以配置。由于每个应用都要求单独的代理进程，这就要求网络管理员能理解每项应用协议的弱点，并能合理配置安全策略。由于配置烦琐，难以理解，容易出现配置失误，最终影响内网的安全防范能力。

② 处理速度非常慢。断掉所有的连接，由防火墙重新建立连接，理论上可以使应用代理防火墙具有极高的安全性，但是实际应用中并不可行，因为对于内网的每个访问请求，

应用代理都需要开一个单独的代理进程，网络中各种业务需要建立一个个的服务代理，以处理网络的访问请求，处理延迟大，访问速度慢。

3）防火墙的结构体系。由于包过滤防火墙和代理防火墙存在各自明显的缺点，当对网络应用有更高安全性要求时，通常的防火墙系统是解决不同问题的多种技术的有机组合，把基于包过滤的方法与基于应用代理的方法结合起来，形成复合型的防火墙，如华为的USG、360 的 NGFW 等设备。目前常见的有以下几种。

双宿主主机是一台安装有两块网卡的计算机，每块网卡有各自的 IP 地址，并分别与受保护网络和外部网络相连。如果外部网络上的计算机想与内部网络上的计算机进行通信，它就必须与双宿主主机上与外部网络相连的 IP 地址联系，代理服务器软件再通过另一块网卡与内部网络相连接。也就是说，外部网络与内部网络不能直接通信，它们之间的通信必须经过双宿主主机的过滤和控制。这种配置的优点在于：网关可将受保护网络与外界完全隔离，代理服务器可提供日志，有助于网络管理员确认哪些主机可能已被入侵。同时，由于它本身是一台主机，因此可用于诸如身份验证服务器及代理服务器，使其具有多种功能。这种配置的缺点在于：双宿主主机的每项服务必须使用专门设计的代理服务器，即使较新的代理服务器能处理几种服务，也不能同时进行；另外，一旦双宿主主机受到攻击，并使其只具有路由功能，那么任何网上用户都可以随便访问内部网络了，这将严重损害网络的安全性。双宿主主机工作原理如图 11.11 所示。

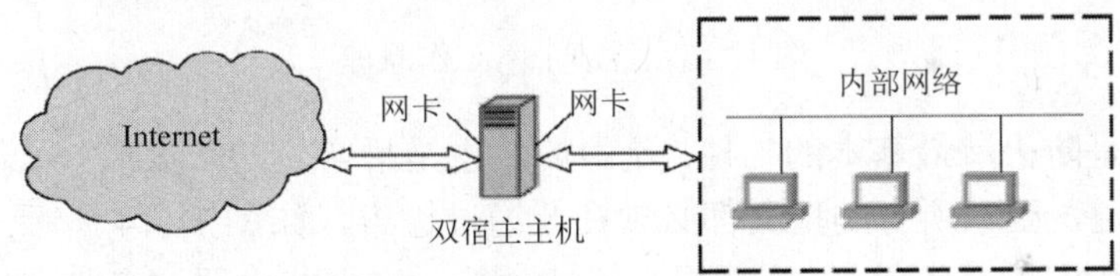

图 11.11　双宿主主机工作原理

屏蔽主机网关由屏蔽路由器和应用网关组成，屏蔽路由器的作用是进行包过滤，应用网关的作用是代理服务。这样，在内部网络和外部网络之间建立了两道安全屏障，既实现了网络层安全，又实现了应用层安全。来自外部网络的所有通信都会连接到屏蔽路由器，它根据所设置的规则过滤这些通信。在多数情况下，与应用网关之外的机器的通信都会被拒绝。网关的代理服务器软件用自己的规则将被允许的通信传送到受保护的网络上。在这种情况下，应用网关只有一块网卡，因此它不是双宿主主机。屏蔽主机网关比双宿主主机设置更加灵活，它可以设置成使屏蔽路由器将某些通信直接传到内部网络的站点，而不是传到应用网关。另外，屏蔽主机网关具有双重保护、安全性更高的优点。它的缺点主要是，由于要求对两个部件进行配置，使它们能协同工作，因此配置工作较复杂。另外，如果攻击者成功入侵了应用网关或屏蔽路由器，则内部网络的主机将失去任何的安全保护，整个网络将对攻击者敞开。屏蔽主机网关工作原理如图 11.12 所示。

屏蔽子网系统结构是在屏蔽主机网关的基础上再添加一个屏蔽路由器，两个路由器放在子网的两端，三者形成了一个被称为非军事区（demilitarized zone，DMZ）的子网，这种方法在内部网络和外部网络之间建立了一个被隔离的子网，用两台屏蔽路由器将这一子网分别与内部网络和外部网络分开。内部网络和外部网络均可访问被屏蔽子网，但禁止它们穿过被屏蔽子网通信。外部屏蔽路由器和应用网关与在屏蔽主机网关中的功能相同，内部屏蔽路由器在应用网关和受保护网络之间提供附加保护。屏蔽子网工作原理如图 11.13 所示。

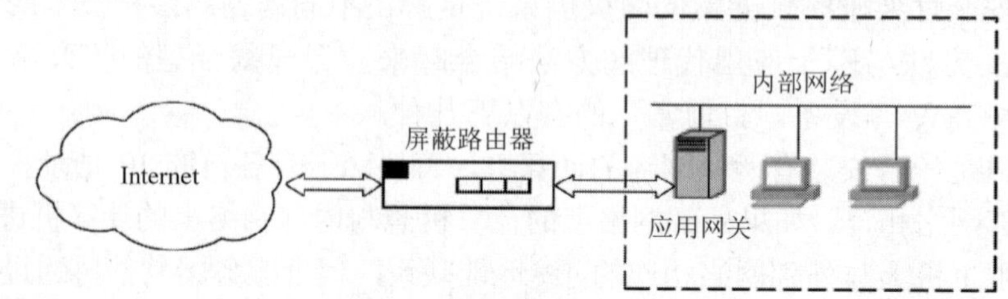

图 11.12　屏蔽主机网关工作原理

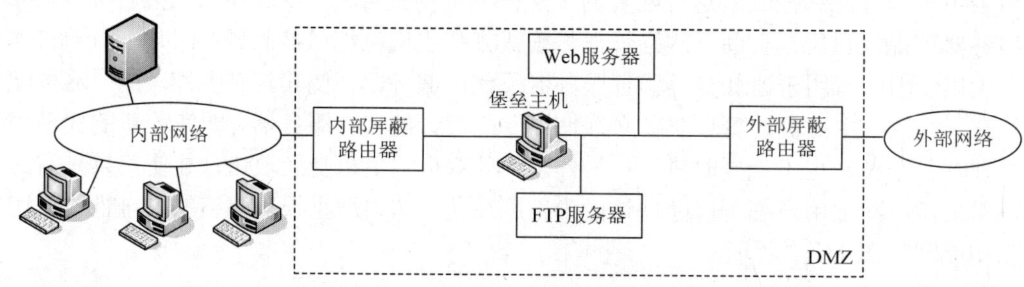

图 11.13　屏蔽子网工作原理

屏蔽路由器是防火墙最基本的构件，是最简单也是最常见的防火墙。屏蔽路由器作为内外连接的唯一通道，要求所有的报文都必须在此通过检查，如图 11.14 所示。路由器上可以安装基于 IP 层的报文过滤软件，实现报文过滤功能。许多路由器本身带有报文过滤配置选项，但一般比较简单。这种配置的优点是容易实现、费用少，并且对用户的要求较低，使用方便。其缺点是日志记录能力不强，规则表庞大、复杂，整个系统依靠单一的部件来进行保护，一旦被攻击，系统管理员很难确定系统是否正在被入侵或已经被入侵。

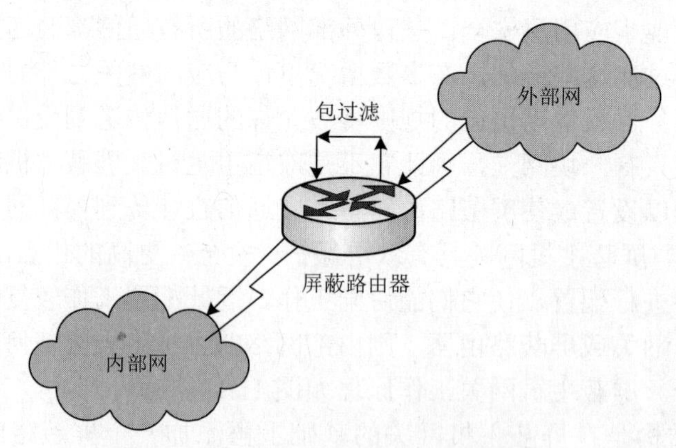

图 11.14　屏蔽路由器

11.2　实训任务：配置防火墙

11.2.1　防火墙配置实训准备及注意事项

1. 实训准备

进行防火墙配置需做好如下准备。

1）1 台华为 6600 防火墙。

2）2 台路由器。

3）1 台三层交换机。

4）计算机 2 台。

2. 实训注意事项

进行防火墙配置的注意事项如下。

1）拓扑图要准确标识接口、地址区域。

2）网络线缆连接标识要清晰。

3）基础规划、功能规划说明要详细。

11.2.2　防火墙配置实训过程

防火墙配置的实训过程介绍如下。

步骤 1：绘制网络拓扑，完成基础规划和功能规划。

绘制网络拓扑图如图 11.15 所示，完成基础规划和功能规划，如表 11.1～表 11.3 所示。

步骤 2：设备连接与软件配置。

1）计算机与防火墙连接。防火墙配置和交换机一样，使用 Console 口登录，端口类型为 EIA/TIA-232 DCE。用户终端的串行端口可以与设备的 Console 口直接连接，实现对设备的本地配置，如图 11.16 所示。

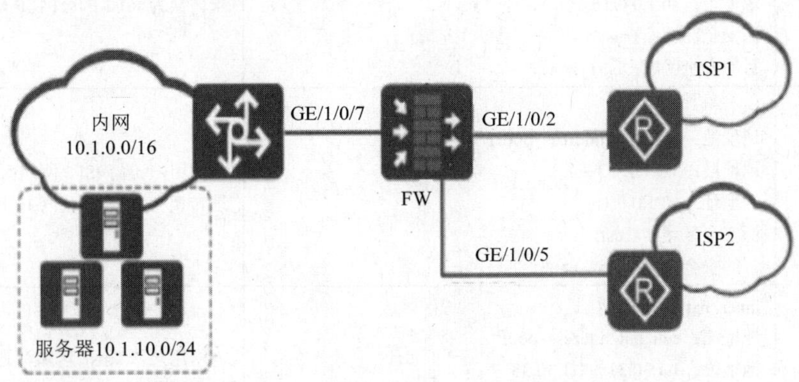

图 11.15　防火墙配置网络拓扑

表 11.1　网络基础规划表

接口	数据	说明
GE1/0/2	IP 地址：2.2.2.1/30 网关地址：2.2.2.2 安全区域：isp1_zone1（优先级为 30） 源进源出功能：开启	FW 连接 ISP1 的接口，加入自定义安全区域 isp1_zone1
GE1/0/5	IP 地址：3.3.3.1/30 网关地址：3.3.3.2 安全区域：isp2_zone1（优先级为 60） 源进源出功能：开启	FW 连接 ISP2 的接口，加入自定义安全区域 isp2_zone1
GE1/0/7	IP 地址：10.2.0.1/24 安全区域：Trust	FW 连接内网的接口，加入 Trust 区域，用户和服务器均位于 Trust 区域

表 11.2　访问控制配置规划

项目	数据	说明
内网用户的安全策略	安全策略名称：user_inside 源安全区域：Trust 动作：permit	内网用户可以访问任意安全区域内的设备。同一安全区域内设备配置安全策略，指定源安全区域或目的安全区域才能访问
外网用户的安全策略	安全策略名称：user_outside 源安全区域：isp1_zone1、isp2_zone1 目的地址：10.1.10.0/24 动作：permit	外网用户可以访问服务器区域，不可以访问 Trust 区域内的任意设备
服务器的安全策略	安全策略名称：local_to_any 源安全区域：Local 目的安全区域：Any 动作：permit	允许 FW 和升级中心、日志服务器交互的流量通过

表 11.3　源 NAT 配置规划

项目	数据	说明
ISP1 NAT 策略	sp1_nat_policy1 地址池：isp1_nat_address_pool1 地址段：2.2.5.1～2.2.5.3 源地址：10.1.0.0/16 源安全区域：Trust 目的安全区域：isp1_zone1	内网用户访问 ISP1 网络时，报文源 IP 地址转换为 ISP1 的公网 IP 地址
ISP2 NAT 策略	isp2_nat_policy1 地址池：isp2_nat_address_pool1 地址段：3.3.1.1～3.3.1.3 源地址：10.1.0.0/16 源安全区域：Trust 目的安全区域：isp2_zone1	内网用户访问 ISP2 网络时，报文源 IP 地址转换为 ISP2 的公网 IP 地址
同一安全区域内的源 NAT	inner_nat_policy 地址池：edu_nat_address_pool 地址段：1.1.30.31～1.1.30.33 源地址：10.1.0.0/16 源安全区域：Trust 目的安全区域：Trust	内网用户（Trust 区域）通过公网地址访问内网服务器（Trust 区域），需要进行源地址转换

2）软件配置。通常使用 SecureCRT、PuTTY 等客户端工具登录，本次使用 PuTTY。打开 PuTTY.exe 程序，出现如图 11.17（a）所示客户端配置对话框。单击左侧目录树 Category 中的连接协议 Serial，出现如图 11.17（b）所示对话框，在此设置端口通信参数，与设备的缺省值保持一致。

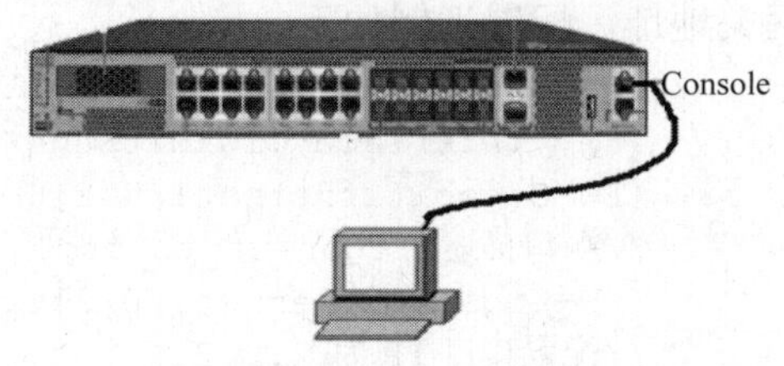

图 11.16　计算机与防火墙的 Console 连接

（a）PuTTY 客户端配置对话框

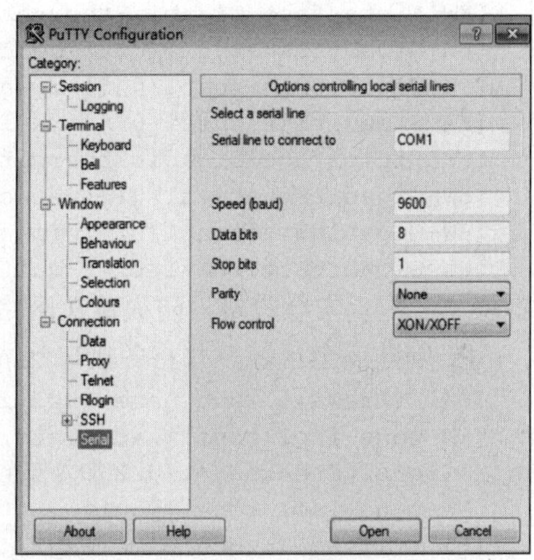

（b）Serial 配置对话框

图 11.17　软件配置路由器

单击 Open 按钮，将提示用户配置验证密码，如图 11.18 所示，系统会自动保存此密码配置。密码设置成功后，系统将出现用户视图的命令行提示符，如<HUAWEI>，至此用户进入了用户视图配置环境。

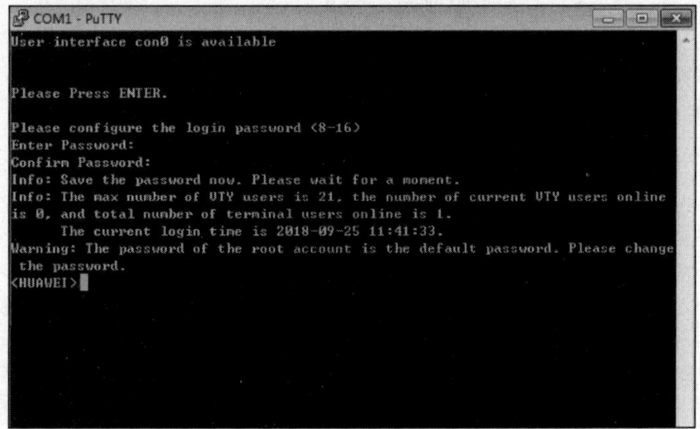

图 11.18　提示用户配置验证密码

防火墙配置过程如下。

步骤 1：配置接口和安全区域，并为相应接口配置 IP 地址和两个连接外网的接口配置网关地址，配置举例如下：

```
FW> system-view
[FW] interface GigabitEthernet 1/0/2   //进入GigabitEthernet 1/0/2端口
[FW-GigabitEthernet1/0/2] description connect_to_isp1
//端口描述为connect_to_isp1
[FW-GigabitEthernet1/0/2]ip address 2.2.2.1 255.255.255.252
//配置接口IP为 2.2.2.1
[FW-GigabitEthernet1/0/2] redirect-reverse next-hop 2.2.2.2
//配置接口网关IP为 2.2.2.2
[FW] interface GigabitEthernet 1/0/5
[FW-GigabitEthernet1/0/5] description connect_to_isp2
[FW-GigabitEthernet1/0/5] ip address 3.3.3.1 255.255.255.252
[FW-GigabitEthernet1/0/5] redirect-reverse next-hop 3.3.3.2
[FW] interface GigabitEthernet 1/0/7
[FW-GigabitEthernet1/0/7] description connect_to_campus
[FW-GigabitEthernet1/0/7] ip address 10.2.0.1 255.255.255.0
[FW-GigabitEthernet1/0/7] quit
```

步骤 2：配置安全策略，防火墙在网络中实现数据转发和保障内网安全功能。分别为ISP1、ISP2创建安全区域，并将各接口加入安全区域，配置举例如下：

```
[FW] firewall zone name isp1_zone1  //创建安全域isp1_zone1
[FW-zone-isp1_zone1] add interface GigabitEthernet 1/0/2
//GigabitEthernet 1/0/2加入安全域isp1_zone1中
[FW-zone-isp1_zone1] quit
[FW] firewall zone name isp2_zone1  //创建安全域isp2_zone1
[FW-zone-isp2_zone1] add interface GigabitEthernet 1/0/5
[FW-zone-isp2_zone1] quit
[FW] firewall zone trust //创建安全域trust
[FW-zone-trust] add interface GigabitEthernet 1/0/7
[FW-zone-trust] quit
```

步骤 3：为各域间配置安全策略，控制域间互访。在安全策略中引用缺省的入侵防御配置文件，配置入侵防御功能，配置举例如下：

```
[FW] security-policy //配置安全策略
[FW-policy-security] rule name user_inside
//在安全策略中增加规则user_inside
[FW-policy-security-rule-user_inside] source-zone trust
//user_inside 规则应用trust区域
[FW-policy-security-rule-user_inside] action permit  //动作执行允许
[FW-policy-security-rule-user_inside] profile ips default
//启用默认的ips 防御功能
[FW-policy-security-rule-user_inside] quit
[FW-policy-security] rule name user_outside
//在安全策略中增加规则user_outside
[FW-policy-security-rule-user_outside] source-zone isp1_zone1 isp2_zone1
[FW-policy-security-rule-user_outside] destination-address 10.1.10.0 24
[FW-policy-security-rule-user_outside] action permit
[FW-policy-security-rule-user_outside] profile ips default
[FW-policy-security-rule-user_outside] quit
[FW-policy-security] rule name local_to_any
[FW-policy-security-rule-local_to_any] source-zone local
```

```
[FW-policy-security-rule-local_to_any] destination-zone any
[FW-policy-security-rule-local_to_any] action permit
[FW-policy-security-rule-local_to_any] quit
[FW-policy-security] quit
```

步骤 4：配置静态路由，目的地址为内网网段，下一跳为内网交换机的地址，保证外网的流量能够到达内网，配置举例如下：

```
[FW] ip route-static 10.1.0.0 255.255.0.0 10.2.0.2
//目标地址是 10.10.0.0 的数据，转发到 10.2.0.2 上
```

步骤 5：配置流量按照目的地址转发。

1）流量的目的地址属于 ISP1 地址集时，优先使用 ISP1 链路转发，配置举例如下：

```
[FW-policy-pbr] rule name pbr_isp1  //创建转发规则 pbr_isp1
[FW-policy-pbr-rule-pbr_isp1] source-zone trust
//规则 pbr_isp1 应用到 trust 区域
[FW-policy-pbr-rule-pbr_isp1] source-address 10.1.0.0 16
//规则 pbr_isp1 应用的源地址为 10.1.0.0 网络
[FW-policy-pbr-rule-pbr_isp1] destination-address isp isp1_address
//规则 pbr_isp1 应用的目的地址为 isp1_address 地址
[FW-policy-pbr-rule-pbr_isp1] action pbr egress-interface multi-interface
//创建并进入策略路由规则的多出口
[FW-policy-pbr-rule-pbr_isp1-multi-inter] mode priority-of-userdefine
//根据链路优先级备份
[FW-policy-pbr-rule-pbr_isp1-multi-inter] add interface GigabitEthernet
1/0/2 priority 8//配置 GigabitEthernet 1/0/2 接口的链路优先级为 8
[FW-policy-pbr-rule-pbr_isp1-multi-inter] add interface GigabitEthernet
1/0/5 priority 1
//配置 GigabitEthernet 1/0/5 接口的链路优先级为 1
[FW-policy-pbr-rule-pbr_isp1-multi-inter] quit
[FW-policy-pbr-rule-pbr_isp1] quit
```

2）流量的目的地址属于 ISP2 地址集时，优先使用 ISP2 链路转发，配置举例如下：

```
[FW-policy-pbr] rule name pbr_isp2
[FW-policy-pbr-rule-pbr_isp2] source-zone trust
[FW-policy-pbr-rule-pbr_isp2] source-address 10.1.0.0 16
[FW-policy-pbr-rule-pbr_isp2] destination-address isp isp2_address
//规则 pbr_isp1 应用的目的地址为 isp1_address 地址
[FW-policy-pbr-rule-pbr_isp2] action pbr egress-interface multi-interface
[FW-policy-pbr-rule-pbr_isp2-multi-inter] mode priority-of-userdefine
[FW-policy-pbr-rule-pbr_isp2-multi-inter] add interface GigabitEthernet
1/0/2 priority 1
[FW-policy-pbr-rule-pbr_isp2-multi-inter] add interface GigabitEthernet
1/0/5 priority 8
[FW-policy-pbr-rule-pbr_isp2-multi-inter] quit
[FW-policy-pbr-rule-pbr_isp2] quit
```

3）没有匹配到任何 ISP 地址集的流量，通过策略路由 pbr_rest 选择链路质量最好的链路转发，配置举例如下：

```
[FW-policy-pbr] rule name pbr_rest
[FW-policy-pbr-rule-pbr_rest] source-zone trust
[FW-policy-pbr-rule-pbr_rest] source-address 10.1.0.0 16
[FW-policy-pbr-rule-pbr_rest] action pbr egress-interface multi-interface
```

```
//创建并进入策略路由规则的多出口
[FW-policy-pbr-rule-pbr_rest-multi-inter] mode priority-of-link-quality
//配置按照链路质量转发数据
[FW-policy-pbr-rule-pbr_rest-multi-inter] add interface GigabitEthernet 1/0/2
[FW-policy-pbr-rule-pbr_rest-multi-inter] add interface GigabitEthernet 1/0/5
[FW-policy-pbr-rule-pbr_rest-multi-inter] priority-of-link-quality protocol tcp-simple
[FW-policy-pbr-rule-pbr_rest-multi-inter] priority-of-link-quality parameter delay jitter loss //设置链路质量参数为延迟和丢包
[FW-policy-pbr-rule-pbr_rest-multi-inter] priority-of-link-quality interval 3 times 5 //设置链路质量探测的时间间隔为 2 秒，次数为 5 次
[FW-policy-pbr-rule-pbr_rest-multi-inter] quit
[FW-policy-pbr-rule-pbr_rest] quit
[FW-policy-pbr] quit
```

步骤 6：配置基于安全区域的 NAT Server，使不同 ISP 的用户通过对应的公网 IP 访问内网服务器。

1）为 Portal 服务器配置 NAT Serve，配置举例如下：

```
[FW] nat server portal_server02 zone isp1_zone1 global 2.2.15.15 inside 10.1.10.20 no-reverse
[FW] nat server portal_server05 zone isp2_zone1 global 3.3.15.15 inside 10.1.10.20 no-reverse
```

2）为 DNS 服务器配置 NAT Server，配置举例如下：

```
[FW] nat server dns_server02 zone isp1_zone1 global 2.2.102.102 inside 10.1.10.30 no-reverse
[FW] nat server dns_server05 zone isp2_zone1 global 3.3.102.102 inside 10.1.10.30 no-reverse
```

3）配置域内源 NAT，使内网用户可以通过公网地址访问内网服务器，配置举例如下：

```
[FW] nat-policy  //创建 NAT
[FW-policy-nat] rule name inner_nat_policy
[FW-policy-nat-rule-inner_nat_policy] source-zone trust
[FW-policy-nat-rule-inner_nat_policy] destination-zone trust
[FW-policy-nat-rule-inner_nat_policy] source-address 10.1.0.0 16
[FW-policy-nat-rule-inner_nat_policy] action source-nat address-group edu_nat_address_pool
[FW-policy-nat-rule-inner_nat_policy] quit
[FW-policy-nat] quit
```

4）为访问 ISP1 的流量配置源 NAT，地址池中为 ISP1 的公网地址，配置举例如下：

```
[FW] nat address-group isp1_nat_address_pool1
[FW-address-group-isp1_nat_address_pool1] mode pat  //NAT 模式为 pat
[FW-address-group-isp1_nat_address_pool1] section 0 2.2.2.1 2.2.2.3
//地址池 2.2.2.1-2.2.2.3
[FW-address-group-isp1_nat_address_pool1] quit
[FW] nat-policy
[FW-policy-nat] rule name isp1_nat_policy1
[FW-policy-nat-rule-isp1_nat_policy1] source-zone trust
[FW-policy-nat-rule-isp1_nat_policy1] destination-zone isp1_zone1
```

```
    [FW-policy-nat-rule-isp1_nat_policy1]source-address 10.1.0.0 16
    //配置源（内网）地址池
    [FW-policy-nat-rule-isp1_nat_policy1] action source-nat address-group
isp1_nat_address_ pool1  //配置内网与外网地址对应
    [FW-policy-nat-rule-isp1_nat_policy1] quit
    [FW-policy-nat] quit
```

5）为访问 ISP2 的流量配置源 NAT，地址池中为 ISP2 的公网地址，配置举例如下：

```
[FW] nat address-group isp2_nat_address_pool1
[FW-address-group-isp2_nat_address_pool1] mode pat
[FW-address-group-isp2_nat_address_pool1] section 0 3.3.1.1 3.3.1.3
[FW-address-group-isp2_nat_address_pool1] quit
[FW] nat-policy
[FW-policy-nat] rule name isp2_nat_policy1
[FW-policy-nat-rule-isp2_nat_policy1] source-zone trust
[FW-policy-nat-rule-isp2_nat_policy1] destination-zone isp2_zone1
[FW-policy-nat-rule-isp2_nat_policy1] source-address 10.1.0.0 16
[FW-policy-nat-rule-isp2_nat_policy1] action source-nat address-group
isp2_nat_address_ pool1
[FW-policy-nat-rule-isp2_nat_policy1] quit
[FW-policy-nat] quit
```

6）为 NAT 地址池中的公网地址配置黑洞路由，防止产生路由环路，配置举例如下：

```
[FW] ip route-static 2.2.5.1 32 NULL 0
[FW] ip route-static 2.2.5.2 32 NULL 0
[FW] ip route-static 2.2.5.3 32 NULL 0
[FW] ip route-static 3.3.1.1 32 NULL 0
[FW] ip route-static 3.3.1.2 32 NULL 0
[FW] ip route-static 3.3.1.3 32 NULL 0
```

7）配置 Trust 和其他安全域间的 NAT ALG 功能，以 FTP、QQ 协议为例，配置 NAT ALG 功能的同时，也开启了 ASPF 功能，配置举例如下：

```
[FW] firewall interzone trust isp1_zone1    //在 isp1 出口
[FW-interzone-trust-isp1_zone1] detect ftp  //优先保障 ftp 应用
[FW-interzone-trust-isp1_zone1] detect qq   //优先保障 qq 应用

[FW-interzone-trust-isp1_zone1] quit
[FW] firewall interzone trust isp2_zone1    //在 isp2 出口
[FW-interzone-trust-isp2_zone1] detect ftp  //优先保障 ftp 应用
[FW-interzone-trust-isp2_zone1] detect qq
[FW-interzone-trust-isp2_zone1] quit
```

11.2.3 防火墙配置实训配置测试结果

测试：使用 display firewall server-map 命令查看 NAT Server 功能生成的 Server-map 表项信息。

```
    sysname display  firewall server-map nat-server
    Current Total Server-map : 12
    Type: Nat Server,  ANY -> 2.2.15.15[10.1.10.20],  Zone: isp1_zone,
protocol:---
    Vpn: public -> public
    Type: Nat Server,  ANY -> 2.2.16.16[10.1.10.20],  Zone: isp1_zone,
```

```
protocol:---
        Vpn: public -> public
        Type: Nat Server,  ANY -> 2.2.17.17[10.1.10.20],  Zone: isp1_zone,
protocol:---
        Vpn: public -> public
        Type: Nat Server,  ANY -> 3.3.15.15[10.1.10.20],  Zone: isp2_zone,
protocol:---
        Vpn: public -> public
        Type: Nat Server,  ANY -> 3.3.16.16[10.1.10.20],  Zone: isp2_zone,
protocol:---
        Vpn: public -> public
       Type: Nat Server,  ANY -> 2.2.102.102[10.1.10.30],  Zone: isp1_zone,
protocol:---
        Vpn: public -> public
        Type: Nat Server,  ANY -> 2.2.103.103[10.1.10.30],  Zone: isp1_zone,
protocol:---
        Vpn: public -> public
        Type: Nat Server,  ANY -> 2.2.104.104[10.1.10.30],  Zone: isp1_zone,
protocol:---
        Vpn: public -> public
        Type: Nat Server,  ANY -> 3.3.102.102[10.1.10.30],  Zone: isp2_zone,
protocol:---
        Vpn: public -> public
```

内网用户访问外网时，目的地址属于 ISP1 的流量从接口 GE1/0/2 转发，目的地址属于 ISP2 的流量从接口 GE1/0/3 转发。

11.3 课堂评价

完成本单元学习，认真填写学习情况考核表（见表 11.4），并及时予以反馈。

表 11.4 学习情况考核表

序号	评价内容	自我评价					小组评价					老师评价				
		A	B	C	D	E	A	B	C	D	E	A	B	C	D	E
1	网络安全概述															
2	网络攻击分类															
3	网络攻击的方法															
4	网络参考模型与安全体系															
5	数据加密技术															
6	身份识别技术															
7	防火墙技术															
8	防火墙配置															

说明：评价等级分为 A、B、C、D 和 E 共 5 等。其中，对知识与技能掌握很好，能够熟练地完成任务为 A 等；掌握 75%以上的内容，能较为顺利地完成任务为 B 等；掌握 60%以上的内容为 C 等；基本掌握为 D 等；大部分内容不够清楚为 E 等。

11.4 思考与讨论

一、填空题

1. 信息不泄露给非授权用户、实体、过程或供其利用的特性属于网络安全的______。
2. 网络安全属性特征包括______、______、______、______和______。

二、选择题

1. 非对称密钥的密码技术具有很多优点，其中不包括（ ）。
   A. 可提供数字签名、零知识证明等额外服务
   B. 加密/解密速度快，不需占用较多资源
   C. 通信双方事先不需要通过保密信道交换密钥
   D. 密钥持有量大大减少
2. 下列（ ）项更好地描述了哈希算法、数字签名和对称密钥算法分别提供的功能。
   A. 身份鉴别和完整性，完整性，机密性和完整性
   B. 完整性，身份鉴别和完整性，机密性和可用性
   C. 完整性，身份鉴别和完整性，机密性
   D. 完整性和机密性，完整性，机密性
3. 电子邮件的机密性与真实性是通过（ ）项实现的。
   A. 用发送者的私钥对消息进行签名，用接收者的公钥对消息进行加密
   B. 用发送者的公钥对消息进行签名，用接收者的私钥对消息进行加密
   C. 用接收者的私钥对消息进行签名，用发送者的公钥对消息进行加密
   D. 用接收者的公钥对消息进行签名，用发送者的私钥对消息进行加密
4. 以下关于 RSA 算法的说法，正确的是（ ）。
   A. RSA 不能用于数据加密
   B. RSA 只能用于数字签名
   C. RSA 只能用于密钥交换
   D. RSA 可用于加密、数字签名和密钥交换体制
5. 以下（ ）不是防火墙具备的功能。
   A. 防火墙是指设置在不同网络或网络安全域（公共网和企业内部网）之间的一系列部件的组合
   B. 它是不同网络（安全域）之间的唯一出入口
   C. 能根据企业的安全政策控制（允许、拒绝、监测）出入网络的信息流
   D. 防止来源于内部的威胁和攻击
6. 以下（ ）是包过滤防火墙的优点。
   A. 可以与认证、授权等安全手段方便地集成
   B. 与应用层无关，无须改动任何客户机和主机的应用程序，易于安装和使用
   C. 提供透明的加密机制
   D. 可以给单个用户授权

7. 以下（　　）不是OSI安全体系结构中的安全机制。

A. 数字签名　　B. 路由控制　　C. 数据交换　　D. 抗抵赖

8. 特洛伊木马攻击的威胁类型属于（　　）。

A. 授权侵犯威胁　　B. 植入威胁　　C. 渗入威胁　　D. 破坏威胁

9. 一个公司解雇了一个数据库管理员，并且解雇时立刻取消了数据库管理员对公司所有系统的访问权，但是数据库管理员威胁说数据库在两个月内将被删除，除非公司付他一大笔钱。数据库管理员最有可能采用下面（　　）项来删除数据库。

A. 放置病毒　　B. 蠕虫感染　　C. DoS攻击　　D. 逻辑炸弹攻击

10. 恶意代码采用加密技术的目的是（　　）。

A. 自身保护　　B. 不被发现　　C. 不被破坏　　D. 以上都不正确

11. 以下对信息安全描述不正确的是（　　）。

A. 信息安全的基本要素包括保密性、完整性和可用性

B. 信息安全就是保障企业信息系统能够连续、可靠、正常地运行，使安全事件对业务造成的影响减到最小，确保组织业务运行的连续性

C. 信息安全就是不出安全事故/事件

D. 信息安全不仅仅只考虑防止信息泄密就可以

12. 以下对信息安全管理的描述错误的是（　　）。

A. 保密性、完整性、可用性　　B. 抗抵赖性、可追溯性

C. 真实性、私密性、可靠性　　D. 增值性

13. 防火墙包过滤针对（　　）要素对数据包进行控制。

A. 数据包到达的物理网络接口

B. 源和目的IP地址

C. 传送层协议类型，如TCP、UDP协议等

D. 传送层源和目的端口号

三、讨论题

1. 简述网络攻击的几种方法。
2. 简述两种加密技术的区别。
3. 简述防火墙的基本功能。

拓展阅读　新技术、新工艺

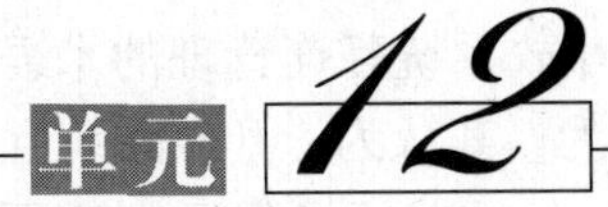

单元12 网络管理与维护技术

教学目标

知识教学目标

1. 了解网络管理的基本概念、内容和功能
2. 熟悉网络管理协议
3. 掌握网络维护的方法和常用命令及工具

技能培养目标

1. 能够掌握 ping 命令工具的使用
2. 能够掌握 ipconfig 命令工具的使用
3. 能够掌握 tracert 命令工具的使用
4. 能够掌握 netstat 命令工具的使用

素质培养目标

1. 培养分析问题和解决问题的能力
2. 培养合理应用各类技术、工具的能力

12.1 相关知识：计算机网络运维管理技术

为了确保计算机网络安全、可靠、稳定并按照预期的服务质量 QoS 运行，计算机网络系统的日常管理与故障排除是必需的工作。随着云计算、大数据、物联网等技术的发展，电子商务、电子政务等业务的应用越来越广泛，计算机网络的应用规模不断扩大，结构也越来越复杂，网络安全性、可靠性和运行效率也越来越受到重视。相应地，网络管理就成为网络技术应用中最为重要的一部分，成为网络可靠、安全、高效运行的保障和必要手段。

12.1.1 网络管理技术概述

随着计算机技术和 Internet 的发展，企业和政府部门开始大规模地建立网络来推动电子商务和电子政务的发展，伴随着网络业务和应用的丰富，计算机网络的管理与维护也就变得至关重要。关于网络管理的定义很多，一般来说，网络管理是指监督、组织和控制网络通信服务及信息处理所必需的各种活动，使网络能正常、高效地运行。其目的很明确，就是确保计

网络管理的对象（视频）

算机网络的持续、正常运行，并在计算机网络运行出现异常时能及时响应和排除故障，使网络中的资源得到更加有效地利用。

国际标准化组织（ISO）在 ISO/IEC 7498-4 中定义并描述了开放系统互连管理的术语和概念，提出了一个 OSI 管理的结构并描述了 OSI 管理应有的行为。其认为，开放系统互连管理是指具有控制、协调、监视 OSI 环境下的一些资源的功能，使这些资源保证 OSI 环境下的通信。它提供了对计算机网络进行规划、设计、操作运行、检测、控制、协调、分析、测试、评估和扩展等各种手段，维护整个网络系统正常、高效运行，使有限的网络资源得到更加充分、有效的利用，当网络出现故障时能及时报告和处理。

1. 网络管理的对象

网络管理的对象反映了网络管理的实体范围，一般可分为网络硬件系统和网络软件系统两大类。

（1）网络硬件系统

网络硬件系统可以是各种计算机网络连接的节点设备，如路由器、交换机、集线器、网关、终端主机、UPS 电源等；也可能是通信系统中的传输设备，如多路器 MUX、光电转换器、PDH/SDH 传输设备等。

（2）网络软件系统

网络软件系统主要指计算机网络中面向用户提供的各种应用性业务（如应用程序、服务器系统）及网络节点之间的关系（如物理拓扑图和逻辑拓扑图）。

网络上的硬件系统是物理上存在的客观实体，是网络管理人员可以看得见、摸得着的，具备最基本的机械特性和电气特性，因此对它们可以从底层入手进行管理。而软件系统中对象的物理存在形式不明显，各种参数具备动态性和不确定性，目前已成为管理对象中的重中之重。

2. 网络管理的内容

网络管理的目的是最大限度地增加网络可利用的时间及效率，合理地组织和利用系统资源，并且提供安全、可靠、有效和优质的服务，保证网络正常、经济、可靠、安全地运行。网络管理的目标是对网络硬件资源和软件资源进行合理分配和控制，以满足网络服务提供商和终端用户的需要，使有限的网络资源得到最大限度的利用，最终使得整个网络经济、连续、可靠和稳定地提供服务，网络管理的内容必须包含以下几个方面。

（1）网络设备的配置和维护

随着通信技术的不断发展，通信设备不断推陈出新，新兴技术快速涌现，设备组成和功能越来越复杂，网络管理维护必须要加强学习网络新知识、管理新技术，还要善于总结网络维护经验。

1）网络设备维护。在网络设备的维护方面，主要应保证网络设备的环境，这主要是指电气、温湿度、防尘、防火、防鼠等方面。电气环境要求主要是指防静电要求和防电磁干扰等；温度要求主要是指如果工作环境温度偏高，易使机器散热不畅，影响电路的稳定性和可靠性，严重时还可造成元器件的击穿损坏，因此网络设备在长期运行工作期间，机器温度最好控制在 18～25℃；在湿度方面可考虑配置加湿器或者抽湿机。另外，应定期检测网络设备的地线和安保设施；根据告警信息的提示及时对可疑部件进行检测和维修等也是日常设备维护的重要方面。

2）网络设备配置。在网络设备配置方面，应该遵循《综合布线系统工程设计规范》（GB/T 50311—2016），并在实施过程中注意考虑先进性、实用性、安全可靠性、兼容性、可扩展性、开放性、产品的性能价格比、厂商的技术服务和技术支持水平等几个方面。

（2）搭建网络服务器

平常用户关注较多的是资源平台服务器，包括万维网服务器、FTP 服务器、E-mail 服务器，诸如视频、电话、游戏、电子商务服务平台，电子政务、云计算、数据计算节点、数据存储平台等，这些除需配备一台性能良好的服务器外，软件系统的准备也是很重要的。

（3）网络系统的正常运行

网络系统的正常运行是网络管理的重中之重。通常此范围包括制作和维护企业网站、保护网络安全、保证数据安全等。其中，网站是企业对外的窗口，其稳定、安全的运行需要网络管理者实时监控。另外，作为一个网络环境来说，网络与数据的安全性一直都是需要重点考虑的问题。

（4）网络安全管理

网络安全管理所包含的内容较多，涉及网络系统中硬件、软件、运行环境的安全，计算机犯罪、病毒、系统、资源、数据存储、用户以及权限管理等一系列问题。如硬件损坏、软件错误、通信故障、病毒感染、电磁辐射、非法存取、管理不当、自然灾害、人员犯罪等情况都可能威胁到网络数据安全，必须从全方位、多角度出发，采取多种技术融合的方式，形成网络安全管理体系，做好网络系统中数据安全保护工作。

3. 网络管理员的基本任务

为了保障网络的连续正常运行，通常需要一个或多个专职人员来管理与维护网络，这些人员负责网络的安装、维护和故障检修等工作，这些使网络正常运行的一名或多名专业人员称为网络管理员。网络管理员应熟悉被管理网络的类型、功能、拓扑结构、数据流量和数据处理流程等。在网络系统工程建设完成后，网络管理员应负责网络的扩展、服务、维护、优化及故障检修等日常管理工作。国际标准化组织（ISO）定义了网络管理的 5 项功能，基本任务归纳为以下几个方面。

（1）网络服务器管理

网络服务器管理包括配置和管理服务器属性、安装远程访问服务协议，安装和管理 DNS 服务器，安装和配置网际命名服务器颁发的许可证，管理本地和远程终端，更新服务器上的信息、更新数据以及网络的各个资源系统等。

（2）网络用户管理

网络管理员在保证网络安全、可靠运行的前提下，根据单位人员的工作职权和人员变动情况，为网络使用用户分配网络使用权限。

（3）网络文件和目录管理

依据网络操作系统选择相应的文件系统，以提供高性能、高可靠性和高安全性的网络文件保障。设置目录和文件的共享权限和安全性权限，导出需要共享的目录，建立逻辑驱动器与共享目录连接；检查文件系统的安全，定期搜索系统信息并与主检查表进行比较，查找所有未授权用户随意修改的文件，并且应确保在被修改之后能够恢复文件系统；备份网络数据和建立数据镜像站点（将数据完全复制到另一台计算机上），重定向恢复数据文件和加密管理敏感数据等；配置和管理网络打印机。

（4）IP 地址管理

IP 地址管理是计算机网络保持高效运行的关键。如果 IP 地址管理不当，会影响网络正常业务的开展。

（5）网络安全管理

设置图表视图选项、系统管理报警选项、事件日志类型；建立审核策略，监视网络活动、网络流量和网络服务；进行故障的分级测试，分析网络故障发生概率，严格管理防火墙账号和口令，堵塞入侵者的攻击路径，处理入侵攻击行为等。

12.1.2 网络管理的功能

在网络管理过程中，网络管理应具有非常广泛的功能。在 OSI 网络管理标准中定义了网络管理的五大功能，即配置管理、性能管理、故障管理、安全管理和计费管理，这五大功能是网络管理最基本的功能。事实上，网络管理还应该包括其他一些功能，如网络规划、网络操作人员的管理等。

1. 网络配置管理

（1）配置信息的自动获取

在一个大型网络中，需要管理的设备是比较多的，如果每个设备的配置信息都完全依靠管理人员的手工输入，工作量是相当大的，而且还存在出错的可能性。对于不熟悉网络结构的人员来说，这项工作甚至无法完成。因此，一个先进的网络管理系统应该具有配置信息自动获取的功能。即使在管理人员不是很熟悉网络结构和配置状况的情况下，也能通过有关的技术手段来完成对网络的配置和管理。在网络设备的配置信息中，根据获取手段大致可以分为 3 类：第 1 类是网络管理协议标准的管理信息库（MIB）中定义的配置信息（包括 SNMP 和 CMIP 协议）；第 2 类是不在网络管理协议标准中有定义，但是对设备运行比较重要的配置信息；第 3 类是用于管理的一些辅助信息。

（2）自动配置、自动备份及相关技术

配置信息自动获取功能相当于从网络设备中“读”信息，相应地，在网络管理应用中还有大量“写”信息的需求。同样根据设置手段对网络配置信息进行分类：一类是可以通过网络管理协议标准中定义的方法（如 SNMP 中的 SET 服务）进行设置的配置信息；一类是可以通过自动登录到设备进行配置的信息；另一类是需要修改的管理性配置信息。

（3）配置一致性检查

在一个大型网络中，由于网络设备众多，而且由于管理的原因，这些设备很可能不是由同一个管理人员进行配置的。实际上，即使是同一个管理员对设备进行的配置，也会由于各种原因导致配置一致性的问题。因此，对整个网络的配置情况进行一致性检查是必须的。在网络配置中，对网络正常运行影响最大的主要是路由器端口配置和路由信息配置。因此，要进行一致性检查的也主要是这两类信息。

（4）用户操作记录功能

配置系统的安全性是整个网络管理系统安全的核心。因此，必须对用户进行的每个配置操作进行记录。在配置管理中，需要对用户操作进行记录，并保存下来。管理人员可以随时查看特定用户在特定时间内进行的特定配置操作。

2. 网络性能管理

1）性能监控。对被管对象类型（包括线路和路由器）、被管对象属性（包括流量、延迟、丢包率、CPU 利用率、温度、内存余量等）定时采集性能数据，自动生成性能报告。

2）阈值控制。对每个被管对象的每条属性设置阈值，对特定被管对象的特定属性，可针对不同的时间段和性能指标设置阈值。通过设置阈值检查开关控制阈值检查和报警，提供相应的阈值管理和溢出报警机制。

3）性能分析。对历史数据进行分析、统计和整理，计算性能指标，对性能状况做出判断，为网络规划提供参考。

4）可视化报告。对数据进行扫描和处理，生成性能趋势曲线，以直观的图形反映性能分析的结果。

5）实时监控。实时监控提供了一系列实时数据采集、分析和可视化工具，用以对流量、负载、丢包、温度、内存及延迟等网络设备和线路的性能指标进行实时检测，可任意设置数据采集间隔时间。

6）性能查询。性能查询可通过列表或按关键字检索被管网络对象及其属性的性能记录。

3. 网络故障管理

1）故障监测。主动探测或被动接收网络上的各种事件信息，并识别出其中与网络和系统故障相关的内容，对其中的关键部分保持跟踪，生成网络故障事件记录。

2）故障报警。接收故障监测模块传来的报警信息，根据报警策略驱动不同的报警程序，以报警窗口或振铃（通知一线网络管理人员）或电子邮件（通知决策管理人员）发出网络严重故障警报。

3）故障管理。依靠对事件记录的分析，定义网络故障并生成故障卡片，记录排除故障的步骤和与故障相关的值班员日志，构造排错行动记录，将事件-故障-日志构成逻辑上相互关联的整体，以反映故障产生、变化、消除的整个过程的各个方面。

4）排错工具。向管理人员提供一系列的实时监测工具，对被管设备的状况进行测试并记录下测试结果以供技术人员分析和排错，根据已有的排错经验和管理员对故障状态的描述给出对排错行动的提示。

5）分析故障。浏览并且以关键字检索查询故障管理系统中所有的数据库记录，定期收集故障记录数据，在此基础上给出被管网络系统、被管线路设备的可靠性参数。

4. 网络安全管理

网络安全管理的功能分为两部分，首先是网络管理本身的安全，其次是被管网络对象的安全。

保障网络管理本身安全的机制如下所示。

1）管理员身份认证，采用基于公开密钥的证书认证机制，为提高系统效率，对于信任域（如局域网）内的用户，可以使用简单口令认证。

2）管理信息存储和传输的加密与完整性，Web 浏览器和网络管理服务器之间采用安全套接字层（SSL）传输协议，对管理信息加密传输并保证其完整性，内部存储的机密信息需要经过加密。

3）网络管理用户分组管理与访问控制，确定分组分级权限管理，对用户的操作由访问控制检查，保证用户不能越权使用网络管理系统。

4）系统日志分析，记录用户所有的操作，使系统的操作和对网络对象的修改有据可查，同时也有助于故障的跟踪与恢复。

网络对象安全管理如下所示。

1）网络资源的访问控制。通过管理路由器的访问控制链表，完成防火墙的管理功能，即从网络层和传输层控制对网络资源的访问，保护网络内部的设备和应用服务，防止外来的攻击。

2）报警事件分析。接收网络对象所发出的报警事件，分析与安全相关的信息（如路由器登录信息、SNMP 认证失败信息），实时地向管理员报警，并提供历史安全事件的检索与分析机制，及时发现正在进行的攻击或可疑的攻击迹象。

3）主机系统的安全漏洞监测。实时地监测主机系统重要服务（如万维网、DNS 等）的状态，提供安全监测工具，搜索系统可能存在的安全漏洞或安全隐患，并给出弥补的措施。

5. 网络计费管理

1）数据采集。计费数据采集是整个计费系统的基础，但计费数据采集往往受到采集设备硬件与软件的制约，而且也与进行计费的网络资源有关。

2）数据管理与数据维护。计费管理系统的人工交互性很强，虽然有很多数据维护系统可以自动完成，但仍然需要人为管理，包括缴纳费用的输入，联网单位信息维护，以及账单样式决定等。

3）计费政策制定。由于计费政策经常灵活变化，因此实现用户自由制定输入计费政策尤其重要，这样需要一个制定计费政策的友好人机界面和完善的实现计费政策的数据模型。

4）政策比较与决策支持。计费管理应该提供多套计费政策的数据比较，为政策制定提供决策依据。

5）数据分析与费用计算。利用采集的网络资源使用数据、联网用户的详细信息以及计费政策计算网络用户资源的使用情况，并计算出应缴纳的费用。

6）数据查询。提供给每个网络用户关于自身使用网络资源情况的详细信息，网络用户根据这些信息可以计算、核对自己的收费情况。

12.1.3 网络管理协议

简单网络管理协议（single network management protocol，SNMP）目前已成为网络管理领域中事实上的工业标准，并被广泛支持和应用，大多数网络管理系统和平台都是基于 SNMP 的架构。SNMP 是最早提出的网络管理协议之一，一经推出就得到了广泛的应用和支持，特别是很快得到了数百家厂商的支持，其中包括 IBM、HP、华为、中兴等。

1. 简单网络管理协议（SNMP）概述

SNMP 的前身是简单网关监控协议（SGMP），用来对通信线路进行管理。随后，人们对 SGMP 进行了很大的修改，特别是加入了符合 Internet 定义的 SMI 和 MIB 体系结构，改进后的协议就是著名的 SNMP。SNMP 的目标是管理 Internet 上众多厂家生产的软硬件平台，因此，SNMP 受 Internet 标准网络管理框架的影响也很大。现在 SNMP 已经发展到第 3 个版本的协议，其功能较以前有了较大的加强和改进。

2. SNMP 网络管理模型

SNMP 网络管理模型如图 12.1 所示。

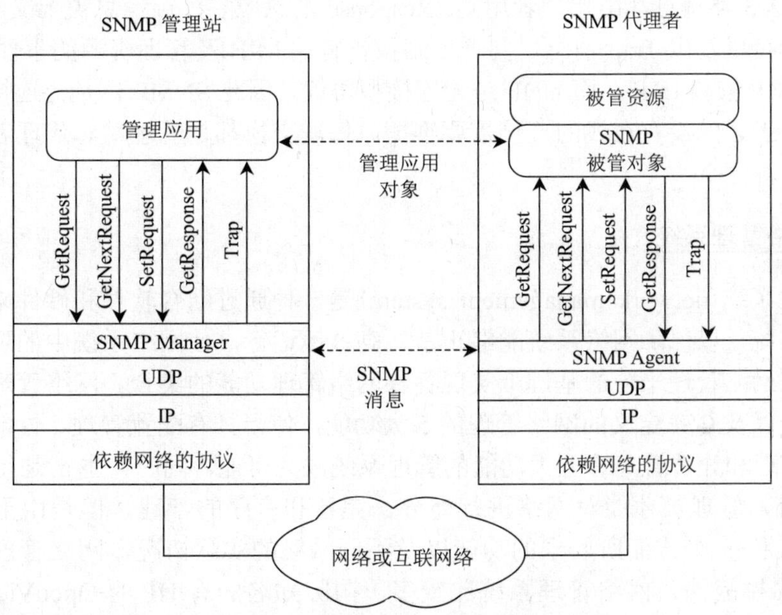

图 12.1 SNMP 网络管理模型

管理站一般是一个分立的设备，也可以利用共享系统实现。管理站被作为网络管理员与网络管理系统的接口。它的基本构成包括：一组具有分析数据、发现故障等功能的管理程序；一个用于网络管理员监控网络的接口，将网络管理员的要求转变为对远程网络元素的实际监控能力；一个从所有被管网络实体的管理信息库（MIB）中抽取信息的数据库。

代理者是网络管理系统中的另一个重要元素。安装了 SNMP 的主机、网桥、路由器及集线器均可作为代理者工作。代理者对来自管理站的信息请求和动作请求进行应答，并随机为管理站报告一些重要的意外事件。

在 SNMP 中，网络资源虽然也被抽象为对象进行管理，但是对象是表示被管资源某一方面的数据变量。对象被标准化为跨系统的类，对象的集合被组织为 MIB。MIB 作为设在代理者处的管理站访问点的集合，管理站通过读取 MIB 中对象的值来进行网络监控。管理站可以在代理者处产生动作，也可以通过修改变量值改变代理者处的配置。

管理站和代理者之间通过网络管理协议通信，SNMP 通信协议主要包括 4 个操作：Get 操作用来提取特定的网络管理信息；GetNext 操作通过遍历活动来提供强大的管理信息提取能力；Set 操作用来对管理信息进行控制（修改、设置）；Trap 操作用来报告重要的事件。

SNMP 属于网络应用层协议，是 TCP/IP 协议族的一部分。它通过用户数据报协议（UDP）来操作。在分立的管理站中，管理者进程对位于管理站中心的 MIB 的访问进行控制，并提供网络管理员接口。管理者进程通过 SNMP 完成网络管理。SNMP 在 UDP、IP 及有关的特殊网络协议（如 Ethernet、FDDI、X.25）上实现。

每个代理者也必须实现 SNMP、UDP 和 IP。另外，有一个解释 SNMP 的消息和控制代理者 MIB 的代理者进程。

从管理站发出 3 类与管理应用有关的 SNMP 的消息：GetRequest、GetNextRequest、SetRequest。这 3 类消息都由代理者用 GetResponse 消息应答，该消息被上交给管理应用。另外，代理者可以发出 Trap 消息，向管理站报告有关 MIB 及管理资源的事件。

由于 SNMP 依赖 UDP，而 UDP 是无连接型协议，因此 SNMP 也是无连接型协议。在管理站和代理者之间没有在线的连接需要维护。每次交换都是管理站和代理者之间的一个独立的传送。

12.1.4 网络管理系统

网络管理系统(network management system)是一种通过结合软件和硬件来对网络状态进行调整的系统，以保障网络系统能够正常、高效地运行，使网络系统中的资源得到更好的利用，是在网络管理平台的基础上实现各种网络管理功能的集合。网络管理已经有了一系列的标准，以及 OSI 定义的网络管理的 5 大功能，使得具有配置管理、性能管理、故障管理、安全管理和计费管理等五大功能的管理系统成为可能。同时，也正是得益于这样的网络管理系统，管理员才能对网络进行充分、完备和有序的管理。但是由于涉及众多的网络管理协议和 5 个方面所要求的功能以及不同网络的实际情况，网络管理系统在技术上具有很强的挑战性。网络管理系统比较多，国际知名的有 HP 的 OpenView、IBM 的 NetView、Cabletron 的 SPECTRUM 及华为的 eSight 等。

12.1.5 网络维护技术

计算机网络系统会因为诸多因素而出现这样或者那样的问题，网络维护就是要及时发现网络存在的问题，排除网络故障，确保网络安全畅通。

1. 网络维护的方法

维护网络的正常运作是每个网络管理员的职责。网络管理员面临的最大难题是日新月异的网络技术，以及必须维护大量不同的网络设备。网络维护的主要任务是探求网络故障产生的原因，从根本上消除故障，并防止故障的再次发生。

在解决网络故障的过程中，可以采用多种方法，包括参考实例法、错误测试法等，本小节将对这些方法进行简单介绍。

（1）参考实例法

参考实例法是一种能够快速解决网络故障的常用方法，因为它并不需要懂得太多的网络知识和网络故障排除的经验。但采用这种方法的前提条件是可以找到与发生故障的设备相同或类似的其他设备。现在很多公司或者部门在购买计算机的时候，往往考虑到计算机系统的稳定性及维护的方便性，从而选择相同型号的计算机，并设置相同的参数。只要充分利用这个特点，在设备发生故障的时候，参考相同设备的配置可以帮助网络管理员快速、准确地解决问题。采用参考实例法的一般步骤如图 12.2 所示。在采用参考实例法的时候，应该遵守以下原则。

1）只有在可以找到与发生故障的设备相同或类似的其他设备的条件下，才可以采用参考实例法。

2）在对网络配置进行修改之前，要确保现用配置文件的可恢复性。

3）在对网络配置进行修改之前，要确保本次修改产生的结果不会造成网络中其他设备的冲突。

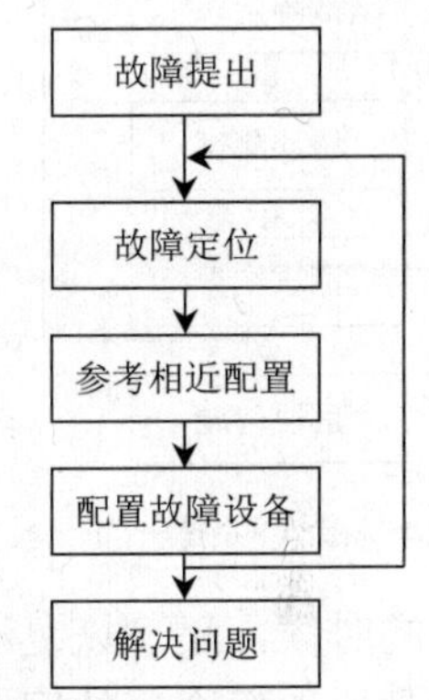

图 12.2　参考实例法的一般步骤

（2）硬件替换法

硬件替换法也是一种常用的网络维护方法，前提是网络管理员知道可能导致故障产生的设备，且有能够正常工作的其他设备可供替换。采用硬件替换法的步骤相对比较简单。在对故障进行定位后，用正常工作的设备替换可能有故障的设备，如果可以通过测试，那么故障也就解决了。但是由于需要更换故障设备，必然会浪费大量的人力和物力，因此在对设备进行更换之前必须仔细分析故障的原因。

在采用硬件替换法的时候，需要遵守以下原则。

1）故障定位所涉及的设备数量不能太多。

2）确保可以找到能够正常工作的同类设备。

3）每次只可以替换一个设备。

在替换第二个设备之前，必须确保前一个设备的替换已经解决了相应的问题。采用硬件替换法的一般步骤如图 12.3 所示。

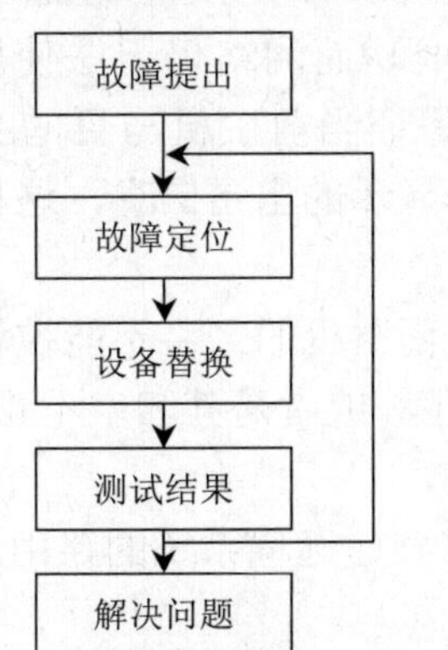

图 12.3　硬件替换法的一般步骤

（3）错误测试法

错误测试法是一种通过测试而得出故障原因的方法。网络管理员需要根据工作经验对出现的问题做出判断，制定并实施相应的解决方案，然后测试故障是否已经得到解决。与其他故障排除法相比，错误测试法可以节约更多时间，耗费更少的人力和物力。实践的经验也表明，错误测试法可以帮助排除不少网络故障。

在下列情况下可以选择采用错误测试法。

1）凭借实际经验，能够对故障部位做出正确的推测，找到产生故障的可能原因，并能够提出相应的解决方法。

2）有相应的测试和维修工具，并能够确保所做的修改具有可恢复性。

3）没有其他可供选择的更好解决方案。

在采取错误测试法时需要遵守以下原则。

1）在更改设备配置之前，应该对原来的配置做好记录，以确保可以将设备配置恢复到初始状态。

2）如果需要对用户的数据进行修改，必须事先备份用户数据。

3）确保不会影响其他网络用户的正常工作。

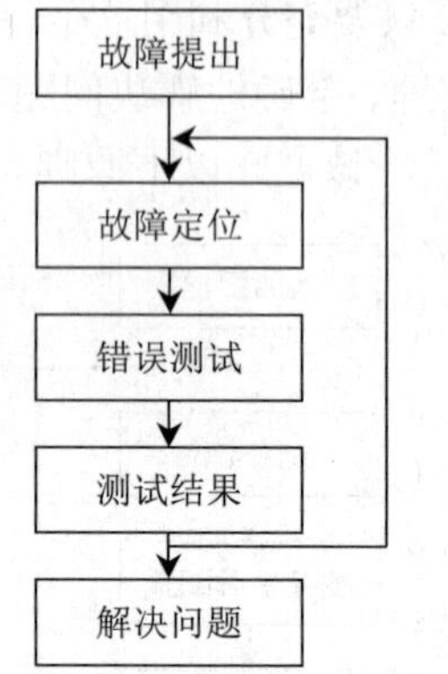

图 12.4　错误测试法的一般步骤

4）每次测试仅做一项修改，以便知道该次修改是否能够有效解决问题。

采用错误测试法的一般步骤如图 12.4 所示。

2. 常用网络维护工具

网络故障诊断与排除是一门综合性技术，涉及网络技术的方方面面。在网络测试和故障排除时，使用一些工具会事半功倍。在这里把工具的概念扩大化，它并不仅包括常见的网络维护的各种软件、硬件工具，还包括用户的工作经验、随手可得的网络资源、设备制造商的技术支持热线及各种网络文档等。对于网络管理员来说，当出现网络故障的时候，迅速恢复网络运行是非常重要的，要想迅速进行网络故障的诊断与排除，重要的是要选择合适的网络测试和分析工具。

（1）网络维护软件工具

1）ping。ping 无疑是网络中使用最频繁的小工具，它主要是用于确定网络的连通性问题。ping 程序是 Windows 系统自带的，是测试网络连接状况的常用工具。它向目的主机发送一个回送请求数据包，要求目的主机收到请求后给予答复，从而判断网络的响应时间、本机是否与目的主机连通，同时在回复信息中会包含对方计算机的 IP 地址。由于 ping 命令所发送的包长非常小，因此在网上传递的速度非常快，可以快速地检测要去的站点是否可达。一般在访问某一站点时可以先运行一下该命令，看看该站点是否可达。如果执行 ping 不成功，则可以预测故障出在以下几个方面：网线是否连通、网络适配器配置是否正确及 IP 地址是否可用等；如果执行 ping 成功而网络仍无法使用，那么问题很可能出在网络系统的软件配置方面。ping 成功只能保证当前主机与目的主机间存在一条连通的物理路径。ping 不通时，应该注意 ping 命令显示的出错信息，这种出错信息通常分为以下 3 种情况。

① unknown host（不知名主机）。这种出错信息的意思是远程主机的名字不能被域名解析服务器转换成 IP 地址。网络故障可能为域名解析服务器有故障，或者是其名字不正确，或者网络管理员的系统与远程主机之间的通信线路有了故障。

② network unreachable（网络不能到达）。这是本地系统没有到达远程系统的路由，可用命令 netstat -rn 检查路由表来确定路由配置情况。

③ no answer（无响应）。远程系统没有响应，这种故障说明本地系统有一条到达远程主机的路由，但远程主机却接收不到发给它的任何分组报文。这种故障可能是远程主机没有工作，或者本地或远程主机网络配置不正确，也可能是本地或远程的路由器没有工作，或者通信线路有故障，甚至是远程主机存在路由选择问题。

ping 的使用格式是在命令提示符下输入 ping + IP 地址或主机名。执行结果显示响应时间，重复执行这个命令，可以发现 ping 报告的响应时间是不同的。具体的 ping 命令后面还可以跟一些参数，可以输入 ping 后按回车键，其中会有很详细的说明。

ping 参数的介绍如表 12.1 所示。

表 12.1　ping 参数介绍

参数	介绍
-t	ping 指定的计算机，直到被中断
-a	将 IP 地址解析为计算机名
-n	发送 count 指定的 Echo 数据包，默认值为 4
-l	发送包含由 length 指定的数据量的 Echo 数据包，默认为 32B，最大为 65 527B
-f	在数据包中发送“不要分段”标志，数据包就不会被路由上的网关分段
-I	将“生存时间”字段设置为 ttl 指定的值
-v	将“服务类型”字段设置为 tos 指定的值
-r	在“记录路由”字段中记录传出和返回的路由。可以指定最少 1 台，最多 9 台计算机
-s	为 count 次跳跃提供时间标签，取值范围为 1～4
-j	利用 computer-list 指定的计算机列表路由数据包。连续计算机可以被中间网关分隔（路由稀疏源），IP 允许的最大数量为 9
-w	指定超时间隔，单位为 ms

2）ipconfig。ipconfig 也是内置于 Windows 的 TCP/IP 应用程序之一，用于显示本地计算机 IP 地址配置信息和网卡的 MAC 地址。ipconfig 提供接口的基本配置信息。它对于检测不正确的 IP 地址、子网掩码和广播地址是很有用的。ipconfig 程序采用 Windows 窗口的形式来显示 IP 协议的具体配置信息。如果 ipconfig 命令后面不跟任何参数直接运行，程序将会在窗口中显示网络适配器的物理地址、主机的 IP 地址、子网掩码及默认网关等。ipconfig 还可以查看主机的相关信息，如主机名、DNS 服务器及节点类型等。其中，网络适配器的物理地址在检测网络错误时非常有用。在命令提示符下输入“ipconfig/?”可获得 ipconfig 的使用帮助。

IP 地址或子网掩码配置不正确是接口配置的常见故障。其中，配置不正确的 IP 地址有以下两种情况。

① 网号部分不正确，此时执行每一条 ping 命令都会显示“no answer”。这样，执行该命令就能发现错误的 IP 地址，修改即可。

② 主机部分不正确，如与另一主机配置的地址相同而引起冲突。这种故障只有当两台主机同时工作时才会出现间歇性的通信问题，建议更换 IP 地址中的主机号部分，该问题即能排除。当主机系统能到达远程主机但不能到达本地子网中的其他主机时，这表示子网掩码设置有问题，进行修改后故障便能排除。

运行 ipconfig 命令时加 all 参数，会显示本地计算机所有网卡的 IP 地址配置、MAC 地址、主机名、DHCP 和 WINS 服务器等详细内容。这种方法便于对计算机的网络配置进行全面检查。

ipconfig 参数介绍如表 12.2 所示。

表 12.2　ipconfig 参数介绍

参数	介绍
/all	产生完整显示。在没有该参数的情况下，ipconfig 只显示 IP 地址子网掩码和每个网卡的默认网关值
/renew	更新 DHCP 配置参数。该选项只能在运行 DHCP 客户端服务的系统上使用。要指定适配器名称，可输入使用不带参数的 ipconfig 命令显示的适配器名称
/release	发布当前的 DHCP 配置。该选项禁用本地系统上的 TCP/IP，并只能在 DHCP 客户端上使用。要指定适配器名称，可以输入使用不带参数的 ipconfig 命令时显示的适配器名称

3）netstat。netstat 程序有助于了解网络的整体使用情况，通常用来显示网络接口、网络插口和网络路由表等的详细统计资料。它可以显示当前正在活动的网络连接的详细信息，例如，显示网络连接、路由表和网络接口信息，显示目前共有哪些网络连接正在运行。

可以使用“netstat /?”命令来查看该命令的使用格式以及详细的参数说明，该命令的使用格式是在 DOS 命令提示符下或者直接在运行对话框中输入命令“netsta [参数]”。利用该程序提供的参数功能，可以了解该命令的其他功能信息，例如，显示以太网的统计信息、所有协议的使用状态。这些协议包括 TCP 协议、UDP 协议及 IP 协议等。另外，还可以选择特定的协议并查看其具体的使用信息，显示所有主机的端口号以及当前主机的详细路由信息。

4）tracert。tracert（跟踪路由）是路由跟踪实用程序，通过向目标主机发送不同生存时间（TTL）的 ICMP 回应数据包，tracert 诊断程序可以确定到达目标所采取的路由。它要求路径上的每个路由器在转发数据包之前至少将数据包上的 TTL 递减 1。数据包上的 TTL 减为 0 时，路由器应该将“ICMP 已超时”的消息发回源系统。

tracert 先发送 TTL 为 1 的回应数据包，并在随后的每次发送过程中将 TTL 递增 1，直到目标响应或 TTL 达到最大值，从而确定路由。tracert 通过检查中间路由器发回的“ICMP 已超时”的消息确定路由。如果某些路由器不经询问直接丢弃 TTL 过期的数据包，这在 tracert 实用程序中是看不到的。tracert 命令按顺序打印出返回“ICMP 已超时”消息的路径中的近端路由器接口列表。如果使用-d 选项，则 tracert 实用程序不在每个 IP 地址上查询 DNS。

tracert 参数介绍如表 12.3 所示。

表 12.3　tracert 参数介绍

参数	介绍
-d	指定不将 IP 地址解析到主机名称
-h	指定跃点数以跟踪到称为 target_name 的主机的路由
-j	指定 tracert 实用程序数据包所采用路径中的路由器接口列表
-w	等待 timeout 为每次回复所指定的毫秒数

5）arp。arp 命令用于显示和修改 ARP 缓存中的项目。为使 arp 命令更加有效，每个计算机会自动存储部分 IP 到 MAC 映射，以便消除重复的 ARP 广播请求。ARP 缓存中包含一个或多个表，它们用于存储 IP 地址及经过解析的以太网或令牌环物理地址。计算机上安装的每个以太网或令牌环网络适配器都有自己单独的表。如果在没有参数的情况下使用，arp 命令将显示帮助信息。可以使用 arp 命令查看和修改本地计算机上的 ARP 表项。arp 命令对于查看 ARP 缓存和解决地址解析问题非常有用。

arp 命令参数介绍如表 12.4 所示。

表 12.4　arp 命令参数介绍

参数	介绍
-a	显示所有接口的当前 ARP 缓存表。要显示指定 IP 地址的 ARP 缓存项，包含本机与本机通行过的 IP 地址和相应的 MAC 地址信息
-d	删除指定的 IP 地址项
-s	该选项可以向 ARP 缓存添加静态表项，俗称绑定

（2）网络维护硬件工具

1）电缆测试仪和万用表。

电缆测试仪是常用的网络故障诊断工具，它通常用来诊断网络中电缆出现的故障。普通的电缆测试仪能够测试电缆状态，验证电缆的连续性、通断和角位配合不当等问题，并用指示灯显示电缆的状态。

高级的电缆测试仪能够测试电缆的连通性、开路、短路、跨接、反接与串绕，测试 TSB-67 规定的电缆测试参数（如接线图、长度、衰减和近端串扰），进行综合布线的认证测试。普通的电缆测试仪价格低廉，现已普及，但功能有限，图 12.5 所示是美国 FLUKE 公司生产的 DSP-4000 数字式电缆测试仪，它能够实现 5 类线缆的认证测试及其故障诊断。

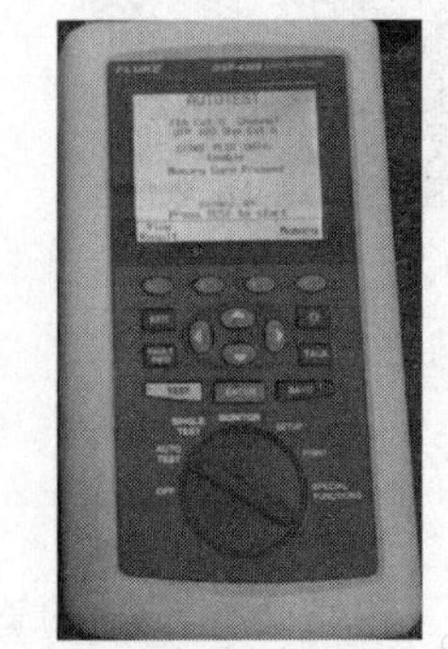

图 12.5　FLUKE 公司的 DSP-4000 数字式电缆测试仪

万用表也是网络故障诊断常用工具。常用的万用表有电阻、电压或电流挡，它们分别可以测量电阻、电压或电流。万用表经常用在电源测试，对传输介质如细缆和双绞线的检测，以及 BNC 连接器的电阻值和电阻终结器测量等场合。

万用表在使用过程中要特别注意挡位和量程的选择，如在测量电压时，如果错选为电流挡或电阻挡，可能会把万用表烧坏。万用表通常有两种：数字式万用表和指针式万用表。图 12.6 是美国 FLUKE 公司生产的数字式万用表。

图 12.6　FLUKE 公司的 15B+数字式万用表

2）网络测试仪。

网络测试仪功能更加强大，它包括了电缆测试仪的大部分功能，而且还集成了网络分析仪的大部分底层功能。这类仪器可以收集网络的统计资料并用图表形式显示，对使用人员的要求较低。通常，网络测试仪可以用于被动的工作方式（即出了问题再去查找），也可以用于主动的工作方式（即网络动态监测）。网络测试仪可以对广播帧、错误帧、帧检测序列 FCS、短帧、长帧及碰撞帧进行检测，能够产生流量进行网络测试，可以检测到诸如噪声、前导帧碰撞等问题。更高级的网络测试仪能够将网络管理、故障诊断以及网络安装调试等众多功能集中在一个仪器里，可以通过交换机、路由器很容易地观察整个网络的状况，从而提供了各类直观、明了的网络故障信息。它便携可移动，能够带到现场自如地进行网络故障的查找，可以迅速发现、定位并隔离网络中的故障，将网络故障带来的损失降到最低。

3）协议分析仪和网络万用表。

协议分析仪的主要功能是将数据包解码，使之成为比特或字节，然后按照协议帧格式对其进行分析，从而查找故障源。使用协议分析仪来进行故障诊断，使用起来比较复杂，不能为故障定位提供直观、明了的网络信息，并且使用和看懂协议分析仪提供的信息需要计算机网络的专业知识，不像网络分析仪提供的信息简单易懂。例如，协议分析仪需要正确与合理的设置，不然协议分析仪将不加选择地在几秒钟内捕捉成千上万个帧。显然，这些数据不会都有用，反而有可能遗漏反映错误信息的帧。

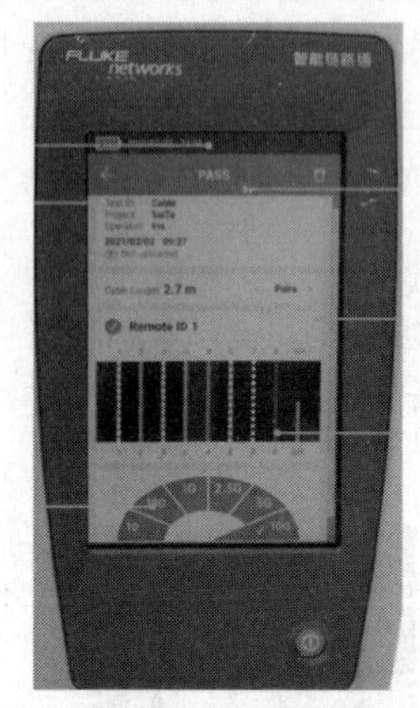

图 12.7　FLUKE 公司的网络万用表 NetTool

现在不少公司生产的协议分析仪，不但实现了协议分析，而且能完成电缆测试仪和网络测试仪的大部分功能。有一些产品称为"网络万用表"，不但能实现协议分析，还能对复杂的计算机至网络的连通设置问题进行诊断，如 IP 地址、默认网关、E-mail 和 Web 服务器等。自 2000 年 FLUKE 网络公司推出世界上第一款价格低廉、功能强大的测试工具"网络万用表"NetTool 以来，NetTool 已成为系统集成商和一线网络维护人员进行网络维护的必备工具。作为网络维护的基本工具，NetTool 能够准确诊断网络中的站点不能上网的故障原因及完成网络基本状况的测试。图 12.7 是美国 FLUKE 公司推出的世界第一台网络万用表 NetTool。

3. 工作经验

熟悉网络维护的管理员应该都有同感，丰富的工作经验就是网络维护最有效的工具。不断地工作学习是获得经验的保证。

（1）不要忽视过去发生的故障

忽视过去发生的故障是不少网络管理员常犯的错误。要知道，在同一个网络中，同样的问题也许会重复出现。如果能够在解决每次故障后做一个小的总结，以后遇到同样问题的时候，就可以节省大量的时间和精力。同样，当遇到大型故障时，也应该及时回想过去的工作经历。其实，大型故障往往包含了许多的小问题。通过经验来解决这样一些烦琐的事情才是最好的办法。

（2）创建电子日志文档

有些管理员常认为解决了一个问题，以后再出现类似情况就可以马上想起当初的解决方案。然而，人的记忆水平往往限制了这样的想法。创建电子日志文档是一种有效的工作方法。哪怕对计算机网络已经非常熟悉，这种方法依然非常有效。作为一名网络管理员，每天都要进行许多不同的维护工作，养成坚持记录每天所看到、学到的内容的习惯，对日后的工作一定会有很大帮助。在对工作进行记录的时候，推荐使用电子文档，首先它的一个最重要的好处在于查询方便，可以根据工作的需要迅速地查到相关的信息，同时也便于保管和收藏。

4. 网络资源

Internet 对于网络管理员来说是一个很好的工具。过去，需要通过电话联系、邮件传送等方法来解决一些故障，这需要花费几天甚至几个星期的时间，工作效率低下。现在通过

Internet 可以轻松地找到需要的各种免费的网络资源，善于利用 Internet 所提供的网络资源，工作才能事半功倍。

（1）网络设备生产商站点

许多网络设备生产商都会将一些常见的故障整理成知识库，放在其官方网站上供广大客户查询。要善于使用这种知识库，从而迅速找到问题的解决方案。这类知识库是一种可查询式的数据库，它包括了对故障情况的描述以及相应的解决方案。

（2）网络搜索引擎

网络故障多种多样，很多网络管理技术人员会通过网络分享很多经验，建立很多论坛，在论坛里面相互交流、讨论。

5. 技术支持热线

在前面所提及的工具都不能将故障排除的情况下，可以通过设备生产商的技术支持热线来获得解决问题的方案。在拨打热线之前，应该做好以下工作。

（1）收集相关设备信息

为了技术支持人员更有效地解决问题，应该尽可能提供与故障相关的信息。这些信息包括软件的版本号、操作系统的版本、设备的型号及设备的序列号等。

（2）排除与设备无关的因素

尽量排除与该设备无关的因素，这同样有利于技术支持人员更快地分析故障的原因，并给出相应有效的解决方案。

6. 网络技术文档

在前面关于工作经验的内容中，提到了电子日志文档，这里所说的网络文档属于电子日志文档的一部分。它包括网络的拓扑结构和网络设备信息两部分。

（1）网络的拓扑结构

网络拓扑结构为总体把握网络的结构提供了一个直观的描述，是制定网络维护方案的重要信息。

（2）网络设备信息库

一个详细的网络设备信息库同样有助于进行网络维护。通常情况下，集线器涉及的信息最少，而路由器涉及的信息比较多。要根据不同的设备设计不同的网络设备列表。网络设备列表主要涉及以下几个方面：设备类型、设备型号、设备所在位置、设备物理地址、设备 IP 地址及设备端口号。

12.2　实训任务：网络测试命令应用

12.2.1　网络测试命令应用实训准备及注意事项

1. 实训准备

进行网络测试命令的应用需做如下准备。

1）安装有 Windows 网络操作系统的计算机各 1 台。

2）具备 Intranet 网络环境。

2. 实训注意事项

进行网络测试命令的注意事项如下。

1）使用测试命令时要注意参数与命令之间有空格，以及参数所在命令行中的顺序。

2）使用测试命令时要注意分析参数和反馈信息。

12.2.2 网络测试命令应用实训过程

网络测试命令应用过程介绍如下。

1. ping 命令的使用

在进行网络调试的过程中，ping 是最常用的一个命令。无论 UNIX、Linux、Windows 还是路由器的 IOS 中都集成了 ping 命令。ping 命令是在 IP 层中利用回应请求/应答 ICMP 报文来测试目的主机或路由器的可达性的。在一台配置 IP 地址 192.168.1.8，网关地址 192.168.1.1 的机器上，进入 DOS 模式执行如下步骤。

步骤 1：执行 ping 192.168.1.1，输出结果如图 12.8 所示。

```
C:\>ping 192,168.1.1
Ping 请求找不到主机 192,168.1.1。请检查该名称，然后重试

C:\>ping 192.168.1.1

正在 Ping 192.168.1.1 具有 32 字节的数据:
来自 192.168.1.1 的回复: 字节=32 时间=3ms TTL=64
来自 192.168.1.1 的回复: 字节=32 时间=2ms TTL=64
来自 192.168.1.1 的回复: 字节=32 时间=1ms TTL=64
来自 192.168.1.1 的回复: 字节=32 时间=1ms TTL=64

192.168.1.1 的 Ping 统计信息:
    数据包: 已发送 = 4，已接收 = 4，丢失 = 0 (0% 丢失)，
往返行程的估计时间(以毫秒为单位):
    最短 = 1ms，最长 = 3ms，平均 = 1ms
```

图 12.8　执行 ping 192.168.1.1 的结果

步骤 2：执行 ping 192.168.1.1 -l 20000，输出结果如图 12.9 所示。

```
C:\>ping 192.168.1.1 -l 20000

正在 Ping 192.168.1.1 具有 20000 字节的数据:
来自 192.168.1.1 的回复: 字节=20000 时间=6ms TTL=64
来自 192.168.1.1 的回复: 字节=20000 时间=43ms TTL=64
来自 192.168.1.1 的回复: 字节=20000 时间=6ms TTL=64
来自 192.168.1.1 的回复: 字节=20000 时间=7ms TTL=64

192.168.1.1 的 Ping 统计信息:
    数据包: 已发送 = 4，已接收 = 4，丢失 = 0 (0% 丢失)，
往返行程的估计时间(以毫秒为单位):
    最短 = 6ms，最长 = 43ms，平均 = 15ms
```

图 12.9　执行 ping 192.168.1.1 -l 20000 的结果

步骤 3：执行 ping 192.168.1.1 -n 8，输出结果如图 12.10 所示。

2. tracert 命令的使用

tracert 命令用于获得 IP 数据报访问目标时从本地计算机到目的主机的路径信息。在

Windows 中该命令为 tracert，而在 UNIX、Linux 以及 Cisco IOS 中则为 traceroute。tracert 命令通过发送数据报到目的设备，通过应答报文得到路径和时延信息。一条路径上的每个设备 tracert 要测 3 次，输出结果中包括每次测试的时间（ms）和设备的名称或 IP 地址。

```
C:\>ping 192.168.1.1 -n 8

正在 Ping 192.168.1.1 具有 32 字节的数据:
来自 192.168.1.1 的回复: 字节=32 时间=1ms TTL=64
来自 192.168.1.1 的回复: 字节=32 时间=1ms TTL=64
来自 192.168.1.1 的回复: 字节=32 时间=3ms TTL=64
来自 192.168.1.1 的回复: 字节=32 时间=2ms TTL=64
来自 192.168.1.1 的回复: 字节=32 时间=1ms TTL=64
来自 192.168.1.1 的回复: 字节=32 时间=1ms TTL=64
来自 192.168.1.1 的回复: 字节=32 时间=3ms TTL=64
来自 192.168.1.1 的回复: 字节=32 时间=1ms TTL=64

192.168.1.1 的 Ping 统计信息:
    数据包: 已发送 = 8, 已接收 = 8, 丢失 = 0 (0% 丢失)
往返行程的估计时间(以毫秒为单位):
    最短 = 1ms, 最长 = 3ms, 平均 = 1ms
```

图 12.10　执行 ping 192.168.1.1 -n 8 的结果

步骤 1：执行 tracert 222.180.192.1，输出结果如图 12.11 所示。

```
C:\>tracert 222.180.192.1

通过最多 30 个跃点跟踪到 222.180.192.1 的路由

  1     3 ms     1 ms     1 ms  192.168.1.1
  2     3 ms     3 ms     3 ms  10.0.0.1
  3     4 ms     5 ms     6 ms  222.176.19.165
  4     4 ms     4 ms     6 ms  222.176.18.42
  5     8 ms     5 ms     6 ms  222.177.224.234
  6     5 ms     5 ms     4 ms  222.180.192.1

跟踪完成。
```

图 12.11　执行 tracert 222.180.192.1 的结果

步骤 2：执行 tracert -d www.163.com，输出结果如图 12.12 所示。

```
C:\>tracert -d www.163.com

通过最多 30 个跃点跟踪
到 z163ipv6.v.bsgslb.cn [182.242.94.207] 的路由

  1     1 ms     1 ms     1 ms  192.168.1.1
  2     5 ms     3 ms     4 ms  10.0.0.1
  3    19 ms    16 ms    23 ms  222.176.19.165
  4     4 ms     4 ms     4 ms  222.176.6.57
  5     *        *        *     请求超时。
  6    23 ms    26 ms    26 ms  106.60.1.70
  7     *        *        *     请求超时。
  8     *        *        *     请求超时。
  9    27 ms    24 ms    24 ms  182.242.94.247
 10    23 ms    23 ms    24 ms  182.242.94.207

跟踪完成。
```

图 12.12　执行 tracert -d www.163.com 的结果

3. ipconfig 命令的使用

ipconfig 命令可以显示所有当前的 TCP/IP 网络配置值（如 IP 地址、网关、子网掩码）、刷新动态主机配置协议（DHCP）和域名系统（DNS）设置。

步骤 1：执行 ipconfig，输出结果如图 12.13 所示。

步骤 2：执行 ipconfig/all，输出结果如图 12.14 所示。

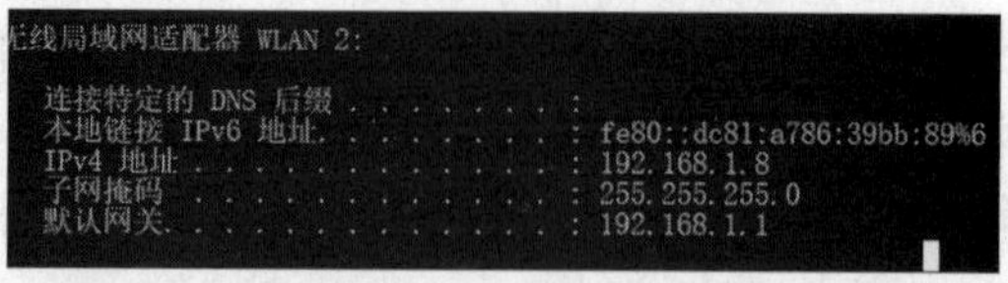

```
无线局域网适配器 WLAN 2:

   连接特定的 DNS 后缀 . . . . . . . :
   本地链接 IPv6 地址. . . . . . . . : fe80::dc81:a786:39bb:89%6
   IPv4 地址 . . . . . . . . . . . . : 192.168.1.8
   子网掩码 . . . . . . . . . . . . : 255.255.255.0
   默认网关. . . . . . . . . . . . . : 192.168.1.1
```

图 12.13　执行 ipconfig 的结果

图 12.14　执行 ipconfig/all 结果

4. netstat 命令的使用

netstat 命令可以显示当前活动的 TCP 连接、计算机侦听的端口、以太网统计信息、IP 路由表、IPv4 统计信息（对于 IP、ICMP、TCP 和 UDP 协议）以及 IPv6 统计信息。

步骤 1：执行 netstat -a，输出结果如图 12.15 所示。

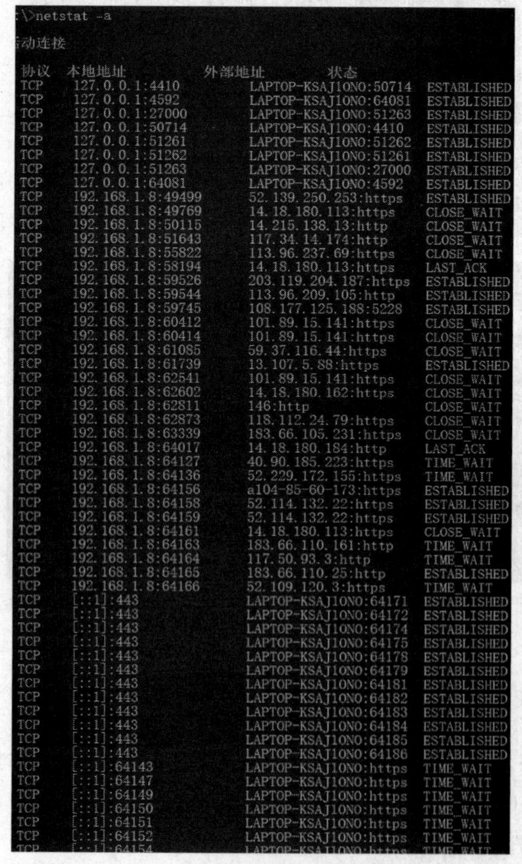

图 12.15　执行 netstat -a 结果

步骤 2：执行 netstat -e，输出结果如图 12.16 所示。

```
C:\>netstat -e
接口统计

                          接收的              发送的

字节                    2176383790         1557560165
单播数据包              4352894            3616228
非单播数据包            18550              41860
丢弃                          0                  0
错误                            0                  0
未知协议                0
```

图 12.16　执行 netstat -e 结果

步骤 3：执行 netstat -r，输出结果如图 12.17 所示。

```
C:\>netstat -r
===========================================================================
接口列表
 23...8c 16 45 67 11 b9 ......Intel(R) Ethernet Connection (4) I219-V
 25...0a 00 27 00 00 19 ......VirtualBox Host-Only Ethernet Adapter #2
 11...3a 00 25 4e 18 80 ......Microsoft Wi-Fi Direct Virtual Adapter
 15...38 00 25 4e 18 81 ......Microsoft Wi-Fi Direct Virtual Adapter #2
  6...38 00 25 4e 18 80 ......Intel(R) Wi-Fi 6 AX200 160MHz
  1...........................Software Loopback Interface 1
===========================================================================

IPv4 路由表
===========================================================================
活动路由:
网络目标        网络掩码          网关       接口   跃点数
          0.0.0.0          0.0.0.0      192.168.1.1      192.168.1.8     50
        127.0.0.0        255.0.0.0            在链路上         127.0.0.1    331
        127.0.0.1  255.255.255.255            在链路上         127.0.0.1    331
  127.255.255.255  255.255.255.255            在链路上         127.0.0.1    331
      192.168.1.0    255.255.255.0            在链路上       192.168.1.8    306
      192.168.1.8  255.255.255.255            在链路上       192.168.1.8    306
    192.168.1.255  255.255.255.255            在链路上       192.168.1.8    306
     192.168.56.0    255.255.255.0            在链路上      192.168.56.1    281
     192.168.56.1  255.255.255.255            在链路上      192.168.56.1    281
   192.168.56.255  255.255.255.255            在链路上      192.168.56.1    281
        224.0.0.0        240.0.0.0            在链路上         127.0.0.1    331
        224.0.0.0        240.0.0.0            在链路上      192.168.56.1    281
        224.0.0.0        240.0.0.0            在链路上       192.168.1.8    306
  255.255.255.255  255.255.255.255            在链路上         127.0.0.1    331
  255.255.255.255  255.255.255.255            在链路上      192.168.56.1    281
  255.255.255.255  255.255.255.255            在链路上       192.168.1.8    306
===========================================================================
永久路由:
  网络地址          网络掩码  网关地址  跃点数
          0.0.0.0          0.0.0.0   192.168.44.129     默认
===========================================================================

IPv6 路由表
===========================================================================
活动路由:
 接口跃点数网络目标                网关
  1    331 ::1/128                  在链路上
 25    281 fe80::/64                在链路上
  6    306 fe80::/64                在链路上
 25    281 fe80::ac07:4edd:11c1:ec5c/128
                                    在链路上
  6    306 fe80::dc81:a786:39bb:89/128
                                    在链路上
  1    331 ff00::/8                 在链路上
 25    281 ff00::/8                 在链路上
  6    306 ff00::/8                 在链路上
===========================================================================
永久路由:
```

图 12.17　执行 netstat -r 结果

5. arp 命令使用

arp 是 Windows 系统中用于查看和修改本地计算机的 ARP（地址解析协议）所使用的地址转换表的一个诊断程序。

执行 arp -a，输出结果如图 12.18 所示。

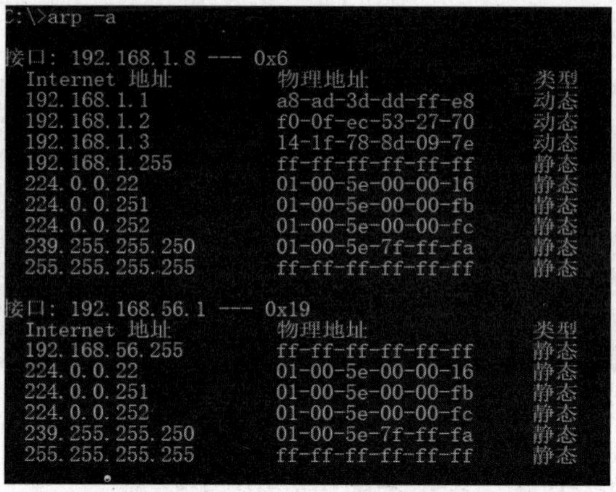

```
C:\>arp -a

接口: 192.168.1.8 --- 0x6
  Internet 地址         物理地址              类型
  192.168.1.1           a8-ad-3d-dd-ff-e8     动态
  192.168.1.2           f0-0f-ec-53-27-70     动态
  192.168.1.3           14-1f-78-8d-09-7e     动态
  192.168.1.255         ff-ff-ff-ff-ff-ff     静态
  224.0.0.22            01-00-5e-00-00-16     静态
  224.0.0.251           01-00-5e-00-00-fb     静态
  224.0.0.252           01-00-5e-00-00-fc     静态
  239.255.255.250       01-00-5e-7f-ff-fa     静态
  255.255.255.255       ff-ff-ff-ff-ff-ff     静态

接口: 192.168.56.1 --- 0x19
  Internet 地址         物理地址              类型
  192.168.56.255        ff-ff-ff-ff-ff-ff     静态
  224.0.0.22            01-00-5e-00-00-16     静态
  224.0.0.251           01-00-5e-00-00-fb     静态
  224.0.0.252           01-00-5e-00-00-fc     静态
  239.255.255.250       01-00-5e-7f-ff-fa     静态
  255.255.255.255       ff-ff-ff-ff-ff-ff     静态
```

图 12.18　执行 arp -a 的结果

12.3　课堂评价

完成本单元学习，认真填写学习情况考核表（见表 12.5），并及时予以反馈。

表 12.5　学习情况考核表

序号	评价内容	自我评价					小组评价					老师评价				
		A	B	C	D	E	A	B	C	D	E	A	B	C	D	E
1	网络管理的对象与内容															
2	网络管理人员的基本任务															
3	网络管理的功能															
4	网络管理协议															
5	网络管理系统															
6	网络维护的方法															
7	网络维护的工具															
8	常用网络测试命令															

说明：评价等级分为 A、B、C、D 和 E 共 5 等。其中，对知识与技能掌握很好，能够熟练地完成任务为 A 等；掌握 75%以上的内容，能较为顺利地完成任务为 B 等；掌握 60%以上的内容为 C 等；基本掌握为 D 等；大部分内容不够清楚为 E 等。

12.4　思考与讨论

一、填空题

1. 网络管理的对象通常包括______、______。
2. 网络管理的内容包括______、______、______、______。
3. 网络性能管理包括______、______、______、______、______、______。

二、选择题

1. 下列关于网络管理的叙述中，正确的是（　　）。
   A. 网络管理就是针对局域网的管理
   B. 网络管理的目的包括使系统持续、稳定、可靠、安全、有效地运行
   C. 提高设备利用率不是网络管理的目的
   D. 网络管理就是收费管理
2. 下面关于性能管理的描述中，不正确的是（　　）。
   A. 性能管理包括系统监视器、性能日志以及警报
   B. 系统监视器提供有关操作系统特定组件所使用资源的详细信息
   C. 系统监视器能图形化显示性能监视数据
   D. 性能日志和警报提供数据优化的报告
3. 以下对网络安全管理的描述中，正确的是（　　）。
   A. 安全管理不需要对重要网络资源的访问进行监视
   B. 安全管理不需要验证用户的访问权限和优先级
   C. 安全管理的操作依赖于设备的类型
   D. 安全管理的目标是保证重要的信息不被未授权的用户访问
4. 下列有关 ping 命令的说法中，正确的有（　　）。
   A．ping<本机的 IP 地址>，可测试该 IP 地址是否已正确加入到网络中
   B．ping 127.0.0.1，可测试 Internet 访问是否正常
   C．ping 127.0.0.1，可测试 TCP/IP 协议是否安装成功
   D．ping<默认网关>，可测试本机是否能跨网段访问
5. 以下关于 ipconfig/renew 描述正确的是（　　）。
   A. 显示计算机的 IP 地址　　B. 查看计算机的网关地址
   C. 查看计算机的 DNS 配置　　D. 重新获取 IP 地址
6. 以下关于 ipconfig/release 描述正确的是（　　）。
   A. 用于计算机自动获取 IP 地址后，释放已经获取的地址
   B. 用于计算机 IP 地址的配置
   C. 用于重新获取 IP 地址
   D. 用于显示本机 IP 地址配置
7. 用户网络故障排除时追踪路由的命令是（　　）。
   A. ipconfig　　B. netstat　　C. arp　　D. tracert
8. 用于测试网络连通性的命令是（　　）。
   A. ping　　B. netstat　　C. arp　　D. tracert

三、讨论题

1. 简述网络维护的几种方法。
2. 简述网络故障判断的基本方法。

拓展阅读 新技术、新工艺

学习笔记

参 考 文 献

唐继勇，2011．局域网组网技术教程[M]．北京：中国水利水电出版社．

唐乾林，田淋风，2010．网络安全系统集成与建设[M]．北京：机械工业出版社．

谢荣昌，李菊英，2010．计算机网络技术项目化教程[M]．3 版．北京：清华大学出版社．

谢希仁，2017．计算机网络[M]．7 版．北京：电子工业出版社．

赵龙，王靖会，2017．计算机网络技术基础[M]．青岛：中国海洋大学出版社．